W0254598

Leitfäden der angewandten Mathematik und Mechanik

BAND 11

Springer Fachmedien Wiesbaden GmbH

Numerik symmetrischer Matrizen

Unter Mitwirkung von
Prof. Dr. H. RUTISHAUSER und
Prof. Dr. E. STIEFEL

verfaßt von
Dr. sc. math. H. R. SCHWARZ
Assistenzprofessor an der Universität Zürich

2., durchgesehene und erweiterte Auflage 1972
Mit 43 Figuren, 49 Beispielen und 68 Aufgaben

Springer Fachmedien Wiesbaden GmbH

ISBN 978-3-519-12311-8 ISBN 978-3-663-11341-6 (eBook)
DOI 10.1007/978-3-663-11341-6

Ursprünglich erschienen bei B.G. Teubner, Stuttgart 1972
Softcover reprint of the hardcover 2nd edition 1972

Vorwort

Das Buch ist aus Vorlesungen hervorgegangen, die Herr Prof. Dr. H. Rutishauser und der Unterzeichnete an der Eidgenössischen Technischen Hochschule in Zürich gehalten haben. Es richtet sich an Mathematiker und Physiker, aber auch an Ingenieure und Naturwissenschafter, die an numerischer Mathematik der linearen Algebra interessiert sind.

Für das Verständnis des Buches werden die Elemente der linearen Algebra und die Grundregeln der Matrizenrechnung vorausgesetzt, wie sie in den unteren Semestern eines Hochschulstudiums vermittelt werden. Ferner wird angenommen, daß der Leser mit elementaren Begriffen der numerischen Mathematik, wie sie etwa in dem im gleichen Verlag erschienenen Buch von Herrn Prof. Dr. E. Stiefel, Einführung in die numerische Mathematik, behandelt werden, vertraut sei. An zwei Stellen wird die Variationsrechnung herangezogen, um in mehr einführenden Betrachtungen einerseits die Problemklassen zu skizzieren, welche mit den nachfolgenden Methoden gelöst werden können, und um anderseits die problemgerechte Vorbereitung darzulegen. Die Kenntnis der Formelsprache ALGOL ist nützlich aber nicht unbedingt erforderlich, da die entsprechenden Textteile übersprungen werden können.

Das Buch behandelt grundsätzlich nur Probleme der linearen Algebra, deren Lösung auf eine Aufgabe mit symmetrischer Matrix zurückgeführt werden kann. Diese Beschränkung auf Matrizen mit Symmetrie ist einerseits dadurch gerechtfertigt, daß viele Probleme der mathematischen Physik (insbesondere alle Probleme, bei denen Dämpfung keine Rolle spielt) durch Diskretisation auf symmetrische Gleichungssysteme oder Eigenwertprobleme führen. Anderseits bestehen für die numerische Behandlung symmetrischer Matrixprobleme spezielle und besonders wirksame Algorithmen, deren Entwicklung ein Hauptziel des Buches ist. Die Stoffauswahl wurde auch auf Grund der Tatsache getroffen, daß für symmetrische Probleme theoretisch gut fundierte und bewährte Methoden existieren, die im Vergleich zu allgemeinen Verfahren sicherer und einfacher verlaufen, und die zum Grundstock eines jeden Numerikers und damit eines jeden Recheninstituts gehören. Dabei wurden nur solche Verfahren ausgewählt, für welche einige numerische Erfahrung vorliegt.

Die Zielsetzung besteht darin, die Grundideen und die theoretischen Grundlagen der beschriebenen Verfahren im Hinblick auf die Anwendung von Rechenautomaten zu vermitteln. Gleichzeitig wird gelegentlich auf prinzipielle numerische Schwierigkeiten der Methoden hingewiesen, denen oft zu wenig Beachtung geschenkt wird. Insbesondere ist das Problem der Kondition einer Matrix eingehend behandelt, doch wurde anderseits das Problem der Rundungsfehler und der damit verbundenen Fehleranalyse und numerischen Stabilität nicht untersucht. Dieser Problemkreis ist in [75] erschöpfend dargestellt. In einigen Fällen sind die entwickelten Algorithmen bis zur Formulierung von ALGOL-Prozeduren geführt. Das Gewicht liegt dabei vollständig auf einer einfachen und klaren Darstellung der Rechenprozesse, und es ist nicht versucht worden, bis ins letzte Detail ausgedachte und verfeinerte Programme wiederzugeben, die das Verständnis der Algorithmen doch nur erschweren. Aus diesem Grund sind sie nicht in jeder Hinsicht optimal, doch in der Regel so allgemein gehalten, daß noch gewisse Sonderfälle richtig behandelt werden. Insbesondere sollen die Prozeduren den Studierenden als Ausgangspunkt zu eingehenderen numerischen Versuchen im Rahmen eines Praktikums dienen, um die Grenzen ihrer Anwendbarkeit zu erkennen und Verbesserungen anzubringen.

An dieser Stelle danke ich den Herren Professoren Stiefel und Rutishauser für ihre wertvollen Anregungen und Diskussionen zur Auswahl und Darstellung des Stoffes. Mein Dank richtet sich ebenso an Mrs. Ph. Kent, die mir in freundlicher Weise die vorhandene Literatur über die Methoden der alternierenden Richtungen sichtete und zusammenfaßte, sowie an meine Frau, die mir die Reinschrift des Manuskripts besorgte. Zu danken habe ich ferner Herrn Dipl.-Math. J. Gärtner für seine sorgfältige und gewissenhafte Mithilfe beim Korrekturlesen. Endlich danke ich dem Verlag B. G. Teubner für die Aufnahme dieses Buches in seine Reihe von Leitfäden der angewandten Mathematik und Mechanik, das mir dadurch entgegengebrachte Vertrauen und für die freundliche Zusammenarbeit.

In der zweiten Auflage wurden die dem Unterzeichneten bekannt gewordenen Druckfehler und sachlichen Unstimmigkeiten beseitigt. Der Abschnitt über die Methode der konjugierten Gradienten in der Ausgleichsrechnung wurde infolge der in jüngster Zeit erkannten praktischen Bedeutung dieser Rechenmethode in der Geodäsie entsprechend angepaßt, und das Verfahren wurde in einem Anhang ausführlich dargestellt. Ein zweiter Anhang enthält rund 70 Übungsaufgaben, zu deren Lösung allerdings teilweise ein Rechenautomat erforderlich ist. Schließlich wurden die Literaturangaben durch einige neuere Werke ergänzt.

Am 10. November 1970 ist unser verehrter Herr Professor Rutishauser, der an dem Entstehen dieses Buches wesentlich mitgewirkt hat, mitten in seiner Arbeit gestorben. Wir bedauern sehr, mit ihm einen ideenreichen und genialen Numeriker allzu früh verloren zu haben.

Zürich, im Sommer 1972 H. R. SCHWARZ

Inhalt

1. Euklidischer Vektorraum. Normen. Quadratische Formen. Symmetrisch-definite Gleichungssysteme

1.1. Der lineare Vektorraum, Matrizen

Dieser Abschnitt richtet sich an Leser, die mit der Theorie der linearen Algebra vertraut sind. Sein Zweck besteht nicht darin, die lineare Algebra systematisch aufzubauen, sondern nur einige fundamentale Tatsachen und die verwendete Schreibweise zusammenzustellen.

1.1.1. Der n-dimensionale Vektorraum. Skalare Größen aus dem Körper der reellen oder der komplexen Zahlen werden durch kleine lateinische oder griechische Buchstaben bezeichnet. Die Gesamtheit der n-dimensionalen Vektoren $\boldsymbol{x}$

$$\boldsymbol{x} = \begin{bmatrix} x_1 \\ x_2 \\ \vdots \\ x_n \end{bmatrix} \tag{1.1}$$

mit n Komponenten $x_1, x_2, \ldots, x_n$ aus dem Zahlkörper bildet den n-dimensionalen Vektorraum V_n. Für die Vektoren $\boldsymbol{x}$ des Raumes ist einerseits eine Vektoraddition erklärt, die dem kommutativen und assoziativen Gesetz genügt, und anderseits ist die Multiplikation eines Vektors mit einer Körperzahl definiert. Unter einer Linearkombination von Vektoren $\boldsymbol{x}_1, \boldsymbol{x}_2, \ldots, \boldsymbol{x}_m$ mit Körperzahlen $c_1, c_2, \ldots, c_m$ versteht man den Vektor

$$\boldsymbol{y} = c_1\boldsymbol{x}_1 + c_2\boldsymbol{x}_2 + \ldots + c_m\boldsymbol{x}_m. \tag{1.2}$$

Die Vektoren $\boldsymbol{x}_1, \boldsymbol{x}_2, \ldots, \boldsymbol{x}_m$ heißen linear abhängig, falls Werte $c_1, c_2, \ldots, c_m$ existieren, die nicht alle gleich Null sind, derart daß die Linearkombination (1.2) den Nullvektor mit sämtlich verschwindenden Komponenten ergibt:

$$c_1\boldsymbol{x}_1 + c_2\boldsymbol{x}_2 + \ldots + c_m\boldsymbol{x}_m = 0. \tag{1.3}$$

Falls die Vektorgleichung (1.3) nur erfüllt werden kann mit $c_1 = c_2 = \ldots = c_m = 0$, heißen die Vektoren $\boldsymbol{x}_1, \boldsymbol{x}_2, \ldots, \boldsymbol{x}_m$ linear unabhängig. Mehr als n Vektoren eines n-dimensionalen Vektorraumes sind stets linear abhängig. Umgekehrt existieren immer n linear unabhängige Vektoren $\boldsymbol{x}_1, \boldsymbol{x}_2, \ldots, \boldsymbol{x}_n$

in V_n. Ein System von n linear unabhängigen Vektoren bildet eine Basis in V_n. Jeder beliebige Vektor x kann als Linearkombination der Basisvektoren dargestellt werden. Die Koeffizienten der entsprechenden eindeutig festgelegten Linearkombination heißen die Koordinaten des Vektors x bezüglich der Basis. Das System der n Einheitsvektoren e_k

$$e_1 = \begin{bmatrix} 1 \\ 0 \\ 0 \\ \cdot \\ \cdot \\ \cdot \\ 0 \end{bmatrix}, \quad e_2 = \begin{bmatrix} 0 \\ 1 \\ 0 \\ \cdot \\ \cdot \\ \cdot \\ 0 \end{bmatrix}, \quad \ldots, \quad e_n = \begin{bmatrix} 0 \\ 0 \\ 0 \\ \cdot \\ \cdot \\ \cdot \\ 1 \end{bmatrix} \tag{1.4}$$

bildet offensichtlich eine Basis. In der Tat kann jeder beliebige Vektor x mit den Komponenten $x_1, x_2, \ldots, x_n$ dargestellt werden in der Form

$$x = x_1 e_1 + x_2 e_2 + \ldots + x_n e_n. \tag{1.5}$$

In diesem Spezialfall sind die Komponenten des Vektors zugleich seine Koordinaten.

Die Vektorräume über dem Körper der reellen Zahlen, mit denen im folgenden gearbeitet wird, besitzen ein inneres Produkt (x, y), definiert für ein beliebiges Vektorpaar x und y. Die reellwertige Funktion (x, y) erfüllt die folgenden vier Eigenschaften:

$$(x, y) = (y, x) \tag{1.6}$$

$$(\lambda x, y) = \lambda(x, y) \tag{1.7}$$

$$(x_1 + x_2, y) = (x_1, y) + (x_2, y) \tag{1.8}$$

$$(x, x) \geqq 0, \text{ und } (x, x) = 0 \text{ nur für } x = 0. \tag{1.9}$$

Vermöge des inneren Produktes kann der Betrag, die Länge oder die Norm $||x||$ eines Vektors x als die positive Quadratwurzel aus dem reellen nicht negativen Wert des inneren Produktes des Vektors mit sich selbst definiert werden.

$$||x|| = \sqrt{(x, x)} \tag{1.10}$$

Der Vektorraum V_n wird auf diese Weise zu einem normierten Raum, indem dadurch eine Metrik eingeführt wird mit den Begriffen einer Länge, des Abstandes, des Winkels und insbesondere der Orthogonalität von Vektoren. Einen Vektor mit der Norm Eins nennt man normiert. Unter dem Abstand

d zweier Vektoren $\boldsymbol{x}$ und $\boldsymbol{y}$ versteht man den Betrag der Differenz der beiden Vektoren

$$d = ||\boldsymbol{x}-\boldsymbol{y}|| = \sqrt{(\boldsymbol{x}-\boldsymbol{y}, \boldsymbol{x}-\boldsymbol{y})}. \tag{1.11}$$

Das innere Produkt zweier Vektoren $\boldsymbol{x}$ und $\boldsymbol{y}$ erfüllt bezüglich ihrer Normen die Schwarzsche Ungleichung

$$|(\boldsymbol{x}, \boldsymbol{y})| \leq ||\boldsymbol{x}|| \, ||\boldsymbol{y}||. \tag{1.12}$$

Deshalb existiert stets ein reeller Winkel φ im Intervall $0 \leq \varphi \leq \pi$, so daß die Gleichung

$$(\boldsymbol{x}, \boldsymbol{y}) = ||\boldsymbol{x}|| \, ||\boldsymbol{y}|| \cos \varphi \tag{1.13}$$

besteht, und φ wird als Winkel zwischen den Vektoren $\boldsymbol{x}$ und $\boldsymbol{y}$ bezeichnet. Speziell heißen zwei Vektoren $\boldsymbol{x}$ und $\boldsymbol{y}$ orthogonal, falls ihr inneres Produkt verschwindet. Ein Satz von $m \leq n$ nicht verschwindenden Vektoren, die paarweise orthogonal sind, heißt ein orthogonales System. Seine Vektoren sind stets linear unabhängig. Im Vektorraum V_n existiert immer ein System von n orthogonalen nicht verschwindenden Vektoren. Man spricht dann von einem vollständigen orthogonalen System, da ein orthogonales System wegen der linearen Unabhängigkeit aus höchstens n Vektoren bestehen kann. Sind die paarweise orthogonalen Vektoren normiert, bilden sie ein orthonormiertes System. Im n-dimensionalen Vektorraum gibt es immer eine Basis aus n orthonormierten Vektoren. Die Koordinaten eines Vektors $\boldsymbol{x}$ bezüglich einer beliebigen orthonormierten Basis sind gleich den inneren Produkten des Vektors $\boldsymbol{x}$ mit den Basisvektoren. Für zwei Vektoren $\boldsymbol{x}$ und $\boldsymbol{y}$ mit den Komponenten x_k und y_k ist

$$(\boldsymbol{x}, \boldsymbol{y}) = \sum_{k=1} x_k y_k \tag{1.14}$$

das euklidische innere Produkt. Ein Vektorraum V_n mit dem inneren Produkt (1.14) heißt euklidischer Vektorraum. Die n Einheitsvektoren $\boldsymbol{e}_k$ (1.4) bilden bei Zugrundelegung des euklidischen inneren Produktes eine orthonormierte Basis.

1.1.2. Lineare Transformationen. Matrizen. Unter einer Abbildung oder Transformation des Vektorraums V_n in sich versteht man eine eindeutige Zuordnung eines Vektors $\boldsymbol{y}$ zu jedem beliebigen Vektor $\boldsymbol{x}$. Die Transformation des Raums werde formal dargestellt durch

$$\boldsymbol{y} = \mathfrak{A}\boldsymbol{x}, \tag{1.15}$$

worin $\mathfrak{A}$ den Operator bedeutet, welcher die Abbildung leistet. Wir untersuchen nun speziell die Klasse der linearen Transformationen.

Ein Operator $\mathfrak{A}$ heißt linear, falls die Abbildung (1.15) für jeden beliebigen Skalar c aus dem Körper der reellen Zahlen und für beliebige Vektoren $\boldsymbol{x}$ und $\boldsymbol{y}$ die beiden folgenden Eigenschaften besitzt:

$$\mathfrak{A}(c\boldsymbol{x}) = c(\mathfrak{A}\boldsymbol{x}) = c\mathfrak{A}\boldsymbol{x} \tag{1.16}$$

$$\mathfrak{A}(\boldsymbol{x}+\boldsymbol{y}) = \mathfrak{A}\boldsymbol{x}+\mathfrak{A}\boldsymbol{y}. \tag{1.17}$$

Jeder lineare Operator $\mathfrak{A}$ in V_n läßt sich bei fest gewählter Basis $\boldsymbol{b}_1, \boldsymbol{b}_2, \ldots, \boldsymbol{b}_n$ durch Betrachtung ihrer Bildvektoren $\mathfrak{A}\boldsymbol{b}_k$ eindeutig durch eine quadratische Matrix $\boldsymbol{A}$ (1.18) der Ordnung n darstellen.

$$\boldsymbol{A} = \begin{bmatrix} a_{11} & a_{12} & \ldots & a_{1n} \\ a_{21} & a_{22} & \ldots & a_{2n} \\ \cdot & \cdot & \ldots & \cdot \\ a_{n1} & a_{n2} & \ldots & a_{nn} \end{bmatrix} = (a_{ik}) \tag{1.18}$$

Sie enthält in der k-ten Kolonne die Koordinaten des Bildvektors $\mathfrak{A}\boldsymbol{b}_k$ bezüglich der Basis $\boldsymbol{b}_1, \boldsymbol{b}_2, \ldots, \boldsymbol{b}_n$ gemäß

$$\mathfrak{A}\boldsymbol{b}_k = \sum_{i=1}^{n} a_{ik}\boldsymbol{b}_i, \qquad (k = 1, 2, \ldots, n). \tag{1.19}$$

Falls die Vektoren $\boldsymbol{x}$ und $\boldsymbol{y}$ durch ihre Koordinaten bezüglich der Basis dargestellt werden

$$\boldsymbol{x} = \sum_{k=1}^{n} x_k\boldsymbol{b}_k, \quad \boldsymbol{y} = \sum_{i=1}^{n} y_i\boldsymbol{b}_i, \tag{1.20}$$

ergibt sich aus $\boldsymbol{y} = \mathfrak{A}\boldsymbol{x}$ infolge der Linearität des Operators $\mathfrak{A}$ und der linearen Unabhängigkeit der Basisvektoren für die x_k und y_i die Beziehung

$$y_i = \sum_{k=1}^{n} a_{ik}x_k, \qquad (i = 1, 2, \ldots, n), \tag{1.21}$$

die in Matrixschreibweise

$$\boldsymbol{y} = \boldsymbol{A}\boldsymbol{x} \tag{1.22}$$

lautet. Die Matrix $\boldsymbol{A}$ kann als Darstellung des linearen Operators $\mathfrak{A}$ selbst wieder als Operator in V_n aufgefaßt werden, so daß wir auch von einer Matrix als Operator sprechen werden. Auf Grund dieses Zusammenhanges zwischen linearen Transformationen und Matrizen werden üblicherweise die Rechenregeln der Matrizenrechnung hergeleitet (vgl. [25], [38], [80]).

Ist eine lineare Transformation $\boldsymbol{y} = \boldsymbol{A}\boldsymbol{x}$ umkehrbar eindeutig, d. h. regulär oder nicht singulär, dann existiert die inverse Transformation $\boldsymbol{x} = \boldsymbol{A}^{-1}\boldsymbol{y}$, wobei $\boldsymbol{A}^{-1}$ die zu $\boldsymbol{A}$ gehörige inverse Matrix bedeutet.

Die Darstellung eines linearen Operators als Matrix ändert sich beim Übergang von einer ersten Basis $\boldsymbol{b}_1, \boldsymbol{b}_2, \ldots, \boldsymbol{b}_n$ zu einer andern Basis $\boldsymbol{b}_1', \boldsymbol{b}_2', \ldots, \boldsymbol{b}_n'$. Die Koordinaten der zweiten Basis bezüglich der ersten seien gegeben durch

$$\boldsymbol{b}_k' = c_{1k}\boldsymbol{b}_1 + c_{2k}\boldsymbol{b}_2 + \ldots + c_{nk}\boldsymbol{b}_n, \qquad (k = 1, 2, \ldots, n). \tag{1.23}$$

Die Koordinaten x_i eines beliebigen Vektors bezüglich der ersten Basis transformieren sich in die Koordinaten x_k' bezüglich der zweiten Basis gemäß

$$x_i = \sum_{k=1}^{n} c_{ik} x_k', \qquad (i = 1, 2, \ldots, n) \text{ oder } \boldsymbol{x} = \boldsymbol{C}\boldsymbol{x}'. \tag{1.24}$$

Die Transformationsmatrix $\boldsymbol{C} = (c_{ik})$ in (1.24) für die Koordinaten eines Vektors ist regulär, da der Übergang von einer Basis zu einer andern umkehrbar eindeutig ist. Es seien $\boldsymbol{x}$ und $\boldsymbol{y}$ Koordinatenvektoren in der ersten, $\boldsymbol{x}'$ und $\boldsymbol{y}'$ die Koordinatenvektoren der entsprechenden Vektoren in der zweiten Basis, und es seien $\boldsymbol{A}$ und $\boldsymbol{B}$ die Darstellungen desselben linearen Operators in den beiden Basissystemen. Dann gelten

$$\boldsymbol{y} = \boldsymbol{A}\boldsymbol{x}, \quad \boldsymbol{y}' = \boldsymbol{B}\boldsymbol{x}', \quad \boldsymbol{x} = \boldsymbol{C}\boldsymbol{x}', \quad \boldsymbol{y} = \boldsymbol{C}\boldsymbol{y}', \tag{1.25}$$

$$\boldsymbol{C}\boldsymbol{y}' = \boldsymbol{A}(\boldsymbol{C}\boldsymbol{x}') = \boldsymbol{A}\boldsymbol{C}\boldsymbol{x}' \text{ oder } \boldsymbol{y}' = \boldsymbol{C}^{-1}\boldsymbol{A}\boldsymbol{C}\boldsymbol{x}'. \tag{1.26}$$

Aus der Eindeutigkeit der Darstellung bei fester Basis folgt aus (1.25) und (1.26)

$$\boldsymbol{B} = \boldsymbol{C}^{-1}\boldsymbol{A}\boldsymbol{C}. \tag{1.27}$$

Zwei Matrizen $\boldsymbol{A}$ und $\boldsymbol{B}$, die vermittels einer regulären Matrix $\boldsymbol{C}$ nach (1.27) verknüpft sind, heißen ähnlich. Der Übergang von einer Matrix $\boldsymbol{A}$ zur Matrix $\boldsymbol{B}$ gemäß (1.27) ist eine Ähnlichkeitstransformation. Ähnliche Matrizen stellen den gleichen linearen Operator dar, nur bezogen auf verschiedene Basissysteme. Diese Tatsache kann auch so formuliert werden, daß jedem linearen Operator in einem n-dimensionalen Vektorraum eine bestimmte Klasse von ähnlichen Matrizen entspricht. Bestimmte Eigenschaften eines linearen Operators sind unabhängig von seiner speziellen Darstellung. Deshalb sind solche Eigenschaften einer Matrix unter Ähnlichkeitstransformationen invariant. Aus diesem Grund spielen Ähnlichkeitstransformationen in der Theorie und Praxis der Matrizenrechnung eine bedeutende Rolle, da es oft wünschenswert ist, einen linearen Operator durch eine entsprechende Wahl der Basis in einer möglichst geeigneten Form als Matrix darzustellen.

Unter einem Eigenvektor $\boldsymbol{x}$ einer linearen Transformation, oder kurz der Matrix $\boldsymbol{A}$, versteht man einen nicht verschwindenden Vektor, welcher der Gleichung

$$\boldsymbol{A}\boldsymbol{x} = \lambda\boldsymbol{x} \tag{1.28}$$

genügt, worin λ einen Skalar bedeutet. Der Wert von λ heißt Eigenwert der Matrix $\boldsymbol{A}$. Wichtig ist die Tatsache, daß die Eigenwerte einer Matrix bei

Ähnlichkeitstransformationen invariant bleiben. Die Eigenvektoren transformieren sich im Gegensatz dazu entsprechend dem Übergang zur neuen Basis. Die Invarianz der Eigenwerte ähnlicher Matrizen ist der Schlüssel zu zahlreichen numerischen Methoden der Eigenwertberechnung (vgl. Kapitel 4).

Die Nullmatrix besteht aus lauter verschwindenden Elementen. Die Einheitsmatrix $\boldsymbol{I}$ besteht aus Elementen, die längs der Diagonale gleich Eins und sonst gleich Null sind.

$$\boldsymbol{I} = \begin{bmatrix} 1 & 0 & 0 & \ldots & 0 \\ 0 & 1 & 0 & \ldots & 0 \\ 0 & 0 & 1 & \ldots & 0 \\ . & . & . & \ldots & . \\ 0 & 0 & 0 & \ldots & 1 \end{bmatrix}$$

Die Kolonnen der Einheitsmatrix $\boldsymbol{I}$ werden durch die n Einheitsvektoren gebildet. Die transponierte Matrix $\boldsymbol{A}^{\mathrm{T}}$ entsteht aus $\boldsymbol{A}$ durch Vertauschung entsprechender Zeilen und Kolonnen. Die zugehörige lineare Transformation wird gewöhnlich als adjungiert bezeichnet. Für das euklidische innere Produkt gilt für zwei beliebige Vektoren $\boldsymbol{x}$ und $\boldsymbol{y}$ die Gleichung

$$(\boldsymbol{A}\boldsymbol{x}, \boldsymbol{y}) = (\boldsymbol{x}, \boldsymbol{A}^{\mathrm{T}}\boldsymbol{y}).$$

Das Herüberziehen eines linearen Operators vom ersten Vektor auf den zweiten im inneren Produkt bedingt den Übergang zum adjungierten Operator. Eine symmetrische Matrix $\boldsymbol{A}$ ist identisch mit ihrer Transponierten, so daß sie im euklidischen Produkt vom ersten auf den zweiten Vektor hinübergezogen werden darf. Dies ist die formale Bedingung dafür, daß der lineare Operator selbstadjungiert ist. Aus dieser Eigenschaft folgt unmittelbar, daß die Eigenwerte eines selbstadjungierten Operators reell sind, und daß die Eigenvektoren zu verschiedenen Eigenwerten orthogonal zueinander sind. In 4.3 wird überdies gezeigt werden, daß ein selbstadjungierter Operator ein vollständiges System von orthonormierten Eigenvektoren besitzt. Die selbstadjungierten Operatoren zeichnen sich deshalb durch spezielle Eigenschaften aus, und sie nehmen aus diesem Grund in der Theorie und Praxis eine Sonderstellung ein.

Zu jeder symmetrischen Matrix $\boldsymbol{A}$ gehört eine quadratische Form

$$Q(\boldsymbol{x}) = (\boldsymbol{A}\boldsymbol{x}, \boldsymbol{x}) = \sum_{i=1}^{n} \sum_{k=1}^{n} a_{ik} x_i x_k \tag{1.29}$$

für jeden beliebigen Vektor $\boldsymbol{x}$ in seinen Komponenten $x_1, x_2, \ldots, x_n$. Falls für beliebige Vektoren $\boldsymbol{x}$

$$Q(\boldsymbol{x}) = \sum_{i=1}^{n} \sum_{k=1}^{n} a_{ik} x_i x_k \geq 0, \quad \text{und} = 0 \quad \text{nur für} \quad \boldsymbol{x} = 0 \tag{1.30}$$

gilt, heißt die quadratische Form positiv definit. Man nennt dann auch die zugehörige symmetrische Matrix positiv definit.

Damit ist eine Verbindung hergestellt zwischen linearen selbstadjungierten Operatoren in einem euklidischen Vektorraum und quadratischen Formen. Die Probleme, deren mathematische Formulierung auf das Studium quadratischer Formen zurückgeführt werden kann, besitzen umgekehrt die Eigenschaft der Selbstadjungiertheit. Davon wird im folgenden dauernd Gebrauch gemacht, und es werden numerische Verfahren zur Behandlung selbstadjungierter Probleme dargestellt werden, die im Vergleich zu allgemeinen Methoden der linearen Algebra einfacher verlaufen.

1.2. Normen, Kondition einer Matrix

Im folgenden wird gelegentlich die Konvergenz von Vektorfolgen und Matrizenfolgen zu untersuchen sein. Dazu ist ein allgemeiner Distanzbegriff nötig. In 1.1.1 wurde in einem normierten Vektorraum die Länge oder Norm eines Vektors $\boldsymbol{x}$ als der Wert der Quadratwurzel des inneren Produktes mit sich selbst eingeführt. Der Begriff der Norm ist jedoch allgemeiner und nicht an einen normierten Vektorraum gebunden.

Definition 1.1. *Unter der Norm* $N(\boldsymbol{x}) = ||\boldsymbol{x}||$ *eines Vektors* $\boldsymbol{x}$ *versteht man eine reelle Funktion des Vektors* $\boldsymbol{x}$ *mit den Eigenschaften* (1.31) *bis* (1.33).

$$||\boldsymbol{x}|| \geq 0 \quad \textit{und} \quad ||\boldsymbol{x}|| = 0 \quad \textit{nur für} \quad \boldsymbol{x} = 0 \tag{1.31}$$

$$||c\boldsymbol{x}|| = |c|\,||\boldsymbol{x}|| \quad \textit{für jeden beliebigen Skalar } c \tag{1.32}$$

$$||\boldsymbol{x}+\boldsymbol{y}|| \leq ||\boldsymbol{x}||+||\boldsymbol{y}|| \quad \textit{(Dreiecksungleichung)} \tag{1.33}$$

Mit dieser Definition einer Norm wird der Begriff der Länge eines Vektors verallgemeinert. Die gewöhnliche Länge eines Vektors erfüllt offensichtlich die drei Forderungen an eine Norm.

Beispiel 1.1. Vektornormen sind

$$||\boldsymbol{x}||_1 = \max_i |x_i|, \tag{1.34}$$

$$||\boldsymbol{x}||_2 = \sum_{i=1}^{n} |x_i|, \tag{1.35}$$

$$||\boldsymbol{x}||_3 = \left(\sum_{i=1}^{n} |x_i|^2\right)^{\frac{1}{2}}. \tag{1.36}$$

Die drei Beispiele sind Spezialfälle der Hölderschen Normen $\sqrt[p]{\sum_{i=1}^{n} |x_i|^p}$

für $p = \infty$, $p = 1$ und $p = 2$ respektive. (1.36) ist die bekannte euklidische Vektornorm.

Eine Vektorfolge $\boldsymbol{x}^{(k)}$ konvergiert gegen einen Vektor $\boldsymbol{x}$, falls jede Komponente der Folge konvergiert. Damit eine unendliche Vektorfolge $\boldsymbol{x}^{(k)}$ gegen $\boldsymbol{x}$ konvergiert, ist notwendig und hinreichend, daß für eine beliebige Vektornorm gilt

$$\lim_{k \to \infty} \|\boldsymbol{x}^{(k)} - \boldsymbol{x}\| = 0. \tag{1.37}$$

Für das Beispiel (1.34) einer Vektornorm ist die formulierte Bedingung auf der Hand liegend. Für die beiden andern Beispiele wird dies sofort klar auf Grund der Ungleichungen

$$\|\boldsymbol{x}\|_1 \leq \|\boldsymbol{x}\|_2 \leq n\,\|\boldsymbol{x}\|_1; \qquad \|\boldsymbol{x}\|_1 \leq \|\boldsymbol{x}\|_3 \leq \sqrt{n}\,\|\boldsymbol{x}\|_1.$$

Man zeigt leicht, daß die Bedingung (1.37) für eine beliebige Vektornorm notwendig und hinreichend ist für die Konvergenz einer Vektorfolge.

Definition 1.2. *Unter der Norm $N(\boldsymbol{A}) = \|\boldsymbol{A}\|$ einer Matrix $\boldsymbol{A}$ versteht man eine reelle Funktion der Matrixelemente mit den Eigenschaften* (1.38) *bis* (1.41).

$$\|\boldsymbol{A}\| \geq 0 \quad \textit{und} \quad \|\boldsymbol{A}\| = 0 \quad \textit{nur für} \quad \boldsymbol{A} = 0 \tag{1.38}$$

$$\|c\boldsymbol{A}\| = |c| \cdot \|\boldsymbol{A}\| \quad \textit{für jeden beliebigen Skalar } c \tag{1.39}$$

$$\|\boldsymbol{A}+\boldsymbol{B}\| \leq \|\boldsymbol{A}\| + \|\boldsymbol{B}\| \quad (\textit{Dreiecksungleichung}) \tag{1.40}$$

$$\|\boldsymbol{A}\cdot\boldsymbol{B}\| \leq \|\boldsymbol{A}\|\cdot\|\boldsymbol{B}\|. \tag{1.41}$$

Im Vergleich zur Definition der Vektornorm tritt eine vierte Forderung hinzu, während die drei ersten formal übereinstimmen. Die drei ersten geforderten Eigenschaften sind diejenigen einer Distanz. Das Postulat (1.41) erscheint in dieser Hinsicht als Fremdkörper. Die zugelassenen Funktionen werden dadurch auf die sogenannten multiplikativen Matrixnormen eingeschränkt. Auch wenn wegen (1.41) nicht offenkundig ist, daß Matrixnormen existieren, gibt es auch dafür zahlreiche Möglichkeiten.

Beispiel 1.2. Matrixnormen sind

$$\|\boldsymbol{A}\|_1 = n \cdot \max_{i,k} |a_{ik}|, \tag{1.42}$$

$$\|\boldsymbol{A}\|_2 = \max_k \sum_{i=1}^{n} |a_{ik}|, \tag{1.43}$$

$$\|\boldsymbol{A}\|_3 = \left(\sum_{i,k}^{n} |a_{ik}|^2\right)^{\frac{1}{2}}. \tag{1.44}$$

Das Beispiel (1.44) wird euklidische, Schursche oder Frobeniussche Norm genannt. Die angegebenen Beispiele erfüllen die drei ersten Postulate einer Norm in offensichtlicher Weise. Für (1.44) wird die Forderung (1.40) klar, falls die Matrix $\boldsymbol{A}$ als Vektor in einem n^2-dimensionalen Raum angesehen wird. Die Eigenschaft (1.41) werde wenigstens für die Matrixnorm (1.42) nachgewiesen, während der Nachweis für die beiden andern Beispiele dem Leser überlassen bleibe.

$$\begin{aligned}\|\boldsymbol{A}\cdot\boldsymbol{B}\|_1 &= n\cdot\max_{i,k}\left|\sum_{j=1}^{n} a_{ij}b_{jk}\right| \leq n\cdot\max_{i,k}\sum_{j=1}^{n}|a_{ij}|\cdot|b_{jk}| \\ &\leq n\cdot\max_{i,k}\sum_{j=1}^{n}(\max_{l,m}|a_{lm}|)\cdot(\max_{r,s}|b_{rs}|) \\ &= (n\cdot\max_{l,m}|a_{lm}|)\cdot(n\cdot\max_{r,s}|b_{rs}|) = \|\boldsymbol{A}\|_1\cdot\|\boldsymbol{B}\|_1 .\end{aligned}$$

Eine Matrixfolge $\boldsymbol{A}^{(k)}$ ist konvergent gegen eine Matrix $\boldsymbol{A}$, falls jedes einzelne Element der Matrizen $\boldsymbol{A}^{(k)}$ konvergiert. Eine notwendige und hinreichende Bedingung für die Konvergenz einer Matrixfolge $\boldsymbol{A}^{(k)}$ gegen eine Matrix $\boldsymbol{A}$ besteht darin, daß für eine beliebige Matrixnorm gilt

$$\lim_{k\to\infty}\|\boldsymbol{A}^{(k)}-\boldsymbol{A}\| = 0. \tag{1.45}$$

Für das Beispiel (1.42) ist dies offensichtlich richtig. Für die beiden andern Beispiele geht dies hervor aus den Ungleichungen

$$\frac{1}{n}\cdot\|\boldsymbol{A}\|_1 \leq \|\boldsymbol{A}\|_2 \leq \|\boldsymbol{A}\|_1; \qquad \frac{1}{n}\cdot\|\boldsymbol{A}\|_1 \leq \|\boldsymbol{A}\|_3 \leq \|\boldsymbol{A}\|_1 .$$

Man zeigt leicht, daß die Bedingung (1.45) für eine beliebige Matrixnorm notwendig und hinreichend ist für die Konvergenz einer Matrixfolge.

In den meisten Konvergenzbetrachtungen werden sowohl Matrizen als auch Vektoren auftreten. Die verwendeten Normen für Vektoren und Matrizen müssen in diesem Fall in einem vernünftigen Zusammenhang zueinander stehen.

Definition 1.3. *Eine Matrixnorm* $\|\boldsymbol{A}\|$ *heißt* *kompatibel* *mit einer Vektornorm* $\|\boldsymbol{x}\|$, *falls für jeden beliebigen Vektor* $\boldsymbol{x}$ *die Relation* (1.46) *erfüllt ist.*

$$\|\boldsymbol{A}\boldsymbol{x}\| \leq \|\boldsymbol{A}\|\cdot\|\boldsymbol{x}\| . \tag{1.46}$$

Die oben gegebenen Beispiele von Matrixnormen sind je kompatibel mit den entsprechenden Vektornormen. Die Kompatibilitätseigenschaft (1.46) werde nur für die Matrixnorm (1.43) mit der Vektornorm (1.35) gezeigt.

$$\begin{aligned}\|\boldsymbol{A}\boldsymbol{x}\|_2 &= \sum_{i=1}^{n}\left|\sum_{k=1}^{n} a_{ik}x_k\right| \leq \sum_{i=1}^{n}\sum_{k=1}^{n}|a_{ik}|\cdot|x_k| = \sum_{k=1}^{n}|x_k|\left\{\sum_{i=1}^{n}|a_{ik}|\right\} \\ &\leq \left\{\max_{k}\sum_{i=1}^{n}|a_{ik}|\right\}\cdot\left\{\sum_{k=1}^{n}|x_k|\right\} = \|\boldsymbol{A}\|_2\cdot\|\boldsymbol{x}\|_2 .\end{aligned}$$

Zu jeder gegebenen Matrixnorm $\|\boldsymbol{A}\|$ kann eine dazu kompatible Vektornorm konstruiert werden. Man ordnet dem Vektor $\boldsymbol{x}$ eine Matrix $\boldsymbol{X}$ zu, welche in ihrer ersten Kolonne die Komponenten von $\boldsymbol{x}$ enthält und sonst Null ist. Als Norm des Vektors $\boldsymbol{x}$ definiert man

$$\|\boldsymbol{x}\| = \|\boldsymbol{X}\|. \tag{1.47}$$

Die so erklärte Funktion der Vektorkomponenten ist in der Tat eine Vektornorm auf Grund der Eigenschaften (1.38) bis (1.40) einer Matrixnorm. Die Kompatibilität der Vektornorm mit der gegebenen Matrixnorm ist eine unmittelbare Folge von (1.41) und der Definition der Vektornorm.

$$\|\boldsymbol{A}\boldsymbol{x}\| = \|\boldsymbol{A}\boldsymbol{X}\| \leqslant \|\boldsymbol{A}\|\cdot\|\boldsymbol{X}\| = \|\boldsymbol{A}\|\cdot\|\boldsymbol{x}\|$$

Man beachte, daß $\boldsymbol{AX}$ eine Matrix darstellt von derselben Gestalt wie $\boldsymbol{X}$, welche in ihrer ersten Kolonne die Komponenten des Vektors $\boldsymbol{Ax}$ enthält.

Obwohl die Vektornorm (1.34) mit der entsprechenden Matrixnorm (1.42) kompatibel ist, ist sie nicht durch den eben beschriebenen Prozeß gewonnen worden. Wir erkennen daraus, daß es zu einer Matrixnorm im allgemeinen mehrere kompatible Vektornormen gibt.

Eine Anwendung kompatibler Normen führt zu folgendem

Satz 1.1. *Jede Matrixnorm stellt eine obere Schranke für die Beträge ihrer Eigenwerte dar.*

B e w e i s: Es sei $\boldsymbol{A}$ eine beliebige Matrix, λ ein Eigenwert und $\boldsymbol{x}$ ein zugehöriger Eigenvektor, so daß $\boldsymbol{Ax} = \lambda\boldsymbol{x}$ gilt. Weiter sei $\|\boldsymbol{A}\|$ eine beliebige Matrixnorm und $\|\boldsymbol{x}\|$ eine dazu kompatible Vektornorm. Dann gelten

$$\left.\begin{aligned} \|\boldsymbol{Ax}\| &= \|\lambda\boldsymbol{x}\| = |\lambda|\cdot\|\boldsymbol{x}\| \\ \|\boldsymbol{Ax}\| &\leqslant \|\boldsymbol{A}\|\cdot\|\boldsymbol{x}\| \end{aligned}\right\} \quad |\lambda|\cdot\|\boldsymbol{x}\| \leqslant \|\boldsymbol{A}\|\cdot\|\boldsymbol{x}\|$$

Der Vektor $\boldsymbol{x}$ ist als Eigenvektor von Null verschieden und damit $\|\boldsymbol{x}\| > 0$, woraus die Behauptung des Satzes $|\lambda| \leqslant \|\boldsymbol{A}\|$ für jeden Eigenwert λ von $\boldsymbol{A}$ folgt.

Zu jeder beliebig gegebenen Vektornorm kann auch umgekehrt eine Matrixnorm so konstruiert werden, daß sie kompatibel ist. Die zugehörige Matrixnorm ist im allgemeinen nicht eindeutig bestimmt. Eine spezielle kompatible Matrixnorm ergibt sich durch die

Definition 1.4. *Der Wert der reellen Funktion*

$$N(A) = \max_{x \neq 0} \frac{\|\boldsymbol{Ax}\|}{\|\boldsymbol{x}\|} = \max_{\|x\|=1} \|\boldsymbol{Ax}\| \tag{1.48}$$

ist die der Vektornorm $\|\boldsymbol{x}\|$ *u n t e r g e o r d n e t e Matrixnorm.*

In [15] ist gezeigt, daß die Funktion (1.48) eine Matrixnorm darstellt.

Beispiel 1.3. U n t e r g e o r d n e t e M a t r i x n o r m z u r e u k l i d i s c h e n V e k t o r n o r m. Die euklidische Vektornorm ist $\|\boldsymbol{x}\| = (\boldsymbol{x}, \boldsymbol{x})^{\frac{1}{2}}$. Für eine reelle Matrix A ist das Quadrat $N(A)^2$ nach (1.48)

$$N(A)^2 = \max_{\|x\|=1} \|Ax\|^2 = \max_{\|x\|=1} (Ax, Ax) = \max_{\|x\|=1} (x, A^T Ax).$$

Die Matrix A^TA ist symmetrisch (also selbstadjungiert) und positiv semidefinit, da $(Ax, Ax) \geqslant 0$ ist für jeden Vektor x. Die Matrix A^TA hat demnach n reelle, nichtnegative Eigenwerte $\mu_1 \geqslant \mu_2 \geqslant \mu_3 \geqslant \ldots \geqslant \mu_n \geqslant 0$ und ein zugehöriges orthonormiertes System von Eigenvektoren $x_1, x_2, x_3, \ldots, x_n$. Ein beliebiger aber normierter Vektor x ist als Linearkombination der Eigenvektoren darstellbar

$$x = c_1x_1 + c_2x_2 + c_3x_3 + \ldots + c_nx_n.$$

Wegen der Orthonormiertheit der Eigenvektoren gilt

$$\|x\|^2 = (x, x) = c_1^2 + c_2^2 + c_3^2 + \ldots + c_n^2 = 1.$$

Für den Wert von (x, A^TAx) ergibt sich damit die Abschätzung

$$(x, A^TAx) = \left(\sum_{i=1}^n c_i x_i,\ A^TA \sum_{i=1}^n c_i x_i\right) = \left(\sum_{i=1}^n c_i x_i,\ \sum_{i=1}^n c_i \mu_i x_i\right)$$

$$= \sum_{i=1}^n c_i^2 \mu_i \leqslant \mu_1 \sum_{i=1}^n c_i^2 = \mu_1.$$

Speziell ist $(x_1, A^TAx_1) = \mu_1$, so daß $N(A)^2 = \max_{\|x\|=1} (x, A^TAx) = \mu_1 \geqslant 0$ gilt.
Für die zur euklidischen Vektornorm untergeordnete Matrixnorm erhält man den Wert $\|A\| = \sqrt{\mu_1}$, wobei μ_1 den größten Eigenwert von A^TA bedeutet. Diese Norm heißt Spektralnorm von A.
Betrachten wir im besondern eine symmetrische, positiv definite Matrix A. Ihre Eigenwerte seien $\lambda_1 \geqslant \lambda_2 \geqslant \lambda_3 \geqslant \ldots \geqslant \lambda_n > 0$. Wegen $A^T = A$ sind die Eigenwerte von $A^TA = A^2$ die Werte $\lambda_1^2 \geqslant \lambda_2^2 \geqslant \lambda_3^2 \geqslant \ldots \geqslant \lambda_n^2 > 0$. Demnach ist die Spektralnorm für eine symmetrische, positiv definite Matrix gegeben durch

$$\|A\|_4 = \lambda_1, \tag{1.49}$$

worin λ_1 den größten Eigenwert von A bedeutet. Sie ist auf Grund der Konstruktion die kleinstmögliche zur euklidischen Vektornorm kompatible Matrixnorm. Nach Satz 1.1 ist sie die kleinstmögliche Matrixnorm überhaupt.

Anwendung: Die Kondition einer Matrix. Die Auflösung eines linearen Gleichungssystems $Ax+b = 0$ kann numerisch nicht genauer erfolgen, als es die Ungenauigkeit der Berechnung von $Ax+b$ für einen gegebenen Vektor x in der Nähe des Lösungsvektors x_l zuläßt. Es sei δx ein beliebiger Vektor, dessen euklidische Norm eine Einheit der letzten Stelle der absolut größten Komponente von x_l ist. Die Unsicherheit in der Berechnung von $Ax+b = A(x_l+\delta x)+b = Ax_l+b+A\,\delta x = A\,\delta x$ ist größenordnungsmäßig gegeben durch die Norm $\|A\,\delta x\|$. Dieser Wert stellt ein absolutes Maß für die Unschärfe dar. Die relative Unschärfe ergibt sich als $\|A\,\delta x\|/\|\delta x\|$. Der Quotient liefert die Unsicherheit in Einheiten der letzten Stelle der absolut größten Komponente von x_l. Das Maximum dieses Ausdruckes ist nach (1.48) gerade die der euklidischen Vektornorm untergeordnete Spektralnorm von A. Zusammenfassend ist daraus zu schließen, daß die Berechnung von Ax_l+b im schlechtesten Fall einen Vektor liefert, dessen Norm $\varepsilon = \|A\|$ Einheiten der letzten Stelle der Maximalkomponente in x_l beträgt. Dann ist aber umgekehrt auch jeder andere Vektor x' als Lösung des Gleichungssystems anzusehen, falls $\|Ax'+b\| \leqslant \varepsilon$ Einheiten ist. Wegen $b = -Ax_l$ trifft dies für alle Vektoren x' zu, falls $\|A(x'-x_l)\| \leqslant \varepsilon$ Einheiten ist. Unser Ziel ist jetzt, die Größe von $\|x'-x_l\|$ abzuschätzen, um daraus Rückschlüsse ziehen zu können auf die Unschärfe, welche der Lösung anhaftet. Die letzte Ungleichung gilt für jeden Vektor $d = A(x'-x_l)$ mit $\|d\| \leqslant \varepsilon$ Einheiten. Für $\|x'-x_l\|$ folgt daraus nacheinander

$$\|x'-x_l\| = \|A^{-1}d\| \leqslant \|A^{-1}\|\,\|d\| \leqslant \|A^{-1}\|\,\varepsilon = \|A^{-1}\|\cdot\|A\|.$$

Die Größe

$$\varkappa = \|A^{-1}\|\cdot\|A\| \tag{1.50}$$

heißt Konditionszahl der Matrix A. Unsere Betrachtung zeigt, daß jeder Vektor x', welcher von der exakten Lösung um $\varkappa$ Einheiten der letzten Dezimalstelle der größten Komponente abweichen kann, ebenso gut als Lösung anzusehen ist. Im Hinblick auf die numerische Auflösung eines linearen Gleichungssystems bedeutet diese qualitative Aussage, daß bei Rechnung mit m wesentlichen Dezimalstellen und bekannter Konditionszahl $\varkappa$ ein Fehler in der numerisch bestimmten Lösung von der Größenordnung von $\varkappa$ Einheiten der letzten mitgeführten Stelle der größten Komponente durchaus möglich ist. Die Größenordnung des Fehlers ist in allen Komponenten zu erwarten.

Beispiel 1.4. Für die Einheitsmatrix I ist offensichtlich

$$\|I\| = \max_{\|x\|=1} \|Ix\| = 1; \qquad \|I^{-1}\| = \|I\| = 1 \quad \text{und} \quad \varkappa = 1.$$

Dies ist die kleinstmögliche Konditionszahl. Das ist auch sofort einleuchtend, weil bei der Auflösung eines entsprechenden Gleichungssystems kein numerischer Fehler entstehen kann.

Beispiel 1.5. Die Matrix

$$A = \begin{bmatrix} 5 & 7 \\ 7 & 10 \end{bmatrix}$$

ist symmetrisch und positiv definit. Die Eigenwerte der inversen Matrix A^{-1} sind reziprok zu denjenigen von A. Für eine symmetrische, positiv definite Matrix A folgt deshalb auf Grund der Spektralnorm für die Konditionszahl allgemein

$$\varkappa = \lambda_{max}/\lambda_{min}, \tag{1.51}$$

worin λ_{max} den größten und λ_{min} den kleinsten Eigenwert von A bedeutet. Für das Beispiel folgt mit $\lambda_{max} = 14{,}933$ und $\lambda_{min} = 0{,}06697$ die mittelmäßige Konditionszahl $\varkappa \cong 223$.

Beispiel 1.6. Für die symmetrische, positiv definite Matrix

$$A = \begin{bmatrix} 1 & 10 \\ 10 & 101 \end{bmatrix}$$

ist $\lambda_{max} = 101{,}99$, $\lambda_{min} \cong 0{,}009805$. Es resultiert die schlechte Konditionszahl $\varkappa \cong 10'402$.

Beispiel 1.7. Die symmetrische, positiv definite Matrix

$$A = \begin{bmatrix} 5 & 7 & 3 \\ 7 & 11 & 2 \\ 3 & 2 & 6 \end{bmatrix}$$

besitzt die Eigenwerte $\lambda_{max} \cong 16{,}662$ und $\lambda_{min} \cong 0{,}0112$. Ihre Konditionszahl ist deshalb $\varkappa \cong 1487$ (vgl. dazu auch Beispiel 1.14).

1.3. Notwendige und hinreichende Kriterien für die Definitheit einer quadratischen Form

In diesem Abschnitt werden notwendige und hinreichende Bedingungen für die Definitheit einer gegebenen quadratischen Form mit reellen Koeffizienten in reellen Variablen zusammengestellt. Die aufgeführten Kriterien basieren auf verschiedenen Überlegungen. Weniger aufwendige Kriterien vermögen die Frage der Definitheit oft nicht allgemein zu beantworten, sie erfüllen jedoch den Zweck, entweder die Definitheit vermuten zu lassen oder aber die Indefinitheit sofort zu erkennen.

1.3.1. Direkte Kriterien, notwendige Bedingungen. Die positive Definitheit einer quadratischen Form ist oft durch ihre physikalische Bedeutung als kinetische Energie eines Systems von Massenpunkten oder als Deformationsenergie eines diskretisierten Problems sichergestellt, so daß sich in diesen Fällen irgendwelche numerische Kriterien erübrigen.

1.3.1.1. Spezielle Beispiele.

Beispiel 1.8. Die quadratische Form zur n-reihigen Einheitsmatrix $\boldsymbol{I}$

$$Q(x) = \sum_{i=1}^{n} x_i^2$$

ist als Summe von Quadraten der reellen Variablen x_i sicher > 0, falls nicht alle $x_i = 0$ sind. Sie verschwindet dann und nur dann, falls $x_i = 0$ für $i = 1, 2, \ldots, n$ gilt.

Beispiel 1.9. Die unendliche Pascalsche Matrix enthält in den von links nach rechts oben verlaufenden Diagonalen die Binomialkoeffizienten. Wir verifizieren am vierreihigen Hauptminor die Tatsache, daß jeder Hauptminor der unendlichen Pascalschen Matrix positiv definit ist. Der vierreihige Hauptminor und seine zugehörige quadratische Form lauten

$$A = \begin{bmatrix} 1 & 1 & 1 & 1 \\ 1 & 2 & 3 & 4 \\ 1 & 3 & 6 & 10 \\ 1 & 4 & 10 & 20 \end{bmatrix} \quad \begin{aligned} Q(x) = x_1^2 &+ 2x_1x_2 + 2x_1x_3 + 2x_1x_4 \\ &+ 2x_2^2 \; + 6x_2x_3 + 8x_2x_4 \\ &\qquad\quad + 6x_3^2 \; + 20x_3x_4 \\ &\qquad\qquad\qquad + 20x_4^2 \end{aligned}$$

Die quadratische Form läßt sich als Summe von Quadraten von Linearformen der Variablen x_k darstellen:

$$Q(x) = (x_1+x_2+x_3+x_4)^2+(x_2+2x_3+3x_4)^2+(x_3+3x_4)^2+x_4^2.$$

Die Zerlegung zeigt, daß stets $Q(x) \geqslant 0$ ist. Anderseits muß für $Q(x) = 0$ jede einzelne Linearform für sich verschwinden, woraus wegen ihrer besonderen Gestalt notwendigerweise $x_k = 0$ $(k = 1, 2, 3, 4)$ folgt. Die Matrix A ist positiv definit.

Beispiel 1.10. Die Matrix

$$A = \begin{bmatrix} 1 & -1 & 0 \\ -1 & 1 & 0 \\ 0 & 0 & 1 \end{bmatrix} \quad \begin{aligned} Q(x) &= x_1^2 - 2x_1x_2 + x_2^2 + x_3^2 \\ &= (x_1-x_2)^2 + x_3^2 \end{aligned} \tag{1.52}$$

ist jedoch trotz der angegebenen Zerlegbarkeit ihrer zugehörigen quadratischen Form in eine Summe von reinen Quadraten nicht positiv definit. In der Tat ist für jeden beliebigen zusammenfallenden Wert für die Variablen x_1 und x_2 und mit $x_3 = 0$ $Q(x) = 0$. Die quadratische Form kann verschwinden, ohne daß sämtliche Variablen x_k gleich Null sind. Da sie auf Grund der Zerlegung (1.52) nur nichtnegative Werte annehmen kann, heißt sie positiv semidefinit.

1.3.1.2. Notwendige Bedingungen.

Satz 1.2. *Eine positiv definite Matrix hat notwendigerweise wesentlich positive Diagonalelemente.*

Beweis: Die zugehörige quadratische Form einer positiv definiten Matrix nimmt für jede Wahl der Variablen $x_i \not\equiv 0$ einen positiven Wert an. Insbesondere gilt dies für $x_k = 1$, $x_i = 0$ $(i \neq k)$. Die quadratische Form erhält den Wert $Q(x) = a_{kk} > 0$, woraus das notwendige Kriterium folgt.

Eine Matrix mit zum Teil verschwindenden oder sogar negativen Diagonalelementen kann nicht positiv definit sein.

Satz 1.3. *In einer positiv definiten Matrix $A = (a_{ik})$ erfüllen ihre Elemente notwendigerweise die Beziehung*

$$a_{ik}^2 < a_{ii}a_{kk} \quad \text{für alle} \quad i \neq k.$$

Beweis: Für zwei beliebige, aber voneinander verschiedene Indizes $i \neq k$ wähle man x_i beliebig, $x_k = 1$ und $x_j = 0$ für $j \neq i, k$. Der Wert der quadratischen Form $Q(x) = a_{ii}x_i^2 + 2a_{ik}x_i + a_{kk}$ muß für alle x_i positiv sein. Die quadratische Gleichung $a_{ii}x_i^2 + 2a_{ik}x_i + a_{kk} = 0$ darf keine reellen Lösungen in x_i haben, d. h. die Diskriminante $a_{ik}^2 - a_{ii}a_{kk}$ muß notwendigerweise negativ sein.

Die Matrix (1.52) erfüllt die notwendige Bedingung des Satzes 1.3 nicht und kann deshalb nicht positiv definit sein.

Satz 1.4. *Das absolut größte Element einer positiv definiten Matrix A liegt notwendigerweise in der Diagonale.*

Beweis: Die Gegenannahme, das absolut größte Element einer positiv definiten Matrix liege außerhalb der Diagonale, steht im Widerspruch zu Satz 1.3.

Natürlich sind die drei Kriterien in keiner Weise hinreichend. Beispielsweise erfüllt die Matrix

$$A = \begin{bmatrix} 3 & 2 & -2 \\ 2 & 3 & 2 \\ -2 & 2 & 3 \end{bmatrix} \quad \text{mit} \quad \begin{aligned} Q(x) = 3x_1^2 &+ 4x_1x_2 - 4x_1x_3 \\ &+ 3x_2^2 \; + 4x_2x_3 \\ &\qquad\quad + 3x_3^2 \end{aligned}$$

alle drei notwendigen Bedingungen, ohne positiv definit zu sein. Für $x = (1, -1, 1)^T$ ist $Q(x) = -3$.

1.3.2. Kriterium der überwiegenden positiven Diagonalelemente. Im Gegensatz zu 1.3.1.2 wird jetzt eine hinreichende Bedingung für die positive Definitheit gegeben, welche aber nicht notwendig ist.

Definition 1.5. *Eine Matrix A heißt streng diagonal dominant, falls in jeder Zeile das Diagonalelement betraglich die Summe der Beträge der Außendiagonalelemente überwiegt, d. h. falls gilt*

$$|a_{ii}| > \sum_{\substack{k=1 \\ k \neq i}}^{n} |a_{ik}| \quad \text{für} \quad i = 1, 2, \ldots, n. \tag{1.53}$$

Eine Matrix heißt im schwachen Sinn diagonal dominant, falls in (1.53) die Ungleichungen teilweise zu Gleichungen werden.

In der folgenden Definition werden Abänderungen einer Matrix zugelassen, die darin bestehen, daß die Zeilen permutiert und gleichzeitig die Kolonnen derselben Permutation unterworfen werden.

Definition 1.6. *Eine Matrix A heißt reduzibel, falls sie durch eine gleichzeitige Zeilen- und Kolonnenpermutation so abgeändert werden kann, daß sie in* *der Form*

$$\begin{bmatrix} U & V \\ O & W \end{bmatrix}$$

erscheint, worin U und W je quadratische, V eine rechteckige und O eine rechteckige Nullmatrix bedeuten. Andernfalls heißt sie i r r e d u z i b e l.

Da die gleichzeitigen Zeilen- und Kolonnenpermutationen die Symmetrie einer Matrix invariant lassen, bedeutet Reduzibilität für eine symmetrische Matrix, daß sie in Teilmatrizen zerfällt, derart daß quadratische Untermatrizen längs der Diagonale alle von Null verschiedenen Elemente enthalten.

Diese mehr anschauliche Definition einer irreduziblen Matrix ist äquivalent mit der

Definition 1.7. *Es sei $W = \{1, 2, \ldots, n\}$ die Menge der ganzen Zahlen von 1 bis n, und S und T seien zwei beliebige nicht leere und disjunkte Untermengen von W, so daß*

$$S \cup T = W, \quad S \cap T = \emptyset, \quad S \neq \emptyset, \quad T \neq \emptyset. \tag{1.54}$$

Eine Matrix A ist r e d u z i b e l, falls eine Aufteilung von W in S und T (1.54) existiert, so daß $a_{ij} = 0$ für alle $i \in S$ und $j \in T$. Eine Matrix A ist i r r e d u z i b e l, falls zu jeder Aufteilung von W in S und T (1.54) stets ein Element $a_{ij} \neq 0$ existiert, so daß $i \in S$ und $j \in T$.

Satz 1.5. *Eine irreduzible, symmetrische Matrix, welche im schwachen Sinn diagonal dominant ist und positive Diagonalelemente aufweist, ist positiv definit.*

V o r a u s s e t z u n g e n:

1) $A = (a_{ik})$ ist symmetrisch und irreduzibel.

2) $a_{ii} \geqslant \sum_{\substack{k=1 \\ k \neq i}}^{n} |a_{ik}| \quad i = 1, 2, \ldots, n;$ = nicht für alle i.

B e h a u p t u n g: A ist positiv definit.

B e w e i s: Aus der Voraussetzung 2) folgt für einen beliebigen reellen Vektor x

$$\sum_{i=1}^{n} a_{ii} x_i^2 \geqslant \sum_{i=1}^{n} \left(\sum_{\substack{k=1 \\ k \neq i}}^{n} |a_{ik}| \right) x_i^2 . \tag{1.55}$$

Die zur Matrix A gehörige quadratische Form $Q(x) = (Ax, x)$ wird als erstes geeignet zerlegt und anschließend unter Berücksichtigung von (1.55) zwei Abschätzungen unterworfen.

$$Q(x) = \sum_{i=1}^{n} a_{ii} x_i^2 + \sum_{i=1}^{n} \sum_{\substack{k=1 \\ k \neq i}}^{n} a_{ik} x_i x_k$$

$$\geqslant \sum_{i=1}^{n} a_{ii}x_i^2 - \sum_{i=1}^{n} \sum_{\substack{k=1 \\ k\neq i}}^{n} |a_{ik}|\,|x_i|\,|x_k|$$

$$\geqslant \sum_{i=1}^{n} \left(\sum_{\substack{k=1 \\ k\neq i}}^{n} |a_{ik}| \right) |x_i|^2 - \sum_{i=1}^{n} \sum_{\substack{k=1 \\ k\neq i}}^{n} |a_{ik}|\,|x_i|\,|x_k|$$

Daraus folgt schließlich die Ungleichung

$$Q(\boldsymbol{x}) \geqslant \sum_{i=1}^{n} \sum_{\substack{k=1 \\ k\neq i}}^{n} |a_{ik}|\,|x_i|\,(|x_i| - |x_k|). \tag{1.56}$$

Wegen der vorausgesetzten Symmetrie von $\boldsymbol{A}$ folgt aus (1.56)

$$Q(\boldsymbol{x}) \geqslant \sum_{i=1}^{n} \sum_{\substack{k=1 \\ k\neq i}}^{n} |a_{ik}|\,|x_k|\,(|x_k| - |x_i|). \tag{1.57}$$

Dann ist $Q(\boldsymbol{x})$ aber sicher auch größer oder gleich dem arithmetischen Mittel der beiden Ausdrücke (1.56) und (1.57).

$$Q(\boldsymbol{x}) \geqslant \frac{1}{2} \sum_{i=1}^{n} \sum_{\substack{k=1 \\ k\neq i}}^{n} |a_{ik}|\,(|x_i| - |x_k|)^2 \geqslant 0 \tag{1.58}$$

Der Wert von $Q(\boldsymbol{x})$ ist nach (1.58) für einen beliebigen reellen Vektor $\boldsymbol{x}$ nicht negativ. Soweit wurde nur die Symmetrie und die schwache diagonale Dominanz ausgenützt. Wir untersuchen weiter die Bedingungen, unter denen $Q(\boldsymbol{x})$ verschwinden kann. Dann muß auch die nichtnegative untere Schranke in (1.58) gleich Null sein. Dafür sind drei Fälle möglich:

a) $a_{ik} = 0$ für alle $i \neq k$; $i, k = 1, 2, \ldots, n$. Die gegebene Matrix $\boldsymbol{A}$ ist eine Diagonalmatrix und als solche reduzibel. Sie scheidet aus, da sie die Voraussetzungen nicht erfüllt.

b) Alle Komponenten des Vektors sind betragsgleich und können als einzig interessierenden Fall von Null verschieden angenommen werden: $|x_i| = |x_k|$ für alle $i, k = 1, 2, \ldots, n$. Nach Voraussetzung 2) gilt das Gleichheitszeichen nicht für alle Indexwerte i, weshalb in diesem Fall (1.55) und als Folge davon auch (1.56) und (1.57) echte Ungleichungen werden. Deshalb ist $Q > 0$ nach (1.58) für $\boldsymbol{x} \neq 0$.

c) Es seien nicht alle Komponenten betragsgleich. Der Ausdruck (1.58) verschwindet nur dann, falls $a_{ik} = 0$ ist für jedes Indexpaar $i \neq k$, für welches $|x_i| \neq |x_k|$ gilt. Jetzt sei S die Menge der Indexwerte i und j, so daß $|x_i| = |x_j| \neq 0$ ist. T sei die Menge der übrigen ersten n Zahlen, so daß $|x_k| \neq |x_i|$ mit $i \in S$ und $k \in T$ gilt. Die beiden Mengen S und T erfüllen die Bedingungen (1.54), da jede mindestens ein Element enthält. Aus $Q(\boldsymbol{x}) = 0$ schließt man in dieser Situation auf $a_{ik} = 0$ für alle $i \in S$ und $k \in T$. Dies steht im Widerspruch mit der vorausgesetzten Irreduzibilität der Matrix $\boldsymbol{A}$.

Eine im strengen Sinn diagonal dominante symmetrische Matrix mit positiven Diagonalelementen ist positiv definit. In der Tat ist in diesem Fall die Irreduzibilität der Matrix nicht mehr erforderlich, da (1.55) und damit (1.56) und (1.57) strenge Ungleichungen mit $>$ werden, so daß nach (1.58) $Q > 0$ ist uneingeschränkt für alle $\boldsymbol{x} \neq 0$.

Die schwache Dominanz der positiven Diagonalelemente einer symmetrischen und nicht zerfallenden Matrix ist eine hinreichende Bedingung für ihre positive Definitheit. Manche Anwendungen, beispielsweise die Diskretisierung eines Randwertproblems (vgl. dazu Kap. 5), führen auf schwach dominante symmetrische Matrizen, und der Satz 1.5 erlaubt, rasch und mühelos die positive Definitheit nachzuweisen.

Beispiel 1.11. Die symmetrische irreduzible Matrix

$$\boldsymbol{A} = \begin{bmatrix} 2 & -1 & 0 & 0 \\ -1 & 2 & -1 & 0 \\ 0 & -1 & 2 & -1 \\ 0 & 0 & -1 & 2 \end{bmatrix}$$

erfüllt die Voraussetzungen von Satz 1.5 und ist deshalb positiv definit.

Die Bedingung der positiven, im schwachen Sinn dominanten Diagonalelemente ist wohl hinreichend für die positive Definitheit, aber keineswegs notwendig. In 1.3.3 wird gezeigt werden, daß die Matrix

$$\boldsymbol{A} = \begin{bmatrix} 3 & 2 & 2 \\ 2 & 3 & 2 \\ 2 & 2 & 3 \end{bmatrix}$$

positiv definit ist. Sie ist in keinem Sinn diagonal dominant.

Eine Verallgemeinerung von Satz 1.5 stammt von Ostrowski [40].

Satz 1.6. *Eine symmetrische Matrix $\boldsymbol{A} = (a_{ik})$ mit positiven Diagonalelementen, deren Elemente die $\binom{n}{2}$ Bedingungen*

$$a_{ii}a_{kk} > \left(\sum_{\substack{j=1\\j\neq i}}^{n} |a_{ij}|\right)\left(\sum_{\substack{j=1\\j\neq k}}^{n} |a_{kj}|\right), \quad i \neq k; \quad i, k = 1, 2, \ldots, n$$

erfüllen, ist positiv definit.

1.3.3. Systematische Reduktion auf eine Summe von Quadraten. In diesem Abschnitt wird eine notwendige und hinreichende Bedingung zur sicheren numerischen Entscheidung der positiven Definitheit einer gegebenen Matrix, respektive ihrer quadratischen Form entwickelt. In der quadratischen Form

$$Q(x) = \sum_{i=1}^{n} \sum_{k=1}^{n} a_{ik}x_ix_k, \tag{1.59}$$

für welche die notwendigen Bedingungen für positive Definitheit erfüllt sein mögen, so daß insbesondere $a_{11} > 0$ gilt, lassen sich alle von x_1 abhängigen Glieder $a_{11}x_1^2$, $2a_{12}x_1x_2$, $2a_{13}x_1x_3$, ..., $2a_{1n}x_1x_n$ durch Bildung ihrer quadratischen Ergänzung abspalten, so daß (1.59) geschrieben werden kann als

$$\left.\begin{aligned} Q(\boldsymbol{x}) &= \left(\sqrt{a_{11}}\,x_1 + \sum_{k=2}^{n} \frac{a_{1k}}{\sqrt{a_{11}}}\,x_k\right)^2 + \sum_{i=2}^{n}\sum_{k=2}^{n} a_{ik}^{(1)}x_ix_k \\ \text{mit } a_{ik}^{(1)} &= a_{ik} - \frac{a_{1i}a_{1k}}{a_{11}}, \quad (i,\,k = 2,3,\,\ldots,\,n). \end{aligned}\right\} \tag{1.60}$$

Die Symmetrie der Matrix A überträgt sich auf die Elemente $a_{ik}^{(1)}$ ($i, k = 2, 3, \ldots, n$). Die gegebene quadratische Form $Q(\boldsymbol{x})$ ist nach (1.60) zerlegt in eine Summe aus einem reinen Quadrat einer Linearform und einer neuen quadratischen Form

$$Q^{(1)}(\boldsymbol{x}) = \sum_{i=2}^{n}\sum_{k=2}^{n} a_{ik}^{(1)}x_ix_k \tag{1.61}$$

in den $(n-1)$ Variablen $x_2, x_3, \ldots, x_n$.

Satz 1.7. *Die Matrix $A = (a_{ik})$ mit $a_{11} > 0$ ist dann und nur dann positiv definit, falls nach der Reduktion* (1.60) *die $(n-1)$-reihige Matrix $A^{(1)} = (a_{ik}^{(1)})$ mit $i, k = 2, 3, \ldots, n$ positiv definit ist.*

Beweis: a) Notwendigkeit: Es sei A positiv definit. Angenommen, $A^{(1)}$ sei nicht positiv definit, dann existieren nicht sämtlich verschwindende Werte für $x_2, x_3, \ldots, x_n$, so daß $Q^{(1)}(\boldsymbol{x}) = 0$ ist. Mit

$$x_1 = -\sum_{k=2}^{n} \frac{a_{1k}}{a_{11}}\,x_k \tag{1.62}$$

verschwindet auch $Q(\boldsymbol{x})$, was im Widerspruch steht. Die Matrix $A^{(1)}$ muß notwendig positiv definit sein.

b) Hinlänglichkeit: Es sei $A^{(1)}$ positiv definit. $Q(\boldsymbol{x}) = 0$ verlangt, daß beide Summanden in (1.60) für sich verschwinden. Aus unserer Annahme folgt aus $Q^{(1)}(\boldsymbol{x}) = 0$ $x_2 = x_3 = \ldots = x_n = 0$, und damit ist der erste Summand gleich Null nur für $x_1 = 0$. Daraus folgt notwendigerweise die positive Definitheit von $Q(\boldsymbol{x})$.

Die Entscheidung der Definitheit einer gegebenen Matrix A wird nach Satz 1.7 zurückgeführt auf dasselbe Problem für $A^{(1)}$, wobei die Ordnung um Eins reduziert worden ist. Falls $a_{22}^{(1)} > 0$ ist, kann $Q^{(1)}(\boldsymbol{x})$ durch Abspalten aller Glieder mit x_2 weiter zerlegt werden.

$$\left.\begin{aligned} Q^{(1)}(\boldsymbol{x}) &= \left(\sqrt{a_{22}^{(1)}}\,x_2 + \sum_{k=3}^{n} \frac{a_{2k}^{(1)}}{\sqrt{a_{22}^{(1)}}}\,x_k\right)^2 + Q^{(2)}(\boldsymbol{x}) \\ Q^{(2)}(\boldsymbol{x}) &= \sum_{i=3}^{n}\sum_{k=3}^{n} a_{ik}^{(2)}x_ix_k, \quad a_{ik}^{(2)} = a_{ik}^{(1)} - \frac{a_{2i}^{(1)}a_{2k}^{(1)}}{a_{22}^{(1)}} \end{aligned}\right\} \tag{1.63}$$

In konsequenter Fortsetzung des Verfahrens können zwei Möglichkeiten eintreten:

a) Nach ausgeführtem j-ten Schritt ($j = 1, 2, \ldots, n-1$) ist $a_{j+1,j+1}^{(j)} \leqq 0$. In diesem Fall ist

$$Q^{(j)}(x) = \sum_{i=j+1}^{n} \sum_{k=j+1}^{n} a_{ik}^{(j)} x_i x_k$$

nicht positiv definit, und damit $Q(x)$ nach Satz 1.7 ebenfalls nicht.

b) Es sind $n-1$ Schritte mit positiven $a_{jj}^{(j-1)}$ ($j = 1, 2, \ldots, n-1$) durchführbar, und sie führen zu $Q^{(n-1)}(x) = a_{nn}^{(n-1)} x_n^2$ mit $a_{nn}^{(n-1)} > 0$. In diesem Fall ist $Q^{(n-1)}(x)$ positiv definit, und damit ist nach Satz 1.7 auch $Q(x)$ positiv definit.

Zur Vereinheitlichung wird man auch die letzte quadratische Form $Q^{(n-1)}(x)$ als Quadrat $\left(\sqrt{a_{nn}^{(n-1)}}\, x_n\right)^2$ schreiben. Das Verfahren leistet die Reduktion einer positiv definiten quadratischen Form auf eine Summe von Quadraten von Linearformen. Die Zerlegung kann im Bereich der reellen Zahlen nicht zu Ende geführt werden, sobald ein Radikand $\leqq 0$ wird. In diesem Fall ist die quadratische Form nicht positiv definit. Als Ergebnis formulieren wir den

Satz 1.8. *Eine quadratische Form in n Variablen ist dann und nur dann positiv definit, falls bei ihrer Reduktion auf eine Summe von Quadraten alle auftretenden Wurzeln reell positiv ausziehbar sind, d. h. falls alle n Radikanden wesentlich positiv sind.*

Beispiel 1.12. Die positive Definitheit der Matrix

$$A = \begin{bmatrix} 3 & 2 & 2 \\ 2 & 3 & 2 \\ 2 & 2 & 3 \end{bmatrix} \quad \text{mit} \quad \begin{aligned} Q(x) = 3x_1^2 &+ 4x_1x_2 + 4x_1x_3 \\ &+ 3x_2^2 + 4x_2x_3 \\ &+ 3x_3^2 \end{aligned}$$

folgt aus ihrer Zerlegbarkeit in eine Summe von Quadraten mit lauter positiven Radikanden.

$$Q(x) = \left(\sqrt{3}x_1 + \frac{2}{\sqrt{3}}x_2 + \frac{2}{\sqrt{3}}x_3\right)^2 + Q^{(1)}(x)$$

$$Q^{(1)}(x) = \frac{5}{3}x_2^2 + \frac{4}{3}x_2x_3 + \frac{5}{3}x_3^2 \qquad A^{(1)} = \begin{bmatrix} \frac{5}{3} & \frac{2}{3} \\ \frac{2}{3} & \frac{5}{3} \end{bmatrix}$$

$$= \left(\sqrt{\frac{5}{3}}x_2 + \frac{2}{\sqrt{15}}x_3\right)^2 + Q^{(2)}(x)$$

$$Q^{(2)}(x) = \frac{7}{5}x_3^2 = \left(\sqrt{\frac{7}{5}}x_3\right)^2 \qquad A^{(2)} = \left[\frac{7}{5}\right]$$

$$Q(x) = \left(\sqrt{3}x_1 + \frac{2}{\sqrt{3}}x_2 + \frac{2}{\sqrt{3}}x_3\right)^2 + \left(\sqrt{\frac{5}{3}}x_2 + \frac{2}{\sqrt{15}}x_3\right)^2 + \left(\sqrt{\frac{7}{5}}x_3\right)^2$$

Beispiel 1.13. Die Indefinitheit einer Matrix zeigt sich im Reduktionsverfahren durch ein negatives Diagonalelement in einer der reduzierten Matrizen.

$$A = \begin{bmatrix} 3 & 2 & -2 \\ 2 & 3 & 2 \\ -2 & 2 & 3 \end{bmatrix}, \quad A^{(1)} = \begin{bmatrix} \frac{5}{3} & \frac{10}{3} \\ \frac{10}{3} & \frac{5}{3} \end{bmatrix}, \quad A^{(2)} = [-5], \quad a_{33}^{(2)} < 0.$$

Die Indefinitheit von A ist schon an $A^{(1)}$ zu erkennen, da das absolut größte Element nicht in der Diagonale liegt.

1.4. Symmetrische Dreieckszerlegung, Methode von Cholesky

Die Reduktion einer positiv definiten quadratischen Form auf eine Summe von Quadraten von Linearformen gestattet eine Interpretation als symmetrische Dreieckszerlegung der zugehörigen positiv definiten Matrix. Als Vorbereitung wenden wir uns zuerst den für die Numerik wichtigen Dreiecksmatrizen zu und stellen einige ihrer Eigenschaften zusammen.

1.4.1. Dreiecksmatrizen. Man unterscheidet zwei Klassen von Dreiecksmatrizen.

a) Linksdreiecksmatrizen. Alle Elemente oberhalb der Diagonale sind Null. Der Name verweist auf das Dreieck der Matrix, welches die im allgemeinen von Null verschiedenen Elemente enthält.

$$L = \begin{bmatrix} l_{11} & 0 & 0 & \dots & 0 \\ l_{21} & l_{22} & 0 & \dots & 0 \\ l_{31} & l_{32} & l_{33} & \dots & 0 \\ . & . & . & \dots & . \\ . & . & . & \dots & . \\ l_{n1} & l_{n2} & l_{n3} & \dots & l_{nn} \end{bmatrix} \tag{1.64}$$

b) Rechtsdreiecksmatrizen. Die Rechtsdreiecksmatrizen sind die Transponierten der Linksdreiecksmatrizen. Alle ihre Elemente unterhalb der Diagonale sind Null.

$$R = \begin{bmatrix} r_{11} & r_{12} & r_{13} & \dots & r_{1n} \\ 0 & r_{22} & r_{23} & \dots & r_{2n} \\ 0 & 0 & r_{33} & \dots & r_{3n} \\ . & . & . & \dots & . \\ . & . & . & \dots & . \\ 0 & 0 & 0 & \dots & r_{nn} \end{bmatrix} \tag{1.65}$$

Diagonalmatrizen sind Spezialfälle von beiden Klassen.

Satz 1.9. *Die Determinante einer Dreiecksmatrix ist gleich dem Produkt ihrer Diagonalelemente.*

Dies ist eine unmittelbare Folge des Entwicklungssatzes für Determinanten. Eine direkte Folge von Satz 1.9 ist

Satz 1.10. *Eine Dreiecksmatrix ist dann und nur dann regulär, falls alle ihre Diagonalelemente von Null verschieden sind.*

Satz 1.11. *Die Menge der regulären Linksdreiecksmatrizen (Rechtsdreiecksmatrizen) von fester Ordnung n bildet eine multiplikative Gruppe.*

Beweis: Wir können den Nachweis der Gruppeneigenschaften auf reguläre Linksdreiecksmatrizen beschränken. Der Beweis für Rechtsdreiecksmatrizen ist analog.

1) Die Produktmatrix $\boldsymbol{C} = \boldsymbol{AB}$ von zwei regulären Linksdreiecksmatrizen $\boldsymbol{A} = (a_{ik})$ und $\boldsymbol{B} = (b_{ik})$ der Ordnung n ist eine reguläre Linksdreiecksmatrix. In der Tat ist das allgemeine Element c_{ik} der Produktmatrix $\boldsymbol{C}$ oberhalb der Diagonale $(i < k)$ wegen $a_{ij} = 0$ für $j > i$ und $b_{jk} = 0$ für $j < k$

$$c_{ik} = \sum_{j=1}^{n} a_{ij} b_{jk} = \sum_{j=1}^{i} a_{ij} b_{jk} = 0.$$

Für ein Diagonalelement ergibt sich $c_{kk} = a_{kk} b_{kk}$ $(k = 1, 2, \ldots, n)$, so daß nach Satz 1.10 die Regularität gesichert ist.

2) Die Einheitsmatrix $\boldsymbol{I}$ ist das multiplikative Einselement. Als Diagonalmatrix mit nichtverschwindenden Diagonalelementen gehört sie zu den regulären Linksdreiecksmatrizen.

3) Zu jeder regulären Linksdreiecksmatrix $\boldsymbol{A} = (a_{ik})$ existiert eine Inverse $\boldsymbol{B} = (b_{ik})$, welche selbst eine Linksdreiecksmatrix ist. Die Existenz der Inversen ist durch die Regularität sichergestellt. Zu zeigen bleibt, daß aus

$$a_{ij} = 0 \quad \text{für} \quad i < j \quad \text{und} \quad \sum_{j=1}^{n} a_{ij} b_{jk} = \begin{cases} 1 & \text{für} \quad i = k \\ 0 & \text{für} \quad i \neq k \end{cases} \tag{1.66}$$

$b_{jk} = 0$ für $j < k$ folgt. Dies wird durch vollständige Induktion nach dem Zeilenindex der Inversen $\boldsymbol{B}$ gezeigt.

Induktionsannahme: $b_{ik} = 0$ für $i < k$ und $i = 1, 2, \ldots, m < n$.

Induktionsbehauptung: $b_{m+1,k} = 0$ für $k = m+2, m+3, \ldots, n$.

Induktionsbeweis: Aus (1.66) und der Induktionsvoraussetzung folgt für $i = m+1$ und $k > i$

$$\sum_{j=1}^{n} a_{m+1,j} b_{jk} = \sum_{j=1}^{m+1} a_{m+1,j} b_{jk} = a_{m+1,m+1} b_{m+1,k} = 0.$$

Aus der Regularität von $\boldsymbol{A}$ folgt die Induktionsbehauptung.

Induktionsverankerung: Für $i = 1$ folgt aus (1.66) sofort

$$b_{11} = 1/a_{11}, \quad b_{1k} = 0 \text{ für } k = 2, 3, \ldots, n.$$

Der Beweis der Gruppeneigenschaft ist damit vollständig.

Satz 1.12. *Die Inversion einer regulären Linksdreiecksmatrix (Rechtsdreiecksmatrix) ist ein expliziter Prozeß.*

Beweis: Tatsächlich ergeben sich als Folge von Satz 1.11 für die wesentlichen Elemente b_{ik} der Inversen $\boldsymbol{B} = (b_{ik})$ einer regulären Linksdreiecksmatrix $\boldsymbol{A} = (a_{ik})$ zeilenweise fortschreitend die folgenden expliziten Bestimmungsgleichungen.

$$\left.\begin{array}{ll} i = 1: & a_{11}b_{11} = 1, \\ i = 2: & a_{21}b_{11}+a_{22}b_{21} = 0, \quad a_{22}b_{22} = 1, \\ i = 3: & a_{31}b_{11}+a_{32}b_{21}+a_{33}b_{31} = 0, \\ & a_{32}b_{22}+a_{33}b_{32} = 0, \quad a_{33}b_{33} = 1, \\ \text{etc.} & \end{array}\right\} \quad (1.67)$$

Die Gleichungen (1.67) lassen sich sukzessive nach den Unbekannten b_{11}, b_{21}, b_{22}, b_{31}, b_{32}, b_{33}, etc. auflösen. Die notwendigen Divisionen durch a_{kk} sind für reguläre Linksdreiecksmatrizen $\boldsymbol{A}$ durchführbar. Allgemein lauten die Auflösungsformeln

$$\left.\begin{array}{ll} b_{ik} = -\left(\sum\limits_{j=k}^{i-1} a_{ij}b_{jk}\right)\Big/a_{ii}, & i > k \\ b_{ii} = 1/a_{ii} & \end{array}\right\} \quad (i = 1, 2, \ldots, n). \quad (1.68)$$

Die analogen Überlegungen für Rechtsdreiecksmatrizen seien dem Leser überlassen.

Die explizite Berechenbarkeit der Inversen einer regulären Dreiecksmatrix ist für die numerische Anwendung von einiger Bedeutung. Deshalb wird die Inversion einer regulären Linksdreiecksmatrix in der Formelsprache ALGOL [2], [3], [4], [12], [37], [39], [50], [55] in Form einer Prozedur formuliert.

ALGOL-Prozedur zur Invertierung einer regulären Linksdreiecksmatrix.

Die Parameter der Prozedur bedeuten:

n Ordnung der Matrix $\boldsymbol{A}$

a Elemente der regulären Linksdreiecksmatrix $\boldsymbol{A}$

b Elemente der Inversen von $\boldsymbol{A}$.

```
procedure linverse (n, a, b);
        value n;  integer n;  array a, b;
begin integer  i, j, k;  real s;
   for i := 1  step 1 until n do
   begin comment Berechnung der i-ten Zeile von B;
      for k := 1 step 1 until i-1 do
      begin s := 0;
         for j := k step 1 until i—1 do
            s := s+a [i, j] × b[j, k];
         b[i, k] := — s/a[i, i]
      end k;
      b[i, i] := 1/a[i, i]
   end i
end linverse
```

Zur Erläuterung des Programms sei in Erinnerung gerufen, daß die Schleifenanweisung für k im Fall $i = 1$ korrekterweise als leer behandelt wird. Von der Matrix $\boldsymbol{A}$ brauchen nur ihre wesentlichen Elemente gegeben zu sein. Es werden auch nur die wesentlichen Elemente von $\boldsymbol{B}$ definiert.

Man stellt ferner fest, daß in der befolgten Reihenfolge der Berechnung der Elemente b_{ik} das Element a_{ik} von jenem Moment an, wo das entsprechende b_{ik} mit den gleichen Indexwerten berechnet ist, nicht mehr gebraucht wird. Falls die gegebene Matrix $\boldsymbol{A}$ nach ihrer Inversion nicht mehr von Bedeutung ist, kann man deshalb in der Prozedur *linverse* b mit a identifizieren und b im Prozedurkopf streichen.

1.4.2. Die Methode von Cholesky. Die Reduktion einer positiv definiten quadratischen Form auf eine Summe von Quadraten nach 1.3.3 liefert die Darstellung

$$Q(\boldsymbol{x}) = \sum_{i=1}^{n} \sum_{k=1}^{n} a_{ik}^{(0)} x_i x_k = \sum_{i=1}^{n} \left(\sqrt{a_{ii}^{(i-1)}}\, x_i + \sum_{k=i+1}^{n} \frac{a_{ik}^{(i-1)}}{\sqrt{a_{ii}^{(i-1)}}}\, x_k \right)^2. \quad (1.69)$$

In der Zerlegung (1.69) treten n Linearformen

$$y_i = \sum_{k=i}^{n} r_{ik} x_k, \qquad (i = 1, 2, \ldots, n) \quad (1.70)$$

auf, deren Koeffizienten r_{ik} definiert sind durch

$$r_{ii} = \sqrt{a_{ii}^{(i-1)}}, \quad r_{ik} = \frac{a_{ik}^{(i-1)}}{\sqrt{a_{ii}^{(i-1)}}}, \quad k > i. \tag{1.71}$$

Die Werte r_{ik} sind nach (1.71) nur für $k \geqslant i$ erklärt. Setzt man $r_{ik} = 0$ für $k < i$, können die Koeffizienten in einer Rechtsdreiecksmatrix $\boldsymbol{R}$ (1.65) zusammengefaßt werden, welche nach (1.70) eine lineare Abbildung $\boldsymbol{y} = \boldsymbol{R}\boldsymbol{x}$ definiert. In Kombination von (1.69) und (1.70) ergeben sich nacheinander die Gleichungen

$$\begin{aligned} Q(\boldsymbol{x}) = (\boldsymbol{A}\boldsymbol{x}, \boldsymbol{x}) &= \sum_{i=1}^{n} \left(\sum_{k=i}^{n} r_{ik} x_k \right)^2 = \sum_{i=1}^{n} y_i^2 = (\boldsymbol{y}, \boldsymbol{y}) \\ &= (\boldsymbol{R}\boldsymbol{x}, \boldsymbol{R}\boldsymbol{x}) = (\boldsymbol{R}^{\mathrm{T}}\boldsymbol{R}\boldsymbol{x}, \boldsymbol{x}). \end{aligned} \tag{1.72}$$

Aus der Eindeutigkeit der Darstellung schließt man aus (1.72) auf die Relation

$$\boldsymbol{A} = \boldsymbol{R}^{\mathrm{T}}\boldsymbol{R}. \tag{1.73}$$

S c h l u ß f o l g e r u n g: Die Reduktion einer positiv definiten quadratischen Form auf eine Summe von Quadraten leistet die Zerlegung der zugehörigen positiv definiten Matrix $\boldsymbol{A}$ in das Produkt von zwei zueinander transponierten Rechtsdreiecksmatrizen gemäß (1.73).

In dieser Interpretation geht das Verfahren auf den Geodäten C h o l e s k y zurück [5], und es wird üblicherweise nach ihm benannt.

A L G O L — P r o z e d u r f ü r d a s V e r f a h r e n v o n C h o l e s k y. Mit den Koeffizienten r_{ik} nach (1.71) lauten die Reduktionsformeln für den Übergang von $\boldsymbol{A}^{(p-1)}$ zu $\boldsymbol{A}^{(p)}$ in Verallgemeinerung von (1.63)

$$a_{ik}^{(p)} = a_{ik}^{(p-1)} - r_{pi} r_{pk} \quad \left\{ \begin{array}{l} i, k = p+1, p+2, \ldots, n; \\ p = 1, 2, \ldots, n-1. \end{array} \right. \tag{1.74}$$

Beachtet man, daß für feste i und k in der Folge $a_{ik}^{(0)}, a_{ik}^{(1)}, \ldots, a_{ik}^{(p)}$ nur das letzte von Bedeutung ist, kann der obere Index weggelassen werden, sofern unter a_{ik} der zuletzt dafür berechnete Wert verstanden wird. Mit dieser Festsetzung wird die gegebene Matrix laufend verändert. Aus Symmetriegründen braucht $\boldsymbol{A}$ nur als Rechtsdreiecksmatrix gegeben zu sein, und die Reduktion ist nur auf die Elemente in und oberhalb der Diagonale auszuüben. Diesen Überlegungen ist in der Prozedur *cholesky* Rechnung getragen.

Ihre Parameter bedeuten:

n Ordnung der Matrix $\boldsymbol{A}$
a Elemente der Matrix $\boldsymbol{A}$
r Elemente der Rechtsdreiecksmatrix $\boldsymbol{R}$, $\boldsymbol{A} = \boldsymbol{R}^{\mathrm{T}}\boldsymbol{R}$
indef Ausgang, falls $\boldsymbol{R}$ nicht positiv definit ist.

```
procedure cholesky (n, a, r, indef);
        value n; integer n; array a, r; label indef;
begin integer i, k, p;
   for p := 1 step 1 until n do
   begin if a[p, p] <= 0 then goto indef;
      comment Berechnung der r[p, k];
      r[p, p] := sqrt (a[p, p]);
      for k := p+1 step 1 until n do
         r[p, k] := a[p, k]/r[p, p];
      comment Reduktion der Elemente a[i, k];
      for i := p+1 step 1 until n do
         for k := i step 1 until n do
            a[i, k] := a[i, k] — r[p, i] × r[p, k]
   end p
end cholesky
```

Anmerkung: In der Prozedur *cholesky* ist es möglich, die Elemente r_{ik} mit a_{ik} zu identifizieren, so daß nach entsprechender Modifikation nach Ausführung der Prozedur die Elemente von $\boldsymbol{A}$ diejenigen von $\boldsymbol{R}$ darstellen. Die gegebene Matrix $\boldsymbol{A}$ geht ohnehin verloren.

1.4.3. Auflösung symmetrisch-definiter Gleichungssysteme. Ein lineares Gleichungssystem von n Gleichungen in n Unbekannten x_k

$$\boldsymbol{A}\boldsymbol{x}+\boldsymbol{b} = 0 \quad \text{oder} \quad \sum_{k=1}^{n} a_{ik}x_k+b_i = 0 \qquad (i = 1, 2, \ldots, n) \tag{1.75}$$

heißt symmetrisch-definit, falls die Matrix $\boldsymbol{A}$ des Systems symmetrisch und positiv definit ist. Zur Auflösung solcher Gleichungssysteme ist das Verfahren von Cholesky sehr geeignet. Mit der Zerlegung von $\boldsymbol{A} = \boldsymbol{R}^{\mathrm{T}}\boldsymbol{R}$ lautet (1.75)

$$\boldsymbol{R}^{\mathrm{T}}\boldsymbol{R}\boldsymbol{x}+\boldsymbol{b} = 0, \quad \text{oder} \quad \boldsymbol{R}^{\mathrm{T}}(\boldsymbol{R}\boldsymbol{x})+\boldsymbol{b} = 0. \tag{1.76}$$

Mit dem Hilfsvektor $\boldsymbol{y} = \boldsymbol{R}\boldsymbol{x}$ wird die Auflösung von (1.75) äquivalent mit der Aufgabe, nacheinander die beiden Gleichungssysteme (1.77) und (1.78) zu lösen:

$$\boldsymbol{R}^{\mathrm{T}}\boldsymbol{y}+\boldsymbol{b} = 0 \quad \text{nach} \quad \boldsymbol{y} \text{ bei gegebenem } \boldsymbol{b}, \tag{1.77}$$

$$\boldsymbol{R}\boldsymbol{x} - \boldsymbol{y} = 0 \quad \text{nach} \quad \boldsymbol{x} \text{ bei jetzt bekanntem } \boldsymbol{y}. \tag{1.78}$$

Die beiden Systeme lauten wegen der Dreiecksgestalt der Matrix $\boldsymbol{R}$ ausführlich

$$\left.\begin{array}{l} r_{11}y_1 \qquad\qquad\qquad\qquad +b_1 = 0 \\ r_{12}y_1+r_{22}y_2 \qquad\qquad\qquad +b_2 = 0 \\ r_{13}y_1+r_{23}y_2+r_{33}y_3 \qquad\qquad +b_3 = 0 \\ \cdot \quad \cdot \quad \cdot \qquad\qquad\qquad\qquad \cdot \quad \cdot \\ r_{1n}y_1+r_{2n}y_2+r_{3n}y_3+\ \dots\ +r_{nn}y_n+b_n = 0 \end{array}\right\} \qquad (1.79)$$

$$\left.\begin{array}{r} r_{11}x_1+r_{12}x_2+r_{13}x_3+\ \dots\ +r_{1n}x_n-y_1 = 0 \\ r_{22}x_2+r_{23}x_3+\ \dots\ +r_{2n}x_n-y_2 = 0 \\ r_{33}x_3+\ \dots\ +r_{3n}x_n-y_3 = 0 \\ \dots \quad \cdot \quad \cdot \quad \cdot \\ r_{nn}x_n-y_n = 0 \end{array}\right\} \qquad (1.80)$$

Für ein symmetrisch-definites Gleichungssystem (1.75) sind die Diagonalelemente von $\boldsymbol{R}$ vermöge der C h o l e s k y -Zerlegung wesentlich positiv. Aus (1.79) bestimmen sich bei gegebenen Werten b_i die Hilfsunbekannten y_k in a u f s t e i g e n d e r Reihenfolge nach den expliziten Formeln

$$y_k = -\left(b_k + \sum_{i=1}^{k-1} r_{ik}y_i\right)\Big/ r_{kk}, \qquad (k = 1, 2, \dots, n). \qquad (1.81)$$

In (1.81) ist die Summation für $k = 1$ sinngemäß leer. Analog ergeben sich aus (1.80) die Unbekannten x_i bei jetzt bekannten Werten y_k, diesmal aber in a b s t e i g e n d e r Reihenfolge in expliziter Weise gemäß

$$x_i = \left(y_i - \sum_{k=i+1}^{n} r_{ik}x_k\right)\Big/ r_{ii}, \qquad (i = n, n-1, \dots, 1). \qquad (1.82)$$

In (1.82) ist jetzt die Summation für $i = n$ sinngemäß leer.

Die beiden voneinander getrennten Prozesse zur Bestimmung des Hilfsvektors $\boldsymbol{y}$ und aus diesem den gesuchten Lösungsvektor $\boldsymbol{x}$ nennt man wegen der Reihenfolge, in welcher die Gleichungen benützt und sich die jeweiligen Unbekannten ergeben, das V o r w ä r t s - bzw. das R ü c k w ä r t s e i n s e t z e n.[1)]

---

1) Die Methode von Cholesky zur Auflösung von symmetrisch-definiten Gleichungssystemen ist nur eine Modifikation des G a u ß schen Algorithmus [64], [75], indem die Elimination unter Wahrung der Symmetrie durchgeführt wird. Ein lineares Gleichungssystem ist aber bekanntlich ohne das Ausziehen von Quadratwurzeln auflösbar. Die auftretenden Quadratwurzeln entstammen der Reduktion der quadratischen Form auf eine Summe von Quadraten.

ALGOL-Prozedur für das Vorwärts- und Rückwärtseinsetzen. Es wird vorausgesetzt, daß die Cholesky-Zerlegung der positiv definiten Matrix $A = R^T R$ vorliegt.

Die Parameter der Prozedur bedeuten:

- *n* Ordnung des Gleichungssystems, Zahl der Unbekannten
- *r* Elemente der Matrix R
- *b* Elemente des Konstantenvektors in $Ax + b = 0$
- *x* Elemente des Lösungsvektors.

```
procedure choleskysol (n, r, b, x);
          value n; integer n; array r, b, x;
begin integer i, k; real s; array y[1:n];
   comment Vorwärtseinsetzen;
   for k := 1 step 1 until n do
   begin s := b[k];
      for i := 1 step 1 until k−1 do
         s := s+r[i, k]×y[i];
      y[k] := −s/r[k, k]
   end k;
   comment Rückwärtseinsetzen;
   for i := n step −1 until 1 do
   begin s := y[i];
      for k := i+1 step 1 until n do
         s := s−r[i, k]×x[k];
      x[i] := s/r[i, i]
   end i
end choleskysol
```

Anmerkung: In der Prozedur *choleskysol* ist es möglich, einerseits die Elemente y_k mit b_k zu identifizieren, falls der gegebene Konstantenvektor verändert werden darf, und anderseits die Elemente x_i mit y_i zu identifizieren. Wird von beiden Tatsachen Gebrauch gemacht, können die Vektoren y und x eliminiert werden, so daß der Lösungsvektor anstelle des Konstantenvektors b erscheint.

Die Prozesse des Vorwärts- und Rückwärtseinsetzens verändern die Dreiecksmatrix R nicht. Aus diesem Grund kann bei vorliegender Zerlegung $A = R^T R$ ein weiteres Gleichungssystem mit gleicher Koeffizientenmatrix A aber neuem Konstantenvektor b allein durch das Vorwärts- und Rückwärtseinsetzen gelöst werden. Deshalb wurden die beiden Teilschritte zur Auflösung eines symmetrisch-definiten Gleichungssystems in zwei getrennten Prozeduren zusammengefaßt. Eine Anwendung davon besteht in der

N a c h i t e r a t i o n e i n e r L ö s u n g: Infolge der unvermeidlichen Rundungsfehler jeder numerischen Rechnung und infolge einer eventuellen schlechten Kondition der Matrix $\boldsymbol{A}$ des Gleichungssystems erhält man in der Regel anstelle des exakten Lösungsvektors $\boldsymbol{x}$ von $\boldsymbol{Ax}+\boldsymbol{b}=0$ eine genäherte Lösung $\boldsymbol{x}'$. Für sie ist das Gleichungssystem nicht exakt erfüllt, vielmehr gilt mit dem im allgemeinen von Null verschiedenen R e s i d u e n v e k t o r $\boldsymbol{r}$

$$\boldsymbol{Ax}'+\boldsymbol{b}=\boldsymbol{r}. \tag{1.83}$$

Der Ansatz $\boldsymbol{x}=\boldsymbol{x}'+\boldsymbol{d}$ für die gesuchte Lösung $\boldsymbol{x}$ mit dem Korrekturvektor $\boldsymbol{d}$ führt auf

$$\boldsymbol{Ax}+\boldsymbol{b}=\boldsymbol{Ax}'+\boldsymbol{Ad}+\boldsymbol{b}=\boldsymbol{Ad}+\boldsymbol{r}=0, \tag{1.84}$$

d. h. auf ein Gleichungssystem für $\boldsymbol{d}$ mit derselben Matrix $\boldsymbol{A}$, jedoch mit dem Residuenvektor $\boldsymbol{r}$ als neuem Konstantenvektor. Nach der oben gemachten Feststellung ergibt sich die Korrektur $\boldsymbol{d}$ ohne großen Aufwand. Man erhält so eine genauere Lösung $\boldsymbol{x}''=\boldsymbol{x}'+\boldsymbol{d}$, welche nicht notwendigerweise mit der exakten Lösung $\boldsymbol{x}$ übereinzustimmen braucht. Mit ihr läßt sich im Prinzip die Nachkorrektur wiederholen. Zur Berechnung des Residuenvektors $\boldsymbol{r}$ ist die Verwendung höherer numerischer Genauigkeit angezeigt.

Beispiel 1.14. Wir illustrieren das Verfahren von Cholesky und die Nachiteration einer Lösung, indem ein Rechenautomat mit sechs wesentlichen Dezimalstellen simuliert wird. Die Abweichung der Näherungslösung $\boldsymbol{x}'$ von der exakten Lösung $\boldsymbol{x}$ wird mit der Kondition des Gleichungssystems in Beziehung gebracht.

$$\boldsymbol{A}=\begin{bmatrix}5 & 7 & 3\\ 7 & 11 & 2\\ 3 & 2 & 6\end{bmatrix},\quad \boldsymbol{b}=\begin{bmatrix}0\\ -1\\ 0\end{bmatrix},\quad \boldsymbol{x}=\begin{bmatrix}-36\\ 21\\ 11\end{bmatrix}$$

$$\boldsymbol{R}=\begin{bmatrix}2{,}23607 & 3{,}13049 & 1{,}34164\\ & 1{,}09546 & -2{,}00828\\ & & 0{,}408429\end{bmatrix},\quad \boldsymbol{y}=\begin{bmatrix}0\\ 0{,}912859\\ 4{,}48861\end{bmatrix},$$

$$\boldsymbol{x}'=\begin{bmatrix}-35{,}9671\\ 20{,}9809\\ 10{,}9899\end{bmatrix}.$$

Der Residuenvektor $\boldsymbol{r}$ und die durch Nachiteration verbesserte Lösung sind

$$\boldsymbol{r} = 10^{-4} \cdot \begin{bmatrix} 5 \\ 0 \\ -1 \end{bmatrix}, \quad \boldsymbol{y}_r = 10^{-4} \cdot \begin{bmatrix} -2{,}23607 \\ 6{,}39001 \\ 41{,}2138 \end{bmatrix},$$

$$\boldsymbol{d} = 10^{-4} \cdot \begin{bmatrix} -328{,}700 \\ 190{,}826 \\ 100{,}908 \end{bmatrix} = \begin{bmatrix} -0{,}03287 \\ 0{,}01908 \\ 0{,}01009 \end{bmatrix}, \quad \boldsymbol{x}'' = \boldsymbol{x}' + \boldsymbol{d} = \begin{bmatrix} -36{,}0000 \\ 21{,}0000 \\ 11{,}0000 \end{bmatrix}.$$

Die nachiterierte Lösung $\boldsymbol{x}''$ stimmt auf sechs wesentliche Dezimalstellen mit der exakten Lösung überein. Man beachte die Größenordnungen des Residuenvektors $\boldsymbol{r}$ und des Korrekturvektors $\boldsymbol{d}$. Die Größe des Residuenvektors sagt direkt nichts aus über die Größe des Fehlers in der Näherungslösung $\boldsymbol{x}'$. Dafür ist die Konditionszahl der Matrix $\boldsymbol{A}$ zuständig. Sie beträgt für die symmetrische, positiv definite Matrix $\boldsymbol{A}$ mit $\lambda_{\max} \cong 16{,}6622$ und $\lambda_{\min} \cong 0{,}0112$ ungefähr $\varkappa \cong 1487$. Nach 1.2 ist somit in der Lösung $\boldsymbol{x}'$ größenordnungsmäßig eine Ungenauigkeit von 0,1487 zu erwarten, d.h. die vier letzten Ziffern können nicht garantiert werden. Tatsächlich ist der Fehler etwa viermal kleiner ausgefallen. Dieselben Überlegungen gelten auch für den Korrekturvektor $\boldsymbol{d}$. Dies macht verständlich, warum in dem Beispiel $\boldsymbol{x}''$ auf sechs wesentliche Dezimalstellen die exakte Lösung liefert. Bei schlechter Kondition sind entsprechend mehr Iterationen notwendig zur Erreichung einer gewünschten Genauigkeit der Lösung.

1.4.4. Inversion einer positiv definiten Matrix. Mit der Cholesky-Zerlegung einer symmetrischen, positiv definiten Matrix $\boldsymbol{A} = \boldsymbol{R}^{\mathrm{T}}\boldsymbol{R}$ wird ihre Inverse gegeben durch

$$\boldsymbol{B} = \boldsymbol{A}^{-1} = (\boldsymbol{R}^{\mathrm{T}}\boldsymbol{R})^{-1} = \boldsymbol{R}^{-1}(\boldsymbol{R}^{\mathrm{T}})^{-1} = \boldsymbol{R}^{-1}(\boldsymbol{R}^{-1})^{\mathrm{T}}.$$

Die Inversion von $\boldsymbol{A}$ kann damit im wesentlichen in drei Schritten erfolgen:

1) Cholesky-Zerlegung von $\boldsymbol{A} = \boldsymbol{R}^{\mathrm{T}}\boldsymbol{R}$ nach 1.4.2.
2) Inversion der Rechtsdreiecksmatrix $\boldsymbol{R}$. Nach 1.4.1 ist dies ein expliziter Prozeß und liefert eine Rechtsdreiecksmatrix $\boldsymbol{R}^{-1} = \boldsymbol{S} = (s_{ik})$ mit $s_{ik} = 0$ für $i > k$.
3) Berechnung von $\boldsymbol{B} = \boldsymbol{S}\boldsymbol{S}^{\mathrm{T}} = (b_{ik})$.

Die Matrix $\boldsymbol{B}$ ist wie $\boldsymbol{A}$ symmetrisch. Es genügt, ihre Elemente in und oberhalb der Diagonale zu berechnen. Wegen der Dreiecksgestalt von $\boldsymbol{S}$ gilt

$$b_{ik} = \sum_{j=k}^{n} s_{ij} s_{kj} \qquad (i \leqslant k), \tag{1.85}$$

und insbesondere gilt für die Diagonalelemente der Inversen

$$b_{kk} = \sum_{j=k}^{n} s_{kj}^2 \qquad (k = 1, 2, \ldots, n). \tag{1.86}$$

Die Diagonalelemente von $\boldsymbol{B} = \boldsymbol{A}^{-1}$ können damit aus $\boldsymbol{S}$ unabhängig von den übrigen Elementen von $\boldsymbol{B}$ berechnet werden. Falls man sich nur für die Diagonalelemente oder allgemeiner nur für einige spezielle Elemente der Inversen interessiert, bietet die beschriebene Art der Inversion einen bemerkenswerten Vorteil.

A n w e n d u n g: In der Ausgleichsrechnung nach vermittelnden Beobachtungen (vgl. Kap. 3) werden häufig die mittleren Fehler der ausgeglichenen Größen gesucht. Diese werden bestimmt durch die Diagonalelemente der Inversen der Normalgleichungsmatrix (vgl. [80]), während die übrigen Elemente der Inversen in diesem Zusammenhang nicht direkt von Interesse sind. Die Normalgleichungen sind symmetrisch-definit (vgl. 3.2), so daß ihre Auflösung nach der Methode von Cholesky erfolgen kann. Dabei wird die Rechtsdreiecksmatrix $\boldsymbol{R}$ ohnehin berechnet, so daß die gewünschten Diagonalelemente der Inversen ohne großen Aufwand ermittelt werden können, ohne eine vollständige Inversion durchzuführen.

1.4.5. Symmetrisch-definite Bandmatrizen. Eine Matrix, deren Elemente außerhalb eines Bandes längs der Hauptdiagonale verschwinden, heißt eine B a n d - m a t r i x. Sie ist dadurch charakterisiert, daß eine ganze Zahl $m < n$ existiert, so daß

$$a_{ik} = 0 \quad \text{für alle } i \text{ und } k \text{ mit} \quad |i-k| > m. \tag{1.87}$$

Die Zahl m charakterisiert die B a n d b r e i t e.

Beispiel 1.15. Typen von Bandmatrizen mit verschiedenen Bandbreiten sind:

1) $m = 0$: $\boldsymbol{A}$ ist eine D i a g o n a l m a t r i x.

2) $m = 1$: $\boldsymbol{A}$ ist eine t r i d i a g o n a l e oder J a c o b i - M a t r i x.

Ihre Elemente sind nur in der Hauptdiagonale und in den beiden dazu benachbarten Schrägzeilen im allgemeinen von Null verschieden, z. B.

$$\boldsymbol{A} = \begin{bmatrix} 2 & 1 & 0 & 0 \\ 1 & 3 & 1 & 0 \\ 0 & 1 & 3 & 1 \\ 0 & 0 & 1 & 2 \end{bmatrix} \tag{1.88}$$

Tridiagonale Matrizen werden im folgenden in verschiedenen Zusammenhängen auftreten.

3) $m = 2$: Bandmatrizen dieser Art treten unter anderem bei der Diskretisation des Problems der Balkenbiegung und Balkenschwingung auf. Die Bandmatrizen bestehen insgesamt aus fünf benachbarten Schrägzeilen.

Wir befassen uns jetzt mit s y m m e t r i s c h - d e f i n i t e n B a n d m a t r i z e n. Beispielsweise ist (1.88) nach Satz 1.5 eine symmetrisch-definite Bandmatrix.

Satz 1.13. *Die Cholesky-Zerlegung einer symmetrisch-definiten Bandmatrix $\boldsymbol{A} = \boldsymbol{R}^T\boldsymbol{R}$ bewahrt die Bandgestalt. Für die Rechtsdreiecksmatrix $\boldsymbol{R} = (r_{ik})$ gilt*

$$r_{ik} = 0 \quad \text{für} \quad k-i > m, \tag{1.89}$$

wobei m die Bandbreite von $\boldsymbol{A}$ *charakterisiert.*

Beweis: Die Aussage des Satzes folgt für die erste Zeile von $\boldsymbol{R}$ nach (1.71) unmittelbar. In der Tat ist mit $a_{1k} = 0$ für $k-1 > m$ auch $r_{1k} = a_{1k}/\sqrt{a_{11}} = 0$. Zu zeigen bleibt, daß die Reduktion die Bandgestalt von $\boldsymbol{A}$ auf $\boldsymbol{A}^{(1)}$ überträgt. Nach (1.74) ist

$$a_{ik}^{(1)} = a_{ik} - r_{1i}r_{1k}, \qquad (i, k = 2, 3, \ldots, n).$$

Aus Symmetriegründen genügt der Nachweis für die Elemente oberhalb der Diagonale. Für ein beliebiges Element $a_{ik}^{(1)}$ mit $i \geqslant 2$ und $k-i > m$ ist einerseits $a_{ik} = 0$ und anderseits wegen $k > m+i \geqslant m+2$ auch $r_{1k} = 0$, so daß damit in der Tat $a_{ik}^{(1)} = 0$ folgt. Daraus schließt man schrittweise weiter auf (1.89).

Die Tatsache, daß sich die Bandgestalt einer symmetrisch-definiten Matrix $\boldsymbol{A}$ bei der Cholesky-Zerlegung auf die Matrix $\boldsymbol{R}$ überträgt, verringert den Rechenaufwand wesentlich. Anderseits ist festzuhalten, daß bei Multiplikation zweier Bandmatrizen die Bandbreite vergrößert wird, und daß die Bandeigenschaft bei Inversion vollständig verlorengeht.

ALGOL—Prozedur der Cholesky-Zerlegung für symmetrisch-definite Bandmatrizen. Für eine spätere Anwendung (vgl. 4.6.4) wird die Prozedur so angelegt, daß die Matrix $\boldsymbol{A}$ unverändert bleibt. Dies wird erreicht, indem zuerst $r_{ij} = a_{ij}$ definiert wird, und dann die Zerlegung auf die Werte r_{ij} so ausgeführt wird, daß am Schluß die resultierenden r_{ij} die Elemente von $\boldsymbol{R}$ darstellen (vgl. die Anmerkung in 1.4.2).

Die Symmetrie und Bandgestalt wird durch eine spezielle Indizierung der Matrixelemente ausgenützt, indem die wesentlichen Elemente in und oberhalb der Diagonale einer Indexsubstitution gemäß (1.90) unterworfen werden.

$$a_{ik} \xrightarrow{k\,=\,i+j} a_{i,\,k-i} = a_{ij}, \quad k \geqslant i \tag{1.90}$$

Die wesentlichen Schrägzeilen des Bandes werden dadurch abgebildet auf die Kolonnen eines rechteckigen Bereiches, wobei in der neuen Indizierung der erste Index i von 1 bis n, und der zweite Index j von 0 bis m läuft. Die Diagonalelemente sind jetzt indiziert mit a_{i0} $(i = 1, 2, \ldots, n)$, die Elemente der ersten oberen benachbarten Schrägzeile mit a_{i1} $(i = 1, 2, \ldots, n-1)$, usf. bis zur m-ten Schrägzeile mit a_{im} $(i = 1, 2, \ldots, n-m)$. Der rechteckige Bereich wird nicht vollständig durch die Matrixelemente besetzt.

Zur Vereinfachung von einigen Schleifenanweisungen wird die Annahme getroffen, daß die Elemente a_{ij} mit $n < i+j \leqslant n+m$, welche außerhalb des Matrixbereiches liegen und an sich nicht existieren, als Null definiert sind. Eine Matrix der Ordnung $n = 6$ mit $m = 2$ erscheint nach all diesen Vereinbarungen als das danebenstehende rechteckige Schema.

$$A = \begin{bmatrix} 32 & 16 & 8 & & & \\ 16 & 16 & 8 & 4 & & \\ 8 & 8 & 8 & 4 & 2 & \\ & 4 & 4 & 4 & 2 & 1 \\ & & 2 & 2 & 2 & 1 \\ & & & 1 & 1 & 1 \end{bmatrix} \qquad \begin{array}{|ccc|} 32 & 16 & 8 \\ 16 & 8 & 4 \\ 8 & 4 & 2 \\ 4 & 2 & 1 \\ 2 & 1 & 0 \\ 1 & 0 & 0 \end{array}$$

Die Parameter der Prozedur bedeuten:

a	Elemente der Bandmatrix A in der Indizierung (1.90)
n	Ordnung der Matrix
m	Bandbreite gemäß (1.87)
r	Elemente der Matrix R in $A = R^{T}R$, ebenfalls in der Indizierung (1.90)
indef	Ausgang, falls A nicht positiv definit ist.

```
procedure choleskyband (a, n, m, r, indef);
          value n, m; integer n, m; array a, r; label indef;
begin integer i, j, p, min;
    comment Vorbereitende Umspeicherung;
    for i := 1 step 1 until n do
        for j := 0 step 1 until m do
           r[i, j] := a[i, j];
    comment Eigentliche Cholesky-Zerlegung mit den Elementen r[i, j];
    for p := 1 step 1 until n do
    begin if r[p, 0] ≤ 0 then goto indef;
        r[p, 0] := sqrt(r[p, 0]);
        for j :=  1 step 1 until m do
           r[p, j] := r[p, j]/r[p, 0];
       min :=  if n ≤ p+m then n else p+m;
       for i := p+1 step 1 until min do
          for j := 0 step 1 until m+p−i do
             r[i, j] := r[i, j]−r[p, i−p]×r[p, i−p+j]
    end p
end choleskyband
```

Zum besseren Verständnis der Reduktionsschritte diene die schematische Darstellung der Fig. 1 mit $m = 4$. Die wesentlichen Elemente des Bandes in und oberhalb der Diagonale sind mit $\times$ angedeutet, die zusätzlichen Elemente außerhalb der Matrix mit $\circ$.

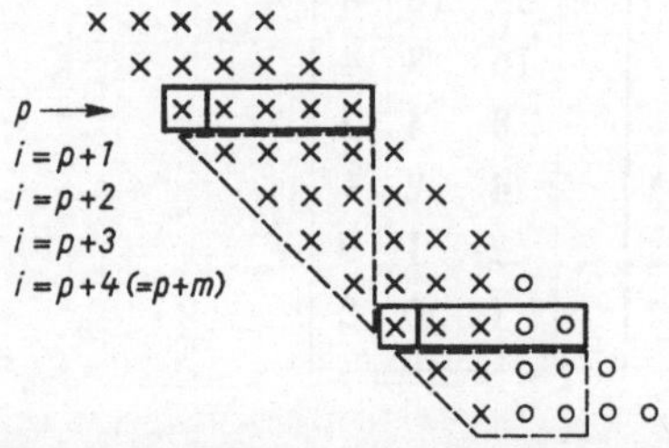

Die eigentliche Reduktion betrifft infolge der Bandgestalt nur die Elemente in einem dreieckigen Bereich, welcher für $p > n-m$ zu einem trapezförmigen Bereich wird. Man überzeugt sich leicht davon, daß die Elemente außerhalb der Matrix, welche in die Rechnung einbezogen werden, den Wert Null unverändert beibehalten.

Fig. 1 Zur Reduktion einer Bandmatrix

Die Auflösung eines symmetrisch-definiten Gleichungssystems mit einer Bandmatrix A nach 1.4.3 ist jetzt trivial, und die Formulierung des Prozesses als ALGOL-Prozedur ist auf der Hand liegend.

2. Relaxationsmethoden

Viele Randwertprobleme der mathematischen Physik können direkt als Variationsprobleme formuliert werden (E n e r g i e m e t h o d e), welche durch Diskretisation eine quadratische Funktion F ergeben, die extremal gemacht werden muß [11], [13], [17]. Aus dieser Forderung ergibt sich durch Differentiation von F ein System von linearen Gleichungen. Aus der physikalischen Bedeutung der quadratischen Funktion als Energie steht in der Regel fest, daß der homogene quadratische Teil eine positiv definite quadratische Form darstellt. Aus diesem Grund ist das entstehende Gleichungssystem symmetrisch-definit. Die Auflösung von symmetrisch-definiten Gleichungssystemen bildet aus den skizzierten Gründen das Kernproblem für eine große Klasse von Problemen, weshalb wir uns eingehend damit befassen werden.

In 1.4.3 wurde eine direkte Lösungsmethode nach dem Verfahren von Cholesky beschrieben. Im Gegensatz dazu wird jetzt das Gleichungssystem iterativ durch R e l a x a t i o n gelöst, indem eine Näherung schrittweise verbessert wird.

2.1. Grundlagen der Relaxationsrechnung

2.1.1. Symmetrisch-definites Gleichungssystem als Minimumproblem. Gegeben sei ein symmetrisch-definites Gleichungssystem zur Bestimmung des Lösungsvektors $\boldsymbol{x}$

$$\boldsymbol{A}\boldsymbol{x}+\boldsymbol{b}=0, \quad \sum_{k=1}^{n} a_{ik}x_k+b_i=0, \quad (i=1,2,\ldots,n). \tag{2.1}$$

Setzt man in (2.1) anstelle von $\boldsymbol{x}$ irgendeinen Versuchsvektor $\boldsymbol{v}$ ein, ergibt sich ein Residuenvektor $\boldsymbol{r}=\boldsymbol{A}\boldsymbol{v}+\boldsymbol{b}$ mit den Komponenten $r_1, r_2, \ldots, r_n$. Das Ziel jeder Relaxationsmethode besteht darin, den Versuchsvektor $\boldsymbol{v}$ systematisch so zu ändern, daß die Residuen schließlich verschwinden.

Neben dem Gleichungssystem (2.1) betrachtet man die quadratische Funktion

$$F(\boldsymbol{v})=\frac{1}{2}\sum_{i=1}^{n}\sum_{k=1}^{n} a_{ik}v_iv_k+\sum_{i=1}^{n} b_iv_i=\frac{1}{2}(\boldsymbol{A}\boldsymbol{v},\boldsymbol{v})+(\boldsymbol{b},\boldsymbol{v}). \tag{2.2}$$

Darin ist die quadratische Form

$$Q(\boldsymbol{v})=\sum_{i=1}^{n}\sum_{k=1}^{n} a_{ik}v_iv_k=(\boldsymbol{A}\boldsymbol{v},\boldsymbol{v}) \tag{2.3}$$

gemäß Problemstellung positiv definit. Differenzieren wir die quadratische Funktion $F(\boldsymbol{v})$ partiell nach v_i

$$\frac{\partial F}{\partial v_i}=\sum_{k=1}^{n} a_{ik}v_k+b_i. \tag{2.4}$$

Dies ist die i-te Komponente des Residuenvektors $\boldsymbol{r}$ für den Versuchsvektor $\boldsymbol{v}$, so daß zusammenfassend (2.5) gilt.

$$\boldsymbol{r}=\operatorname{grad} F=\boldsymbol{A}\boldsymbol{v}+\boldsymbol{b} \tag{2.5}$$

Satz 2.1. *Die Auflösung eines symmetrisch-definiten Gleichungssystems* (2.1) *ist gleichbedeutend mit der Aufgabe, das Minimum der quadratischen Funktion* $F(\boldsymbol{v})$ (2.2) *zu bestimmen.*

Beweis: Die Gleichungen (2.1) sind gelöst, falls der Residuenvektor $\boldsymbol{r}$ verschwindet. Nach (2.4) und (2.5) sind Werte v_i so zu bestimmen, daß alle partiellen Ableitungen von $F(\boldsymbol{v})$ verschwinden. Die Funktion $F(\boldsymbol{v})$ nimmt für diese Werte einen stationären Wert an. Infolge der vorausgesetzten positiven Definitheit der quadratischen Form $Q(\boldsymbol{v})$ hat die quadratische Funktion $F(\boldsymbol{v})$ genau eine stationäre Stelle, und zwar ein Minimum. Die Koordinaten des Minimumpunktes der Funktion $F(\boldsymbol{v})$ bilden den Lösungsvektor des zugehörigen symmetrisch-definiten Gleichungssystems. Umgekehrt macht offenbar die Lösung eines symmetrisch-definiten Gleichungssystems die zugehörige quadratische Funktion minimal.

Falls die Matrix A eines symmetrischen Gleichungssystems zwar noch regulär, aber indefinit ist, macht seine Lösung die zugehörige quadratische Funktion (2.2) zwar stationär, aber nicht minimal. Vielmehr stellt der Lösungspunkt geometrisch einen Sattelpunkt dar. Aus diesem Grund sind die nachfolgenden Betrachtungen, welche die Minimaleigenschaft wesentlich benützen, auf symmetrisch-definite Systeme beschränkt. Die Methoden der Relaxationsrechnung, angewendet auf indefinite Fälle, divergieren.

Beispiel 2.1. Zum symmetrisch-definiten Gleichungssystem

$$\begin{aligned} x_1 + 10x_2 + 1 &= 0 \\ 10x_1 + 101x_2 + 11 &= 0 \end{aligned}$$

gehört die quadratische Funktion

$$F(v) = \frac{1}{2}(v_1^2 + 20v_1v_2 + 101v_2^2) + v_1 + 11v_2$$

$$= \frac{1}{2}[(v_1 + 10v_2 + 1)^2 + (v_2 + 1)^2 - 2].$$

Das Minimum von $F(v)$ wird offensichtlich für $x_1 = v_1 = 9$ und $x_2 = v_2 = -1$ angenommen. Nach Satz 2.1 entspricht das Wertepaar der Lösung des Gleichungssystems. Der Wert des Minimums ist $F = -1$. Obwohl die quadratische Form positiv definit ist, kann das Minimum der quadratischen Funktion sehr wohl negativ sein. Wir wollen zwei Punkte in der Nachbarschaft der Lösung betrachten und die zugehörigen Werte von F bestimmen.

a) $v_1 = 8{,}9$, $v_2 = -1{,}1$. Der Abstand vom Lösungspunkt beträgt ungefähr 0,14. Es ist $F(v) = -0{,}39$, und dieser Wert liegt 0,61 über dem Minimum.

b) $v_1 = 7$, $v_2 = -0{,}8$. Der Abstand vom Lösungspunkt beträgt ungefähr 2. Es ist $F(v) = -0{,}98$, und dieser Wert liegt nur 0,02 über dem Minimum!

Das verschiedenartige Anwachsen der quadratischen Funktion $F(v)$ in verschiedenen Richtungen hängt mit der in 1.2 berechneten schlechten Kondition $k = 10'400$ der Matrix A zusammen. Die Niveaulinien der Funktion $F(v) = \text{const.}$ sind konzentrische Ellipsen mit den Mittelpunktskoordinaten $(9, -1)$. Die Halbachsen der Ellipsen sind proportional zu den reziproken Werten der Quadratwurzeln der Eigenwerte $\lambda_{\max} \cong 102$ und $\lambda_{\min} \cong 0{,}01$. Das Minimum ist in Richtung der großen Achse sehr flach, was ein Grund ist, warum die Lösung eines schlecht konditionierten Gleichungssystems numerisch schlecht bestimmt ist.

2.1.2. Grundprinzip der Relaxation. Satz 2.1 bildet die Grundlage für das allgemeine Relaxationsprinzip zur Lösung eines symmetrisch-definiten Gleichungssystems. Ausgehend von einem Versuchsvektor v wählt man einen von Null verschiedenen Richtungsvektor p und korrigiert v in der Richtung von p mit dem Ziel, durch Verkleinerung der quadratischen Funktion $F(v)$ dem Minimum näher zu kommen. Man betrachtet die eindimensionale Schar von neuen

Versuchsvektoren $\boldsymbol{v}'$, welche linear von einem noch geeignet zu bestimmenden Parameter t abhängen in der Form

$$\boldsymbol{v}' = \boldsymbol{v}+t\boldsymbol{p}. \tag{2.6}$$

Die quadratische Funktion F wird in der Schar $\boldsymbol{v}'$ bei festem $\boldsymbol{v}$ und fest gewähltem $\boldsymbol{p}$ eine quadratische Funktion in t allein.

$$F = F(\boldsymbol{v}+t\boldsymbol{p}) = \frac{1}{2}\big(A(\boldsymbol{v}+t\boldsymbol{p}),\ (\boldsymbol{v}+t\boldsymbol{p})\big)+(\boldsymbol{b},\ \boldsymbol{v}+t\boldsymbol{p})$$

$$= \frac{1}{2}(A\boldsymbol{v},\ \boldsymbol{v})+t(A\boldsymbol{v},\ \boldsymbol{p})+\frac{1}{2}t^2(A\boldsymbol{p},\ \boldsymbol{p})+(\boldsymbol{b},\ \boldsymbol{v})+t(\boldsymbol{b},\ \boldsymbol{p}).$$

Unter Benützung von (2.2) und (2.5) wird

$$F = \frac{1}{2}t^2(A\boldsymbol{p},\boldsymbol{p})+t(\boldsymbol{r},\ \boldsymbol{p})+F(\boldsymbol{v}). \tag{2.7}$$

Der Parameterwert t wird so bestimmt, daß F in der betrachteten Schar minimal wird. Die notwendige Bedingung dafür lautet

$$\frac{\mathrm{d}F}{\mathrm{d}t} = t(A\boldsymbol{p},\ \boldsymbol{p})+(\boldsymbol{r},\ \boldsymbol{p}) = 0,$$

also

$$t_{\min} = -\frac{(\boldsymbol{r},\ \boldsymbol{p})}{(A\boldsymbol{p},\ \boldsymbol{p})}, \quad \text{mit} \quad \boldsymbol{r} = A\boldsymbol{v}+\boldsymbol{b}. \tag{2.8}$$

Daß man mit dieser Wahl von $t_{\min}$ auf der Relaxationsrichtung $\boldsymbol{p}$ wirklich das Minimum von F findet, folgt aus der zweiten Ableitung $\frac{\mathrm{d}^2F}{\mathrm{d}t^2} = (A\boldsymbol{p}, \boldsymbol{p})$, die wegen der positiven Definitheit von A für jeden von Null verschiedenen Richtungsvektor $\boldsymbol{p}$ eine positive Größe ist. Die quadratische Funktion F in t (2,7) stellt eine nach oben sich öffnende Parabel dar, so daß der Wert von F für alle Werte von t, welche zwischen 0 und $2t_{\min}$ liegen, kleiner ist als $F(\boldsymbol{v})$.

Der Punkt $\boldsymbol{v}'$ auf der Relaxationsrichtung $\boldsymbol{p}$, zu dem man mit $t = t_{\min}$ gelangt, heißt Minimalpunkt. Die Abnahme der quadratischen Funktion beim Übergang von $\boldsymbol{v}$ zum Minimalpunkt ist unter Berücksichtigung von (2.7) und (2.8)

$$\Delta F = F(\boldsymbol{v}+t_{\min}\boldsymbol{p})-F(\boldsymbol{v}) = -\frac{1}{2}\frac{(\boldsymbol{r},\ \boldsymbol{p})^2}{(A\boldsymbol{p},\ \boldsymbol{p})} < 0 \quad \text{für} \quad (\boldsymbol{r},\ \boldsymbol{p}) \neq 0. \tag{2.9}$$

Dies ist die größtmögliche Verkleinerung von F in Richtung $\boldsymbol{p}$.

Nach (2.8) darf die Relaxationsrichtung $\boldsymbol{p}$ nicht orthogonal zum Residuenvektor $\boldsymbol{r}$ gewählt werden. Andernfalls bleibt man mit $t_{\min} = 0$ im Näherungspunkt $\boldsymbol{v}$ stehen.

Satz 2.2. *Im Minimalpunkt v' mit $t = t_{\min}$ steht der neue Residuenvektor $r' = Av'+b$ orthogonal zur Relaxationsrichtung p.*

Beweis: Mit $r' = Av'+b = A(v+tp)+b = r+tAp$ ist in der Tat $(r', p) = (r, p)+t(Ap, p) = 0$ für $t = t_{\min}$ nach (2.8).

Geometrische Interpretation des allgemeinen Relaxationsprinzips. Im Fall $n = 2$ sind die Niveaulinien $F(v) = \text{const.}$ in einem rechtwinkligen (v_1, v_2)—Koordinatensystem konzentrische Ellipsen, deren gemeinsamer Mittelpunkt mit dem Minimumpunkt von $F(v)$ zusammenfällt und damit den Lösungspunkt darstellt. In einem Versuchspunkt v steht der Residuenvektor r als Gradient von F (2.5) orthogonal auf der Niveaulinie durch den Punkt v. In einem Relaxationsschritt geht man von v aus in Richtung p bis v', wo F auf der Relaxationsrichtung minimal ist. Hier steht r' senkrecht auf p, d. h. der Punkt v' ist der Berührungspunkt der Relaxationsrichtung mit einer Niveaulinie (vgl. Fig. 2).

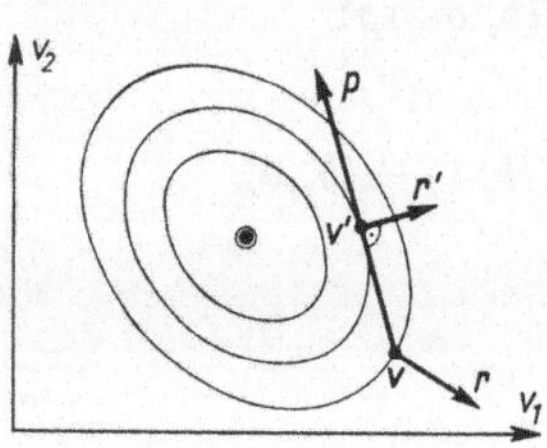

Fig. 2 Interpretation des Relaxationsprinzips

Die speziellen nachfolgend beschriebenen Relaxationsverfahren sind Varianten des allgemeinen Relaxationsprinzips, indem sich die verschiedenen Methoden nur durch die spezielle Wahl der Relaxationsrichtungen p in den einzelnen Relaxationsschritten und der darauf zurückgelegten Strecke (Wahl von t) unterscheiden.

2.2. Das Einzelschrittverfahren

2.2.1. Handrelaxation. Die für das Rechnen von Hand entwickelte Methode hat mehr historische Bedeutung. Es sei k der Index der Gleichung mit dem absolut größten Residuum $|r_k| = \max_{i=1,\ldots,n} |r_i|$. Dann korrigiere man jeweils nur die k-te Komponente v_k der Näherung v, so daß anschließend das Residuum der k-ten Gleichung verschwindet. In der Sicht des allgemeinen Relaxationsprinzips bedeutet dies, daß derjenige k-te Einheitsvektor e_k als Relaxationsrichtung p gewählt wird, der zum absolut größten Residuum gehört, und daß man bis zum Minimalpunkt geht. Nach (2.6) und (2.8) findet man nacheinander mit $p = e_k$

$$t_{\min} = -\frac{(r, p)}{(Ap, p)} = -\frac{(r, e_k)}{(Ae_k, e_k)} = -\frac{r_k}{a_{kk}}, \tag{2.10}$$

$$v' = v - \frac{r_k}{a_{kk}} e_k, \tag{2.11}$$

oder in Komponenten

$$v_k' = v_k - \frac{r_k}{a_{kk}}, \qquad v_i' = v_i \qquad (i \neq k). \tag{2.12}$$

Der Wert von $t_{\min}$ ist gleichzeitig die Korrektur Δv_k der k-ten Komponente von $\boldsymbol{v}$. Nach Satz 2.2 steht der neue Residuenvektor $\boldsymbol{r}'$ senkrecht auf der Relaxationsrichtung, so daß $(\boldsymbol{r}', \boldsymbol{e}_k) = 0$ ist, was bestätigt, daß $r_k' = 0$ ist, d. h. daß jetzt die k-te Gleichung exakt erfüllt ist. Der neue Residuenvektor ist

$$\boldsymbol{r}' = \boldsymbol{r} + t_{\min} \boldsymbol{A}\boldsymbol{e}_k = \boldsymbol{r} - \frac{r_k}{a_{kk}} \boldsymbol{A}\boldsymbol{e}_k,$$

oder in Komponenten

$$r_i' = r_i - \frac{r_k}{a_{kk}} a_{ik} = r_i + \Delta v_k a_{ik} \qquad (i = 1, 2, \ldots, n), \tag{2.13}$$

und die Abnahme von $F(\boldsymbol{v})$ bei diesem Relaxationsschritt beträgt nach (2.9)

$$\Delta F = -\frac{1}{2} \frac{(\boldsymbol{r}, \boldsymbol{e}_k)^2}{(\boldsymbol{A}\boldsymbol{e}_k, \boldsymbol{e}_k)} = -\frac{1}{2} \frac{r_k^2}{a_{kk}}. \tag{2.14}$$

Die Abnahme ΔF ist wesentlich negativ, solange $r_k \neq 0$ ist.

Die Konvergenz der Handrelaxation ist für ein symmetrisch-definites Gleichungssystem darin begründet, daß die quadratische Funktion $F(\boldsymbol{v})$ in jedem Schritt um ΔF gemäß (2.14) abnimmt. Anderseits besitzt $F(\boldsymbol{v})$ ein endliches Minimum und ist damit nach unten beschränkt. Daraus folgt, daß die monoton fallende und nach unten beschränkte Wertefolge der F konvergent ist, so daß notwendigerweise ΔF gegen Null konvergieren muß. Da in (2.14) r_k das jeweils betragsgrößte Residuum bedeutet, konvergiert der Residuenvektor $\boldsymbol{r}$ gegen den Nullvektor und damit der Versuchsvektor $\boldsymbol{v}$ gegen den Lösungsvektor.

Obwohl die Konvergenz an sich gesichert ist, stellt man in der Rechenpraxis fest, daß man sich der Lösung oft nur äußerst langsam nähert. Die Konvergenzgüte ist dann befriedigend, falls die Matrix $\boldsymbol{A}$ des Gleichungssystems nicht nur positiv definit ist, sondern noch stark diagonal dominant ist.

Die Relaxationsmethode eignet sich für die Handrechnung sehr gut, da die Rechenoperationen einfach und schematisierbar sind. Zur Bestimmung der neuen Residuen ist es nicht nötig, nach jedem Schritt die neue Näherung in sämtliche Gleichungen einzusetzen. Die Gleichungen (2.13) erlauben ihre rekursive Berechnung. Damit besteht der Rechenaufwand pro Schritt aus einer Division, n Multiplikationen und $n+1$ Additionen. Bei Handrechnung wird das betragsgrößte Residuum mit einem Blick bestimmt. Für einen Rechenautomaten ist die Relaxationsmethode ein wenig geeignetes Verfahren, da die dazu nötigen Vergleiche im Verhältnis zu den tatsächlich auszuführenden arithmetischen Operationen einen zu großen Aufwand bedeuten. Für den Automaten sind Verfahren mit schematisch festgelegten Relaxationsrichtungen besser geeignet. Früher wurde die Handrelaxation mit verschiedenen Verfeinerungen zur manuellen Auflösung von diskretisierten elliptischen Randwertproblemen benützt (vgl. dazu 5.2.1, [57], [59], [60], [61]).

2.2.2. Das Einzelschrittverfahren (Gauß-Seidel). Im Unterschied zur Handrelaxation durchläuft jetzt die Relaxationsrichtung $\boldsymbol{p}$ ohne Rücksicht auf die Residuen zyklisch die Koordinatenrichtungen in der Reihenfolge $\boldsymbol{e}_1, \boldsymbol{e}_2, \ldots, \boldsymbol{e}_n$. Man spricht deshalb von einem zyklischen Iterationsverfahren. Anscheinend hat Gauß als erster diese Iterationsmethode in Einzelschritten angewendet, und später hat sich Seidel damit weiter befaßt, so daß die Methode als Gauß-Seidelsches Iterationsverfahren bezeichnet wird. Im allgemeinen k-ten Relaxationsschritt ($k = 1, 2, \ldots$) ist die Relaxationsrichtung festgelegt durch

$$\boldsymbol{p}^{(k)} = \boldsymbol{e}_j \quad \text{mit} \quad j \equiv k \quad (mod\, n). \tag{2.15}$$

In dieser Richtung geht man bis zum Minimalpunkt. Dementsprechend bleiben die Formeln (2.10) bis (2.14) gültig, da sich das Verfahren nach Gauß-Seidel von der Handrelaxation nur durch die Steuerung der Richtungen unterscheidet. Im k-ten Schritt wird die j-te Komponente v_j mit $j \equiv k$ $(mod\, n)$ so korrigiert, daß dadurch das momentane Residuum r_j zum Verschwinden gebracht wird. In dieser Variante ist es nicht empfehlenswert, die Gesamtheit der neuen Residuen rekursiv nach (2.13) zu berechnen, da sich die neue Komponente v'_j mit demselben Rechenaufwand gemäß (2.16) ergibt.

$$v'_j = v_j - \frac{r_j}{a_{jj}} = -\left\{ \sum_{\substack{l=1 \\ l \neq j}}^{n} a_{jl} v_l + b_j \right\} \Big/ a_{jj}, \quad \big(j = 1, 2, \ldots, n \text{ (zyklisch)}\big). \tag{2.16}$$

Der Residuenvektor verschwindet vollständig aus der Rechnung.

Beispiel 2.2. Der Einfachheit halber betrachten wir das symmetrisch-definite Gleichungssystem (2.17) mit tridiagonaler Koeffizientenmatrix $\boldsymbol{A}$. Ausgehend vom Nullvektor als Anfangsnäherung sind in Tab. 1 die sukzessive verbesserten Komponenten angegeben. Sie ergeben sich zeilenweise von links nach rechts nach (2.16).

$$\boldsymbol{A} = \begin{bmatrix} 2 & -1 & 0 & 0 \\ -1 & 3 & -1 & 0 \\ 0 & -1 & 3 & -1 \\ 0 & 0 & -1 & 2 \end{bmatrix}, \quad \boldsymbol{b} = \begin{bmatrix} 1 \\ -4 \\ -7 \\ 0 \end{bmatrix}. \quad \text{Lösung } \boldsymbol{x} = \begin{bmatrix} 1 \\ 3 \\ 4 \\ 2 \end{bmatrix} \tag{2.17}$$

Nach sieben vollständigen Zyklen, entsprechend 28 Einzelschritten erscheint die Lösung mit einer Genauigkeit von zwei bis drei Dezimalen.

Als nächstes wollen wir die Konvergenz und das Konvergenzverhalten des Gauß-Seidelschen Verfahrens untersuchen. Dazu faßt man die n einzelnen Relaxationsschritte mit den Richtungen $\boldsymbol{e}_1, \boldsymbol{e}_2, \ldots, \boldsymbol{e}_n$ zu

Tab. 1 Iteration nach Gauß-Seidel

Zyklus	v_1	v_2	v_3	v_4
0	0	0	0	0
1	−0,5000	1,1667	2,7222	1,3611
2	0,0834	2,2685	3,5432	1,7716
3	0,6343	2,7258	3,8325	1,9163
4	0,8629	2,8985	3,9383	1,9692
5	0,9493	2,9625	3,9772	1,9886
6	0,9813	2,9862	3,9916	1,9958
7	0,9931	2,9949	3,9969	1,9985
⋮	↓	↓	↓	↓
∞	1,0000	3,0000	4,0000	2,0000

einem Zyklus zusammen, und vergleicht die Näherungsvektoren $\boldsymbol{v}^{(0)}$, $\boldsymbol{v}^{(1)}$, $\boldsymbol{v}^{(2)}$, $\ldots$, $\boldsymbol{v}^{(m)}$, $\ldots$, welche sich nach ganzen Zyklen ergeben. Da man die Gleichungen zyklisch durchgeht und jeweilen die entsprechende Gleichung durch die betreffende Komponente erfüllt, stellt sich der Übergang vom Näherungsvektor $\boldsymbol{v}^{(m)}$ zum Vektor $\boldsymbol{v}^{(m+1)}$ dar in der Form (2.18).

$$\left.\begin{array}{l}
a_{11}v_1^{(m+1)}+a_{12}v_2^{(m)}+a_{13}v_3^{(m)}+\ldots+a_{1n}v_n^{(m)}+b_1=0\\
a_{21}v_1^{(m+1)}+a_{22}v_2^{(m+1)}+a_{23}v_3^{(m)}+\ldots+a_{2n}v_n^{(m)}+b_2=0\\
a_{31}v_1^{(m+1)}+a_{32}v_2^{(m+1)}+a_{33}v_3^{(m+1)}+\ldots+a_{3n}v_n^{(m)}+b_3=0\\
\cdot\qquad\cdot\qquad\cdot\qquad\cdots\qquad\cdot\qquad\cdot\\
a_{n1}v_1^{(m+1)}+a_{n2}v_2^{(m+1)}+a_{n3}v_3^{(m+1)}+\ldots+a_{nn}v_n^{(m+1)}+b_n=0\\
m=0,1,2,\ldots
\end{array}\right\}\qquad(2.18)$$

Zur Vereinfachung der Schreibweise wird die Matrix $\boldsymbol{A}$ zerlegt in die Summe von drei Matrizen

$$\boldsymbol{A}=\boldsymbol{E}+\boldsymbol{D}+\boldsymbol{F}\qquad(2.19)$$

mit

$$\boldsymbol{E}=\begin{bmatrix}0&0&0&\ldots&0\\a_{21}&0&0&\ldots&0\\a_{31}&a_{32}&0&\ldots&0\\\cdot&\cdot&\cdot&\ldots&\cdot\\a_{n1}&a_{n2}&a_{n3}&\ldots&0\end{bmatrix},\quad \boldsymbol{F}=\boldsymbol{E}^{\mathrm{T}},\quad \boldsymbol{D}=\begin{bmatrix}a_{11}&0&0&\ldots&0\\0&a_{22}&0&\ldots&0\\0&0&a_{33}&\ldots&0\\\cdot&\cdot&\cdot&\ldots&\cdot\\0&0&0&\ldots&a_{nn}\end{bmatrix}.$$

Die Diagonalelemente von $\boldsymbol{D}$ sind wesentlich positiv infolge der vorausgesetzten positiven Definitheit von $\boldsymbol{A}$. Die Iterationsvorschrift (2.18) lautet damit

$$(\boldsymbol{D}+\boldsymbol{E})\boldsymbol{v}^{(m+1)}+\boldsymbol{F}\boldsymbol{v}^{(m)}+\boldsymbol{b}=0.\qquad(2.20)$$

Dies ist infolge der Dreiecksgestalt der Matrix $(\boldsymbol{D}+\boldsymbol{E})$ nur scheinbar eine implizite Vektorgleichung. Sie kann in Äquivalenz zur komponentenweisen Rechenvorschrift (2.16) ebenso gut explizit geschrieben werden als

$$\boldsymbol{v}^{(m+1)} = -\boldsymbol{D}^{-1}(\boldsymbol{E}\boldsymbol{v}^{(m+1)}+\boldsymbol{F}\boldsymbol{v}^{(m)}+\boldsymbol{b}).$$

Anderseits folgt aus der Tatsache, daß $(\boldsymbol{D}+\boldsymbol{E})$ eine reguläre Linksdreicksmatrix darstellt, die Iterationsvorschrift

$$\boldsymbol{v}^{(m+1)} = -(\boldsymbol{D}+\boldsymbol{E})^{-1}\boldsymbol{F}\boldsymbol{v}^{(m)}-(\boldsymbol{D}+\boldsymbol{E})^{-1}\boldsymbol{b}. \tag{2.21}$$

Im folgenden wenden wir uns den allgemeinen Iterationsverfahren zu und verstehen darunter eine Vorschrift

$$\boldsymbol{v}^{(m+1)} = \boldsymbol{M}\boldsymbol{v}^{(m)}+\boldsymbol{c}, \tag{2.22}$$

wo $\boldsymbol{M}$ eine feste Matrix und $\boldsymbol{c}$ ein konstanter Vektor ist. Die Matrix $\boldsymbol{M}$ wird als Iterationsmatrix des Verfahrens bezeichnet. Im Gauß-Seidelschen Verfahren sind beispielsweise nach (2.21) die Iterationsmatrix $\boldsymbol{M}$ und der konstante Vektor $\boldsymbol{c}$ gegeben durch

$$\boldsymbol{M} = -(\boldsymbol{D}+\boldsymbol{E})^{-1}\boldsymbol{F}, \quad \boldsymbol{c} = -(\boldsymbol{D}+\boldsymbol{E})^{-1}\boldsymbol{b}. \tag{2.23}$$

Zur Untersuchung der Konvergenz eines allgemeinen Iterationsverfahrens ist das Verhalten der Differenz zwischen der exakten Lösung, die wir mit $\boldsymbol{x}$ bezeichnen, und einer Näherung $\boldsymbol{v}^{(m)}$ maßgebend, und wir führen den Fehlervektor

$$\boldsymbol{f}^{(m)} = \boldsymbol{x}-\boldsymbol{v}^{(m)}$$

ein. Für die Lösung $\boldsymbol{x}$ wird (2.22) zur Gleichung $\boldsymbol{x} = \boldsymbol{M}\boldsymbol{x}+\boldsymbol{c}$, womit zum Ausdruck gebracht wird, daß das Iterationsverfahren die Lösung in sich überführt. Aus dieser Gleichung ergibt sich durch Subtraktion von (2.22) unmittelbar die Rekursionsformel für die Fehlervektoren

$$\boldsymbol{f}^{(m+1)} = \boldsymbol{M}\boldsymbol{f}^{(m)}, \qquad (m = 0, 1, 2, \ldots), \tag{2.24}$$

so daß daraus rekursiv das Gesetz

$$\boldsymbol{f}^{(m)} = \boldsymbol{M}^m\boldsymbol{f}^{(0)} \tag{2.25}$$

folgt. Die Iterationsmatrix $\boldsymbol{M}$ bestimmt deshalb die Konvergenz an sich, und sie bestimmt im Konvergenzfall die benötigte Zahl der Iterationsschritte zur Erreichung einer vorgegebenen Genauigkeit der Näherung $\boldsymbol{v}^{(m)}$.

Im folgenden werden zwei Sätze über allgemeine Iterationsverfahren formuliert und im Anschluß daran noch ein Begriff eingeführt.

Satz 2.3. *Eine hinreichende Bedingung für die Konvergenz eines Iterationsverfahrens besteht darin, daß irgendeine Norm der Iterationsmatrix $\boldsymbol{M}$ kleiner als Eins ist.*

Beweis: Zu jeder beliebigen Matrixnorm existiert eine dazu kompatible Vektornorm. Dann gelten nach (2.25) und auf Grund der fundamentalen Eigenschaften der Normen

$$\|\boldsymbol{f}^{(m)}\| = \|\boldsymbol{M}^m \boldsymbol{f}^{(0)}\| \leqslant \|\boldsymbol{M}^m\| \cdot \|\boldsymbol{f}^{(0)}\| \leqslant \|\boldsymbol{M}\|^m \|\boldsymbol{f}^{(0)}\|. \qquad (2.26)$$

Der Wert $\|\boldsymbol{f}^{(0)}\|$ ist durch die Anfangsnäherung $\boldsymbol{v}^{(0)}$ bestimmt. Unter der Voraussetzung, es sei eine Matrixnorm $\|\boldsymbol{M}\| < 1$, folgt in der Tat aus (2.26) $\lim_{m \to \infty} \|\boldsymbol{f}^{(m)}\| = 0$, und damit die Konvergenz von $\boldsymbol{v}^{(m)}$ gegen den Lösungsvektor $\boldsymbol{x}$.

Satz 2.4. *Eine notwendige und hinreichende Bedingung für die Konvergenz eines Iterationsverfahrens besteht darin, daß die Beträge der Eigenwerte der Iterationsmatrix $\boldsymbol{M}$ kleiner als Eins sind.*

Beweis: Der Einfachheit halber werde vorausgesetzt, daß die Matrix $\boldsymbol{M}$, welche weder symmetrisch noch positiv definit ist, n unabhängige Eigenvektoren $\boldsymbol{x}_1, \boldsymbol{x}_2, \ldots, \boldsymbol{x}_n$ mit den zugehörigen Eigenwerten $\lambda_1, \lambda_2, \ldots, \lambda_n$ besitze. Der Fehlervektor $\boldsymbol{f}^{(0)}$ läßt sich dann als Linearkombination der Eigenvektoren darstellen

$$\boldsymbol{f}^{(0)} = \sum_{i=1}^{n} c_i \boldsymbol{x}_i.$$

Für den m-ten Fehlervektor gilt dann auf Grund der Rekursionsformel die Darstellung

$$\boldsymbol{f}^{(m)} = \sum_{i=1}^{n} c_i \lambda_i^m \boldsymbol{x}_i, \qquad (m = 1, 2, \ldots). \qquad (2.27)$$

a) Notwendigkeit. Falls $\lim_{m \to \infty} \boldsymbol{f}^{(m)} = 0$ ist für jeden beliebigen Anfangsvektor $\boldsymbol{v}^{(0)}$ und damit für jeden beliebigen Fehlervektor $\boldsymbol{f}^{(0)}$, müssen nach (2.27) notwendigerweise die Beträge der Eigenwerte $|\lambda_i|$ $(i = 1, 2, \ldots, n)$ kleiner Eins sein.

b) Hinlänglichkeit. Falls $|\lambda_i| < 1$ $(i = 1, 2, \ldots, n)$ ist, folgt aus (2.27) unmittelbar die Konvergenz von $\boldsymbol{f}^{(m)}$ gegen den Nullvektor für jeden beliebigen Vektor $\boldsymbol{f}^{(0)}$.

Hat die im allgemeinen unsymmetrische Matrix $\boldsymbol{M}$ im Fall von mehrfachen Eigenwerten nicht n unabhängige Eigenvektoren, kann der Satz mit etwas feineren Hilfsmitteln bewiesen werden (vgl. dazu [24]).

Die Darstellung (2.27) erlaubt eine qualitative Aussage über das asymptotische Konvergenzverhalten von $\boldsymbol{f}^{(m)}$. Der betragsgrößte oder dominante Eigenwert λ_1 der Matrix $\boldsymbol{M}$ bestimmt im allgemeinen die Konvergenzgeschwindigkeit, da in (2.27) die Werte λ_i^m für alle Eigenwerte von kleinerem Betrag mit wachsendem m rascher gegen Null konvergieren. Jede Vektornorm $\|\boldsymbol{f}^{(m)}\|$ konvergiert somit asymptotisch wie eine geometrische Folge mit dem Quotienten $|\lambda_1|$ gegen Null.

Definition 2.1. *Der Wert $\varrho(\boldsymbol{M}) = \max_i |\lambda_i|$ als Betrag des dominanten Eigenwertes der Matrix $\boldsymbol{M}$ heißt Spektralradius von $\boldsymbol{M}$. Für ein allgemeines Itera-*

tionsverfahren (2.22) *heißt*

$$R(M) = -\log_{10} \varrho(M) \tag{2.28}$$

die Konvergenzziffer der Iteration.

Die Bedeutung dieser Begriffe besteht darin, daß sie ein Maß für die asymptotische Anzahl der benötigten Iterationsschritte darstellen zur Verkleinerung des Fehlers $f^{(m)}$ um einen gegebenen Faktor. Für hinreichend großes m und $k > 0$ gilt approximativ

$$\|f^{(m+k)}\| \sim \varrho(M)^k \, \|f^{(m)}\|. \tag{2.29}$$

Wir interessieren uns speziell für den Wert k, für welchen $\|f^{(m+k)}\|$ gleich dem zehnten Teil von $\|f^{(m)}\|$ ist. Durch Einsetzen dieser Forderung in (2.29) folgt nach einer elementaren Rechnung

$$k \sim -\frac{1}{\log_{10} \varrho(M)} = \frac{1}{R(M)}. \tag{2.30}$$

Tab. 2 Spektralradien und Konvergenzziffern

$\varrho(M)$	$R(M)$	k (aufgerundet)
0,30	0,5229	2
0,50	0,3010	4
0,70	0,1549	7
0,80	0,0969	11
0,90	0,0558	18
0,95	0,0223	45
0,99	0,00436	230

Die Anzahl der Iterationsschritte k zur Verkleinerung des Fehlers $f^{(m)}$ um den Faktor 10 ist approximativ umgekehrt proportional zur Konvergenzziffer $R(M)$. Zur Gewinnung einer weiteren Dezimalstelle in $v^{(m)}$ sind k Iterationen erforderlich. In Tab. 2 sind für einige Spektralradien $\varrho(M)$ die Konvergenzziffern $R(M)$ und die aufgerundeten Werte k zusammengestellt. Je kleiner der Spektralradius von M ist, desto besser ist die Konvergenz. Liegt hingegen der Spektralradius nahe bei Eins, sind viele Iterationen nötig.

Beispiel 2.3. Für die Matrix A (2.17) ergibt sich für das Gauß-Seidelsche Verfahren die Iterationsmatrix M wie folgt:

$$A = \begin{bmatrix} 2 & -1 & 0 & 0 \\ -1 & 3 & -1 & 0 \\ 0 & -1 & 3 & -1 \\ 0 & 0 & -1 & 2 \end{bmatrix}, \quad (D+E) = \begin{bmatrix} 2 & 0 & 0 & 0 \\ -1 & 3 & 0 & 0 \\ 0 & -1 & 3 & 0 \\ 0 & 0 & -1 & 2 \end{bmatrix}$$

$$(D+E)^{-1} = \frac{1}{36}\begin{bmatrix} 18 & 0 & 0 & 0 \\ 6 & 12 & 0 & 0 \\ 2 & 4 & 12 & 0 \\ 1 & 2 & 6 & 18 \end{bmatrix}, \qquad F = \begin{bmatrix} 0 & -1 & 0 & 0 \\ 0 & 0 & -1 & 0 \\ 0 & 0 & 0 & -1 \\ 0 & 0 & 0 & 0 \end{bmatrix}$$

$$M = -(D+E)^{-1}F = \frac{1}{36}\begin{bmatrix} 0 & 18 & 0 & 0 \\ 0 & 6 & 12 & 0 \\ 0 & 2 & 4 & 12 \\ 0 & 1 & 2 & 6 \end{bmatrix}$$

Die Eigenwerte von $\boldsymbol{M}$ sind die Nullstellen des charakteristischen Polynoms $P_4(\lambda) = \lambda^2(\lambda^2-4/9\lambda+1/36)$ und damit $\lambda_1 = 0{,}369$, $\lambda_2 = 0{,}075$, $\lambda_3 = \lambda_4 = 0$. Daraus ergeben sich die Werte $\varrho(\boldsymbol{M}) = 0{,}369$, $R(\boldsymbol{M}) = 0{,}433$ und $k \cong 2{,}3$. Asymptotisch sind in diesem Beispiel etwas mehr als zwei vollständige Zyklen zur Gewinnung einer weiteren Dezimalstelle nötig. Die Konvergenz ist gut. Am Anfang der Iteration tritt das Gesetz (2.29) noch nicht in Erscheinung, sondern erst nach einigen Zyklen (vgl. Tab. 1). Nach 12 Zyklen stimmt $\boldsymbol{v}^{(12)}$ auf vier Stellen nach dem Komma mit der Lösung überein.

Für das Gauß-Seidelsche Verfahren gilt speziell der

Satz 2.5. *Das Einzelschrittverfahren konvergiert immer für ein symmetrisch-definites Gleichungssystem.*

Wir verzichten darauf, den Satz an dieser Stelle zu beweisen, da er in 2.2.3 in allgemeinerem Zusammenhang enthalten ist. Es sei nur noch auf einige andere Beweismethoden hingewiesen. In [51] wird ein direkter Konvergenzbeweis gegeben, welcher die Abnahme der zugehörigen quadratischen Funktion benützt, und damit eine Verallgemeinerung des diesbezüglichen Beweises in 2.2.1 für die Handrelaxation darstellt. Der Satz 2.5 kann auch auf Satz 2.4 zurückgeführt werden, indem aus der positiven Definitheit der Matrix $\boldsymbol{A}$ geschlossen wird, daß die Eigenwerte der Iterationsmatrix $\boldsymbol{M}$ betraglich kleiner als Eins sind (vgl. [15], [66]). Häufig wird die Konvergenz des Gauß–Seidelschen Verfahrens unter der Voraussetzung bewiesen, daß die Matrix $\boldsymbol{A}$ stark diagonal dominant sei. Gleichzeitig ergeben sich daraus elementare Aussagen über die Konvergenzgeschwindigkeit ([9], [15], [80]).

2.2.3. Methode der Überrelaxation. Das Einzelschrittverfahren konvergiert für größere Gleichungssysteme im allgemeinen schlecht, da der Spektralradius der Iterationsmatrix $\boldsymbol{M}$ nahe bei Eins liegt. Die Konvergenz kann dadurch verbessert werden, daß man in der Relaxationsrichtung $\boldsymbol{p}^{(k)} = \boldsymbol{e}_j$ $(j \equiv k \pmod n)$ des Einzelschrittverfahrens nicht nur bis zum Minimalpunkt geht, sondern um einen bestimmten Betrag darüber hinaus. Es scheint zunächst paradox zu sein, die quadratische Funktion nicht in jedem Schritt zu minimalisieren, um dadurch im Endeffekt eine bessere Konvergenz zu erzielen. In Verallgemeinerung von (2.16) wählt man den Parameter $t = \omega t_{\min}$, worin ω einen konstant gehaltenen Faktor bedeutet, so daß jetzt die Iterationsvorschrift im k-ten Relaxationsschritt lautet

$$v_j^{(k)} = v_j^{(k-1)} - \omega \frac{r_j^{(k-1)}}{a_{jj}}, \qquad (j \equiv k (\operatorname{mod} n); \quad k = 1, 2, \ldots). \tag{2.31}$$

Darin bedeuten $r_j^{(k-1)}$ das Residuum der j-ten Gleichung nach dem $(k-1)$-ten Iterationsschritt und $v_j^{(k)}$ die j-te Komponente des Versuchsvektors $\boldsymbol{v}^{(k)}$ nach dem k-ten Einzelschritt. Dies ist nach wie vor die einzige geänderte Komponente des Näherungsvektors. Setzt man für $r_j^{(k-1)}$ den entsprechenden Ausdruck in (2.31) ein, ergibt sich

$$v_j^{(k)} = v_j^{(k-1)} - \omega \left\{ \sum_{l=1}^{n} a_{jl} v_l^{(k-1)} + b_j \right\} \Big/ a_{jj}, \qquad (j \equiv k (\mathrm{mod}\, n); \quad k = 1, 2, \ldots). \tag{2.32}$$

Für $\omega = 1$ reduziert sich (2.32) naturgemäß auf (2.16) für das Einzelschrittverfahren nach Gauß-Seidel.

Mit $\omega > 1$ wird im k-ten Relaxationsschritt die jeweilige Gleichung nicht mehr exakt erfüllt, vielmehr wird die j-te Komponente überkorrigiert. Deshalb spricht man von Überrelaxation und der konstante Wert ω heißt Überrelaxationsfaktor.

Beispiel 2.4. Das System (2.17) wird jetzt für drei verschiedene Überrelaxationsfaktoren durchgerechnet. In Tab. 3 stehen die sukzessive verbesserten Komponenten der Versuchsvektoren, wie sie sich zeilenweise von links nach rechts ergeben. Eine ganze Zeile entspricht einem Näherungsvektor, wie er sich nach je einem Zyklus von $n = 4$ einzelnen Überrelaxationsschritten ergibt. Zu Vergleichszwecken ist der Fall $\omega = 1$ (Gauß-Seidel) wiederholt. Im Vergleich zum Einzelschrittverfahren stellt man eine offensichtlich bessere Konvergenz fest. Die Konvergenz ist für $\omega = 1{,}1$ und $\omega = 1{,}2$ ungefähr gleich gut. Die Erklärung dafür wird in 2.2.4 gegeben werden.

Satz 2.6. *Das Verfahren der Überrelaxation konvergiert für symmetrisch-definite Gleichungssysteme für jeden festen Wert ω im Intervall $0 < \omega < 2$ gegen die Lösung des Systems.*

Beweis: Es sei $j \equiv k \ (\mathrm{mod}\ n)$ und $r_j^{(k-1)}$ die j-te Komponente des Residuenvektors $\boldsymbol{r}^{(k-1)}$ nach dem $(k-1)$-ten Schritt. Durch den k-ten Relaxationsschritt mit $\boldsymbol{p}^{(k)} = \boldsymbol{e}_j$ und der Wahl $t = \omega t_{\min} = -\omega r_j^{(k-1)}/a_{jj}$ wird der neue Versuchsvektor $\boldsymbol{v}^{(k)}$

$$\boldsymbol{v}^{(k)} = \boldsymbol{v}^{(k-1)} - \omega \frac{r_j^{(k-1)}}{a_{jj}} \boldsymbol{e}_j, \qquad (j \equiv k \ (\mathrm{mod}\ n)). \tag{2.33}$$

Für die Änderung der quadratischen Funktion $F(\boldsymbol{v})$ beim Übergang von $\boldsymbol{v}^{(k-1)}$ zu $\boldsymbol{v}^{(k)}$ erhält man nach der allgemeinen Beziehung (2.7)

$$F\left(\boldsymbol{v}^{(k)}\right) - F\left(\boldsymbol{v}^{(k-1)}\right) = \left(\frac{1}{2}\omega^2 - \omega\right) \frac{r_j^{(k-1)^2}}{a_{jj}}. \tag{2.34}$$

Wegen der positiven Definitheit der Matrix A ist $a_{jj} > 0$. Ferner ist $r_j^{(k-1)^2} \geq 0$. Der Faktor $(\omega^2/2 - \omega)$ ist für alle Werte ω im Intervall $0 < \omega < 2$ negativ. Für die in Betracht fallenden Werte ω ist die Funktion $F\left(\boldsymbol{v}^{(k)}\right)$ mit zunehmendem k monoton nicht zunehmend. Sie kann stationär sein für $r_j^{(k-1)} = 0$. Für einen vol-

Tab. 3 Überrelaxation mit verschiedenen Überrelaxationsfaktoren

Zyklus	$\omega = 1{,}00$				$\omega = 1{,}05$			
	v_1	v_2	v_3	v_4	v_1	v_2	v_3	v_4
0	0	0	0	0	0	0	0	0
1	−0,5000	1,1667	2,7222	1,3611	−0,5250	1,2162	2,8756	1,5097
2	0,0834	2,2685	3,5432	1,7716	0,1398	2,3946	3,6728	1,8527
3	0,6343	2,7258	3,8325	1,9163	0,7252	2,8195	3,9016	1,9557
4	0,8629	2,8985	3,9383	1,9692	0,9190	2,9462	3,9706	1,9868
5	0,9493	2,9625	3,9772	1,9886	0,9758	2,9839	3,9912	1,9960
6	0,9813	2,9862	3,9916	1,9958	0,9928	2,9952	3,9974	1,9988
7	0,9831	2,9949	3,9969	1,9985	0,9978	2,9986	3,9992	1,9996
	↓	↓	↓	↓	↓	↓	↓	↓
∞	1,0000	3,0000	4,0000	2,0000	2,0000	3,0000	4,0000	2,0000

Zyklus	$\omega = 1{,}10$				$\omega = 1{,}20$			
	v_1	v_2	v_3	v_4	v_1	v_2	v_3	v_4
0	0	0	0	0	0	0	0	0
1	−0,5500	1,2650	3,0305	1,6668	−0,6000	1,3600	3,3440	2,0064
2	0,2008	2,5249	3,8006	1,9237	0,3360	2,8000	4,0538	2,0310
3	0,8187	2,9079	3,9582	1,9846	1,0128	3,0666	4,0283	2,0108
4	0,9675	2,9819	3,9919	1,9971	1,0374	3,0130	4,0039	2,0002
5	0,9934	2,9964	3,9984	1,9994	1,0003	2,9991	3,9989	1,9993
6	0,9987	2,9993	3,9997	2,0000	0,9994	2,9995	3,9997	2,0000
7	0,9998	2,9999	4,0000	2,0000	0,9998	2,9999	4,0000	2,0000
	↓	↓	↓	↓	↓	↓	↓	↓
∞	1,0000	3,0000	4,0000	2,0000	1,0000	3,0000	4,0000	2,0000

len Zyklus von n Schritten kann sie jedoch dann und nur dann stationär sein, falls alle Residuen identisch verschwinden, d. h. falls der Versuchsvektor $v^{(k)}$ mit der Lösung identisch ist. Die monoton nicht zunehmende Funktion besitzt ein Minimum, so daß die Wertefolge $F(v^{(k)})$ notwendigerweise konvergiert. Daraus folgt weiter

$$\lim_{k \to \infty} \left[F(v^{(k)}) - F(v^{(k-1)})\right] = 0, \tag{2.35}$$

oder

$$\lim_{k \to \infty} r_j^{(k-1)} = 0, \quad \text{falls} \quad j \equiv k \pmod{n}. \tag{2.36}$$

Nach (2.36) existiert zu jedem $\varepsilon > 0$ eine Zahl $K_1(\varepsilon)$, so daß

$$\left|r_j^{(k-1)}\right| < \varepsilon \ \text{ für } \ k > K_1(\varepsilon), \quad \text{falls} \quad j \equiv k \pmod{n}. \tag{2.37}$$

Aus (2.37) folgt noch nicht unmittelbar, daß die Folge der Residuenvektoren $\boldsymbol{r}^{(k-1)}$ gegen Null konvergiert, da die Ungleichung für eine feste j-te Komponente und hnireichend großem k nur nach je n Schritten Gültigkeit hat. Nach (2.33) und wegen (2.36) gilt für die euklidische Vektornorm

$$\lim_{k\to\infty} \|\boldsymbol{v}^{(k)} - \boldsymbol{v}^{(k-1)}\| = \lim_{k\to\infty} \left| \omega \frac{r_j^{(k-1)}}{a_{jj}} \right| = 0. \tag{2.38}$$

Anderseits ist $\boldsymbol{r}^{(k)} - \boldsymbol{r}^{(k-1)} = \boldsymbol{A}\left(\boldsymbol{v}^{(k)} - \boldsymbol{v}^{(k-1)}\right)$ und daher für kompatible Normen $\|\boldsymbol{r}^{(k)} - \boldsymbol{r}^{(k-1)}\| \leqslant \|\boldsymbol{A}\| \cdot \|\boldsymbol{v}^{(k)} - \boldsymbol{v}^{(k-1)}\|$. $\|\boldsymbol{A}\|$ ist darin eine Konstante, so daß aus (2.38) folgt

$$\lim_{k\to\infty} \|\boldsymbol{r}^{(k)} - \boldsymbol{r}^{(k-1)}\| = 0. \tag{2.39}$$

Insbesondere gilt jetzt, falls man noch k durch $k+1$ ersetzt, notwendigerweise für j e d e Komponente

$$\lim_{k\to\infty} \left| r_i^{(k+1)} - r_i^{(k)} \right| = 0 \qquad (i = 1, 2, \ldots, n). \tag{2.40}$$

Zu jedem $\varepsilon > 0$ existiert nach (2.40) eine Zahl $K_2(\varepsilon)$, so daß

$$\left| r_i^{(k+1)} - r_i^{(k)} \right| < \varepsilon \quad \text{für} \quad k > K_2(\varepsilon), \qquad (i = 1, 2, \ldots, n). \tag{2.41}$$

Für festes i und beliebiges ganzzahliges $p \geqslant 1$ folgt aus (2.41) auf Grund der Dreiecksungleichung für die Beträge

$$\left| r_i^{(k+p)} - r_i^{(k)} \right| < p\varepsilon \quad \text{für} \quad k > K_2(\varepsilon), \qquad (p \geqslant 1, \quad i = 1, 2, \ldots, n). \tag{2.42}$$

Jetzt werden (2.37) und (2.42) miteinander kombiniert. Zu diesem Zweck sei $K = \max\,(K_1(\varepsilon),\ K_2(\varepsilon))$. Dann gilt (2.42) speziell für den Index $j \equiv k+p+1 \pmod{n}$

$$\left| r_j^{(k+p)} - r_j^{(k)} \right| < p\varepsilon, \quad k > K, \qquad (j \equiv k+p+1 \pmod{n}). \tag{2.43}$$

Wegen $\left| r_j^{(k+p)} - r_j^{(k)} \right| \geqslant \left| r_j^{(k)} \right| - \left| r_j^{(k+p)} \right|$ folgt aus (2.43)

$$\left| r_j^{(k)} \right| < p\varepsilon + \left| r_j^{(k+p)} \right|, \quad k > K, \qquad (j \equiv k+p+1 \pmod{n}). \tag{2.44}$$

Ersetzt man in (2.37) k durch $k+p+1$, ergibt sich aus (2.44)

$$\left| r_j^{(k)} \right| < (p+1)\varepsilon, \quad k > K, \qquad (j \equiv k+p+1 \pmod{n}). \tag{2.45}$$

Mit Hilfe von (2.45) lassen sich für hinreichend großes k die einzelnen Komponenten des Residuenvektors $\boldsymbol{r}^{(k)}$ abschätzen. Dazu hält man den Index k fest und läßt p die Werte $0, 1, 2, \ldots, n-1$ durchlaufen. Vermöge der Kongruenz für j nimmt j alle Werte von 1 bis n an. Für die euklidische Vektornorm folgt daraus die Abschätzung

$$\|\boldsymbol{r}^{(k)}\| = \left\{ \sum_{j=1}^{n} \left| r_j^{(k)} \right|^2 \right\}^{\frac{1}{2}} < (1^2 + 2^2 + \ldots + n^2)^{\frac{1}{2}}\, \varepsilon = \text{const}\, \varepsilon, \quad k > K. \tag{2.46}$$

Nach (2.46) ist die Konvergenz des Residuenvektors $\boldsymbol{r}^{(k)}$ gegen Null sichergestellt für jeden Wert des Faktors ω im Intervall $0 < \omega < 2$. Dann folgt aber wegen $\boldsymbol{A}(\boldsymbol{v}^{(k)}-\boldsymbol{x}) = \boldsymbol{r}^{(k)}$, oder $\|\boldsymbol{v}^{(k)}-\boldsymbol{x}\| = \|\boldsymbol{A}^{-1}\boldsymbol{r}^{(k)}\| \leqslant \|\boldsymbol{A}^{-1}\|\cdot\|\boldsymbol{r}^{(k)}\|$ auch die Konvergenz der Näherungsvektoren $\boldsymbol{v}^{(k)}$ gegen die Lösung $\boldsymbol{x}$.

Mit Satz 2.6 ist jetzt gleichzeitig die Konvergenz des Einzelschrittverfahrens ($\omega = 1$) bewiesen worden.

Der Satz 2.6 liefert keine Aussage über das Konvergenzverhalten der Überrelaxation bei verschiedener Wahl von ω und schon gar nichts über die optimale Wahl des Überrelaxationsfaktors zur Erzielung bestmöglicher Konvergenz. Dazu sind zusätzliche Voraussetzungen an die Struktur der Matrix $\boldsymbol{A}$ notwendig. Immerhin läßt sich sagen, daß der optimale Wert von ω im allgemeinen um so näher bei 2 liegt, je schlechter die Kondition der Matrix $\boldsymbol{A}$ des Gleichungssystems ist. In diesem Fall geht man bei jedem Relaxationsschritt weit über den Minimalpunkt hinaus bis zu einer neuen Näherung, welche die quadratische Funktion $F(\boldsymbol{v})$ wieder nahezu gleich groß werden läßt wie am Anfang des Schrittes. Die Taktik, im einzelnen Iterationsschritt das Beste zu tun (Minimalpunkt), ist nicht die beste Strategie, den Prozeß auf lange Sicht optimal zu steuern.

2.2.4. Optimale Wahl des Überrelaxationsfaktors. In diesem Abschnitt wird die Theorie zur Bestimmung des optimalen Überrelaxationsfaktors ω für eine spezielle Klasse von Matrizen wiedergegeben, wie sie bei der Diskretisation von Randwertaufgaben vom elliptischen Typus auftreten (vgl. Kap. 5 und [13]).

In Analogie zur Untersuchung des Konvergenzverhaltens des Einzelschrittverfahrens werden die Näherungsvektoren $\boldsymbol{v}^{(0)}, \boldsymbol{v}^{(1)}, \boldsymbol{v}^{(2)}, \ldots, \boldsymbol{v}^{(m)}, \ldots$, die sich nach vollständigen Zyklen von n einzelnen aufeinanderfolgenden Überrelaxationsschritten ergeben, betrachtet. Die Überrelaxationsmethode kann so charakterisiert werden, daß in jedem einzelnen Schritt eine Komponente eines Hilfsvektors — wir nennen ihn $\boldsymbol{v}^{\left(m+\frac{1}{2}\right)}$ — nach dem Einzelschrittverfahren bestimmt wird, aus welcher sich die neue Komponente von $\boldsymbol{v}^{(m+1)}$ ergibt, indem das ω-fache der Differenz zwischen den entsprechenden Komponenten von $\boldsymbol{v}^{(m)}$ und $\boldsymbol{v}^{\left(m+\frac{1}{2}\right)}$ zu $\boldsymbol{v}^{(m)}$ addiert wird. Mit der Zerlegung (2.19) der symmetrischen und positiv definiten Matrix $\boldsymbol{A} = \boldsymbol{E}+\boldsymbol{D}+\boldsymbol{F}$ mit $\boldsymbol{F} = \boldsymbol{E}^T$ lauten die beiden skizzierten Schritte

$$\boldsymbol{E}\boldsymbol{v}^{(m+1)} + \boldsymbol{D}\boldsymbol{v}^{\left(m+\frac{1}{2}\right)} + \boldsymbol{F}\boldsymbol{v}^{(m)} + \boldsymbol{b} = 0 \tag{2.47}$$

und

$$\left.\begin{aligned} \boldsymbol{v}^{(m+1)} &= \boldsymbol{v}^{(m)} + \omega\left(\boldsymbol{v}^{\left(m+\frac{1}{2}\right)} - \boldsymbol{v}^{(m)}\right) \\ &= (1-\omega)\,\boldsymbol{v}^{(m)} + \omega\,\boldsymbol{v}^{\left(m+\frac{1}{2}\right)} \end{aligned}\right\} \tag{2.48}$$

Durch Elimination des Hilfsvektors $\boldsymbol{v}^{\left(m+\frac{1}{2}\right)}$ aus (2.47) und (2.48) findet man die Iterationsvorschrift für die Näherungen

$$(\omega\boldsymbol{E}+\boldsymbol{D})\,\boldsymbol{v}^{(m+1)} + [\omega\boldsymbol{F}+(\omega-1)\,\boldsymbol{D}]\,\boldsymbol{v}^{(m)} + \omega\boldsymbol{b} = 0. \tag{2.49}$$

Nach Satz 2.6 kommen für ω nur Werte im Intervall $0 < \omega < 2$ in Frage. Nach Division durch $\omega \neq 0$ folgt anstelle von (2.49)

$$(\boldsymbol{E}+\omega^{-1}\boldsymbol{D})\,\boldsymbol{v}^{(m+1)}+[\boldsymbol{F}+(1-\omega^{-1})\,\boldsymbol{D}]\,\boldsymbol{v}^{(m)}+\boldsymbol{b} = 0. \qquad (2.50)$$

Die Iterationsvorschrift (2.50) reduziert sich für $\omega = 1$ auf (2.20) des Gauß-Seidelschen Verfahrens. Da $(\boldsymbol{E}+\omega^{-1}\boldsymbol{D})$ eine reguläre Linksdreiecksmatrix ist, folgt aus (2.50)

$$\boldsymbol{v}^{(m+1)} = -(\boldsymbol{E}+\omega^{-1}\boldsymbol{D})^{-1}\,[\boldsymbol{F}+(1-\omega^{-1})\,\boldsymbol{D}]\,\boldsymbol{v}^{(m)}-(\boldsymbol{E}+\omega^{-1}\boldsymbol{D})^{-1}\,\boldsymbol{b}. \qquad (2.51)$$

Damit ist die Iterationsmatrix $\boldsymbol{M}(\omega)$ der Überrelaxation in Abhängigkeit von ω gegeben durch

$$\boldsymbol{M}(\omega) = -(\boldsymbol{E}+\omega^{-1}\boldsymbol{D})^{-1}\,[\boldsymbol{F}+(1-\omega^{-1})\,\boldsymbol{D}]. \qquad (2.52)$$

Der Spektralradius $\varrho(\boldsymbol{M}(\omega))$ ist zur Erzielung optimaler Konvergenz in Funktion von ω möglichst klein zu machen. Die Eigenwerte von $\boldsymbol{M}(\omega)$ können im folgenden Spezialfall mit den Eigenwerten einer einfacheren Matrix in Zusammenhang gebracht werden.

Definition 2.2. *Eine Matrix $\boldsymbol{A}$ heißt b l o c k w e i s e t r i d i a g o n a l, falls sie folgende Struktur hat:*

$$\boldsymbol{A} = \begin{bmatrix} \boldsymbol{D}_1 & \boldsymbol{F}_1 & & & & & \\ \boldsymbol{E}_1 & \boldsymbol{D}_2 & \boldsymbol{F}_2 & & & 0 & \\ & \boldsymbol{E}_2 & \boldsymbol{D}_3 & \boldsymbol{F}_3 & & & \\ & & \cdot & \cdot & \cdot & & \\ & & & \cdot & \cdot & \cdot & \\ & 0 & & & \boldsymbol{E}_{m-2} & \boldsymbol{D}_{m-1} & \boldsymbol{F}_{m-1} \\ & & & & & \boldsymbol{E}_{m-1} & \boldsymbol{D}_m \end{bmatrix}. \qquad (2.53)$$

Darin bedeuten die $\boldsymbol{D}_i$ quadratische Matrizen von im allgemeinen unterschiedlicher Ordnung, und die Matrizen $\boldsymbol{E}_k$ und $\boldsymbol{F}_k$ sind im allgemeinen rechteckig[1]. *Außerhalb des Bandes von Untermatrizen sind alle Elemente von $\boldsymbol{A}$ gleich Null. Sind zudem alle Untermatrizen $\boldsymbol{D}_i$ längs der Diagonale selbst Diagonalmatrizen, heißt $\boldsymbol{A}$ d i a g o n a l b l o c k w e i s e t r i d i a g o n a l.*

Speziell sind die tridiagonalen Matrizen, z. B. (2.17), diagonal blockweise tridiagonal, da in diesem Fall alle Untermatrizen in (2.53) die Ordnung Eins haben.

Satz 2.7. *Der optimale Überrelaxationsfaktor ω_{opt} für ein symmetrisch-definites Gleichungssystem, dessen Koeffizientenmatrix $\boldsymbol{A}$ d i a g o n a l b l o c k w e i s e t r i d i a g o n a l ist, wird gegeben durch*

$$\omega_{\text{opt}} = \frac{2}{1+\sqrt{1-\lambda_1^2}}. \qquad (2.54)$$

---

[1] Die Matrizen $\boldsymbol{F}_k$ haben so viele Zeilen wie $\boldsymbol{D}_k$ und so viele Kolonnen wie $\boldsymbol{D}_{k+1}$. Entsprechendes gilt für die Matrizen $\boldsymbol{E}_k$.

Darin bedeutet λ_1 den größten Eigenwert der Matrix $-\boldsymbol{D}^{-1}(\boldsymbol{E}+\boldsymbol{F})$, wenn für $\boldsymbol{A}$ die Zerlegung (2.19) *gilt.*[1)]

B e w e i s: Nach den Voraussetzungen für $\boldsymbol{A}$ ist $\boldsymbol{D}$ eine reine Diagonalmatrix mit wesentlich positiven Diagonalelementen. Es sei $\boldsymbol{D}^{\frac{1}{2}}$ die Matrix mit $\boldsymbol{D}^{\frac{1}{2}}\boldsymbol{D}^{\frac{1}{2}}=\boldsymbol{D}$, welche in der Diagonale die positiven Quadratwurzeln der entsprechenden Elemente von $\boldsymbol{D}$ enthält, und es sei $\boldsymbol{D}^{-\frac{1}{2}}$ ihre Inverse. Die Matrix $-\boldsymbol{D}^{-1}(\boldsymbol{E}+\boldsymbol{F})$ ist dann ähnlich zu $\boldsymbol{B}=-\boldsymbol{D}^{-\frac{1}{2}}(\boldsymbol{E}+\boldsymbol{F})\boldsymbol{D}^{-\frac{1}{2}}$ vermittels der Transformationsmatrix $\boldsymbol{D}^{\frac{1}{2}}$. Die Matrix $\boldsymbol{B}$ ist mit $(\boldsymbol{E}+\boldsymbol{F})$ symmetrisch, so daß infolge der Invarianz der Eigenwerte bei Ähnlichkeitstransformationen alle Eigenwerte λ_i der Matrix $-\boldsymbol{D}^{-1}(\boldsymbol{E}+\boldsymbol{F})$ reell sind. Die Eigenwerte λ_i sind die Nullstellen des Polynoms $P(\lambda)$

$$P(\lambda)=|\boldsymbol{E}+\lambda\boldsymbol{D}+\boldsymbol{F}|=\begin{vmatrix} \lambda\boldsymbol{D}_1 & \boldsymbol{F}_1 & & & & \\ \boldsymbol{E}_1 & \lambda\boldsymbol{D}_2 & \boldsymbol{F}_2 & & & \\ & \boldsymbol{E}_2 & \lambda\boldsymbol{D}_3 & \boldsymbol{F}_3 & & \\ & & \cdot & \cdot & \cdot & \\ & & & \boldsymbol{E}_{m-2} & \lambda\boldsymbol{D}_{m-1} & \boldsymbol{F}_{m-1} \\ & & & & \boldsymbol{E}_{m-1} & \lambda\boldsymbol{D}_m \end{vmatrix}. \tag{2.55}$$

Der Wert der Determinante (2.55) ändert sich nicht, falls man alle Zeilen und Kolonnen, welche sich in den Diagonalmatrizen $\boldsymbol{D}_{2k-1}$ mit ungeraden Indizes kreuzen, mit -1 multipliziert. Diese Umformung gibt

$$P(\lambda)=\begin{vmatrix} \lambda\boldsymbol{D}_1 & -\boldsymbol{F}_1 & & & & \\ -\boldsymbol{E}_1 & \lambda\boldsymbol{D}_2 & -\boldsymbol{F}_2 & & & \\ & -\boldsymbol{E}_2 & \lambda\boldsymbol{D}_3 & -\boldsymbol{F}_3 & & \\ & & \cdot & \cdot & \cdot & \\ & & & -\boldsymbol{E}_{m-2} & \lambda\boldsymbol{D}_{m-1} & -\boldsymbol{F}_{m-1} \\ & & & & -\boldsymbol{E}_{m-1} & \lambda\boldsymbol{D}_m \end{vmatrix}. \tag{2.56}$$

Setzt man in (2.56) $-\lambda$ anstelle von λ ein, und zieht man den Faktor -1 aus jeder Zeile vor die Determinante, ergibt sich die Relation

$$P(-\lambda)=(-1)^n P(\lambda). \tag{2.57}$$

Das Polynom $P(\lambda)$ ist eine gerade oder ungerade Funktion von λ entsprechend der Parität seines Grades. Deshalb treten die von Null verschiedenen reellen Eigenwerte λ_i paarweise mit gleichem Betrag aber entgegengesetzten Vorzeichen auf, und die Vielfachheit des Eigenwertes Null ist gerade oder ungerade.

[1)] Die Matrix $-\boldsymbol{D}^{-1}(\boldsymbol{E}+\boldsymbol{F})$ wird in 2.3.3 als Iterationsmatrix des Gesamtschrittverfahrens auftreten, allerdings nur im Spezialfall $\boldsymbol{D}=\boldsymbol{I}$.

Nach diesen vorbereitenden Feststellungen über die Eigenwerte λ_i werden jetzt die Eigenwerte μ_i der Iterationsmatrix $\boldsymbol{M}(\omega)$ (2.52) mit den λ_i in Beziehung gebracht. Die Eigenwerte μ_i sind die Nullstellen des Polynoms

$$\begin{aligned} Q(\mu) &= |(\boldsymbol{E}+\omega^{-1}\boldsymbol{D})\mu+\boldsymbol{F}+(1-\omega^{-1})\,\boldsymbol{D}| \\ &= |\boldsymbol{E}\mu+\omega^{-1}\cdot(\mu+\omega-1)\,\boldsymbol{D}+\boldsymbol{F}|. \end{aligned} \tag{2.58}$$

Als Abkürzung setzen wir

$$\omega^{-1}(\mu+\omega-1) = \zeta, \tag{2.59}$$

so daß (2.58) explizit lautet

$$Q(\mu) = \begin{vmatrix} \zeta\boldsymbol{D}_1 & \boldsymbol{F}_1 & & & & \\ \mu\boldsymbol{E}_1 & \zeta\boldsymbol{D}_2 & \boldsymbol{F}_2 & & & \\ & \mu\boldsymbol{E}_2 & \zeta\boldsymbol{D}_3 & \boldsymbol{F}_3 & & \\ & & \cdot & \cdot & \cdot & \\ & & & \mu\boldsymbol{E}_{m-2} & \zeta\boldsymbol{D}_{m-1} & \boldsymbol{F}_{m-1} \\ & & & & \mu\boldsymbol{E}_{m-1} & \zeta\boldsymbol{D}_m \end{vmatrix}. \tag{2.60}$$

Um die Determinante (2.60) auf eine zu (2.55) analoge Form zu bringen, multipliziere man zuerst je die Kolonnen, welche zur Diagonalmatrix $\boldsymbol{D}_k$ $(k=1,2,\ldots,m)$ gehören, mit den Faktoren $\mu^{\left(\frac{k}{2}-1\right)}$. Anschließend daran multipliziere man noch je die Zeilen, welche zu $\boldsymbol{D}_k$ gehören, mit den Faktoren $\mu^{(1-k)/2}$. Dadurch verschwinden die Koeffizienten der Untermatrizen $\boldsymbol{E}_k$ und $\boldsymbol{F}_k$, und zudem erhalten alle Diagonalmatrizen $\boldsymbol{D}_k$ die gleichen Faktoren $\zeta\cdot\mu^{-\frac{1}{2}}$. Bezüglich einer beliebigen j-ten Zeile und der entsprechenden j-ten Kolonne, welche sich in $\boldsymbol{D}_k$ kreuzen mögen, wird der Wert der Determinante (2.60) bei dieser Umformung multipliziert mit dem Produkt der beiden diesbezüglichen Faktoren, das ist $\mu^{\left(\frac{k}{2}-1\right)}\mu^{(1-k)/2} = \mu^{-\frac{1}{2}}$. Dieser Faktor ist konstant für jeden Index $j = 1, 2, \ldots, n$, so daß aus (2.60) folgt

$$Q(\mu) = \mu^{\frac{n}{2}}\cdot \begin{vmatrix} \zeta\mu^{-\frac{1}{2}}\boldsymbol{D}_1 & \boldsymbol{F}_1 & & & & \\ \boldsymbol{E}_1 & \zeta\mu^{-\frac{1}{2}}\boldsymbol{D}_2 & \boldsymbol{F}_2 & & & \\ & \boldsymbol{E}_2 & \zeta\mu^{-\frac{1}{2}}\boldsymbol{D}_3 & \boldsymbol{F}_3 & & \\ & & \cdot & \cdot & \cdot & \\ & & & \boldsymbol{E}_{m-2} & \zeta\mu^{-\frac{1}{2}}\boldsymbol{D}_{m-1} & \boldsymbol{F}_{m-1} \\ & & & & \boldsymbol{E}_{m-1} & \zeta\mu^{-\frac{1}{2}}\boldsymbol{D}_m \end{vmatrix}. \tag{2.61}$$

Ein Vergleich mit (2.55) liefert weiter die Relation

$$Q(\mu) = \mu^{\frac{n}{2}}\,P(\zeta\mu^{-\frac{1}{2}}) = \mu^{\frac{n}{2}}\,P(\mu^{-\frac{1}{2}}\omega^{-1}(\mu+\omega-1)). \tag{2.62}$$

Die Beziehung (2.62) stellt den gesuchten Zusammenhang zwischen den Eigenwerten λ_i und μ_i her. Es sei nach wie vor $0 < \omega < 2$. Aus (2.62) folgt, daß, falls λ eine beliebige Nullstelle von $P(\lambda)$ ist, und falls μ die Beziehung

$$\frac{(\mu+\omega-1)^2}{\mu} = \omega^2\lambda^2 \tag{2.63}$$

erfüllt, μ eine Nullstelle von $Q(\mu)$ und damit ein Eigenwert von $\boldsymbol{M}(\omega)$ ist. Umgekehrt ist λ immer dann eine Nullstelle von $P(\lambda)$, falls μ eine Nullstelle von $Q(\mu)$ ist, und falls λ die Gleichung (2.63) erfüllt. Diese umkehrbar eindeutige Zuordnung der Eigenwerte λ_i und μ_i ist der Schlüssel zur Diskussion des Konvergenzverhaltens in Abhängigkeit von ω.

Nehmen wir das Einzelschrittverfahren mit $\omega = 1$ vorweg. Die Relation (2.63) reduziert sich auf

$$\mu = \lambda^2 \qquad (\omega = 1). \tag{2.64}$$

Die von Null verschiedenen Eigenwerte μ_i sind die Quadrate der Eigenwertpaare $\pm\lambda_i \neq 0$ und sind damit reell und positiv. Einem Eigenwert $\lambda_i = 0$ entspricht der Wert $\mu_i = 0$. Nach den Sätzen 2.6 und 2.4 folgt, daß $0 \leq \mu_i < 1$ $(i = 1, 2, \ldots, n)$ gilt. Dementsprechend sind die Werte λ_i alle betraglich kleiner als Eins und liegen auf der reellen Achse einer komplexen λ-Ebene im Innern des Intervalls $(-1, +1)$ (vgl. Fig. 3).

Betrachten wir jetzt die eigentliche Überrelaxation mit $1 < \omega < 2$. Die Relation (2.63) stellt eine eineindeutige Abbildung der Eigenwerte λ_i auf die Eigenwerte μ_i in Funktion von ω dar. Bei gegebenem λ_i sind die μ_i die Lösungen der quadratischen Gleichung

$$\mu^2+[2(\omega-1)-\omega^2\lambda_i^2]\mu+(\omega-1)^2 = 0. \tag{2.65}$$

Jedem Eigenwert $\lambda_i = 0$ entspricht jetzt ein $\mu_i = -(\omega-1)$. Einem Eigenwertpaar $\pm\lambda_i \neq 0$ entsprechen zwei Werte $\mu_i^{(1)}$ und $\mu_i^{(2)}$, deren Produkt nach (2.65)

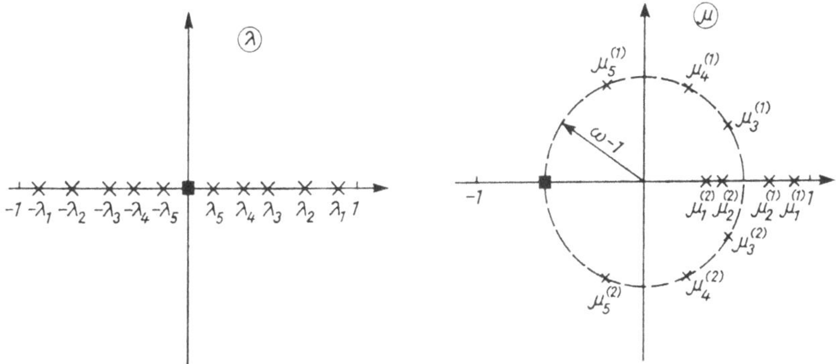

Fig. 3 Eigenwerte λ_i

Fig. 4 Eigenwerte μ_i für $\omega > 1$

gleich $(\omega-1)^2$ ist. Sind die beiden Werte komplex und damit konjugiert zueinander, sind sie vom Betrag $(\omega-1)$. Der Betrag der komplexen Eigenwerte μ_i ist von λ_i unabhängig, so daß sie zusammen mit dem speziellen reellen $\mu_i = -(\omega-1)$ auf einem Kreis vom Radius $(\omega-1)$ mit Zentrum im Nullpunkt einer komplexen μ-Ebene liegen (vgl. Fig. 4). Ist das Lösungspaar $\mu_i^{(1)}$ und $\mu_i^{(2)}$ reell, liegen diese beiden Eigenwerte invers zum erwähnten Kreis (Fig. 4), d. h. ihr Produkt ist $(\omega-1)^2$. Solange $\mu_i^{(1)} \neq \mu_i^{(2)}$ ist, ist der größere der beiden Werte größer als $(\omega-1)$. Der Spektralradius $\varrho(\boldsymbol{M}(\omega))$ ist in dieser Situation bestimmt durch den größten reellen Eigenwert $\mu_1^{(1)}$. Man überzeugt sich leicht davon, daß $\mu_1^{(1)} > \mu_1^{(2)}$ dem absolut größten Eigenwertpaar $\pm\lambda_1$ entspricht.

Als nächstes zeigen wir, daß $\mu_1^{(1)}$ in Funktion von ω, solange es reell und größer als $(\omega-1)$ ist, mit zunehmendem ω monoton abnehmend ist. Die Koeffizienten der quadratischen Gleichung (2.65) sind stetige Funktionen in ω, so daß die Lösung $\mu_1^{(1)}$ ebenfalls stetig in ω ist. Differentiation von (2.65) nach ω ergibt

$$\frac{d\mu_1^{(1)}}{d\omega} = -\frac{\mu_1^{(1)} - \mu_1^{(1)}\omega\lambda_1^2 + \omega - 1}{\mu_1^{(1)} - \frac{1}{2}\omega^2\lambda_1^2 + \omega - 1}. \tag{2.66}$$

Für $\omega = 1$ folgt wegen $\mu_1^{(1)} = \lambda_1^2 < 1$ aus (2.66) der Wert

$$\frac{d\mu_1^{(1)}}{d\omega} = -\frac{\mu_1^{(1)} - \mu_1^{(1)}\cdot\lambda_1^2}{\mu_1^{(1)} - \frac{1}{2}\mu_1^{(1)}} = -2(1-\lambda_1^2) < 0.$$

Die Ableitung von $\mu_1^{(1)}$ nach ω ist damit für $\omega = 1$ negativ. Sie behält das Vorzeichen in dem betrachteten ω- Bereich. In der Tat ist die Ableitung $d\mu_1^{(1)}/d\omega$ mit $\mu_1^{(1)}$ selbst eine stetige Funktion von ω, solange der Nenner in (2.66) von Null verschieden bleibt. Der Zähler in (2.66) ändert sein Vorzeichen für $\omega > 1$ sicher nicht, denn seine Nullstelle ist bei

$$\omega = \frac{1-\mu_1^{(1)}}{1-\lambda_1^2\mu_1^{(1)}} < 1.$$

Der Nenner verschwindet für

$$\mu_1^{(1)} = \tfrac{1}{2}\omega^2\lambda_1^2 - (\omega-1). \tag{2.67}$$

Dieser Wert für $\mu_1^{(1)}$ entspricht nach (2.65) genau demjenigen Wert von ω, für den die beiden Lösungen $\mu_1^{(1)}$ und $\mu_1^{(2)}$ zusammenfallen. Für diesen Wert ω wird die Ableitung unendlich groß, und die Funktion $\mu_1^{(1)}(\omega)$ besitzt dort einen Verzweigungspunkt.

Der Spektralradius $\varrho(\boldsymbol{M}(\omega)) = \mu_1^{(1)}(\omega)$ nimmt somit mit wachsendem $\omega \geqslant 1$ monoton ab bis zu dem kritischen Wert von ω, für welchen $\mu_1^{(1)} = \mu_1^{(2)}$ ist. Für diesen Wert verschwindet die Diskriminante der quadratischen Gleichung (2.65)

$$[2(\omega-1)-\omega^2\lambda_1^2]^2-4(\omega-1)^2 = 0.$$

Aus dieser Bestimmungsgleichung für den kritischen Wert ω_{krit} ergibt sich unter der Einschränkung $0 < \omega < 2$ die einzig mögliche Lösung

$$\omega_{\text{krit}} = \frac{2}{1+\sqrt{1-\lambda_1^2}}. \tag{2.68}$$

Für diesen Wert ω_{krit} liegen alle Eigenwerte μ_i auf dem Kreis mit dem Radius $(\omega_{\text{krit}}-1)$. Für die Werte ω im Intervall $\omega_{\text{krit}} < \omega < 2$ liegen ebenfalls alle Eigenwerte μ_i auf einem Kreis mit dem größeren Radius $(\omega-1)$. Der Spektralradius $\varrho(\boldsymbol{M}(\omega))$ wird somit im Intervall $1 \leqslant \omega < 2$ tatsächlich minimal für $\omega_{\text{opt}} = \omega_{\text{krit}}$ nach (2.68). Eine analoge Betrachtung für das Intervall $0 < \omega < 1$ zeigt, daß $\varrho(\boldsymbol{M}(\omega)) > \varrho(\boldsymbol{M}(1))$ gilt, so daß in der Tat ω_{opt} nach (2.68) den optimalen Überrelaxationsfaktor darstellt, und der optimale Spektralradius ist

$$\varrho(\boldsymbol{M}(\omega_{\text{opt}})) = \omega_{\text{opt}}-1. \tag{2.69}$$

Nach (2.64) ist der Spektralradius $\varrho(\boldsymbol{M})$ des Einzelschrittverfahrens für eine diagonal blockweise tridiagonale Matrix $\boldsymbol{A}$ gleich λ_1^2 in (2.54). In Tab. 4 (S. 66) wird der Gewinn der Überrelaxation bei optimaler Wahl des Überrelaxationsfaktors gegenüber dem Einzelschrittverfahren zum Ausdruck gebracht, indem die Spektralradien und benötigten Iterationsschritte k nach (2.30) einander gegenübergestellt sind. Die große Überlegenheit der Überrelaxation ist besonders deutlich, wenn der Spektralradius des Einzelschrittverfahrens nahe bei Eins liegt.

Der Spektralradius $\varrho(\boldsymbol{M}(\omega))$ in Funktion von ω ist auf Grund der Diskussion im Beweis von Satz 2.7 in Fig. 5 im Intervall $1 \leqslant \omega \leqslant 2$ für $\lambda_1^2 = 0{,}95$ dargestellt. Bei Annäherung von unten gegen ω_{opt} weist $\varrho(\boldsymbol{M}(\omega))$ eine vertikale Tangente auf, während $\varrho(\boldsymbol{M}(\omega))$ für $\omega > \omega_{\text{opt}}$ linear gegen den Wert Eins ansteigt. Das Konvergenzverhalten reagiert deshalb in der Gegend von ω_{opt} auf eine zu kleine Wahl von ω sehr empfindlich, während die Konvergenzverminderung bei einer zu großen Wahl nicht so stark ins Gewicht fällt. Es ist weit besser, den tatsächlichen Wert ω_{opt} zu überschätzen als zu unterschätzen. Zur praktischen Bestimmung von ω_{opt} vergleiche man 5.2.2.

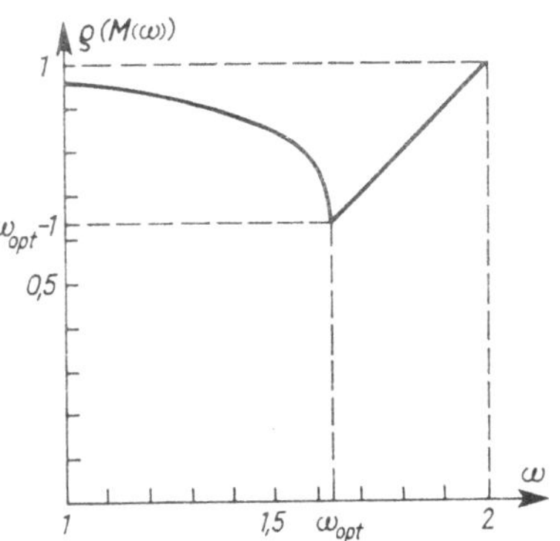

Fig. 5 Spektralradius der Überrelaxation in Funktion von ω

Beispiel 2.5. Das System (2.17) weist eine tridiagonale Koeffizientenmatrix $\boldsymbol{A}$ auf, so daß Satz 2.7 anwendbar ist. Die Eigenwerte λ_i der Matrix $-\boldsymbol{D}^{-1}(\boldsymbol{E}+\boldsymbol{F})$

Tab. 4 Überrelaxation im Vergleich zum Einzelschrittverfahren

Einzel-schrittverfahren		Überrelaxation		
$\varrho(M) = \lambda_1^2$	k	ω_{opt}	$\varrho(M(\omega_{\text{opt}})) = \omega_{\text{opt}} - 1$	k
0,500	4	1,1716	0,1716	2
0,700	7	1,2922	0,2922	2
0,800	11	1,3820	0,3820	3
0,900	18	1,5195	0,5195	4
0,950	45	1,6345	0,6345	5
0,990	230	1,8182	0,8182	12
0,999	2300	1,9387	0,9387	37

sind die Nullstellen von

$$P(\lambda) = \begin{vmatrix} 2\lambda & -1 & & \\ -1 & 3\lambda & -1 & \\ & -1 & 3\lambda & -1 \\ & & -1 & 2\lambda \end{vmatrix} = 36\lambda^4 - 16\lambda^2 + 1 = 0.$$

In der Tat ist $P(\lambda)$ ein gerades Polynom, und seine Nullstellen sind $\lambda_i = \pm\sqrt{\dfrac{4\pm\sqrt{7}}{18}}$. Sie sind alle reell und treten paarweise auf. Die größte ist $\lambda_1 = 0{,}6076$, und damit ist nach (2.54) $\omega_{\text{opt}} = 1{,}115$. Der zugehörige optimale Konvergenzradius ist $\varrho(M(\omega_{\text{opt}})) = 0{,}115$, und damit $k \cong 1$. Mit $\omega = 1{,}1$ ist der optimale Wert sehr wenig unterschätzt. Durch Auflösen der quadratischen Gleichung (2.65) findet man $\varrho(M(1{,}1)) = \mu_1^{(1)} = 0{,}195$ und damit $k \cong 1{,}4$. Die stärkere Überschätzung $\omega = 1{,}2$ fällt weniger ins Gewicht, denn es ist wegen $\omega > \omega_{\text{opt}}$ $\varrho(M(1{,}2)) = 0{,}2$ und damit $k \cong 1{,}4$. Die beiden Konvergenzradien sind tatsächlich praktisch gleich, und dies erklärt die in Tab. 3 beobachtete gleich gute Konvergenz. Da man quantitativ mit je drei Zyklen zwei Dezimalstellen gewinnt, und da der Fehlervektor beim Start dem Betrag nach kleiner als 6 ist, erklärt dies die Abweichung der Vektoren $v^{(7)}$ für $\omega = 1{,}1$ und $\omega = 1{,}2$ um höchstens zwei Einheiten in der vierten Stelle nach dem Komma von der exakten Lösung.

2.3. Gradientenmethoden

2.3.1. Das Prinzip. Das allgemeine Relaxationsprinzip 2.1.2. läßt die Wahl der Richtungsvektoren $\boldsymbol{p}$ völlig frei. Einzig soll die Relaxationsrichtung $\boldsymbol{p}$ nicht orthogonal zum Residuenvektor $\boldsymbol{r}$ des Versuchsvektors $\boldsymbol{v}$ gewählt werden. Der Residuenvektor $\boldsymbol{r}$ als Gradient der zu minimalisierenden quadratischen Funktion

$F(v)$ für den Versuchsvektor v weist in der Richtung, in welcher $F(v)$ lokal am stärksten zunimmt. Es ist somit nur natürlich, den Gradienten von $F(v)$ im Näherungspunkt zur Festlegung der Relaxationsrichtung zu benützen. Relaxationsmethoden, welche zumindest den momentanen oder sogar frühere Residuenvektoren verwenden, nennt man G r a d i e n t e n v e r f a h r e n. Das Einzelschrittverfahren und die Methode der Überrelaxation sind keine Gradientenverfahren.

Zur Herleitung der Gradientenverfahren läßt man sich weitgehend durch geometrische Überlegungen leiten. Im Fall $n = 2$ sind die Niveaulinien der quadratischen Funktion $F(v) = \text{const.}$ in einem rechtwinkligen (v_1, v_2)-Koordinatensystem durch konzentrische, zueinander ähnliche Ellipsen dargestellt, deren gemeinsames Zentrum mit dem Minimum von $F(v)$ zusammenfällt. Ausgehend von einem Versuchspunkt $v^{(0)}$ gelangt man in das gemeinsame Zentrum auf der von $v^{(0)}$ auslaufenden orthogonalen Trajektorie (Fig. 6). Dadurch ist ein Gradientenverfahren charakterisiert, welches einen Spezialfall des allgemeinen P r i n z i p s d e s s t ä r k s t e n A b s t i e g s darstellt [64]. Im Prinzip führt das skizzierte Verfahren auf die Aufgabe, das Differentialgleichungssystem

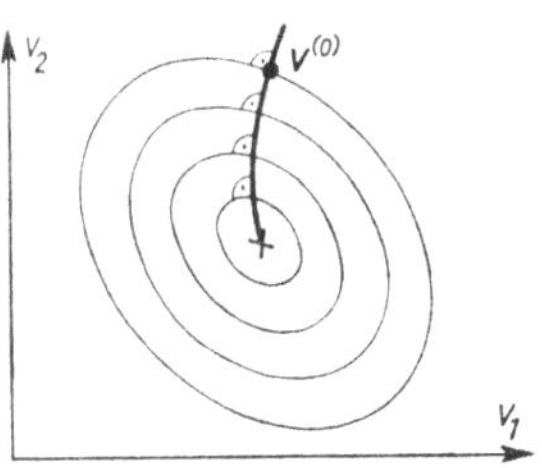

Fig. 6
Prinzip des stärksten Abstiegs

$$\frac{\mathrm{d}v}{\mathrm{d}t} = -\operatorname{grad} F(v) = -Av - b \tag{2.70}$$

zu lösen, wobei t ein Parameter auf der Trajektorie ist. Das System (2.70) wird nach irgendeiner klassischen numerischen Methode gelöst. Die t-Achse wird eingeteilt und die Trajektorie durch einen Polygonzug ersetzt. Die Wahl der Einteilung ist für die resultierende Gradientenmethode ausschlaggebend. Bei sehr feiner Einteilung verbleibt der Polygonzug zwar nahe bei der tatsächlichen Trajektorie, doch gelangt man erst nach vielen Schritten in die Nähe des Lösungspunktes. Bei zu grober Einteilung besteht umgekehrt die Gefahr, daß der Polygonzug divergiert.

2.3.2. Methode des stärksten Abstiegs. In der M e t h o d e d e s s t ä r k s t e n A b s t i e g s wird die Relaxationsrichtung p durch den entgegengesetzten Residuenvektor definiert.

$$p^{(k)} = -r^{(k-1)}, \quad k = 1, 2, \ldots \tag{2.71}$$

In dieser Richtung geht man bis zum Minimalpunkt. Nach (2.8) bestimmt sich der Parameter $t_{\min}$ zu

$$t_{\min} = \frac{(r^{(k-1)}, r^{(k-1)})}{(Ar^{(k-1)}, r^{(k-1)})}. \tag{2.72}$$

Den Wert $R(x) = \dfrac{(Ax, x)}{(x, x)}$ für $x \neq 0$ bezeichnet man als den Rayleighschen Quotienten des Vektors x. Er spielt bei gewissen Methoden der Eigenwertberechnung eine Rolle (vgl. Kap. 4). Der Wert des Parameters t_{min} (2.72) ist in dieser Terminologie gleich dem reziproken Wert des Rayleighschen Quotienten für den Residuenvektor $r^{(k-1)}$.

Eine unmittelbare Folge des Satzes 2.2 ist

Satz 2.8. *In der Methode des stärksten Abstiegs ist nach Durchführung eines Relaxationsschrittes der neue Residuenvektor $r^{(k)}$ orthogonal zum vorhergehenden $r^{(k-1)}$.*

Während der Relaxation beschreibt man, geometrisch gesprochen, im n-dimensionalen euklidischen Raum einen stückweise geradlinigen, rechtwinkligen Weg, der schließlich im Minimum der quadratischen Funktion $F(v)$ endet. Leider zeigt sich, daß trotz Wahl der lokal besten Richtung zusammen mit der größtmöglichen Verkleinerung von $F(v)$ in jedem einzelnen Relaxationsschritt das Konvergenzverhalten im allgemeinen nicht sehr gut ist. Auch hier erweist sich die Taktik, unter lokal besten Voraussetzungen das Beste zu erreichen, nicht als die beste Strategie.

2.3.3. Das Gesamtschrittverfahren. Anstatt den Parameter t nach (2.72) in jedem Schritt neu als reziproken Rayleighschen Quotienten zu bestimmen, wird im Gesamtschrittverfahren zur Reduktion des Rechenaufwandes der Wert t für alle Iterationsschritte gleich einer positiven Konstanten gesetzt, womit man darauf verzichtet, in jedem Schritt bis zum Minimalpunkt zu gehen. Man rechnet nach der Vorschrift

$$v^{(k)} = v^{(k-1)} - t r^{(k-1)}, \quad t = \text{const.} > 0, \quad (k = 1, 2, \ldots). \tag{2.73}$$

Der konstante Wert für t ist nicht ganz beliebig. Für die Konvergenz des Gesamtschrittverfahrens ist notwendig und hinreichend, daß $0 < t < 2/\lambda_1$ gilt, wobei λ_1 den größten Eigenwert der Matrix A bedeutet (vgl. [61]).

Üblicherweise versteht man in der Literatur unter dem Gesamtschrittverfahren einen Spezialfall der eben skizzierten Methode. Das symmetrisch-definite Gleichungssystem $Ax+b=0$ sei durch eine triviale Variablensubstitution und eine Multiplikation der Zeilen unter Wahrung der Symmetrie so umgeformt worden, daß die Diagonalelemente von A gleich Eins sind. Unter dieser Annahme reduziert sich jetzt die Zerlegung von A auf $A = E+I+F$, wobei die Einheitsmatrix I an die Stelle der allgemeinen Diagonalmatrix D tritt. Weiter wird der Parameter $t = 1$ gesetzt, so daß in jedem Relaxationsschritt der Näherungsvektor $v^{(k-1)}$ um den negativ genommenen Residuenvektor $r^{(k-1)}$ korrigiert wird:

$$v^{(k)} = v^{(k-1)} - r^{(k-1)}, \quad (k = 1, 2, \ldots). \tag{2.74}$$

Unter den gemachten Annahmen für A besitzt die Rechenvorschrift (2.74) eine anschauliche Interpretation. Jede einzelne Komponente $v_j^{(k-1)}$ wird so geändert, daß das Residuum der j-ten Gleichung Null wird, ungeachtet der Korrekturen der übrigen Komponenten. Die Änderungen, das sind die negativen Residuen r_j, werden gesamthaft zum Näherungsvektor hinzugeschlagen. Darin unterscheidet sich das Gesamtschrittverfahren vom Einzelschrittverfahren. Die Methode wurde von Jacobi vorgeschlagen, weshalb sie auch als Jacobisches Iterationsverfahren bezeichnet wird.

Die Konvergenzbedingungen und das Konvergenzverhalten des Gesamtschrittverfahrens (2.74) müssen neu untersucht werden, da man ja nicht bis zum Minimalpunkt auf der Relaxationsrichtung geht. Mit der Zerlegung von $\boldsymbol{A} = \boldsymbol{E}+\boldsymbol{I}+\boldsymbol{F}$ und der Definition von $\boldsymbol{r}^{(k-1)} = \boldsymbol{A}\boldsymbol{v}^{(k-1)}+\boldsymbol{b}$ wird (2.74)

$$\boldsymbol{v}^{(k)} = -(\boldsymbol{E}+\boldsymbol{F})\boldsymbol{v}^{(k-1)}-\boldsymbol{b}, \qquad (k = 1, 2, \ldots). \tag{2.75}$$

Die Vorschrift (2.75) ist wieder ein allgemeines Iterationsverfahren (2.22). Die Iterationsmatrix des Gesamtschrittverfahrens ist demnach gegeben durch

$$\boldsymbol{M} = -(\boldsymbol{E}+\boldsymbol{F}). \tag{2.76}$$

Satz 2.9. *Das Gesamtschrittverfahren konvergiert immer dann, falls die Matrix* $\boldsymbol{A} = \boldsymbol{E}+\boldsymbol{I}+\boldsymbol{F}$ *streng diagonal dominant ist* (*vgl. Definition* 1.5 *in* 1.3.2).

Beweis: Die Matrixnorm

$$\|\boldsymbol{M}\| = \|-(\boldsymbol{E}+\boldsymbol{F})\| = \max_i \sum_{\substack{k=1\\k\neq i}}^{n} |a_{ik}| \tag{2.77}$$

ist wegen der strengen diagonalen Dominanz von $\boldsymbol{A}$ kleiner als Eins, so daß die Konvergenz nach Satz 2.3 folgt.

Die Norm $\|\boldsymbol{M}\|$ (2.77) liefert eine obere Schranke für den Spektralradius $\varrho(\boldsymbol{M})$, woraus sich eine untere Schranke für die Konvergenzziffer $R(\boldsymbol{M}) = -\log_{10}\varrho(\boldsymbol{M})$ ableiten läßt, so daß die Konvergenzgüte unterschätzt wird.

Eine Folge von Satz 2.4 ist

Satz 2.10. *Das Gesamtschrittverfahren für* $\boldsymbol{A} = \boldsymbol{E}+\boldsymbol{I}+\boldsymbol{F}$ *konvergiert dann und nur dann, falls die Beträge der Eigenwerte der Iterationsmatrix* $\boldsymbol{M} = -(\boldsymbol{E}+\boldsymbol{F})$ *kleiner als Eins sind.*

Gleichbedeutend mit der Konvergenzbedingung von Satz 2.10 ist die Aussage, daß die Eigenwerte der gegebenen symmetrischen Koeffizientenmatrix $\boldsymbol{A}$ im Inneren des Intervalls von 0 bis 2 liegen. Die Konvergenz des Gesamtschrittverfahrens ist somit direkt von den Eigenwerten der symmetrischen Koeffizientenmatrix abhängig, welche meistens auch sonst Interesse beanspruchen. Im Gegensatz dazu waren im Einzelschritt- und Überrelaxationsverfahren die Eigenwerte einer andern Matrix zuständig, die auf komplizierte Weise mit der Gleichungsmatrix zusammenhängt.

Im Gegensatz zum Einzelschrittverfahren braucht das Gesamtschrittverfahren für ein symmetrisch-definites Gleichungssystem nicht zu konvergieren, wie das folgende aus [17] entnommene Gegenbeispiel zeigt. Die symmetrische Matrix

$$A = \begin{bmatrix} 1 & a & a \\ a & 1 & a \\ a & a & 1 \end{bmatrix}, \quad a \text{ reell}, \tag{2.78}$$

ist auf Grund der formalen Zerlegung nach Cholesky mit den Radikanden 1, $1-a^2$, $(2a+1)(a-1)^2/(1-a^2)$ positiv definit für alle Werte von a im Intervall $-0{,}5 < a < 1$. Anderseits sind die Eigenwerte der Iterationsmatrix $\boldsymbol{M} = -(\boldsymbol{E}+\boldsymbol{F})$ die Nullstellen von

$$P(\lambda) = \begin{vmatrix} -\lambda & -a & -a \\ -a & -\lambda & -a \\ -a & -a & -\lambda \end{vmatrix} = -(\lambda+2a)(\lambda-a)^2.$$

Der Betrag des dominanten Eigenwertes von $\boldsymbol{M}$ ist $|\lambda_1| = 2|a|$. Er ist betragsmäßig dann und nur dann kleiner als Eins, falls $-0{,}5 < a < 0{,}5$ ist. Das Gesamtschrittverfahren divergiert mit $|\lambda_1| \geqslant 1$ für die positiv definite Matrix $\boldsymbol{A}$ (2.78) für alle Werte von a im Intervall $0{,}5 \leqslant a < 1$.

Für das Gesamtschrittverfahren gibt es damit keine zu Satz 2.5 analoge und ebenso allgemein gehaltene Aussage zur Konvergenz. Jedoch gilt

Satz 2.11. *Das Gesamtschrittverfahren konvergiert für ein symmetrisch-definites Gleichungssystem stets dann, falls die Koeffizientenmatrix* $\boldsymbol{A}$ *diagonal blockweise tridiagonal ist.*

Beweis: Die Eigenwerte λ_i der Matrix $\boldsymbol{M} = -(\boldsymbol{E}+\boldsymbol{F})$ sind die Eigenwerte, welche im Beweis von Satz 2.7 im Spezialfall $\boldsymbol{D} = \boldsymbol{I}$ auftreten. Nach (2.64) sind sie mit den Eigenwerten μ_i des Einzelschrittverfahrens verknüpft durch $\lambda_i^2 = \mu_i$. Für das Einzelschrittverfahren gilt $0 \leqslant \mu_i < 1$, so daß daraus $|\lambda_i| < 1$, und nach Satz 2.4 die Konvergenz des Gesamtschrittverfahrens folgt.

Im Spezialfall von diagonal blockweise tridiagonalen Matrizen $\boldsymbol{A}$ liefert der Zusammenhang der Eigenwerte λ_i und μ_i der Iterationsmatrizen des Gesamtschrittverfahrens und des Einzelschrittverfahrens eine konkrete Aussage über das Verhältnis ihrer Konvergenzverhalten. Die Spektralradien stehen in der Relation

$$\varrho(\boldsymbol{M}_{\text{Gesamt}}) = \lambda_1, \quad \varrho(\boldsymbol{M}_{\text{Einzel}}) = \mu_1 = \lambda_1^2 = \varrho^2(\boldsymbol{M}_{\text{Gesamt}}). \tag{2.79}$$

Die Konvergenzziffer des Einzelschrittverfahrens ist nach (2.79) doppelt so groß wie diejenige des Gesamtschrittverfahrens. Das Einzelschrittverfahren konvergiert in diesem Spezialfall d o p p e l t so schnell wie das Gesamtschrittverfahren. Das Gesamtschrittverfahren wird in diesem Fall im Vergleich zum Einzelschrittverfahren oder gar zur Methode der Überrelaxation nicht konkurrenzfähig.

2.4. Methode der konjugierten Gradienten

2.4.1. Herleitung. Der erste Relaxationsschritt des Verfahrens von Hestenes-Stiefel [31] ist gleich wie in der Methode des stärksten Abstiegs. Ausgehend von einem gewählten Versuchsvektor $\boldsymbol{v}^{(0)}$ wird als Relaxationsrichtung der negative Residuenvektor genommen, $\boldsymbol{p}^{(1)} = -\boldsymbol{r}^{(0)} = -\text{grad } F(\boldsymbol{v}^{(0)}) = -(\boldsymbol{A}\boldsymbol{v}^{(0)}+\boldsymbol{b})$, und in dieser Richtung geht man bis zum Minimalpunkt. Der zugehörige Wert des Parameters $t_{\min}$ werde mit q_1 bezeichnet.

$$\boldsymbol{v}^{(1)} = \boldsymbol{v}^{(0)} - q_1\boldsymbol{r}^{(0)}, \qquad q_1 = \frac{(\boldsymbol{r}^{(0)}, \boldsymbol{r}^{(0)})}{(\boldsymbol{A}\boldsymbol{r}^{(0)}, \boldsymbol{r}^{(0)})} = -\frac{(\boldsymbol{r}^{(0)}, \boldsymbol{p}^{(1)})}{(\boldsymbol{A}\boldsymbol{p}^{(1)}, \boldsymbol{p}^{(1)})} \tag{2.80}$$

Im allgemeinen k-ten Relaxationsschritt ($k \geqslant 2$) wird nicht mehr das Minimum in Richtung des Residuenvektors $\boldsymbol{r}^{(k-1)}$ allein, sondern in der zweidimensionalen Ebene durch $\boldsymbol{v}^{(k-1)}$ und aufgespannt durch die vorangehende Relaxationsrichtung $\boldsymbol{p}^{(k-1)}$ und den neuen Residuenvektor $\boldsymbol{r}^{(k-1)}$ gesucht. Die Verallgemeinerung wird durch die geometrische Tatsache motiviert, daß die zweidimensionale Ebene die durch den Näherungspunkt $\boldsymbol{v}^{(k-1)}$ laufende Niveaufläche der quadratischen Funktion $F(\boldsymbol{v}) = F(\boldsymbol{v}^{(k-1)})$ in einer Ellipse schneidet. Die Schnittellipse geht durch den Punkt $\boldsymbol{v}^{(k-1)}$, wo sie die alte Relaxationsrichtung $\boldsymbol{p}^{(k-1)}$ berührt, da $\boldsymbol{v}^{(k-1)}$ Minimalpunkt ist (vgl. Fig. 7). Die Schnittellipsen der betrachteten Ebene mit verschiedenen Niveauflächen $F(\boldsymbol{v}) =$ const. sind dazu konzentrisch und ähnlich. Das Minimum von $F(\boldsymbol{v})$ in dieser Ebene wird daher im gemeinsamen Mittelpunkt der Ellipsen angenommen. Um den Mittelpunkt M der Schnittellipse von $\boldsymbol{v}^{(k-1)}$ aus mit der Relaxationsrichtung $\boldsymbol{p}^{(k)}$ zu treffen, müssen $\boldsymbol{p}^{(k)}$ und $\boldsymbol{p}^{(k-1)}$ konjugierte Richtungen bezüglich der Schnittellipse sein. Dann müssen sie a fortiori konjugiert sein in Bezug auf jedes Ellipsoid $F(\boldsymbol{v}) =$ const. Sie haben daher die Bedingung (2.81) zu erfüllen.

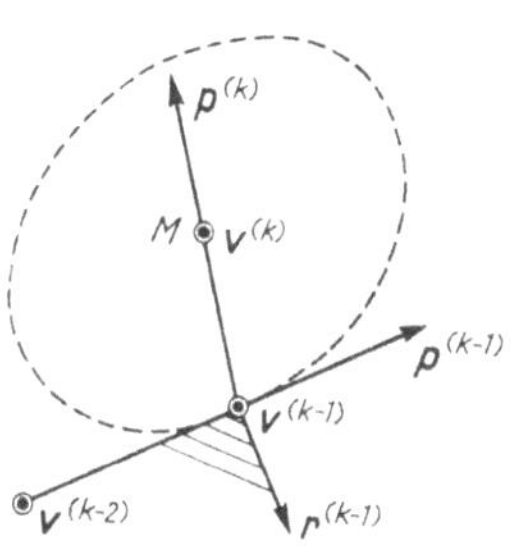

Fig. 7 Methode der konjugierten Gradienten

$$(\boldsymbol{A}\boldsymbol{p}^{(k)}, \boldsymbol{p}^{(k-1)}) = (\boldsymbol{p}^{(k)}, \boldsymbol{A}\boldsymbol{p}^{(k-1)}) = 0 \tag{2.81}$$

Der Richtungsvektor $\boldsymbol{p}^{(k)}$ wird als Linearkombination von $\boldsymbol{r}^{(k-1)}$ und $\boldsymbol{p}^{(k-1)}$ angesetzt, wobei der Koeffizient von $\boldsymbol{r}^{(k-1)}$ sicher von Null verschieden ist und im Sinn einer Normierung gleich -1 gesetzt werden darf.

$$\boldsymbol{p}^{(k)} = -\boldsymbol{r}^{(k-1)} + e_{k-1}\boldsymbol{p}^{(k-1)}, \qquad (k = 2, 3, \ldots) \tag{2.82}$$

Der Koeffizient e_{k-1} bestimmt sich aus (2.81) zu

$$e_{k-1} = \frac{(\boldsymbol{r}^{(k-1)}, \boldsymbol{A}\boldsymbol{p}^{(k-1)})}{(\boldsymbol{p}^{(k-1)}, \boldsymbol{A}\boldsymbol{p}^{(k-1)})}, \qquad (k = 2, 3, \ldots). \tag{2.83}$$

In der so festgelegten Richtung $p^{(k)}$ geht man bis zum Minimalpunkt

$$v^{(k)} = v^{(k-1)} + q_k p^{(k)} \quad \text{mit} \quad q_k = -\frac{(r^{(k-1)}, p^{(k)})}{(Ap^{(k)}, p^{(k)})}, \qquad (k = 2, 3, \ldots). \tag{2.84}$$

Man beachte, daß die Nenner der Ausdrücke für q_1, e_{k-1} und q_k infolge der positiven Definitheit von A für jeden von Null verschiedenen Richtungsvektor $p^{(k)}$ wesentlich positiv sind.

Das Verfahren der konjugierten Gradienten [31] ist nach Wahl einer Anfangsnäherung $v^{(0)}$ im wesentlichen durch die Formeln (2.80), (2.82), (2.83) und (2.84) definiert.

2.4.2. Eigenschaften und Vereinfachungen. Der Residuenvektor $r^{(k)}$ nach dem k-ten Relaxationsschritt ist unter Verwendung von (2.84) gegeben durch

$$r^{(k)} = Av^{(k)} + b = Av^{(k-1)} + q_k Ap^{(k)} + b = r^{(k-1)} + q_k(Ap^{(k)}). \tag{2.85}$$

Dies stellt eine Rekursionsformel für die Residuenvektoren dar. Da der Vektor $Ap^{(k)}$ in (2.84) ohnehin berechnet werden muß, gewinnt man $r^{(k)}$ mit geringerem Aufwand als durch tatsächliches Einsetzen des Versuchsvektors in die Gleichungen.

Nach ausgeführtem k-ten Relaxationsschritt ist $v^{(k)}$ nach Konstruktion Minimalpunkt in der von $r^{(k-1)}$ und $p^{(k-1)}$, bzw. von $r^{(k-1)}$ und $p^{(k)}$ aufgespannten zweidimensionalen Ebene. Der Residuenvektor $r^{(k)}$ als Gradient von $F(v)$ ist folglich in Verallgemeinerung von Satz 2.2 orthogonal zu dieser Ebene, so daß die Relationen gelten

$$(r^{(k)}, r^{(k-1)}) = 0, \tag{2.86}$$

$$(r^{(k)}, p^{(k-1)}) = 0, \quad (r^{(k)}, p^{(k)}) = 0. \tag{2.87}$$

In Analogie zur Methode des stärksten Abstiegs sind zwei aufeinanderfolgende Residuenvektoren orthogonal. Die Relationen (2.86) und (2.87) gestatten eine Modifikation der Formeln (2.84) und (2.83) zur Berechnung der Werte q_k und e_{k-1}. Nach (2.82) gilt wegen (2.87) für $k-1$ anstelle von k

$$(r^{(k-1)}, p^{(k)}) = -(r^{(k-1)}, r^{(k-1)}) + e_{k-1}(r^{(k-1)}, p^{(k-1)}) = -(r^{(k-1)}, r^{(k-1)}),$$

so daß daraus anstelle von (2.84) der symmetrisch gebaute Ausdruck für q_k folgt

$$q_k = \frac{(r^{(k-1)}, r^{(k-1)})}{(Ap^{(k)}, p^{(k)})}, \qquad (k = 1, 2, \ldots). \tag{2.88}$$

Solange $r^{(k-1)} \neq 0$ ist, folgt wegen der positiven Definitheit von A, daß $q_k > 0$ ist. Die Rekursionsformel (2.85) für die Residuenvektoren für $k-1$ anstelle von k liefert

$$Ap^{(k-1)} = \frac{1}{q_{k-1}} \cdot (r^{(k-1)} - r^{(k-2)}). \tag{2.89}$$

Der Zähler von e_{k-1} (2.83) ist unter Berücksichtigung von (2.86)

$$(\boldsymbol{r}^{(k-1)}, A\boldsymbol{p}^{(k-1)}) = \frac{1}{q_{k-1}} [(\boldsymbol{r}^{(k-1)}, \boldsymbol{r}^{(k-1)}) - (\boldsymbol{r}^{(k-1)}, \boldsymbol{r}^{(k-2)})]$$

$$= \frac{1}{q_{k-1}} (\boldsymbol{r}^{(k-1)}, \boldsymbol{r}^{(k-1)}).$$

Die Kombination von (2.83) und (2.88) liefert nach der letzten Gleichung

$$e_{k-1} = \frac{(\boldsymbol{r}^{(k-1)}, \boldsymbol{r}^{(k-1)})}{(\boldsymbol{r}^{(k-2)}, \boldsymbol{r}^{(k-2)})}, \qquad (k = 2, 3, \ldots). \tag{2.90}$$

Die Werte e_{k-1} nach (2.90) erscheinen als Quotienten von inneren Produkten, gebildet aus aufeinanderfolgenden Residuenvektoren mit sich selbst. Solange $\boldsymbol{r}^{(k-1)} \neq 0$ ist, sind die Werte $e_{k-1} > 0$.

Satz 2.12. *Im Verfahren der konjugierten Gradienten bilden die Relaxationsrichtungen $\boldsymbol{p}^{(k)}$ $(k = 1, 2, \ldots)$ ein System von konjugierten Richtungen, und die Residuenvektoren $\boldsymbol{r}^{(k)}$ $(k = 0, 1, 2, \ldots)$ ein Orthogonalsystem.*

B e w e i s: Wir beweisen die Eigenschaften durch vollständige Induktion nach dem Index k der Relaxationsschritte.

I n d u k t i o n s v o r a u s s e t z u n g: Nach dem k-ten Schritt mit $k \geqslant 1$ gelte

$$(\boldsymbol{r}^{(i)}, \boldsymbol{r}^{(j)}) = 0 \quad \text{für} \quad i \neq j, \qquad (0 \leqslant i, j \leqslant k); \tag{2.91}$$

$$(\boldsymbol{p}^{(i)}, A\boldsymbol{p}^{(j)}) = 0 \quad \text{für} \quad i \neq j, \qquad (1 \leqslant i, j \leqslant k). \tag{2.92}$$

Ferner seien die Residuenvektoren $\boldsymbol{r}^{(0)}, \boldsymbol{r}^{(1)}, \ldots, \boldsymbol{r}^{(k)}$ von Null verschieden.

I n d u k t i o n s b e h a u p t u n g: Die Vektoren $\boldsymbol{r}^{(k+1)}$ und $\boldsymbol{p}^{(k+1)}$ erfüllen

$$(\boldsymbol{p}^{(k+1)}, A\boldsymbol{p}^{(j)}) = 0, \qquad (j = 1, 2, \ldots, k); \tag{2.93}$$

$$(\boldsymbol{r}^{(k+1)}, \boldsymbol{r}^{(j)}) = 0, \qquad (j = 0, 1, \ldots, k). \tag{2.94}$$

I n d u k t i o n s b e w e i s: Für $j = k$ ist (2.93) erfüllt auf Grund der Konstruktion von $\boldsymbol{p}^{(k+1)}$. Nach (2.82) ist für $1 \leqslant j < k$ wegen (2.92)

$$(\boldsymbol{p}^{(k+1)}, A\boldsymbol{p}^{(j)}) = -(\boldsymbol{r}^{(k)}, A\boldsymbol{p}^{(j)}) + e_k(\boldsymbol{p}^{(k)}, A\boldsymbol{p}^{(j)}) = -(\boldsymbol{r}^{(k)}, A\boldsymbol{p}^{(j)}).$$

Nach (2.89) für j anstelle von $k-1$ ist dies weiter

$$(\boldsymbol{p}^{(k+1)}, A\boldsymbol{p}^{(j)}) = -\frac{1}{q_j} [(\boldsymbol{r}^{(k)}, \boldsymbol{r}^{(j)}) - (\boldsymbol{r}^{(k)}, \boldsymbol{r}^{(j-1)})] = 0$$

nach Induktionsvoraussetzung (2.91) und $q_j > 0$.

Die Induktionsbehauptung (2.94) ist für $j = k$ nach (2.86) richtig. Sie bleibt zu beweisen für $0 \leqslant j < k$. Nach der Rekursionsformel für die Residuenvektoren (2.85) ist gemäß Induktionsvoraussetzung (2.91)

$$(\boldsymbol{r}^{(k+1)}, \boldsymbol{r}^{(j)}) = (\boldsymbol{r}^{(k)}, \boldsymbol{r}^{(j)}) + q_{k+1}(\boldsymbol{A}\boldsymbol{p}^{(k+1)}, \boldsymbol{r}^{(j)}) = q_{k+1}(\boldsymbol{A}\boldsymbol{p}^{(k+1)}, \boldsymbol{r}^{(j)}).$$

Nach (2.82) ist für j anstelle von $k-1$ $\boldsymbol{r}^{(j)} = -\boldsymbol{p}^{(j+1)} + e_j \boldsymbol{p}^{(j)}$ $(j = 1, 2, \ldots, k-1)$, also

$$(\boldsymbol{r}^{(k+1)}, \boldsymbol{r}^{(j)}) = q_{k+1}[-(\boldsymbol{A}\boldsymbol{p}^{(k+1)}, \boldsymbol{p}^{(j+1)}) + e_j(\boldsymbol{A}\boldsymbol{p}^{(k+1)}, \boldsymbol{p}^{(j)})], \qquad (1 \leqslant j < k).$$

Infolge der Selbstadjungiertheit von $\boldsymbol{A}$ und der eben bewiesenen Eigenschaft (2.93) verschwinden beide inneren Produkte des letzten Ausdrucks. Schließlich ist für $j = 0$ $\boldsymbol{r}^{(0)} = -\boldsymbol{p}^{(1)}$ und damit wegen (2.93)

$$(\boldsymbol{r}^{(k+1)}, \boldsymbol{r}^{(0)}) = -q_{k+1}(\boldsymbol{A}\boldsymbol{p}^{(k+1)}, \boldsymbol{p}^{(1)}) = 0.$$

Induktionsverankerung: Für $k = 1$ ist (2.91) auf Grund von (2.86) erfüllt, während für die zweite Induktionsvoraussetzung (2.92) noch keine Aussage vorliegt. Sie ist leer und damit sicher richtig.

Der Satz 2.12 spricht eine bemerkenswerte Eigenschaft der Methode der konjugierten Gradienten aus, indem die Residuenvektoren ein Orthogonalsystem bilden. Sie gehören einem n-dimensionalen Vektorraum an, und somit kann das Orthogonalsystem höchstens n von Null verschiedene Vektoren enthalten. Es muß spätestens der $(n+1)$-te Residuenvektor $\boldsymbol{r}^{(n)}$ in der Folge von paarweise orthogonalen Vektoren $\boldsymbol{r}^{(0)}, \boldsymbol{r}^{(1)}, \boldsymbol{r}^{(2)}, \ldots$ verschwinden. Deshalb stellt spätestens der Versuchsvektor $\boldsymbol{v}^{(n)}$ wegen $\boldsymbol{A}\boldsymbol{v}^{(n)} + \boldsymbol{b} = \boldsymbol{r}^{(n)} = 0$ die Lösung dar. Wir formulieren diese wichtige Konsequenz in

Satz 2.13. *Das Verfahren der konjugierten Gradienten liefert die Lösung nach höchstens n Schritten.*

Bemerkenswert am Verfahren der konjugierten Gradienten ist die Tatsache, daß im Gegensatz zum Gesamtschrittverfahren keine Eigenwerte berechnet werden müssen, um die Konvergenz zu sichern. Zudem wird das an sich iterativ aufgebaute Verfahren nach Satz 2.13 theoretisch zu einem endlichen Prozeß. Die numerische Durchführung zeigt jedoch eine Abweichung von der Theorie, indem die gegenseitige Orthogonalität der Residuenvektoren nicht exakt eingehalten wird, so daß als Folge davon $\boldsymbol{r}^{(n)}$ im allgemeinen von Null verschieden ist. Die Abweichung ist um so größer, je schlechter die Kondition der Koeffizientenmatrix $\boldsymbol{A}$ ist. Diese Erscheinung stört jedoch nicht, und man setzt das Verfahren konsequenterweise über die n Schritte fort. Ein solches Vorgehen ist gerechtfertigt, weil das Verfahren auf alle Fälle eine Relaxationsmethode ist, die den Wert der quadratischen Funktion bei jedem Schritt verringert. Man vergleiche dazu 5.2.5 und die ausführliche Arbeit [13], wo die Ergebnisse von größeren numerischen Versuchen wiedergegeben und auch Verfeinerungen der Gradientenmethoden dargestellt sind.

Die Methode der konjugierten Gradienten ist prinzipiell zur Auflösung eines beliebigen symmetrisch-definiten Gleichungssystems anwendbar. Sie ist speziell vorteilhaft, falls die Matrix A nicht vollständig ausgefüllt ist, sondern viele Nullen aufweist, und zudem die einzelnen Gleichungen eine innere Gesetzmäßigkeit aufweisen. Differenzengleichungen, entstanden durch Diskretisation eines Randwertproblems, besitzen diese Eigenschaften. Die Matrix A wird dort durch Operatorgleichungen definiert, und die Berechnung des Hilfsvektors $z = Ap^{(k)}$ in (2.88) kann durch eine Reihe von expliziten Ausdrücken für die einzelnen Komponenten erfolgen, wobei die vielen Nullen in A vollkommen berücksichtigt werden (vgl. Kap. 5 und [13]). Beispielsweise lauten die Bestimmungsgleichungen für die Matrix (2.17)

$$\begin{aligned} z_1 &= 2p_1 - p_2 \\ z_i &= -p_{i-1} + 3p_i - p_{i+1}, \qquad i = 2, 3 \\ z_4 &= -p_3 + 2p_4. \end{aligned}$$

Für allgemeine Gleichungssysteme, die nicht aus Randwertproblemen entstanden sind, ist das Verfahren der konjugierten Gradienten nicht zu empfehlen.

2.4.3. Der Rechenprozeß. Die Rechenschritte der Methode der konjugierten Gradienten werden zur besseren Übersicht in der richtigen Reihenfolge zusammengestellt.

Start:

$$\boxed{\begin{aligned} &\text{Wahl von } v^{(0)} \\ &r^{(0)} = Av^{(0)} + b, \qquad p^{(1)} = -r^{(0)} \end{aligned}} \tag{2.95}$$

Relaxationsschritt ($k = 1, 2, \ldots$):

$$\boxed{\begin{aligned} &\left.\begin{aligned} e_{k-1} &= \frac{(r^{(k-1)}, r^{(k-1)})}{(r^{(k-2)}, r^{(k-2)})} \\ p^{(k)} &= -r^{(k-1)} + e_{k-1} p^{(k-1)} \end{aligned}\right\} \quad (k \geqslant 2) \\ &q_k = \frac{(r^{(k-1)}, r^{(k-1)})}{(Ap^{(k)}, p^{(k)})} \\ &v^{(k)} = v^{(k-1)} + q_k p^{(k)}, \qquad r^{(k)} = r^{(k-1)} + q_k (Ap^{(k)}) \end{aligned}} \tag{2.96}$$

ALGOL-Prozedur für die Methode der konjugierten Gradienten. In den Vektorfolgen $p^{(k)}$, $v^{(k)}$, $r^{(k)}$ ist jeweils nur der neueste von Bedeutung, und der vorangehende wird sofort belanglos. Der Index k kann aus diesem Grund im Programm weggelassen werden. Dafür ist zu beachten, daß der Wert des inneren Produktes $(\boldsymbol{r}^{(k-1)}, \boldsymbol{r}^{(k-1)})$ für die Berechnung des nächstfolgenden e-Wertes noch gebraucht wird. Die Werte e_{k-1} und q_k, welche an sich auch nur momentane Bedeutung haben, werden als vollständige Zahlfolgen mitgeführt und als Resultate geliefert, da sie zur Berechnung der kleinsten Eigenwerte von $\boldsymbol{A}$ benützt werden können (vgl. 4.6.6). Nach der letzten Bemerkung in 2.4.2 wird die Berechnung des Hilfsvektors $\boldsymbol{z} = \boldsymbol{A}\boldsymbol{p}$ für einen beliebigen Vektor $\boldsymbol{p}$ durch eine Prozedur *op* definiert, welche als formaler Parameter auftritt. Zur weiteren Vereinfachung werde das Verfahren stets mit dem Nullvektor $\boldsymbol{v}^{(0)} = 0$ gestartet, so daß $\boldsymbol{r}^{(0)} = \boldsymbol{b}$ wird. Das Verfahren wird abgebrochen, sobald $\boldsymbol{r}^{(k)} = 0$ wird, spätestens aber nach einer vorgewählten Zahl von $n1$ Schritten. Ein feineres Abbrechkriterium wird in [22] entwickelt und in einem entsprechend ausgefeilten Programm verwendet.

Die Parameter der Prozedur bedeuten:

- *n* Ordnung des Gleichungssystems $\boldsymbol{A}\boldsymbol{x}+\boldsymbol{b} = 0$
- *n1* Maximal auszuführende Relaxationsschritte
- *b* Elemente des Konstantenvektors
- *op* Die Prozedur *op(n, p, z)* definiert die Rechenvorschrift, aus einem n-dimensionalen Vektor $\boldsymbol{p}$ den Vektor $\boldsymbol{z} = \boldsymbol{A}\boldsymbol{p}$ zu berechnen
- *x* Elemente des Lösungsvektors nach maximal *n1* Schritten
- *q* Werte q_k nach (2.96)
- *e* Werte e_k nach (2.96)
- *ncg* Zahl der tatsächlich ausgeführten Schritte.

```
procedure cg (n, n1, b, op, x, q, e, ncg);
          value n, n1;
          integer n, n1, ncg; array b, x, q, e;
          procedure op;
begin integer i, k; real rr, rr1, h; array z, p, r[1:n];
   for i := 1 step 1 until n do
   begin x[i] := 0; r[i] := b[i]; p[i] := −r[i] end;
   for k := 1 step 1 until n1 do
cgschritt:
   begin rr := 0; ncg := k−1;
      for i := 1 step 1 until n do
          rr := rr+r[i] ↑ 2;
      if rr = 0 then goto schluss;
      if k > 1 then
      begin e[k−1] := rr/rr1;
         for i := 1 step 1 until n do
             p[i] := e[k−1]×p[i]—r[i]
```

```
          end;
          op(n, p, z);
          h := 0;
          for i := 1 step 1 until n do
              h := h+p[i]×z[i];
          q[k] := rr/h;
          for i := 1 step 1 until n do
          begin x[i] := x[i]+q[k]×p[i];
                r[i] := r[i]+q[k]×z[i]
          end i;
          rr1 := rr
      end k;
      ncg := n1;
schluss :
end cg
```

Beispiel 2.6. Zur Illustration dient das System (2.17). In der Tab. 5 sind die Vektoren und einzelnen Größen in der Bezeichnung der ALGOL — Prozedur zusammengestellt. Entsprechend der Ordnung sind vier Schritte durchgeführt worden. Dabei wurde ein Rechenautomat mit sechs wesentlichen Stellen simuliert. Wo weniger Stellen angegeben sind, entstanden sie durch Auslöschung führender Stellen. Die Rundungsfehler sind hier nicht gravierend.

Tab. 5 Methode der konjugierten Gradienten

$k =$	0	1	2	3	4
$e_{k-1} =$	–	–	0,218864	0,257925	0,017032
$p^{(k)} =$	–	−1,00000	1,43886	1,63321	0,18044
	–	4,00000	2,21774	−0,61095	0,11736
	–	7,00000	1,00185	1,11467	0,03222
	–	0	3,10067	0,78351	−0,13232
$z^{(k)} = Ap_k =$	–	−6,00000	0,65998	3,87737	0,24352
	–	6,00000	4,21251	−4,58073	0,20386
	–	17,0000	−2,31286	3,17145	0,20386
	–	−7,00000	5,19949	0,45235	−0,23242

$k =$	0	1	2	3	4
$h = (z^{(k)}, p^{(k)}) =$	–	149,000	24,0966	13,0207	0,101252
$q^{(k)} =$	–	0,442953	0,599462	0,286139	0,626723
$v^{(k)} =$	0 0 0 0	−0,442953 1,77181 3,10067 0	0,419589 3,10126 3,70124 1,85873	0,886914 2,92644 4,02019 2,08292	1,00000 2,99999 4,00000 1,99999
$r^{(k)} =$	1 −4 −7 0	−1,65772 −1,34228 0,53020 −3,10067	−1,26209 1,18296 −0,85627 0,01623	−0,15262 −0,12777 0,05121 0,14566	0,00000 −0,00001 0,00001 −0,00000
$rr = (r^{(k)}, r^{(k)}) =$	66	14,4450	3,72573	0,063457	$2_{10}-10$

3. Ausgleichsrechnung

3.1. Problemstellung

Die Ausgleichsrechnung befaßt sich mit einem Satz von n bekannten Werten l_i, welche den Charakter von Meßwerten aufweisen, aus denen m andere gesuchte Größen x_j zu bestimmen sind. Es liegt immer dann ein Ausgleichsproblem vor, wenn die Anzahl der vorliegenden Meßwerte größer ist als zur eindeutigen Festlegung der gesuchten Größen nötig ist. Für die Unbekannten sind eine Reihe von Bestimmungsgleichungen gegeben. Infolge der Ungenauigkeiten der Messwerte liegen Widersprüche in den Bestimmungsgleichungen vor, die es zu beseitigen gilt, indem an den Meßwerten Korrekturen angebracht werden. Die Korrekturen sind in einem noch näher zu präzisierenden Sinn möglichst klein zu halten, damit die Messungen möglichst wenig verfälscht werden. Beispielsweise kann verlangt werden, daß die Summe der Quadrate der Korrekturen minimal werde (Gaußsches Prinzip), oder daß das Maximum der Beträge der Korrekturen ein Minimum annimmt (Tschebyscheffsches Prinzip). Die Forderung des Tschebyscheffschen Prinzips kann auf ein lineares

Programm zurückgeführt werden [64], und ist nicht so einfach zu behandeln wie diejenige des Gaußschen Prinzips. Das Gaußsche Prinzip, auch Methode der kleinsten Quadrate genannt, findet seine Begründung in wahrscheinlichkeitstheoretischen Überlegungen unter der Annahme, daß die Gaußsche Verteilung für die zufälligen Meßfehler gilt. Dann lassen sich auch das Verhalten und die Fortpflanzung der Beobachtungsfehler studieren. Vom mathematischen wie vom numerischen Standpunkt ist die Methode der kleinsten Quadrate unter den sinnvollen Möglichkeiten am einfachsten zu handhaben und am zugänglichsten. Sie wird in den meisten Anwendungen verwendet, und die Methode hat seit ihrer Entdeckung von Gauß im Jahre 1794 eine hohe rechentechnische Vollkommenheit erreicht.

Für eine ausführlichere Darstellung der Problemstellung und der Aufgaben der Ausgleichsrechnung sei auf [26] verwiesen.

3.1.1. Vermittelnde Ausgleichung. In der vermittelnden Ausgleichung sind die m unbekannten Größen x_j ($j = 1, 2, \ldots, m$) durch n gegebene Funktionen $f_i(x_1, x_2, \ldots, x_m)$ ($i = 1, 2, \ldots, n$) mit den n beobachteten bekannten Meßwerten l_i ($i = 1, 2, \ldots, n$) verknüpft, indem die Unbekannten aus dem System von Gleichungen

$$f_i(x_1, x_2, \ldots, x_m) - l_i = 0, \qquad (i = 1, 2, \ldots, n; \quad n > m) \tag{3.1}$$

zu bestimmen sind. Der Name des Ausgleichsproblems erklärt sich dadurch, daß die Unbekannten vermittels der Funktionen mit den Meßwerten in Beziehung gebracht sind. Das im allgemeinen nichtlineare System (3.1) ist in der Regel überbestimmt und somit nicht lösbar. Um den Widerspruch zu beseitigen, sind in jeder Gleichung Fehlbeträge oder Residuen r_i zuzulassen, so daß an die Stelle von (3.1) das System (3.2) tritt.

$$f_i(x_1, x_2, \ldots, x_m) - l_i = r_i, \qquad (i = 1, 2, \ldots, n; \quad n > m) \tag{3.2}$$

Die Residuen r_i können als Korrekturen der betreffenden Meßwerte l_i interpretiert werden. Für die folgenden Betrachtungen wird vorausgesetzt, daß die Messungen mit derselben Genauigkeit erfolgt seien. Andernfalls muß und kann dies durch entsprechende Gewichtsfaktoren berücksichtigt werden ([26], [64]).

Die Forderung des Gaußschen Prinzips, $\sum_{i=1}^{n} r_i^2$ zu minimalisieren, ist nur für lineare Funktionen $f_i(x_1, x_2, \ldots, x_m)$ in den Unbekannten x_j unmittelbar anwendbar. Im allgemeinen Fall von nichtlinearen Funktionen sind die Gleichungen (3.2) zu linearisieren, indem Näherungswerte $\bar{x}_j$ für die Unbekannten x_j bestimmt oder gewählt werden, und nach dem Prinzip der Korrektur [64] mit dem Ansatz $x_j = \bar{x}_j + \xi_j$ weitergerechnet wird. Darin bedeuten die ξ_j kleine Größen, und sie treten als neue Unbekannte an die Stelle der x_j.

Vermöge der Linearisierung setzt man approximativ [1])

$$f_i(x_1, x_2, \ldots, x_m) \sim f_i(\bar{x}_1, \bar{x}_2, \ldots, \bar{x}_m) + \sum_{j=1}^{m} \frac{\partial f_i(\bar{x}_1, \bar{x}_2, \ldots, \bar{x}_m)}{\partial x_j} \xi_j. \quad (3.3)$$

Mit den Festsetzungen

$$\frac{\partial f_i(\bar{x}_1, \bar{x}_2, \ldots, \bar{x}_m)}{\partial x_j} = c_{ij}, \quad f_i(\bar{x}_1, \bar{x}_2, \ldots, \bar{x}_m) - l_i = d_i \quad (3.4)$$

$$(i = 1, 2, \ldots, n; \quad j = 1, 2, \ldots, m)$$

lautet das linearisierte System (3.2)

$$\sum_{j=1}^{m} c_{ij}\xi_j + d_i = r_i, \qquad (i = 1, 2, \ldots, n; \quad n > m). \quad (3.5)$$

Das System der Fehlergleichungen (3.5) ist zu lösen unter der Forderung $\sum_{i=1}^{n} r_i^2 = \text{Minimum}$. In (3.5) liegt ein überbestimmtes lineares Gleichungssystem in mehr Gleichungen als Unbekannten vor. Im folgenden werden nur noch lineare Fehlergleichungen betrachtet.

Beispiel 3.1. Einschneideverfahren der Landesvermessung. Von bekannten Fixpunkten P_i mit den Koordinaten (x_i, y_i) werden die Winkel gemessen zu einem neuen Punkt P mit den unbekannten Koordinaten (x, y). Zur Vereinfachung werde angenommen, daß in jedem Fixpunkt P_i die Nordrichtung exakt bekannt sei, so daß der Azimutwinkel φ_i zwischen der Nordrichtung und der Richtung von P_i nach P gemessen werden kann (Fig. 8[2]). Zur Lösung des Problems werden die tatsächlichen Winkel formal durch die bekann-

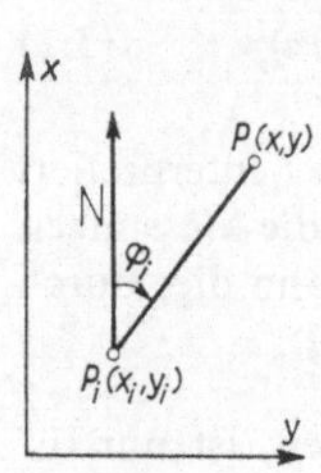

Fig. 8
Einschneideverfahren

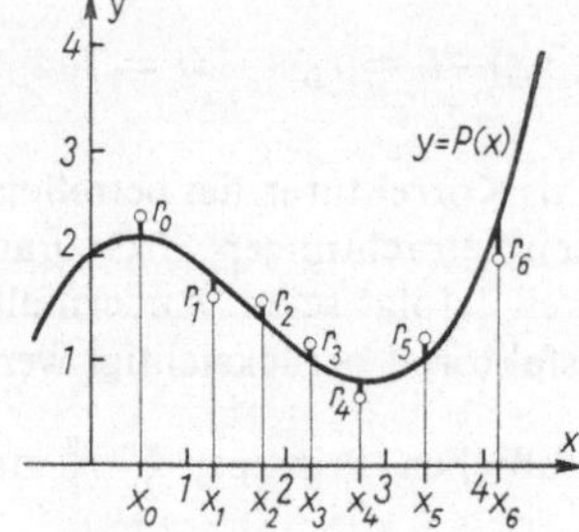

Fig. 9
Ausgleichung durch ein Polynom

[1]) Die Linearisierung ist nur möglich, falls die Funktionen $f_i(x_1, x_2, \ldots, x_m)$ hinreichende Differenzierbarkeitseigenschaften aufweisen.

[2]) Das in Fig. 8 verwendete Koordinatensystem ist in der Geodäsie gebräuchlich.

ten und unbekannten Koordinaten ausgedrückt, und diese mit den gemessenen Werten in Beziehung gesetzt. Daraus ergeben sich die nichtlinearen Fehlergleichungen

$$\arctan \frac{y-y_i}{x-x_i} - \varphi_i = r_i, \qquad (i = 1, 2, \ldots, n).$$

Nach Wahl von Näherungskoordinaten $\bar{x}, \bar{y}$ und mit dem Korrekturansatz $x = \bar{x}+\xi$, $y = \bar{y}+\eta$ liefert die Linearisierung nach leichter Rechnung die linearisierten Fehlergleichungen

$$\frac{-(\bar{y}-y_i)\,\xi+(\bar{x}-x_i)\,\eta}{(\bar{y}-y_i)^2+(\bar{x}-x_i)^2} + \arctan\left(\frac{\bar{y}-y_i}{\bar{x}-x_i}\right) - \varphi_i = r_i, \qquad (i = 1, 2, \ldots, n).$$

Beispiel 3.2. Die Aufgabe, bei gegebenen $N+1$ Punkten mit den kartesischen Koordinaten (x_i, y_i) $(i = 0, 1, 2, \ldots, N)$ ein Polynom $P(x) = \sum_{j=0}^{n} p_j x^j$ vom Grad $n < N$ zu legen, welches möglichst gut durch die $N+1$ Punkte geht (vgl. Fig. 9), führt direkt auf das lineare System von Fehlergleichungen

$$\sum_{j=0}^{n} p_j x_i^j - y_i = r_i, \qquad (i = 0, 1, 2, \ldots, N).$$

Darin sind die Polynomkoeffizienten p_j die Unbekannten, deren Anzahl kleiner ist als die Zahl der Gleichungen. In Fig. 9 ist der Fall $n = 3$ und $N = 6$ qualitativ dargestellt. Die Residuen r_i bedeuten geometrisch die Abweichungen der Kurve $y = P(x)$ von den gegebenen Punkten, gemessen in y-Richtung.

Die Ausgleichung direkter Beobachtungen, bei welcher für eine gesuchte Größe x verschiedene Messungen l_i vorliegen, kann als ein Spezialfall der vermittelnden Ausgleichung betrachtet werden, indem die Fehlergleichungen lauten

$$x - l_i = r_i, \qquad (i = 1, 2, \ldots, n).$$

3.1.2. Bedingte Ausgleichung. Bei allen Problemen der bedingten Ausgleichung liegen für die gesuchten n Unbekannten x_j je Meßwerte l_j vor, und die Unbekannten x_j müssen eine Reihe von m Bedingungsgleichungen (3.6)

$$f_i(x_1, x_2, \ldots, x_n) = 0, \qquad (i = 1, 2, \ldots, m < n) \tag{3.6}$$

exakt erfüllen. Die Werte x_j sind so zu bestimmen, daß sie einerseits den Bedingungen (3.6) genügen, und daß anderseits nach dem Gaußschen Prinzip die Summe der Quadrate der Korrekturen $v_j = x_j - l_j$ minimal wird.

$$\sum_{j=1}^{n} v_j^2 = \sum_{j=1}^{n} (x_j - l_j)^2 = \text{Minimum} \tag{3.7}$$

Nichtlineare Bedingungsgleichungen (3.6) werden wieder nach dem Prinzip der Korrektur linearisiert. Für die gesuchten Werte x_j stehen unmittelbar die Meßwerte l_j als Näherungen zur Verfügung. Der Ansatz $x_j = l_j + v_j$ mit den Korrekturen v_j als neuen Unbekannten läßt an die Stelle von (3.6) die linearisierten Bedingungsgleichungen

$$\sum_{j=1}^{n} \frac{\partial f_i(l_1, l_2, \ldots, l_n)}{\partial x_j} v_j + f_i(l_1, l_2, \ldots, l_n) = 0, \qquad (i = 1, 2, \ldots, m < n) \tag{3.8}$$

treten. Mit den Festsetzungen

$$\frac{\partial f_i(l_1, l_2, \ldots, l_n)}{\partial x_j} = p_{ij}, \qquad f_i(l_1, l_2, \ldots, l_n) = q_i \tag{3.9}$$

lauten die linearisierten Bedingungsgleichungen

$$\sum_{j=1}^{n} p_{ij} v_j + q_i = 0, \qquad (i = 1, 2, \ldots, m < n) \tag{3.10}$$

Sie sind zu erfüllen unter gleichzeitiger Minimalisierung von $\sum_{j=1}^{n} v_j^2$. Die Formulierung der bedingten Ausgleichung in den kleinen Korrekturen $v_j = x_j - l_j$ als Unbekannte ist in der Geodäsie am gebräuchlichsten.

Im folgenden werden nur lineare Bedingungsgleichungen in Betracht gezogen, so daß die Aufgabe der bedingten Ausgleichung ein klassisches Extremalproblem mit linearen Nebenbedingungen darstellt.

Beispiel 3.3. In einem Dreieck werden die drei Winkel x_1, x_2, x_3 gemessen und dafür die Meßwerte l_1, l_2, l_3 erhalten. Da im Dreieck die Winkelsumme 180° beträgt, lautet die zu erfüllende lineare Bedingungsgleichung

$$x_1 + x_2 + x_3 - 180 = 0.$$

Mit der Substitution $x_j = l_j + v_j$ $(j = 1, 2, 3)$ lautet sie

$$v_1 + v_2 + v_3 + (l_1 + l_2 + l_3 - 180) = 0. \tag{3.11}$$

Die Aufgabe der bedingten Ausgleichung besteht darin, $v_1^2 + v_2^2 + v_3^2$ minimal zu machen unter der Nebenbedingung (3.11).

3.2. Vermittelnde Ausgleichung

3.2.1. Die Gaußschen Normalgleichungen. Das System der n linearen Fehlergleichungen der vermittelnden Ausgleichung in den $m < n$ Unbekannten x_j

$$\sum_{j=1}^{m} c_{ij} x_j + d_i = r_i, \qquad (i = 1, 2, \ldots, n) \tag{3.12}$$

soll nach der Methode der kleinsten Quadrate gelöst werden. Die Elemente c_{ij} $(i = 1, 2, \ldots, n;\ j = 1, 2, \ldots, m)$ bilden eine rechteckige, „hohe“ Matrix $\boldsymbol{C} = (c_{ij})$, die mehr Zeilen als Kolonnen umfaßt. Die konstanten Werte d_i und die Residuen r_i werden je zu „langen“ Vektoren $\boldsymbol{d} = (d_1, d_2, \ldots, d_n)^T$, bzw. $\boldsymbol{r} = (r_1, r_2, \ldots, r_n)^T$, und die Unbekannten x_j zu einem „kurzen“ Vektor $\boldsymbol{x} = (x_1, x_2, \ldots, x_m)^T$ zusammengefaßt. Damit können die Fehlergleichungen (3.12) geschrieben werden als

$$\boldsymbol{Cx}+\boldsymbol{d} = \boldsymbol{r}. \tag{3.13}$$

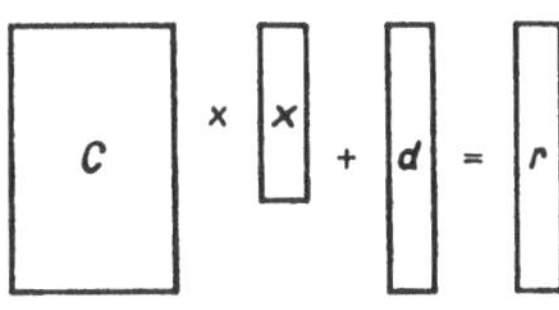

Fig. 10
Struktur der Fehlergleichungen

Die Verschiedenartigkeit der beteiligten Vektoren der Fehlergleichungen (3.13) wird in Fig. 10 anschaulich zum Ausdruck gebracht. Das Gaußsche Prinzip verlangt, daß das Quadrat der Länge des Residuenvektors $\boldsymbol{r}$ zu minimalisieren ist. Das Längenquadrat $(\boldsymbol{r}, \boldsymbol{r})$ kann nach (3.13) durch die Matrix $\boldsymbol{C}$ und die Vektoren $\boldsymbol{x}$ und $\boldsymbol{d}$ ausgedrückt werden:

$$(\boldsymbol{r}, \boldsymbol{r}) = (\boldsymbol{Cx}+\boldsymbol{d}, \boldsymbol{Cx}+\boldsymbol{d}) = (\boldsymbol{Cx}, \boldsymbol{Cx})+(\boldsymbol{Cx}, \boldsymbol{d})+(\boldsymbol{d}, \boldsymbol{Cx})+(\boldsymbol{d}, \boldsymbol{d}).$$

Nach elementarer Umformung ergibt sich die Darstellung

$$(\boldsymbol{r}, \boldsymbol{r}) = (\boldsymbol{C}^T\boldsymbol{Cx}, \boldsymbol{x})+2(\boldsymbol{C}^T\boldsymbol{d}, \boldsymbol{x})+(\boldsymbol{d}, \boldsymbol{d}). \tag{3.14}$$

Man überzeugt sich leicht, daß alle in (3.14) auftretenden Matrizen- und Vektoroperationen sinnvoll sind. Der Ausdruck (3.14) stellt eine quadratische Funktion des Vektors $\boldsymbol{x}$ dar, welche durch geeignete Wahl von $\boldsymbol{x}$ zu minimalisieren ist. Da es dabei auf den konstanten Summanden $(\boldsymbol{d}, \boldsymbol{d})$ nicht ankommt, wird das Minimum auf Grund von Satz 2.1 geliefert durch die Lösung des linearen Gleichungssystems

$$\boldsymbol{C}^T\boldsymbol{Cx}+\boldsymbol{C}^T\boldsymbol{d} = 0. \tag{3.15}$$

Die Gleichungen (3.15) heißen die G a u ß schen N o r m a l g l e i c h u n g e n. Ihre Lösung liefert die gesuchten Werte der Unbekannten x_j. Die Elemente a_{jk} der Matrix $\boldsymbol{A} = \boldsymbol{C}^T\boldsymbol{C}$ und die Komponenten b_j des Konstantenvektors $\boldsymbol{b} = \boldsymbol{C}^T\boldsymbol{d}$ der Normalgleichungen (3.15) $\boldsymbol{Ax}+\boldsymbol{b} = 0$ berechnen sich aus den K o l o n n e n v e k t o r e n $\boldsymbol{c}_i$ der Matrix $\boldsymbol{C}$ und dem Konstantenvektor $\boldsymbol{d}$ als innere Produkte gemäß (3.16) und (3.17).

$$a_{jk} = (\boldsymbol{c}_j, \boldsymbol{c}_k) = \sum_{i=1}^{n} c_{ij}c_{ik}, \qquad (j, k = 1, 2, \ldots, m) \tag{3.16}$$

$$b_j = (\boldsymbol{c}_j, \boldsymbol{d}) = \sum_{i=1}^{n} c_{ij}d_i, \qquad (j = 1, 2, \ldots, m) \tag{3.17}$$

Satz 3.1. *Die Koeffizientenmatrix $\boldsymbol{A} = \boldsymbol{C}^T\boldsymbol{C}$ der Gaußschen Normalgleichungen ist symmetrisch und ihre Zeilenzahl ist gleich der Zahl der Unbekannten. Falls die*

Matrix C Maximalrang m hat, ist das System der Normalgleichungen symmetrisch-definit.

B e w e i s: Die Symmetrie von A ist nach (3.16) offensichtlich auf Grund der Kommutativität des inneren Produktes. Die quadratische Form $Q(x) = (Ax, x) = (C^T Cx, x) = (Cx, Cx)$ ist als inneres Produkt des Vektors Cx mit sich selbst für beliebige Vektoren x nicht negativ. Verschwinden kann sie nur für $Cx = 0$. Der Vektor Cx stellt eine Linearkombination der Kolonnenvektoren von C dar. Wegen des vorausgesetzten Maximalrangs von C sind sie linear unabhängig. Daraus folgt aus $Cx = 0$ notwendigerweise $x = 0$, und damit die positive Definitheit von A.

B e m e r k u n g: Falls C nicht Maximalrang aufweist, besitzt das System von Fehlergleichungen (3.13) eine mehrdeutige Lösungsmannigfaltigkeit derart, daß jede Lösung davon das Residuenquadrat minimal macht. Dieser Ausnahmefall erfordert spezielle Methoden, welche von der genaueren Problemstellung abhängen. Im folgenden befassen wir uns nur mit dem Normalfall von positiv definiten Normalgleichungen.

3.2.2. Zur Auflösung der Normalgleichungen. Die Eigenschaft der Gaußschen Normalgleichungen, symmetrisch-definit zu sein, ermöglicht ihre Lösung nach dem Verfahren von Cholesky oder mit einer Relaxationsmethode. Der einzuschlagende Lösungsweg ist damit prinzipiell vorgezeichnet. Doch sei im Sinn einer Warnung auf eine häufig feststellbare Erscheinung hingewiesen. Die Normalgleichungen von größeren Fehlergleichungssystemen weisen oft eine schlechte Kondition auf, so daß sich die Unbekannten aus den Normalgleichungen nur sehr ungenau berechnen lassen. Die Konditionszahl $\varkappa$ einer symmetrischen und positiv definiten Matrix A ist ja als Verhältnis zwischen dem größten und dem kleinsten Eigenwert von A erklärt. Der größte, bzw. kleinste Eigenwert einer symmetrischen Matrix A ist nach Satz 4.3 (vgl. 4.3) das Maximum, bzw. das Minimum des Rayleighschen Quotienten für alle von Null verschiedenen Vektoren x

$$\lambda_{\max} = \max_{x \neq 0} \frac{(Ax, x)}{(x, x)}, \quad \lambda_{\min} = \min_{x \neq 0} \frac{(Ax, x)}{(x, x)}. \tag{3.18}$$

Durch Konkurrenzeinschränkung der normierten Vektoren x auf die m Einheitsvektoren e_k ergeben sich aus (3.18) die Schranken

$$\lambda_{\max} = \max_{(x, x)=1} \frac{(Ax, x)}{(x, x)} \geqslant \max_{k=1,\ldots,m} (Ae_k, e_k) = \max_k a_{kk},$$

$$\lambda_{\min} = \min_{(x, x)=1} \frac{(Ax, x)}{(x, x)} \leqslant \min_{k=1,\ldots,m} (Ae_k, e_k) = \min_k a_{kk}.$$

Satz 3.2. *Der größte (kleinste) Eigenwert einer symmetrischen Matrix A ist mindestens (höchstens) so groß wie das größte (kleinste) Diagonalelement von A.*

Daraus ergibt sich für die Konditionszahl $\varkappa$ der symmetrisch-definiten Normalgleichungen die nützliche Abschätzung

$$\varkappa \geqslant \frac{\max\limits_{k} a_{kk}}{\min\limits_{k} a_{kk}}. \tag{3.19}$$

Allerdings wird der kleinste Eigenwert durch die obere Schranke oft bei weitem überschätzt, so daß die Schranke (3.19) für die Konditionszahl entsprechend zu klein ausfällt.

Eine mehr qualitative Aussage über den kleinsten Eigenwert der Normalgleichungen liefert die folgende anschauliche Überlegung. Wegen $\boldsymbol{A} = \boldsymbol{C}^{\mathrm{T}}\boldsymbol{C}$ ist (3.18) gleichbedeutend mit $\lambda_{\min} = \min\limits_{(\boldsymbol{x},\boldsymbol{x})=1} (\boldsymbol{C}\boldsymbol{x}, \boldsymbol{C}\boldsymbol{x})$. Das Produkt $\boldsymbol{y} = \boldsymbol{C}\boldsymbol{x}$ kann als Linearkombination der Kolonnenvektoren $\boldsymbol{c}_i$ von $\boldsymbol{C}$ mit den Koeffizienten x_i interpretiert werden. Daher ist $\lambda_{\min}$ das Minimum des Längenquadrates aller Linearkombinationen der Kolonnenvektoren $\boldsymbol{y} = \sum_{i=1}^{m} x_i \boldsymbol{c}_i$ unter der Nebenbedingung $\sum_{i=1}^{m} x_i^2 = 1$. Unter der Annahme, die Kolonnenvektoren $\boldsymbol{c}_i$ von $\boldsymbol{C}$ seien linear abhängig ($\boldsymbol{C}$ nicht vom Maximalrang m), existieren Werte x_i mit $\sum_{i=1}^{m} x_i^2 = 1$ so, daß $\sum_{i=1}^{m} x_i \boldsymbol{c}_i = 0$ ist. Dann ist $\lambda_{\min} = 0$ entsprechend der Tatsache, daß $\boldsymbol{A}$ singulär ist. Sind die Kolonnenvektoren $\boldsymbol{c}_i$ jedoch nicht exakt, sondern nur nahezu linear abhängig, ist einleuchtend, daß der Nullvektor beinahe als Linearkombination der $\boldsymbol{c}_i$ darstellbar ist, d. h. der Vektor $\boldsymbol{y} = \sum_{i=1}^{m} x_i \boldsymbol{c}_i$ mit $\sum_{i=1}^{m} x_i^2 = 1$ kann klein werden, wenn auch nicht beliebig klein. Dementsprechend wird die Konditionszahl groß.

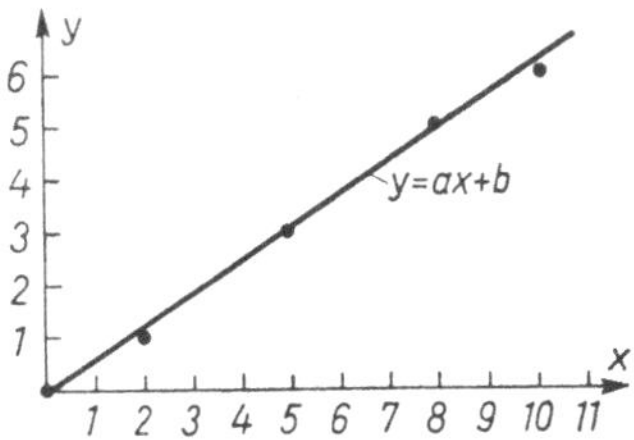

Fig. 11 Ausgleichung durch eine Gerade

Beispiel 3.4. Durch fünf Meßpunkte eines physikalischen Experimentes, deren rechtwinkligen Koordinaten (0, 0), (2, 1), (5, 3), (8, 5) und (10, 6) seien, ist eine Gerade mit der Gleichung $y = ax+b$ zulegen (Fig. 11). Die unbekannten Koeffizienten a und b sind so zu bestimmen, daß die Residuen in den Fehlergleichungen (3.20) im Sinn des Gaußschen Prinzips minimal werden.

$$\begin{aligned} b &= r_1 \\ 2a+b-1 &= r_2 \\ 5a+b-3 &= r_3 \\ 8a+b-5 &= r_4 \\ 10a+b-6 &= r_5 \end{aligned} \qquad \boldsymbol{C} = \begin{bmatrix} 0 & 1 \\ 2 & 1 \\ 5 & 1 \\ 8 & 1 \\ 10 & 1 \end{bmatrix}, \quad \boldsymbol{d} = \begin{bmatrix} 0 \\ -1 \\ -3 \\ -5 \\ -6 \end{bmatrix} \tag{3.20}$$

Die Normalgleichungen und ihre Lösung lauten

$$\begin{aligned} 193a+25b-117 &= 0 \\ 25a+\ 5b-\ 15 &= 0, \end{aligned} \qquad a = \frac{21}{34}, \quad b = -\frac{3}{34}.$$

Die beiden Eigenwerte der Matrix $A = C^T C$ sind $\lambda_{\max} = 196{,}268$, $\lambda_{\min} = 1{,}732$, so daß die Konditionszahl $\varkappa \cong 113$ nicht allzu schlecht ist. Die Abschätzung (3.19) liefert $\varkappa \geqslant 38{,}6$.

Beispiel 3.5. Zur Illustration der schlechten Kondition von Normalgleichungen sei die Gleichung einer Geraden $y = ax+b$ aus einem Experiment durch eine große Anzahl von Messungen zu bestimmen. Dazu seien an n äquidistanten ganzzahligen Abszissen $x_l = l$ $(l = 1, 2, \ldots, n)$ die Ordinaten y_l gemessen worden. Die Fehlergleichungen lauten

$$la+b-y_l = r_l, \qquad (l = 1, 2, \ldots, n).$$

Die Koeffizientenmatrix A der Normalgleichungen ist

$$A = \begin{bmatrix} \sum_{l=1}^{n} l^2 & \sum_{l=1}^{n} l \\ \sum_{l=1}^{n} l & n \end{bmatrix} = \begin{bmatrix} \frac{1}{6}\, n(n+1)(2n+1) & \frac{1}{2}\, n(n+1) \\ \frac{1}{2}\, n(n+1) & n \end{bmatrix}.$$

Nach Satz 3.2 ist $\lambda_{\max} \geqslant n(n+1)(2n+1)/6 > n^3/3$. Anderseits ist das Produkt der beiden Eigenwerte von A gleich ihrer Determinante $|A| = n^2(n^2-1)/12$, so daß daraus für $\lambda_{\min}$ die Abschätzung gilt

$$\lambda_{\min} = \frac{n^2(n^2-1)}{12\,\lambda_{\max}} < \frac{n^4}{12\,\lambda_{\max}} < \frac{n}{4}.$$

Für die Konditionszahl $\varkappa$ ergibt sich damit die Ungleichung

$$\varkappa = \frac{\lambda_{\max}}{\lambda_{\min}} > \frac{4}{3}\, n^2.$$

Die Konditionszahl $\varkappa$ wächst mit dem Quadrat von n und kann deshalb beliebig groß werden. Für $n = 100$ ist $\varkappa > 13'333$, so daß bei der numerischen Auflösung der Normalgleichungen mit einem Verlust von vier Stellen zu rechnen ist.

Beispiel 3.6. Eine schlechte Kondition der Normalgleichungen ist häufig besonders ausgeprägt, wenn es darum geht, durch $N+1$ gegebene Punkte ein Polynom vom Grad $n < N$ zu legen (vgl. Beispiel 3.2). Es seien beispielsweise $N+1 = 8$ Punkte mit den äquidistanten Abszissen $x_l = l$ $(l = 1, 2, \ldots, 8)$ gegeben, und es sei ein Polynom vom Grad $n = 4$ gesucht. Die Elemente c_{ij} der Fehlergleichungsmatrix C sind gegeben durch die Werte $c_{ij} = x_i^{j-1}$ $(i = 1, 2, \ldots, 8;$ $j = 1, 2, \ldots, 5)$. Aus den Diagonalelementen der zugehörigen Normalgleichungsmatrix liefert die Abschätzung (3.19) $\varkappa \geqslant 3{,}08 \cdot 10^6$. Bedeutend größer wird die Konditionszahl, falls man durch die $N+1 = 12$ Punkte mit den Abszissen

$x_1 = -6, x_2 = -5, \ldots, x_6 = -1, x_7 = 1, \ldots, x_{12} = 6$ ein Polynom vom Grad $n = 8$ bestimmen will. Die Schätzung (3.19) liefert die Aussage $\varkappa \geqslant 4{,}96 \cdot 10^{11}$. Ein Rechenautomat mit 11-stelliger Mantisse wird möglicherweise nach 1.2 ein ganz absurdes Resultat produzieren, da die Matrix $\boldsymbol{A} = \boldsymbol{C}^T\boldsymbol{C}$ numerisch singulär ist.

3.3. Bedingte Ausgleichung

3.3.1. Die Korrelatengleichungen. Die Aufgabe der bedingten Ausgleichung besteht darin, die Werte der n Unbekannten $x_1, x_2, \ldots, x_n$ zu bestimmen, für welche Meßwerte $l_1, l_2, \ldots, l_n$ vorliegen, so daß die Unbekannten den m linearen Bedingungsgleichungen

$$\sum_{j=1}^{n} p_{ij}x_j + q_i = 0, \qquad (i = 1, 2, \ldots, m < n) \tag{3.21}$$

genügen und gleichzeitig den Wert

$$\sum_{j=1}^{n} (x_j - l_j)^2 = \sum_{j=1}^{n} v_j^2 \tag{3.22}$$

minimalisieren. Diese Extremalaufgabe mit Nebenbedingungen wird mit der Methode der Lagrangeschen Multiplikatoren gelöst. Die Multiplikatoren seien mit $-2t_i$ $(i = 1, 2, \ldots, m)$ bezeichnet. Äquivalent mit dem gestellten Problem ist die Aufgabe, den stationären Wert der Lagrangeschen Funktion (3.23)

$$L = \sum_{j=1}^{n} (x_j - l_j)^2 - 2\sum_{i=1}^{m} t_i \left\{ \sum_{j=1}^{n} p_{ij}x_j + q_i \right\} \tag{3.23}$$

zu bestimmen. Dazu müssen notwendigerweise die ersten Ableitungen von L nach den Unbekannten x_j verschwinden.

$$\frac{\partial L}{\partial x_j} = 2(x_j - l_j) - 2\sum_{i=1}^{m} t_i p_{ij} = 0, \qquad (j = 1, 2, \ldots, n) \tag{3.24}$$

Zusammen mit den m Bedingungsgleichungen (3.21) ergeben sich $n+m$ lineare Gleichungen für die unbekannten Größen $x_1, x_2, \ldots, x_n; t_1, t_2, \ldots, t_m$, die sich noch weitgehend vereinfachen lassen.

Die Elemente p_{ij} $(i = 1, 2, \ldots, m;\ j = 1, 2, \ldots, n)$ bilden eine rechteckige, „breite" Matrix $\boldsymbol{P} = (p_{ij})$, die weniger Zeilen als Kolonnen umfaßt. Die Unbekannten x_j, die Meßwerte l_j und die Korrekturen v_j werden je zu „langen" Vektoren $\boldsymbol{x} = (x_1, x_2, \ldots, x_n)^T$, $\boldsymbol{l} = (l_1, l_2, \ldots, l_n)^T$, $\boldsymbol{v} = (v_1, v_2, \ldots, v_n)^T$ mit n Komponenten zusammengefaßt. Die konstanten Werte q_i und die Korrelaten t_i bilden je „kurze" Vektoren mit je m Komponenten, nämlich $\boldsymbol{q} = (q_1, q_2, \ldots, q_m)^T$ und den Korrelatenvektor $\boldsymbol{t} = (t_1, t_2, \ldots, t_m)^T$.

Damit lauten die Bedingungsgleichungen (3.21)

$$\boldsymbol{P}\boldsymbol{x}+\boldsymbol{q} = 0, \tag{3.25}$$

und die Forderung (3.22)

$$(\boldsymbol{v}, \boldsymbol{v}) = (\boldsymbol{x}-\boldsymbol{l}, \boldsymbol{x}-\boldsymbol{l}) = \text{Minimum}. \tag{3.26}$$

Die Verschiedenartigkeit der beteiligten Vektoren in den Bedingungsgleichungen (3.25) wird veranschaulicht in Fig. 12.

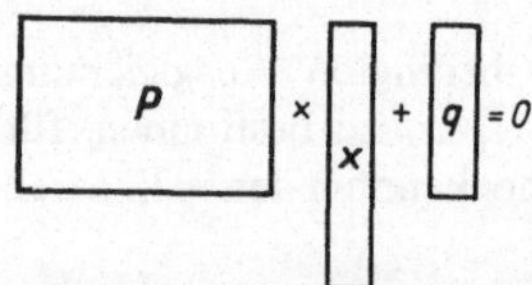

Fig. 12 Struktur der Bedingungsgleichungen

Die notwendigen Bedingungen (3.24), aufgelöst nach dem Vektor $\boldsymbol{x}$, ergeben die Korrelatengleichungen

$$\boldsymbol{x} = \boldsymbol{P}^{\mathrm{T}}\boldsymbol{t}+\boldsymbol{l}. \tag{3.27}$$

Die Gleichungen (3.27) setzen die als Multiplikatoren eingeführten Korrelaten t_i über die gegebene Matrix $\boldsymbol{P}$ und den Meßvektor $\boldsymbol{l}$ in Beziehung (Korrelation) mit dem gesuchten Vektor $\boldsymbol{x}$. Durch Einsetzen der Korrelatengleichungen (3.27) in die Bedingungsgleichungen (3.25) resultiert ein lineares System von Normalgleichungen für den Korrelatenvektor $\boldsymbol{t}$ allein.

$$\boldsymbol{P}\boldsymbol{P}^{\mathrm{T}}\boldsymbol{t}+(\boldsymbol{P}\boldsymbol{l}+\boldsymbol{q}) = 0 \tag{3.28}$$

Es entsteht ein System von linearen Gleichungen für die als Hilfsgrößen eingeführten Korrelaten, und nicht mehr für die Unbekannten selbst. Sind die Korrelaten aus (3.28) berechnet, ergeben sich die eigentlich gesuchten Unbekannten x_j aus den Korrelatengleichungen (3.27).

Die Elemente der Koeffizientenmatrix $\boldsymbol{B} = \boldsymbol{P}\boldsymbol{P}^{\mathrm{T}}$ und die Komponenten des Konstantenvektors $\boldsymbol{d} = \boldsymbol{P}\boldsymbol{l}+\boldsymbol{q}$ der Normalgleichungen (3.28) berechnen sich aus den Zeilenvektoren $\boldsymbol{p}_i$ der Matrix $\boldsymbol{P}$ und den Vektoren $\boldsymbol{l}$ und $\boldsymbol{q}$ als innere Produkte gemäß (3.29) und (3.30).

$$b_{ik} = (\boldsymbol{p}_i, \boldsymbol{p}_k) = \sum_{j=1}^{n} p_{ij}p_{kj}, \qquad (i, k = 1, 2, \ldots, m), \tag{3.29}$$

$$d_i = (\boldsymbol{p}_i, \boldsymbol{l})+q_i = q_i + \sum_{j=1}^{n} p_{ij}l_j, \qquad (i = 1, 2, \ldots, m). \tag{3.30}$$

In Analogie zur vermittelnden Ausgleichung gilt der

Satz 3.3. *Die Matrix $\boldsymbol{B} = \boldsymbol{P}\boldsymbol{P}^{\mathrm{T}}$ der Normalgleichungen der bedingten Ausgleichung ist symmetrisch und ihre Zeilenzahl ist gleich der Zahl der Bedingungsgleichungen. Sie ist positiv definit, falls die Bedingungsgleichungen linear unabhängig sind, also $\boldsymbol{P}$ Maximalrang m hat.*

Die lineare Unabhängigkeit der Bedingungsgleichungen kann hier gefordert werden, da andernfalls die Zahl der Gleichungen reduziert werden kann. Deshalb sind die Normalgleichungen für die Korrelaten symmetrisch-definit.

Anmerkung: Falls die Aufgabe der bedingten Ausgleichung in den Korrekturen $v_j = x_j - l_j$ formuliert ist, wie es im Fall von ursprünglich nichtlinearen Bedingungsgleichungen ohnehin nötig ist, sind die Meßwerte l_j nach (3.9) in den Koeffizienten der Bedingungsgleichungen berücksichtigt, und der diesbezügliche Meßvektor für die Korrekturen ist selbstverständlich gleich Null zu setzen. Dementsprechend vereinfachen sich (3.27) und (3.28) zu

$$\boldsymbol{v} = \boldsymbol{P}^{\mathrm{T}}\boldsymbol{t} \qquad \text{(Korrelatengleichungen)}, \tag{3.31}$$

$$\boldsymbol{P}\boldsymbol{P}^{\mathrm{T}}\boldsymbol{t} + \boldsymbol{q} = 0 \qquad \text{(Normalgleichungen)}. \tag{3.32}$$

Dies ist die übliche Formulierung für Aufgaben der Vermessung.

Beispiel 3.7. In einem Dreieck sind die drei Winkel und die drei Seiten gemessen worden. Die Meßwerte sind in Tab. 6 wiedergegeben. Die Messungen haben teilweise die Dimension von Winkeln und teilweise von Längen. Die Summe der Quadrate der Meßfehler soll unter der Arbeitshypothese minimalisiert werden, daß die Winkel in Graden und die Strecken in Millimetern gemessen werden.

Tab. 6 Meßwerte im Dreieck

Unbekannte x_i	$\alpha = x_1$	$\beta = x_2$	$\gamma = x_3$	$a = x_4$	$b = x_5$	$c = x_6$
Meßwerte l_i	67°30′	52°	60°	172 mm	146 mm	160 mm

Ein Dreieck ist durch drei geeignete Größen eindeutig bestimmt. Die sechs Unbekannten müssen drei Bedingungsgleichungen erfüllen. Diese bestehen beispielsweise in der Winkelsumme, die 180° betragen muß, und dem Sinussatz, formuliert für zwei Kombinationen von Seitenpaaren. Selbstverständlich wäre jeder andere Satz von drei untereinander unabhängigen Beziehungen im Dreieck auch zulässig.

$$\left.\begin{aligned} x_1 + x_2 + x_3 - 180 &= 0 \\ x_4 \sin x_2 - x_5 \sin x_1 &= 0 \\ x_5 \sin x_3 - x_6 \sin x_2 &= 0 \end{aligned}\right\} \tag{3.33}$$

Linearisierung mit der Substitution $x_j = l_j + v_j$ $(j = 1, 2, \ldots, 6)$ führt (3.33) über in die linearen Bedingungsgleichungen

$$\left.\begin{aligned} v_1 + \quad v_2 + \quad v_3 + (-180 + l_1 + l_2 + l_3) &= 0 \\ -l_5 v_1 \cos l_1 + l_4 v_2 \cos l_2 + v_4 \sin l_2 - v_5 \sin l_1 & \\ + (l_4 \sin l_2 - l_5 \sin l_1) &= 0 \\ -l_6 v_2 \cos l_2 + l_5 v_3 \cos l_3 + v_5 \sin l_3 - v_6 \sin l_2 & \\ + (l_5 \sin l_3 - l_6 \sin l_2) &= 0 \end{aligned}\right\} \tag{3.34}$$

Unter Berücksichtigung, daß die Linearisierungsformel $\sin(x_0+\Delta x) \sim \sin x_0 + \Delta x \cos x_0$ für Argumente im Bogenmaß richtig ist, lauten (3.34) nach Tab. 6

$$\left.\begin{array}{l} v_1 \quad +v_2 \quad +v_3 \quad -0{,}5000 = 0 \\ -0{,}9752v_1+1{,}8483v_2 \quad +0{,}7880v_4-0{,}9239v_5 \quad +0{,}6466 = 0 \\ -1{,}7194v_1 \quad +1{,}2741v_3 \quad +0{,}8660v_5-0{,}7880v_6+0{,}3560 = 0 \end{array}\right\} \tag{3.35}$$

Die Matrix $\boldsymbol{P}$ und der Vektor $\boldsymbol{q}$ der Bedingungsgleichungen und die Matrix $\boldsymbol{B}$ sowie der Konstantenvektor $\boldsymbol{d}$ der Normalgleichungen $\boldsymbol{Bt}+\boldsymbol{d} = 0$ mit $\boldsymbol{B} = \boldsymbol{PP}^{\mathrm{T}}$ und $\boldsymbol{d} = \boldsymbol{q}$ sind

$$\boldsymbol{P} = \begin{bmatrix} 1 & 1 & 1 & 0 & 0 & 0 \\ -0{,}9752 & 1{,}8483 & 0 & 0{,}7880 & -0{,}9239 & 0 \\ -1{,}7194 & 0 & 1{,}2741 & 0 & 0{,}8660 & -0{,}7880 \end{bmatrix},$$

$$\boldsymbol{q} = \begin{bmatrix} -0{,}5000 \\ 0{,}6466 \\ 0{,}3560 \end{bmatrix},$$

$$\boldsymbol{B} = \begin{bmatrix} 3{,}0000 & 0{,}8731 & -0{,}4453 \\ 0{,}8731 & 5{,}8418 & 0{,}8767 \\ -0{,}4453 & 0{,}8767 & 5{,}9506 \end{bmatrix}, \quad \boldsymbol{d} = \begin{bmatrix} -0{,}5000 \\ 0{,}6466 \\ 0{,}3560 \end{bmatrix}.$$

Die Methode von Cholesky liefert daraus die Rechtsdreiecksmatrix $\boldsymbol{R}$, das Vorwärtseinsetzen den Vektor $\boldsymbol{y}$ und das Rückwärtseinsetzen den Korrelatenvektor $\boldsymbol{t}$

$$\boldsymbol{R} = \begin{bmatrix} 1{,}7321 & 0{,}5041 & -0{,}2571 \\ & 2{,}3638 & 0{,}4257 \\ & & 2{,}3882 \end{bmatrix}, \quad \boldsymbol{y} = \begin{bmatrix} 0{,}2887 \\ -0{,}3351 \\ -0{,}0582 \end{bmatrix},$$

$$\boldsymbol{t} = \begin{bmatrix} 0{,}2030 \\ -0{,}1374 \\ -0{,}0244 \end{bmatrix}. \tag{3.36}$$

Nach (3.31) ergeben sich daraus der Korrekturvektor $\boldsymbol{v}$ und der Vektor $\boldsymbol{x}$ der gesuchten ausgeglichenen Werte

$$\boldsymbol{v} = (0{,}379,\ -0{,}051,\ 0{,}172,\ -0{,}108,\ 0{,}106,\ 0{,}019)^{\mathrm{T}},$$

$$\boldsymbol{x} = \boldsymbol{l}+\boldsymbol{v} = (67{,}879,\ 51{,}949,\ 60{,}172,\ 171{,}892,\ 146{,}106,\ 160{,}019)^{\mathrm{T}}.$$

Die ersten drei Komponenten sind in Winkelgraden, die drei letzten Komponenten in Millimetern zu verstehen.

3.3.2. Dualität der Ausgleichung. Die Aufgabenstellungen der vermittelnden und der bedingten Ausgleichung lassen sich infolge ihres linearen Charakters geometrisch in einem n-dimensionalen Raum V_n interpretieren, woraus sich eine gegenseitige Beziehung ableiten läßt.

Nach den Fehlergleichungen (3.13) der vermittelnden Ausgleichung $\boldsymbol{Cx}+\boldsymbol{d}=\boldsymbol{r}$ muß der Residuenvenvektor $\boldsymbol{r}$ als Summe aus $\boldsymbol{d}$ und einer Linearkombination der Kolonnenvektoren $\boldsymbol{c}_i$ der Matrix $\boldsymbol{C}$ mit Koeffizienten x_i darstellbar sein. Falls $\boldsymbol{C}$ Maximalrang m hat, kann der Residuenvektor $\boldsymbol{r}$ aufgefaßt werden als Punkt eines m-dimensionalen Unterraums F', aufgespannt durch die m Kolonnenvektoren von $\boldsymbol{C}$, aber verschoben in den Punkt $\boldsymbol{d}$. Da anderseits die Normalgleichungen als Folge des Gaußschen Prinzips verlangen, daß $\boldsymbol{C}^{\mathrm{T}}\boldsymbol{Cx}+\boldsymbol{C}^{\mathrm{T}}\boldsymbol{d} = \boldsymbol{C}^{\mathrm{T}}(\boldsymbol{Cx}+\boldsymbol{d}) = \boldsymbol{C}^{\mathrm{T}}\boldsymbol{r} = 0$ ist, muß der Residuenvektor $\boldsymbol{r}$ orthogonal zu allen Kolonnenvektoren von $\boldsymbol{C}$ sein, so daß er als Fußpunkt des Lotes vom Nullpunkt auf den Unterraum F' charakterisiert ist. In Fig. 13 ist der Fall $n = 3$, $m = 2$ dargestellt. Der Raum F' ist eine zweidimensionale Ebene durch den Punkt $\boldsymbol{d}$.

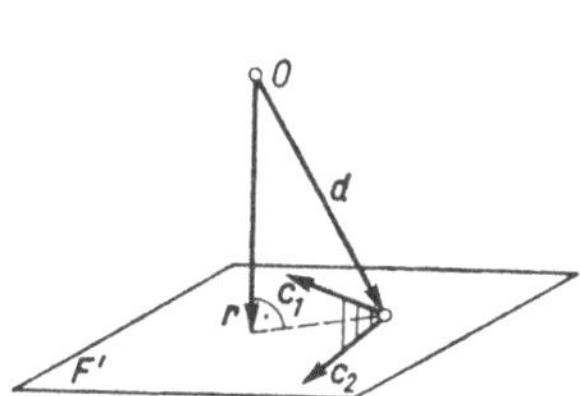

Fig. 13 Vermittelnde Ausgleichung

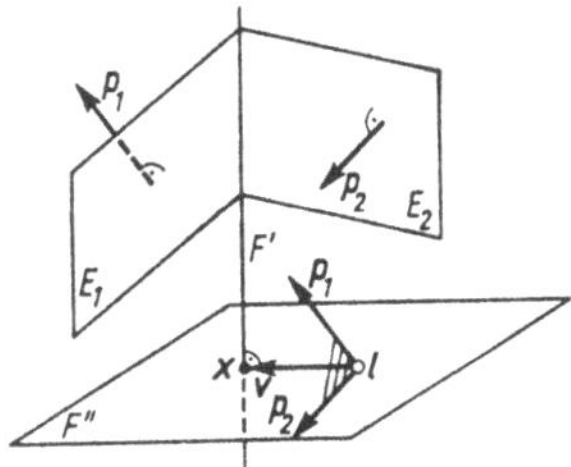

Fig. 14 Bedingte Ausgleichung

Die linearen Bedingungsgleichungen (3.21) der bedingten Ausgleichung $\boldsymbol{Px}+\boldsymbol{q}=0$ verlangen, daß der gesuchte Lösungspunkt $\boldsymbol{x}$ im Schnitt der m Hyperebenen liegt, wie sie durch die m linearen Gleichungen definiert sind. Das Schnittgebilde der m Hyperebenen E_i ist bei linearer Unabhängigkeit der Bedingungsgleichungen eine $(n-m)$-dimensionale Ebene F'. Die Normalenvektoren der Hyperebenen E_i sind gegeben durch die Zeilenvektoren $\boldsymbol{p}_i$ von $\boldsymbol{P}$. Die Korrelatengleichungen $\boldsymbol{x} = \boldsymbol{P}^{\mathrm{T}}\boldsymbol{t}+\boldsymbol{l}$ anderseits als Folge des Gaußschen Prinzips, schränken den Lösungspunkt $\boldsymbol{x}$ ein auf die m-dimensionale Ebene F'', welche aufgespannt ist durch die m Zeilenvektoren $\boldsymbol{p}_i$ von $\boldsymbol{P}$, aber verschoben durch den Punkt $\boldsymbol{l}$. Er ist damit charakterisiert als Schnittpunkt der beiden Unterräume F' und F'', welche zueinander total senkrecht stehen, indem jeder Vektor des einen Raumes orthogonal zu jedem Vektor im andern Raum ist, und die Summe der Dimensionen der beiden Räume gleich n ist. Der Lösungspunkt $\boldsymbol{x}$ ist der Fußpunkt des Lotes vom Punkt $\boldsymbol{l}$ auf den Raum F'.

In Fig. 14 ist der Fall $n = 3$, $m = 2$ dargestellt. Der Schnitt der Ebenen E_1 und E_2 ist eine eindimensionale Gerade F'. Der zweidimensionale Raum F'', definiert durch die Korrelatengleichungen ist eine Ebene durch den Punkt $\boldsymbol{l}$. Der Lösungspunkt $\boldsymbol{x}$ ist der Schnitt von F' und F'' und gleichzeitig das Lot von $\boldsymbol{l}$ auf die Gerade F'.

Der Lösungspunkt $\boldsymbol{x}$ der bedingten Ausgleichung kann als Schnitt von zwei total senkrechten Unterräumen F' und F'' charakterisiert werden. Dasselbe gilt auch für die vermittelnde Ausgleichung, indem man zum Unterraum F', in welchem primär der Residuenvektor $\boldsymbol{r}$ liegen muß, den dazu total senkrechten Raum F'' hinzukonstruiert als Schnitt von m Hyperebenen durch den Nullpunkt, deren Normalenrichtungen durch die Kolonnenvektoren $\boldsymbol{c}_i$ gegeben sind. Dadurch wird die vermittelnde und die bedingte Ausgleichung äquivalent zum gleichen Problem, den Schnittpunkt von zwei zueinander total senkrechten Ebenen F' und F'' zu bestimmen.

Algebraisch äußert sich diese Tatsache wie folgt: Die m Unbekannten x_i der vermittelnden Ausgleichung treten als Koeffizienten der Linearkombination von n-dimensionalen Kolonnenvektoren $\boldsymbol{c}_i$ der Fehlergleichungen auf, während die n Unbekannten x_i der bedingten Ausgleichung unmittelbar die Koordinaten des Lösungspunktes im V_n darstellen. Umgekehrt sind die m Korrelaten t_i der bedingten Ausgleichung Koeffizienten der Linearkombination von n-dimensionalen Zeilenvektoren $\boldsymbol{p}_i$ der Bedingungsgleichungen, während die n Komponenten r_i des Residuenvektors der vermittelnden Ausgleichung den Lösungspunkt im V_n darstellen. Es besteht somit eine eineindeutige oder duale Zuordnung zwischen den Größen der beiden Versionen der Ausgleichsrechnung. Die Fehlergleichungen und die Korrelatengleichungen sind dual zueinander.

Dualitätsprinzip der Ausgleichsrechnung. *Zu jeder Aufgabe der vermittelnden Ausgleichung existiert eine dazu duale Aufgabe der bedingten Ausgleichung und umgekehrt.*

Die Dualität der Ausgleichsrechnung erlaubt, das eine Problem algebraisch auf das andere zurückzuführen. Oft ist dies einfach durchführbar, oder es ist sogar möglich, dasselbe Ausgleichsproblem auf beide Arten zu formulieren. Beispielsweise kann die Ausgleichung von drei gemessenen Dreieckswinkeln nicht nur als bedingtes Ausgleichsproblem wie im Beispiel 3.3 formuliert werden, sondern auch so, daß man die ausgeglichenen Werte x_1 und x_2 von zwei gesuchten Winkeln als Unbekannte wählt und den ausgeglichenen Wert des dritten Winkels mit Hilfe der Winkelsumme als $(180-x_1-x_2)$ ausdrückt. Auf diese Weise entsteht das lineare Fehlergleichungssystem der vermittelnden Ausgleichung

$$\begin{aligned} x_1 \qquad\qquad -l_1 &= r_1 \\ x_2 \qquad -l_2 &= r_2 \\ -x_1-x_2+(180-l_3) &= r_3. \end{aligned}$$

Der Übergang von einem Problem zum dualen und die gleichzeitige Behandlung von beiden Problemen hat praktische Bedeutung im Zusammenhang mit den Betrachtungen des Hyperkreises ([36], [65]), welche obere und untere Schranken für den Betrag des Residuenvektors liefern.

3.4. Die Methode der Orthogonalisierung in der Ausgleichsrechnung

In 3.2.2 wurde auf die Schwierigkeiten bei der Auflösung von Normalgleichungen infolge ihrer schlechten Kondition hingewiesen. In diesem Abschnitt wird ein Verfahren entwickelt zur Lösung der Fehlergleichungen unter Vermeidung der Normalgleichungen, welches sich durch eine größere numerische Stabilität auszeichnet. Die Methode ist auch auf die bedingte Ausgleichung anwendbar.

3.4.1. Das Schmidtsche Orthogonalisierungsverfahren. Gegeben seien p linear unabhängige Vektoren $\boldsymbol{a}_i$ $(i = 1, 2, \ldots, p)$ eines n-dimensionalen Vektorraums $(p \leqslant n)$. In dem von ihnen aufgespannten p-dimensionalen Unterraum wird eine Basis von p orthonormierten Vektoren $\boldsymbol{b}_i$ gesucht. Diese werden mit dem Schmidtschen Orthogonalisierungsverfahren konstruktiv als geeignete Linearkombinationen der gegebenen Vektoren bestimmt.

1. Schritt: Der erste gegebene Vektor $\boldsymbol{a}_1$, der infolge der vorausgesetzten linearen Unabhängigkeit von Null verschieden ist, wird normiert, indem er durch seine Norm dividiert wird, die für später mit $r_{11} = \sqrt{(\boldsymbol{a}_1, \boldsymbol{a}_1)} \neq 0$ bezeichnet wird.

$$\boldsymbol{b}_1 = \boldsymbol{a}_1 / r_{11}.$$

Allgemeiner k-ter Schritt: $\boldsymbol{b}_1, \boldsymbol{b}_2, \ldots, \boldsymbol{b}_{k-1}$ seinen bereits nach dem Schmidtschen Verfahren gefundene orthonormierte Vektoren, entstanden aus den $(k-1)$ linear unabhängigen Vektoren $\boldsymbol{a}_1, \boldsymbol{a}_2, \ldots, \boldsymbol{a}_{k-1}$, so daß gelten

$$(\boldsymbol{b}_i, \boldsymbol{b}_j) = \begin{Bmatrix} 1 & i = j \\ 0 & i \neq j \end{Bmatrix} \qquad (i, j = 1, 2, \ldots, k-1). \tag{3.37}$$

Um $\boldsymbol{b}_k$ mit Hilfe von $\boldsymbol{a}_k$ zu finden, wird ein zu den orthonormierten Vektoren $\boldsymbol{b}_1, \boldsymbol{b}_2, \ldots, \boldsymbol{b}_{k-1}$ orthogonaler Vektor $\boldsymbol{x}$ durch den Ansatz

$$\boldsymbol{x} = \boldsymbol{a}_k - \sum_{j=1}^{k-1} r_{jk} \boldsymbol{b}_j \tag{3.38}$$

konstruiert. Der Koeffizient von $\boldsymbol{a}_k$ in (3.38) wird zu Eins normiert, da er unserem Ziel entsprechend sicher von Null verschieden ist. Die geforderte Orthogonalität von $\boldsymbol{x}$ bedeutet

$$(\boldsymbol{b}_i, \boldsymbol{x}) = (\boldsymbol{b}_i, \boldsymbol{a}_k) - \sum_{j=1}^{k-1} r_{jk} (\boldsymbol{b}_i, \boldsymbol{b}_j) = 0, \qquad (i = 1, 2, \ldots, k-1),$$

und liefert unter Berücksichtigung von (3.37) die expliziten Formeln für die r_{ik}

$$r_{ik} = (\boldsymbol{b}_i, \boldsymbol{a}_k), \qquad (i = 1, 2, \ldots, k-1). \tag{3.39}$$

Darin zeigt sich der Vorteil des Ansatzes (3.38) als Linearkombination von $\boldsymbol{a}_k$ und den bereits orthonormierten Vektoren $\boldsymbol{b}_1, \boldsymbol{b}_2, \ldots, \boldsymbol{b}_{k-1}$. Ein Ansatz für $\boldsymbol{x}$ als Linearkombination der gegebenen $\boldsymbol{a}_i$ führt demgegenüber in jedem Schritt auf die Aufgabe, ein allgemeines System von linearen Gleichungen zu lösen.

Die Koeffizienten r_{ik} (3.39) berechnen sich als innere Produkte aus den schon orthonormierten Vektoren $\boldsymbol{b}_i$ mit dem neu hinzutretenden Vektor $\boldsymbol{a}_k$. Der nach (3.38) berechnete Vektor $\boldsymbol{x}$ ist infolge der vorausgesetzten linearen Unabhängigkeit der $\boldsymbol{a}_i$ stets von Null verschieden und kann normiert werden zu

$$\boldsymbol{b}_k = \left(\boldsymbol{a}_k - \sum_{j=1}^{k-1} r_{jk}\boldsymbol{b}_j\right) \Big/ r_{kk} \tag{3.40}$$

mit der Normierungskonstanten

$$r_{kk} = \sqrt{\left(\boldsymbol{a}_k - \sum_{j=1}^{k-1} r_{jk}\boldsymbol{b}_j,\ \boldsymbol{a}_k - \sum_{j=1}^{k-1} r_{jk}\boldsymbol{b}_j\right)}\,. \tag{3.41}$$

Bei linearer Unabhängigkeit der p gegebenen Vektoren $\boldsymbol{a}_i$ endet die konstruktive Methode mit einem Sytem von p orthonormierten Vektoren $\boldsymbol{b}_i$. Lineare Abhängigkeit der gegebenen Vektoren $\boldsymbol{a}_i$ hat zur Folge, daß eine Normierungskonstante r_{kk} verschwindet. Dies ist als Test zur Abklärung der Frage nach der linearen Unabhängigkeit von gegebenen Vektoren verwendbar.

Wesentlich am Schmidtschen Verfahren ist die Tatsache, daß beim Hinzukommen eines weiteren linear unabhängigen Vektors $\boldsymbol{a}_{p+1}$ und bei Erweiterung des Systems die p orthonormierten Vektoren $\boldsymbol{b}_1, \boldsymbol{b}_2, \ldots, \boldsymbol{b}_p$ dadurch nicht verändert werden. Der Prozeß kann einfach fortgesetzt werden. Die Reihenfolge der gegebenen Vektoren $\boldsymbol{a}_i$, in welcher sie in den Prozeß einbezogen werden, bestimmt wesentlich das System der orthonormierten Vektoren $\boldsymbol{b}_i$. Da die $\boldsymbol{a}_i$ normalerweise in aufsteigender Reihenfolge benützt werden, sagt man auch, daß $\boldsymbol{a}_1, \boldsymbol{a}_2, \ldots, \boldsymbol{a}_p$ von links nach rechts orthonormiert werden.

Zur Verdeutlichung des Zusammenhangs zwischen den gegebenen und den orthonormierten Vektoren werden die Beziehungen (3.40) nach den $\boldsymbol{a}_k$ aufgelöst.

$$\left.\begin{aligned}
\boldsymbol{a}_1 &= r_{11}\boldsymbol{b}_1 \\
\boldsymbol{a}_2 &= r_{12}\boldsymbol{b}_1 + r_{22}\boldsymbol{b}_2 \\
\boldsymbol{a}_3 &= r_{13}\boldsymbol{b}_1 + r_{23}\boldsymbol{b}_2 + r_{33}\boldsymbol{b}_3 \\
&\ldots \\
\boldsymbol{a}_p &= r_{1p}\boldsymbol{b}_1 + r_{2p}\boldsymbol{b}_2 + r_{3p}\boldsymbol{b}_3 + \ldots + r_{pp}\boldsymbol{b}_p
\end{aligned}\right\} \tag{3.42}$$

Faßt man die gegebenen p Vektoren $\boldsymbol{a}_i$ als Kolonnenvektoren einer rechteckigen Matrix $\boldsymbol{A}$ zu n Zeilen und p Kolonnen ($p \leqslant n$) auf, und desgleichen die $\boldsymbol{b}_i$ als Kolonnen einer ($n \times p$) Matrix $\boldsymbol{B}$, und definiert man mit den Koeffizienten

r_{ik}, welche nur für $i \leq k$ erklärt sind, eine Rechtsdreiecksmatrix $\boldsymbol{R}$ der Ordnung p, lautet (3.42)

$$\boldsymbol{A} = \boldsymbol{B} \cdot \boldsymbol{R}. \tag{3.43}$$

Satz 3.4. *Das Schmidtsche Orthogonalisierungsverfahren, angewendet auf die Kolonnenvektoren einer im allgemeinen hohen $(n \times p)$ Matrix $\boldsymbol{A}$ vom Rang p $(p \leq n)$, liefert die Produktdarstellung $\boldsymbol{A} = \boldsymbol{B} \cdot \boldsymbol{R}$. $\boldsymbol{B}$ ist eine $(n \times p)$ Matrix mit orthonormierten Kolonnen, und $\boldsymbol{R}$ ist eine reguläre Rechtsdreiecksmatrix der Ordnung p. Ist $\boldsymbol{A}$ eine reguläre quadratische Matrix, liefert die Methode die Zerlegung von $\boldsymbol{A}$ in ein Produkt einer orthogonalen Matrix $\boldsymbol{B}$ und einer regulären Rechtsdreiecksmatrix.*

Eine quadratische Matrix heißt orthogonal, falls ihre Zeilen- und Kolonnenvektoren je ein System von orthonormierten Vektoren bilden. Falls die Kolonnenvektoren einer quadratischen Matrix orthonormiert sind, sind es automatisch auch die Zeilenvektoren.

ALGOL-Prozedur für das Orthonormierungsverfahren. Sobald im k-ten Schritt die r_{jk} als innere Produkte der $\boldsymbol{b}_j$ mit $\boldsymbol{a}_k$ und die Linearkombination (3.38) berechnet sind, wird der Vektor $\boldsymbol{a}_k$ nicht mehr benötigt. Deshalb können die gegebenen Kolonnenvektoren von $\boldsymbol{A}$ direkt zu orthonormierten Kolonnenvektoren derselben Matrix umgerechnet werden. Davon wird in der folgenden Prozedur Gebrauch gemacht. Ferner wird zur Vereinfachung im k-ten Schritt nach Berechnung von r_{jk} sofort das r_{jk}-fache der j-ten Kolonne von $\boldsymbol{A}$ von der k-ten Kolonne subtrahiert. Dies beeinflußt die Berechnung der nachfolgenden r_{jk} desselben Schrittes infolge der Orthonormiertheit der ersten $(k-1)$ Kolonnen nicht. Für die Anwendung in 3.4.2 der Prozedur wird die Rechtsdreiecksmatrix $\boldsymbol{R}$ benötigt, weshalb sie als Parameter erscheint. Der Sonderfall, daß die Matrix $\boldsymbol{A}$ nicht Maximalrang p aufweist, ist nicht berücksichtigt.

Die Parameter der Prozedur bedeuten:

- n Anzahl der Zeilen von $\boldsymbol{A}$, Dimension der Vektoren
- p Anzahl der Kolonnen von $\boldsymbol{A}$, Zahl der Vektoren $(p \leq n)$
- a Elemente der Matrix $\boldsymbol{A}$, deren Kolonnenvektoren zu orthonormieren sind. Nach ausgeführter Prozedur stellen die Kolonnen von $\boldsymbol{A}$ das gesuchte System von orthonormierten Vektoren dar.
- r Elemente der Rechtsdreiecksmatrix $\boldsymbol{R} = (r_{ik})$ der Ordnung p. Es sind nur die Elemente in und oberhalb der Diagonale definiert.

```
procedure orth (n, p, a, r);
        value n, p; integer n, p; array a, r;
begin integer i, j, k; real s;
    for k := 1 step 1 until p do
    begin comment Berechnung der Werte r[j, k] und Ortho-
          gonalisierung der k-ten Spalte;
        for j := 1 step 1 until k-1 do
        begin r[j, k] := 0;
            for i := 1 step 1 until n do
                r[j, k] := r[j, k]+a[i, j]×a[i, k];
            for i := 1 step 1 until n do
                a[i, k] := a[i, k]-r[j, k]×a[i, j]
        end j;
        comment Normierung der k-ten Spalte;
        s := 0;
        for i := 1 step 1 until n do
            s := s+a[i, k] ↑ 2;
        r[k, k] := sqrt (s);
        for i := 1 step 1 until n do
            a[i, k] := a[i, k]/r[k, k]
    end k
end orth
```

3.4.2. Anwendung auf Ausgleichsprobleme. Die Lösung der Fehlergleichungen der vermittelnden Ausgleichung

$$\boldsymbol{C}\boldsymbol{x}+\boldsymbol{d} = \boldsymbol{r} \tag{3.44}$$

wird nach dem Gaußschen Prinzip zurückgeführt auf die Auflösung der Normalgleichungen

$$\boldsymbol{C}^{\mathrm{T}}\boldsymbol{C}\boldsymbol{x}+\boldsymbol{C}^{\mathrm{T}}\boldsymbol{d} = 0, \quad \text{oder} \quad \boldsymbol{C}^{\mathrm{T}}(\boldsymbol{C}\boldsymbol{x}+\boldsymbol{d}) = \boldsymbol{C}^{\mathrm{T}}\boldsymbol{r} = 0. \tag{3.45}$$

Der Residuenvektor $\boldsymbol{r}$ muß einerseits nach (3.44) eine Linearkombination von $\boldsymbol{d}$ und den Kolonnenvektoren von $\boldsymbol{C}$ sein und anderseits nach (3.45) orthogonal zu allen Kolonnenvektoren von $\boldsymbol{C}$. Diese Feststellung ermöglicht das folgende Vorgehen, welches seine Motivierung in den Überlegungen von 3.2.2 findet. Aus den Kolonnenvektoren $\boldsymbol{c}_1, \boldsymbol{c}_2, \ldots, \boldsymbol{c}_m$ von $\boldsymbol{C}$ bilde man nach dem Schmidtschen Orthogonalisierungsverfahren das System von m orthonormierten Vektoren $\boldsymbol{s}_1, \boldsymbol{s}_2, \ldots, \boldsymbol{s}_m$, d. h. man bilde nach Satz 3.4 die Zerlegung

$$\boldsymbol{C} = \boldsymbol{S}\boldsymbol{R}. \tag{3.46}$$

Den Residuenvektor $\boldsymbol{r}$ erhält man anschließend durch reine Orthogonalisierung des Vektors $\boldsymbol{d}$ bezüglich $\boldsymbol{s}_1, \boldsymbol{s}_2, \ldots, \boldsymbol{s}_m$, die ja den gleichen Unterraum aufspannen wie $\boldsymbol{c}_1, \boldsymbol{c}_2, \ldots, \boldsymbol{c}_m$. Die nachträgliche Normierung ist zu unterlassen.

$$r = d - \sum_{i=1}^{m} (d, s_i)s_i = d - \sum_{i=1}^{m} f_i s_i, \quad f_i = (d, s_i), \qquad (i = 1, 2, \ldots, m) \tag{3.47}$$

Die Werte f_i fassen wir zu einem kurzen Vektor f zusammen, der nach (3.47) definiert werden kann als

$$f = S^T d. \tag{3.48}$$

Damit wird der Residuenvektor r nach (3.47)

$$r = d - Sf. \tag{3.49}$$

Anderseits ist nach (3.44) und (3.46)

$$r = SRx + d, \tag{3.50}$$

so daß aus (3.49) und (3.50) die Relation $SRx + Sf = 0$ folgt, weshalb infolge des Maximalrangs von S gelten muß

$$Rx + f = 0. \tag{3.51}$$

(3.51) stellt ein lineares Gleichungssystem für die Unbekannten x_i dar mit der bei der Orthogonalisierung gewonnenen Rechtsdreiecksmatrix R und dem Konstantenvektor f nach (3.48). Die Auflösung erfolgt trivialerweise durch den Prozeß des Rückwärtseinsetzens. Der Residuenvektor r braucht dabei nicht berechnet zu werden, falls er nicht interessiert und nur der Lösungsvektor x gesucht ist.

Zusammenfassend kristallisiert sich zur Lösung der Fehlergleichungen $Cx + d = r$ der Algorithmus (3.52) heraus:

a)	$C = SR$	(Orthonormierung)	(3.52)
b)	$f = S^T d$		
c)	$Rx + f = 0$	(Rückwärtseinsetzen)	
[d)	$r = d - Sf$	(Residuenvektor)]	

Aus (3.52) ist ersichtlich, daß bei Änderung des Konstantenvektors d in den Fehlergleichungen die Orthogonalisierung nicht wiederholt zu werden braucht. Die Kenntnis von S und R genügt zur Bestimmung von f, x und r.

ALGOL-Prozedur zur Lösung der Fehlergleichungen. Die in 3.4.1 gegebene Prozedur *orth* wird als globale Größe verwendet. Die Elemente der Rechtsdreiecksmatrix R werden zur Vermeidung eines Namenkonfliktes als rr_{ik} bezeichnet. Die Komponenten des Residuenvektors sind r_k, und sie werden neben den Lösungen x_i als Resultate geliefert. Die Elemente der Fehlergleichungsmatrix $\boldsymbol{C}$ werden durch den Orthonormierungsprozeß verändert. Die Matrix hat am Schluß die Bedeutung von $\boldsymbol{S}$. Es ist daher möglich, anschließend ein weiteres Fehlergleichungssystem mit gleicher Matrix $\boldsymbol{C}$ aber anderem Meßvektor $\boldsymbol{d}$ ohne die Orthonormierung zu lösen, weshalb auch die Elemente der Rechtsdreiecksmatrix $\boldsymbol{R}$ geliefert werden.

Die Parameter der Prozedur bedeuten:

n Anzahl der Fehlergleichungen, Zeilenzahl von $\boldsymbol{C}$
m Anzahl der Unbekannten, Kolonnenzahl von $\boldsymbol{C}$, Ordnung von $\boldsymbol{R}$
d Elemente d_i der Fehlergleichungen
c Elemente c_{ij} der Matrix $\boldsymbol{C}$
x Elemente x_i der Lösung $\boldsymbol{x}$
r Elemente r_j des Residuenvektors $\boldsymbol{r}$
rr Elemente rr_{ik} der Rechtsdreiecksmatrix $\boldsymbol{R}$, definiert in und oberhalb der Diagonale

```
procedure fehlerorth (n, m, d, c, x, r, rr);
        value n, m; integer n, m; array d, c, x, r, rr;
begin integer i, k; real s; array f[1: m];
   orth (n, m, c, rr);
   comment Berechnung der Werte f[k] und sukzessive Orthogonalisierung des
        Konstantenvektors;
   for i := 1 step 1 until n do r[i] := d[i];
   for k := 1 step 1 until m do
   begin f[k] := 0;
      for i := 1 step 1 until n do
         f[k] := f[k]+c[i, k]×r[i];
      for i := 1 step 1 until n do
         r[i] := r[i]−f[k]×c[i, k]
   end k;
   comment Berechnung der Lösungen x[i] durch Rückwärtseinsetzen;
   for i := m step −1 until 1 do
   begin s := f[i];
      for k := i+1 step 1 until m do
         s := s+ x[k]×rr[i, k];
      x[i] := − s/rr[i, i]
   end i
end fehlerorth
```

Beispiel 3.8. Die Orthonormierung der Kolonnenvektoren der Matrix $\boldsymbol{C}$ (3.20) liefert die Zerlegung $\boldsymbol{C} = \boldsymbol{S}\boldsymbol{R}$ mit

$$\boldsymbol{S} = \begin{bmatrix} 0 & 0{,}753426 \\ 0{,}143964 & 0{,}558236 \\ 0{,}359909 & 0{,}265452 \\ 0{,}575854 & -0{,}0273329 \\ 0{,}719818 & -0{,}222523 \end{bmatrix}, \quad \boldsymbol{R} = \begin{bmatrix} 13{,}8924 & 1{,}79955 \\ 0 & 1{,}32727 \end{bmatrix}$$

Nach (3.52) ergeben sich daraus weiter

$$\boldsymbol{f} = \boldsymbol{S}^{\mathrm{T}}\boldsymbol{d} = \begin{bmatrix} -8{,}42187 \\ 0{,}117211 \end{bmatrix}, \quad \boldsymbol{x} = \begin{bmatrix} 0{,}617661 \\ -0{,}088310 \end{bmatrix},$$

$$\boldsymbol{r} = (-0{,}08831, \quad 0{,}14702, \quad 0, \quad -0{,}14703, \quad 0{,}08830)^{\mathrm{T}}.$$

Abgesehen von Rundungsfehlern und Abweichungen, die der Konditionszahl zuzuschreiben sind, stimmt die Lösung $\boldsymbol{x}$ mit den in 3.2.2 gefundenen Werten überein.

Die Aufgabe der bedingten Ausgleichung, den Vektor $\boldsymbol{x}$ so zu bestimmen, daß $(\boldsymbol{x}-\boldsymbol{l}, \boldsymbol{x}-\boldsymbol{l})$ minimal wird unter der Nebenbedingung $\boldsymbol{P}\boldsymbol{x}+\boldsymbol{q} = 0$, kann im homogenen Spezialfall $\boldsymbol{q} = 0$ ebenfalls nach der Methode der Orthogonalisierung gelöst werden. Die Homogenität der Bedingungsgleichungen kann stets durch eine Variablensubstitution erzielt werden. Dann verlangen die Bedingungsgleichungen $\boldsymbol{P}\boldsymbol{x} = 0$, daß der Lösungsvektor $\boldsymbol{x}$ orthogonal zu allen Zeilenvektoren von $\boldsymbol{P}$ ist. Anderseits muß sich $\boldsymbol{x}$ nach den Korrelatengleichungen $\boldsymbol{x} = \boldsymbol{P}^{\mathrm{T}}\boldsymbol{t}+\boldsymbol{l}$ als Summe von $\boldsymbol{l}$ und einer Linearkombination der Zeilenvektoren von $\boldsymbol{P}$ darstellen. Wir stehen damit vor der zur vermittelnden Ausgleichung dualen Situation. Die Aufgabe wird gelöst durch den zu (3.52) dualen Algorithmus (3.53).

a) $\boldsymbol{P}^{\mathrm{T}} = \boldsymbol{S}\boldsymbol{R}$	(Orthonormierung der Kolonnen von $\boldsymbol{P}^{\mathrm{T}}$)	(3.53)
b) $\boldsymbol{f} = \boldsymbol{S}^{\mathrm{T}}\boldsymbol{l}$		
c) $\boldsymbol{x} = \boldsymbol{l}-\boldsymbol{S}\boldsymbol{f}$		

Als Ausdruck der Dualität ergibt sich der Lösungsvektor $\boldsymbol{x}$ direkt aus der Orthogonalisierung von $\boldsymbol{l}$. Der meistens nicht interessierende Korrelatenvektor $\boldsymbol{t}$ tritt bei dieser Lösungsart nicht mehr in Erscheinung.

Beispiel 3.9. Wir betrachten das Beispiel 3.7. Damit die Methode der Orthogonalisierung anwendbar wird, sind jene Bedingungsgleichungen zuerst homogen zu machen durch eine geeignete Substitution der Form $\boldsymbol{w} = \boldsymbol{v}+\boldsymbol{z}$. Den Vektor $\boldsymbol{z}$

bestimmt man beispielsweise aus dem System (3.35) als spezielle Lösung mit $z_2 = z_3 = z_5 = 0$ zu

$$z = (-0{,}5000,\ 0,\ 0,\ 0{,}2018,\ 0,\ 0{,}6392)^T.$$

Da nach der früheren Aufgabenstellung (v, v) zu minimalisieren war, ist jetzt $(w-z, w-z)$ zu einem Minimum zu machen, so daß in der Formulierung für w der Vektor z die Rolle des Meßvektors übernimmt. Die Matrix P ändert sich nicht. In Tab. 7 sind die Kolonnenvektoren von P^T, der Vektor z sowie die Kolonnenvektoren der orthonormierten Matrix S und der durch Orthogonalisierung entstandene Lösungsvektor w zusammengestellt.

Tab. 7 Methode der Orthogonalisierung

	P^T				S		
$p_1 =$	$p_2 =$	$p_3 =$	$z =$	$s_1 =$	$s_2 =$	$s_3 =$	$w =$
1	−0,9752	−1,7194	−0,5000	0,5774	−0,5357	−0,5623	−0,1211
1	1,8483	0	0	0,5774	0,6588	−0,0553	−0,0509
1	0	1,2741	0	0,5774	−0,1231	0,6176	0,1720
0	0,7880	0	0,2018	0	0,3333	−0,0594	0,0936
0	−0,9239	0,8660	0	0	−0,3909	0,4323	0,1058
0	0	−0,7880	0,6392	0	0	−0,3300	0,6584

Die Rechtsdreiecksmatrix R und der Vektor f nach (3.53) sind

$$R = \begin{bmatrix} 1{,}7321 & 0{,}5041 & -0{,}2571 \\ & 2{,}3638 & 0{,}4257 \\ & & 2{,}3882 \end{bmatrix} \quad f = \begin{bmatrix} -0{,}2887 \\ 0{,}3351 \\ 0{,}0582 \end{bmatrix}. \tag{3.54}$$

Der eigentlich gesuchte Vektor x der ausgeglichenen Werte ist $l = x + w - z = (67{,}879,\ 51{,}949,\ 60{,}172,\ 171{,}892,\ 146{,}106,\ 160{,}019)^T$, wobei die ersten drei Komponenten in Winkelgraden und die drei letzten Komponenten in Millimetern zu verstehen sind.

3.4.3. Numerische Gegenüberstellung mit der Methode von Cholesky. In 3.2.1 und 3.4.2 wurden zwei verschiedene Lösungswege zur Lösung der Fehlergleichungen der vermittelnden Ausgleichung nach der Methode der kleinsten Quadrate entwickelt (vgl. Tab. 8).

Satz 3.5. *Die beiden Verfahren zur Lösung der Fehlergleichungen, nämlich die Methode von Cholesky zur Auflösung der Normalgleichungen einerseits und die Methode der Orthogonalisierung anderseits, sind m a t h e m a t i s c h ä q u i v a l e n t.*

Tab. 8 Gegenüberstellung der Lösungsmethoden zur Lösung der Fehlergleichungen

$\boldsymbol{Cx}+\boldsymbol{d} = \boldsymbol{r}$	
Normalgleichungen, Cholesky	Orthogonalisierung
$\boldsymbol{A} = \boldsymbol{C}^{\mathrm{T}}\boldsymbol{C}$, $\boldsymbol{b} = \boldsymbol{C}^{\mathrm{T}}\boldsymbol{d}$ $\boldsymbol{Ax}+\boldsymbol{b} = 0$ (Normalgleichungen) $\boldsymbol{A} = \boldsymbol{R}^{\mathrm{T}}\boldsymbol{R}$ (Cholesky) $\boldsymbol{R}^{\mathrm{T}}\boldsymbol{y}+\boldsymbol{b} = 0$ (Vorwärtseinsetzen) $\boldsymbol{Rx}-\boldsymbol{y} = 0$ (Rückwärtseinsetzen)	$\boldsymbol{C} = \boldsymbol{SR}$ (Orthonormierung) $\boldsymbol{f} = \boldsymbol{S}^{\mathrm{T}}\boldsymbol{d}$ $\boldsymbol{Rx}+\boldsymbol{f} = 0$ (Rückwärtseinsetzen)

Beweis: Als erstes zeigen wir, daß die Rechtsdreiecksmatrizen $\boldsymbol{R}$, die in den beiden Verfahren auftreten, identisch sind. Zur deutlichen Unterscheidung werden sie zunächst mit Indizes versehen. Da die Kolonnenvektoren von $\boldsymbol{S}$ orthonormiert sind, gilt

$$\boldsymbol{A} = \boldsymbol{C}^{\mathrm{T}}\boldsymbol{C} = \boldsymbol{R}_{\mathrm{orth}}^{\mathrm{T}}\boldsymbol{S}^{\mathrm{T}}\boldsymbol{S}\boldsymbol{R}_{\mathrm{orth}} = \boldsymbol{R}_{\mathrm{orth}}^{\mathrm{T}}\boldsymbol{R}_{\mathrm{orth}}. \tag{3.55}$$

Anderseits ist die Zerlegung nach Cholesky $\boldsymbol{A} = \boldsymbol{R}_{\mathrm{Chol}}^{\mathrm{T}}\boldsymbol{R}_{\mathrm{Chol}}$ eindeutig. Deshalb ist $\boldsymbol{R}_{\mathrm{Chol}} = \boldsymbol{R}_{\mathrm{orth}}$. Nachdem diese Übereinstimmung nachgewiesen ist, folgt weiter

$$\boldsymbol{y} = -(\boldsymbol{R}^{\mathrm{T}})^{-1}\boldsymbol{b} = -(\boldsymbol{R}^{\mathrm{T}})^{-1}\boldsymbol{C}^{\mathrm{T}}\boldsymbol{d} = -(\boldsymbol{R}^{\mathrm{T}})^{-1}\boldsymbol{R}^{\mathrm{T}}\boldsymbol{S}^{\mathrm{T}}\boldsymbol{d} = -\boldsymbol{S}^{\mathrm{T}}\boldsymbol{d} = -\boldsymbol{f}.$$

Die beiden Prozesse des Rückwärtseinsetzens sind damit auch identisch.

Auf Grund der mathematischen Äquivalenz der beiden Prozesse kann die in vielen Fällen interessierende Inverse der Normalgleichungsmatrix (sogenannte Gewichtsmatrix) berechnet werden, auch wenn die Normalgleichungsmatrix nicht explizit auftritt. Infolge der Identität der anfallenden Rechtsdreiecksmatrizen ist in der Tat nach (3.55)

$$\boldsymbol{A}^{-1} = \boldsymbol{R}^{-1}(\boldsymbol{R}^{-1})^{\mathrm{T}}. \tag{3.56}$$

Nach ausgeführter Inversion von $\boldsymbol{R}$ (vgl. 1.4.1) können anschließend die allein interessierenden Elemente der Gewichtsmatrix, beispielsweise nur die Diagonalelemente, einzeln ermittelt werden. Man vergleiche dazu auch die Bemerkung am Schluß von 1.4.4.

Trotz der mathematischen Äquivalenz der beiden Prozesse besteht numerisch ein wesentlicher Unterschied, der bei Fehlergleichungen mit schlecht konditionierten Normalgleichungen besonders deutlich wird. Die folgende Betrachtung beleuchtet nur das Grundsätzliche und hat deshalb mehr qualitativen Charakter.

Wir richten unser Augenmerk auf die Entstehung der Diagonalelemente von $\boldsymbol{R}$, da dieselben eine Schlüsselposition einnehmen. Auf Grund der Orthonormierung bedeutet r_{kk} die Länge des k-ten Kolonnenvektors von $\boldsymbol{C}$ nach seiner Orthogonalisierung zu den $(k-1)$ ersten Kolonnen. Die Länge des k-ten Vektors nimmt dabei ab, jedenfalls nicht zu, so daß dadurch ein numerischer Genauigkeitsverlust infolge Auslöschung von führenden Stellen zu erwarten ist. Demgegenüber entsteht r_{kk} in der Methode von Cholesky aus dem entsprechenden Element a_{kk} der Normalgleichungen. Der Wert $a_{kk} = (\boldsymbol{c}_k, \boldsymbol{c}_k)$ stellt aber das Quadrat der Länge des k-ten Kolonnenvektors von $\boldsymbol{C}$ dar. Dieses Längenquadrat wird nach der Methode von Cholesky schrittweise abgebaut auf den Wert r_{kk}^2, indem aufeinanderfolgend vom ursprünglichen Wert nichtnegative Größen subtrahiert werden. Bei diesem Prozeß ist ebenfalls eine Auslöschung von führenden Stellen festzustellen, deren Maximum mit der Konditionszahl der Normalgleichungen in Zusammenhang gebracht werden kann. Damit kommen wir zum entscheidenden Punkt: Bei der Auflösung der Normalgleichungen nach der Methode von Cholesky erfolgt die Auslöschung von führenden Stellen an den Längenquadraten der Kolonnenvektoren, bei der Orthogonalisierung hingegen an den Längen selbst. Größenordnungsmäßig ist die Genauigkeitseinbuße im zweiten Fall nur halb so groß.

Die Betrachtung zeigt, daß die Matrix $\boldsymbol{R}$ auf Grund der Orthogonalisierung numerisch genauer ausfällt. Ebenso ist die Berechnung von $\boldsymbol{f} = \boldsymbol{S}^T\boldsymbol{d}$ kleineren Fehlern unterworfen als das Vorwärtseinsetzen für $\boldsymbol{y}$, da der Stellenverlust in $\boldsymbol{S}$ rund halb so groß ist wie derjenige in $\boldsymbol{R}$ aus der Cholesky-Zerlegung. Schließlich erfolgt das Rückwärtseinsetzen im Fall der Orthogonalisierung sowohl mit einem genaueren Vektor $\boldsymbol{f}$ als auch mit einer genaueren Matrix $\boldsymbol{R}$, so daß die Lösung $\boldsymbol{x}$ genauer erscheint.

Resultat: Die Methode der Orthogonalisierung ist auf Grund des numerischen Vorteils dem Lösungsweg über die Normalgleichungen vorzuziehen. Die Lösung wird numerisch genauer.

Die formulierte Tatsache kann noch durch folgende qualitative Aussage ergänzt werden: Falls $\varkappa$ die Konditionszahl der Normalgleichungen ist, kann die Abweichung der größten Komponente von $\boldsymbol{x}$ $\varkappa$ Einheiten der letzten Stelle sein (vgl. 1.2). Nach der Methode der Orthogonalisierung ist nur eine entsprechende Abweichung von $\sqrt{\varkappa}$ Einheiten zu erwarten. Deshalb kann die Orthogonalisierungsmethode noch brauchbare Resultate liefern, wo die Normalgleichungen numerisch versagen.

Was hier im Fall der vermittelnden Ausgleichung explizit dargestellt worden ist, gilt verbis mutandis auch für die Auflösung der bedingten Ausgleichung. Die mathematische Äquivalenz ist in den Beispielen 3.7 und 3.9 ersichtlich.

3.5. Die Methode der konjugierten Gradienten in der Ausgleichsrechnung

Die Tatsache, daß die Normalgleichungssysteme der vermittelnden und der bedingten Ausgleichung nach den Sätzen 3.1 und 3.3 symmetrisch-definit sind, macht die Relaxationsmethoden zu ihrer Auflösung anwendbar. Gauß hat beispielsweise die Handrelaxation zur Lösung der Normalgleichungen benutzt. In [62] wird speziell die Methode der konjugierten Gradienten angewendet und gezeigt, daß die Matrix der Normalgleichungen auf Grund ihrer Entstehung als Produkt von zwei zueinander transponierten Matrizen eliminiert werden kann. Es resultiert so prinzipiell ein weiteres numerisches Verfahren, das ohne die Aufstellung der Normalgleichungen durchführbar ist. Im allgemeinen sind die Normalgleichungsmatrizen voll ausgefüllt, so daß die Methode der konjugierten Gradienten auf Grund einer Bemerkung in 2.4.2 nicht zu empfehlen ist. Das entstehende Verfahren hat jedoch in neuerer Zeit eine praktische Bedeutung erlangt zur Lösung von großen Fehlergleichungssystemen der Geodäsie, wo die Matrizen der Fehlergleichungen sehr schwach mit von Null verschiedenen Elementen besetzt sind [85].

Die Methode ist im Anhang A dargestellt. Zudem kann ja jedes Ausgleichsproblem wegen der Dualität in der Ausgleichsrechnung sowohl in der Form einer vermittelnden als auch einer bedingten Ausgleichung formuliert und durchgerechnet werden. Bei simultaner Lösung der beiden dualen Aufgaben mit dem Verfahren der konjugierten Gradienten lassen sich bei jedem Iterationsschritt verengende obere und untere Schranken für den Betrag des minimalen Residuenvektors angeben [36].

4. Symmetrische Eigenwertprobleme

4.1. Eigenwertprobleme der Physik

Als repräsentatives Eigenwertproblem der Physik betrachten wir die Aufgabe, die kleinen Schwingungen eines allgemeinen konservativen schwingungsfähigen Systems mit n Lagekoordinaten, die mit q_i ($i = 1, 2, \ldots, n$) bezeichnet seien, zu bestimmen. Unser Ziel besteht darin, die Bewegung des Systems durch die n allgemeinen Lagekoordinaten $q_i(t)$ in Funktion der Zeit t festzulegen. Wir nehmen an, daß die q_i so normiert seien, daß die Gleichgewichtslage des Systems durch $q_1 = q_2 = \ldots = q_n = 0$ gekennzeichnet ist. Die potentielle Energie U des Systems ist im konservativen Fall eine Funktion der Lagekoordinaten q_i allein, d. h. es ist $U = U(q_1, q_2, \ldots, q_n)$. Diese Funktion besitze eine Entwicklung nach Potenzen der q_i von der Form

$$U(q_1, q_2, \ldots, q_n) = U_0 + \sum_{i=1}^{n} \alpha_i q_i + \sum_{i=1}^{n} \sum_{k=1}^{n} a_{ik} q_i q_k + \ldots.$$

Die Konstante U_0 als potentielle Energie der Gleichgewichtslage ist irrelevant und kann im Sinn einer Normierung Null gesetzt werden. Der lineare Ausdruck in den Lagekoordinaten q_i verschwindet, da für die Gleichgewichtslage $q_i = 0$ die partiellen Ableitungen der potentiellen Energie nach den Lagekoordinaten gleich Null sind. Der nächste Ausdruck in der Entwicklung ist eine quadratische Form in den Lagekoordinaten, mit der wir uns begnügen. Denn wir beschränken uns auf solche der Gleichgewichtslage benachbarte Bewegungszustände, für welche höhere Potenzen der Lagekoordinaten gegenüber niedrigeren vernachlässigt werden können. Für kleine Schwingungen um eine Gleichgewichtslage kann deshalb die potentielle Energie als quadratische Form in den q_i mit konstanten Koeffizienten a_{ik}

$$U = \sum_{i=1}^{n} \sum_{k=1}^{n} a_{ik} q_i q_k, \qquad \boldsymbol{A} = (a_{ik}) \text{ symmetrisch} \tag{4.1}$$

angesetzt werden. Sie ist für eine stabile Gleichgewichtslage positiv definit. Die k i n e t i s c h e E n e r g i e des schwingenden Systems stellt sich dar als Summe von Quadraten der Geschwindigkeiten v_i noch je multipliziert mit den entsprechenden halben Massen m_i

$$T = \frac{1}{2} \sum_{i=1}^{n} m_i v_i^2.$$

Die Geschwindigkeiten v_i lassen sich als Funktionen der zeitlichen Ableitungen der Lagekoordinaten darstellen gemäß $v_i = f_i(\dot{q}_1, \dot{q}_2, \ldots, \dot{q}_n)$. Diese Funktionen besitzen Entwicklungen nach Potenzen der $\dot{q}_i$, in denen das konstante Glied verschwindet

$$v_i = \sum_{k=1}^{n} c_{ik} \dot{q}_k + \ldots.$$

Wir beschränken uns auf solche Bewegungszustände, bei welchen wir zweite und höhere Potenzen der zeitlichen Ableitungen der Lagekoordinaten gegenüber der ersten Potenz vernachlässigen können. Deshalb begnügen wir uns in der Entwicklung der Geschwindigkeiten auf den linearen Anteil und erhalten dementsprechend für die kinetische Energie eine positiv definite quadratische Form in den Ableitungen der Lagekoordinaten

$$T = \sum_{i=1}^{n} \sum_{k=1}^{n} b_{ik} \dot{q}_i \dot{q}_k, \qquad \boldsymbol{B} = (b_{ik}) \text{ symmetrisch, positiv definit.} \tag{4.2}$$

Nach dem Hamiltonschen Prinzip [11] nimmt das Wirkungsintegral

$$W = \int_{t_0}^{t_1} \left\{ \sum_{i=1}^{n} \sum_{k=1}^{n} [b_{ik} \dot{q}_i(t) \dot{q}_k(t) - a_{ik} q_i(t) q_k(t)] \right\} dt \tag{4.3}$$

für zwei beliebige Zeitmomente t_0 und t_1 einen stationären Wert an. Die Bewegung verläuft so, daß die Funktionen $q_i(t)$ das Wirkungsintegral stationär machen, wenn zum Vergleich alle benachbarten virtuellen Bewegungen $q_i^*(t)$ zur Konkurrenz zugelassen werden, welche im gleichen Zeitintervall von der gleichen Ausgangslage $q_i^*(t_0) = q_i(t_0)$ zur gleichen Endlage $q_i^*(t_1) = q_i(t_1)$ des Systems führen. Die Variation des Wirkungsintegrals W muß bei beliebigen Variationen $\delta q_k(t) = q_k^*(t) - q_k(t)$ innerhalb der zur Konkurrenz zugelassenen Funktionen verschwinden. Wegen der Symmetrie der Matrizen $\boldsymbol{A}$ und $\boldsymbol{B}$ gilt zunächst

$$\delta W = 2 \int_{t_0}^{t_1} \left\{ \sum_{i=1}^{n} \sum_{k=1}^{n} [b_{ik} \dot{q}_i (\delta \dot{q}_k) - a_{ik} q_i (\delta q_k)] \right\} dt.$$

Die Operation der Variation und die zeitliche Ableitung darf vertauscht werden, so daß gilt $(\delta \dot{q}_k) = (\delta q_k)^{\cdot}$. Durch partielle Integration der ersten Doppelsumme ergibt sich weiter

$$\frac{1}{2} \delta W = \sum_{i=1}^{n} \sum_{k=1}^{n} b_{ik} \dot{q}_i (\delta q_k) \Bigg|_{t_0}^{t_1} - \int_{t_0}^{t_1} \left\{ \sum_{i=1}^{n} \sum_{k=1}^{n} [b_{ik} \ddot{q}_i + a_{ik} q_i] (\delta q_k) \right\} dt. \tag{4.4}$$

Da die Variationen $\delta q_k(t)$ innerhalb der Konkurrenzfunktionen sowohl für $t = t_0$ als auch für $t = t_1$ verschwinden, ist der erste Anteil in δW gleich Null. Die Variation δW nach (4.4) kann für sonst beliebige Variationen $\delta q_k(t)$ dann und nur dann verschwinden, falls die Differentialgleichungen zweiter Ordnung mit konstanten Koeffizienten

$$\sum_{i=1}^{n} (b_{ik} \ddot{q}_i + a_{ik} q_i) = 0, \qquad (k = 1, 2, \ldots, n) \tag{4.5}$$

erfüllt sind. Dies sind die Bewegungsgleichungen für die kleinen Schwingungen um die Gleichgewichtslage. Sie werden gelöst durch den Ansatz der Normalschwingungen

$$q_i(t) = x_i \cos(\omega t), \qquad (i = 1, 2, \ldots, n), \tag{4.6}$$

wonach die Lagekoordinaten Schwingungen mit der gleichen Frequenz ω, aber ohne Phasenverschiebungen, jedoch mit unterschiedlichen Amplituden x_i ausführen sollen. Wird dieser Ansatz in die Bewegungsgleichungen (4.5) eingesetzt und der gemeinsame Faktor $\cos(\omega t)$ weggekürzt, ergibt sich das homogene Gleichungssystem für die Amplituden x_i

$$\sum_{i=1}^{n} (a_{ik} - \omega^2 b_{ik}) x_i = 0, \qquad (k = 1, 2, \ldots, n). \tag{4.7}$$

Gesucht sind diejenigen Werte von $\lambda = \omega^2$, für welche das System (4.7) nichttrivial lösbar ist. Wegen der Symmetrie der Matrizen $\boldsymbol{A}$ und $\boldsymbol{B}$ stellt sich damit das allgemeine, aber symmetrische Eigenwertproblem

$$(\boldsymbol{A} - \lambda \boldsymbol{B})\boldsymbol{x} = 0 \tag{4.8}$$

mit den symmetrischen Koeffizientenmatrizen $\boldsymbol{A}$ und $\boldsymbol{B}$ der potentiellen, bzw. kinetischen Energie, wobei unter der Annahme einer stabilen Gleichgewichtslage beide Matrizen positiv definit sind. Die Symmetrie der Matrizen überträgt sich vollständig auf die Eigenwertaufgabe, wovon in den Lösungsmethoden Gebrauch gemacht werden soll und kann (vgl. 4.8). Die Eigenwertaufgabe (4.8) besitzt n Eigenwerte λ_i, woraus n Eigenfrequenzen ω_i des schwingenden Systems resultieren. Der zu λ_i gehörende Eigenvektor $\boldsymbol{x}^{(i)}$ liefert als seine Komponenten die Amplituden der Schwingungen der Lagekoordinaten und damit die zur Eigenfrequenz ω_i gehörige Eigenschwingungsform des Systems. Durch geeignete Wahl der Lagekoordinaten kann oft erreicht werden, daß die Matrix $\boldsymbol{B}$ der kinetischen Energie zur Einheitsmatrix $\boldsymbol{I}$ wird. In diesem Fall reduziert sich (4.8) auf die spezielle Eigenwertaufgabe

$$(\boldsymbol{A} - \lambda \boldsymbol{I})\, \boldsymbol{x} = 0 \tag{4.9}$$

mit symmetrischer und positiv definiter Matrix $\boldsymbol{A}$. Im folgenden befassen wir uns zuerst mit der Lösung der speziellen Eigenwertaufgabe (4.9), um anschließend das allgemeine Problem (4.8) darauf zurückzuführen.

4.2. Kritik des charakteristischen Polynoms

Gegeben sei das spezielle Eigenwertproblem $(\boldsymbol{A} - \lambda \boldsymbol{I})\boldsymbol{x} = 0$ und gesucht sind die Eigenwerte λ_k und die zugehörigen Eigenvektoren $\boldsymbol{x}^{(k)}$. Die Eigenwerte sind charakterisiert als die Nullstellen des charakteristischen Polynoms der Matrix $\boldsymbol{A}$, definiert durch die Determinante der Matrix $\boldsymbol{A} - \lambda \boldsymbol{I}$

$$P(\lambda) = |\boldsymbol{A} - \lambda \boldsymbol{I}|. \tag{4.10}$$

Ist $\boldsymbol{A}$ eine Matrix der Ordnung n, ist $P(\lambda)$ ein Polynom vom echten Grad n. Seine Nullstellen lassen die Matrix $\boldsymbol{A} - \lambda \boldsymbol{I}$ singulär werden, so daß nichttriviale Lösungen des homogenen Gleichungssystems $(\boldsymbol{A} - \lambda \boldsymbol{I})\boldsymbol{x} = 0$ existieren.

Theoretisch ist das Problem der Bestimmung der Eigenwerte gelöst, indem das charakteristische Polynom entwickelt wird und seine Nullstellen nach einer bekannten Methode berechnet werden. Auch vom funktionentheoretischen Standpunkt scheinen Polynome sehr geeignet zu sein, da mit ihnen einfach operiert werden kann und sie in jedem endlichen Bereich beschränkt und beliebig oft differenzierbar sind. Von der numerischen Seite ergeben sich jedoch Schwierigkeiten, von denen man sich im allgemeinen zu wenig Rechenschaft gibt. Das Vorhandensein dieser Schwierigkeiten im Fall von mehrfachen oder zumindest sehr benachbarten Nullstellen dürfte wohl bekannt sein. Daneben zeigt es sich, daß in allgemeineren Situationen die Wurzeln von Polynomen sehr empfindlich auf kleine Änderungen in den Polynomkoeffizienten reagieren können. Das bedeutet aber, daß in diesen Fällen die Koeffizienten des Polynoms die Nullstellen nur mit einem großen Unsicherheitsfaktor festlegen.

Zur Untersuchung der erwähnten Erscheinung betrachten wir das Polynom vom echten Grad n mit gegebenen Koeffizienten a_k

$$f(z) = a_n z^n + a_{n-1} z^{n-1} + \ldots + a_1 z + a_0, \qquad a_n \neq 0, \tag{4.11}$$

dessen Nullstellen $z_1, z_2, \ldots, z_n$ zu bestimmen sind. An den Koeffizienten a_k werden Störungen von der Form εb_k angebracht, wobei ε einen kleinen Parameter bedeutet. Die Werte b_k definieren ein zweites Polynom

$$g(z) = b_n z^n + b_{n-1} z^{n-1} + \ldots + b_1 z + b_0, \tag{4.12}$$

welches nicht mehr vom echten Grad n zu sein braucht. Neben dem gegebenen Polynom $f(z)$ (4.11) betrachten wir das gestörte Polynom

$$h(z) = f(z) + \varepsilon \cdot g(z), \tag{4.13}$$

dessen Nullstellen mit $\zeta_1, \zeta_2, \ldots, \zeta_n$ bezeichnet seien. Wir interessieren uns für die Differenzen $\zeta_k - z_k$ $(k = 1, 2, \ldots, n)$ und nehmen für das folgende an, daß die Nullstellen z_k einfach seien. Wir wollen die Änderung der Nullstellen von $f(z)$ in diejenigen von $h(z)$ unter der Störung $\varepsilon \cdot g(z)$ in erster Approximation berechnen, indem wir mit z_k als Näherung für die neue Nullstelle ζ_k die Newtonsche Formel verwenden. Damit gilt näherungsweise wegen $f(z_k) = 0$

$$\zeta_k \sim z_k - \frac{h(z_k)}{h'(z_k)} = z_k - \frac{f(z_k) + \varepsilon g(z_k)}{f'(z_k) + \varepsilon g'(z_k)} = z_k - \frac{\varepsilon g(z_k)}{f'(z_k) + \varepsilon g'(z_k)}. \tag{4.14}$$

Da die Nullstellen z_k als einfach angenommen wurden, ist $f'(z_k) \neq 0$. Die Korrektur von z_k in (4.14) wird im Sinn einer weiteren Approximation linearisiert bezüglich des kleinen Parameters ε gemäß

$$\frac{g(z_k)}{f'(z_k) + \varepsilon g'(z_k)} \sim \frac{g(z_k)}{f'(z_k)} - \varepsilon \frac{g(z_k)\, g'(z_k)}{[f'(z_k)]^2}. \tag{4.15}$$

Aus (4.14) und (4.15) ergibt sich bei Berücksichtigung nur der linearen Glieder in ε für ζ_k in erster Näherung

$$\zeta_k \sim z_k - \varepsilon \frac{g(z_k)}{f'(z_k)}. \tag{4.16}$$

Die Größe der Änderung von z_k hängt nach (4.16) ab vom Wert des Störpolynoms $g(z)$ und der Ableitung des gegebenen Polynoms $f(z)$ an der Stelle z_k.

Beispiel 4.1. Die Nullstellen eines Polynoms vom Grad $n = 12$ seien vorgegeben zu $z_1 = 1, z_2 = 2, z_3 = 3, \ldots, z_{11} = 11, z_{12} = 12$. Es sind dies lauter einfache, isolierte und gut getrennte Nullstellen. Das zugehörige Polynom ist

$$f(z) = \prod_{k=1}^{12} (z-k) = z^{12} - 78z^{11} + 2717z^{10} - + \ldots + 12!$$

mit Koeffizienten nach Tab. 9. Es soll der Effekt auf die Nullstellen untersucht werden, falls ein e i n z i g e r Koeffizient a_j von $f(z)$ geändert wird. Um der Realität möglichst gerecht zu werden, soll angenommen werden, der betreffende Koeffizient a_j sei mit einem r e l a t i v e n F e h l e r von der Größenordnung $\varepsilon = 10^{-11}$ behaftet. Das Störpolynom $g(z)$ ist dann

$$g(z) = a_j z^j \qquad (0 \leqslant j \leqslant 12) \qquad \text{für ein bestimmtes } j.$$

Weiter ist

$$f'(z_k) = f'(k) = (-1)^k (12-k)!\,(k-1)!\,.$$

Damit erhält man näherungsweise nach (4.16)

$$\zeta_k \sim z_k - \varepsilon \frac{a_j k^j}{(-1)^k (12-k)!\,(k-1)!},$$

oder für den Betrag der Änderung

$$|\Delta z_k| = |\zeta_k - z_k| \sim \varepsilon \frac{|a_j|\, k^j}{(12-k)!\,(k-1)!} = K_{k,j}\,\varepsilon. \tag{4.17}$$

In Tab. 9 sind die Werte von $K_{k,j}$ für $j = 6, 7, 8$ und $k = 1, 2, \ldots, 12$ tabelliert. Das Maximum von $K_{k,j}$ wird erreicht für $k = 9, j = 7$ mit $K_{9,7} = 1{,}370 \cdot 10^8$. Wird der Koeffizient $a_7 = -6'926'634$ relativ um 10^{-11} in $a'_7 = -6'926'634{,}00006926634$ abgeändert, ist in z_9 eine Änderung um 0,00137 zu erwarten. Eine 20-stellige Rechnung bestätigt die Theorie sehr gut (vgl. Tab. 9) indem die Nullstellen ζ_k die durch $K_{k,7}$ vorausgesagten Änderungen sehr genau aufweisen. Die Zahlwerte $K_{k,j}$ zeigen übrigens deutlich, daß die einzelnen Nullstellen ganz verschieden empfindlich sind.

Bei Verwendung eines Rechenautomaten mit 11-stelliger Mantisse ist ein relativer Fehler von der betrachteten Größenordnung nicht zu vermeiden. Bei Entwicklung des charakteristischen Polynoms einer Matrix A mit den oben angenommenen Eigenwerten sind die Koeffizienten mindestens mit solchen relativen

Tab. 9 Illustrationspolynom

k	a_k	$K_{k,6}$	$K_{k,7}$	$K_{k,8}$	ζ_k
0	479'001'600				
1	−1'486'442'880	$1{,}127\cdot 10^{0}$	$1{,}735\cdot 10^{-1}$	$1{,}878\cdot 10^{-2}$	1,000'0000
2	1'931'559'552	$7{,}935\cdot 10^{2}$	$2{,}443\cdot 10^{2}$	$5{,}287\cdot 10^{1}$	2,000'0000
3	−1'414'014'888	$4{,}519\cdot 10^{4}$	$2{,}087\cdot 10^{4}$	$6{,}775\cdot 10^{3}$	2,999'9998
4	657'206'836	$7{,}617\cdot 10^{5}$	$4{,}691\cdot 10^{5}$	$2{,}030\cdot 10^{5}$	4,000'0047
5	−206'070'150	$5{,}812\cdot 10^{6}$	$4{,}474\cdot 10^{6}$	$2{,}420\cdot 10^{6}$	4,999'9553
6	44'990'231	$2{,}430\cdot 10^{7}$	$2{,}244\cdot 10^{7}$	$1{,}457\cdot 10^{7}$	6,000'2245
7	−6'926'634	$6{,}126\cdot 10^{7}$	$6{,}602\cdot 10^{7}$	$5{,}001\cdot 10^{7}$	6,999'3402
8	749'463	$9{,}750\cdot 10^{7}$	$1{,}201\cdot 10^{8}$	$1{,}040\cdot 10^{8}$	8,001'2014
9	−55'770	$9{,}883\cdot 10^{7}$	$\boxed{1{,}370\cdot 10^{8}}$	$1{,}334\cdot 10^{8}$	8,998'6303
10	2'717	$6{,}199\cdot 10^{7}$	$9{,}544\cdot 10^{7}$	$1{,}033\cdot 10^{8}$	10,000'9538
11	−78	$2{,}196\cdot 10^{7}$	$3{,}720\cdot 10^{7}$	$4{,}427\cdot 10^{7}$	10,999'6279
12	1	$3{,}366\cdot 10^{6}$	$6{,}218\cdot 10^{6}$	$8{,}073\cdot 10^{6}$	12,000'0622

Fehlern behaftet. Die daraus berechneten Nullstellen können somit weit von den eigentlichen Eigenwerten entfernt sein. Die Situation verschlimmert sich mit wachsendem Grad n. Es können sogar komplexe Nullstellen eines charakteristischen Polynoms einer Matrix mit reellen Eigenwerten auftreten [74].

Schlußfolgerung: Das charakteristische Polynom einer Matrix eignet sich numerisch schlecht zur Berechnung ihrer Eigenwerte. Nach Möglichkeit muß es vermieden werden. Sonst muß mit größerer Stellenzahl gerechnet werden.

Im folgenden wird das charakteristische Polynom höchstens zu theoretischen Zwecken herangezogen. Die numerischen Verfahren erfordern aber nie seine explizite, koeffizientenmäßige Aufstellung.

4.3. Das Hauptachsentheorem

In diesem Abschnitt werden einige Tatsachen und Charakterisierungen der Eigenwerte und Eigenvektoren einer symmetrischen Matrix $\boldsymbol{A}$ zusammengestellt, welche die Grundlagen zu einigen numerischen Verfahren darstellen. Die Eigenwerte werden als reelle Lösungen einer Extremalaufgabe erkannt, und die Eigenvektoren bilden ein orthonormiertes System. Daraus folgt das Hauptachsentheorem, wonach sich jede symmetrische Matrix durch eine orthogonale Ähnlichkeitstransformation auf Diagonalform transformieren läßt.

Satz 4.1. *Es sei $\boldsymbol{A}$ eine symmetrische Matrix. Die zugehörige quadratische Form $Q(\boldsymbol{x}) = (\boldsymbol{A}\boldsymbol{x}, \boldsymbol{x})$ nimmt auf der Einheitskugel $(\boldsymbol{x}, \boldsymbol{x}) = 1$ ihr Maximum λ_1 wirklich* *an. Der Vektor* $\boldsymbol{x}$, *für welchen das Maximum angenommen wird, ist ein Eigenvektor, und* λ_1 *ist zugehöriger Eigenwert.*

Beweis: Die quadratische Form $Q(\boldsymbol{x}) = (\boldsymbol{A}\boldsymbol{x}, \boldsymbol{x})$ ist eine stetige Funktion auf der Einheitskugel. Die Einheitskugel ist eine abgeschlossene und beschränkte Menge des n-dimensionalen Raumes. Daher existiert ein Punkt auf der Einheitskugel, d. h. ein Vektor $\boldsymbol{x}_1$ mit $(\boldsymbol{x}_1, \boldsymbol{x}_1) = 1$, für welchen $Q(\boldsymbol{x})$ als stetige Funktion ihren maximalen Wert λ_1 annimmt. Es gelten

$$(\boldsymbol{A}\boldsymbol{x}, \boldsymbol{x}) \leqslant \lambda_1 \quad \text{für alle} \quad \boldsymbol{x} \quad \text{mit} \quad (\boldsymbol{x}, \boldsymbol{x}) = 1 \tag{4.18}$$

und

$$(\boldsymbol{A}\boldsymbol{x}_1, \boldsymbol{x}_1) = \lambda_1 \quad \text{mit} \quad (\boldsymbol{x}_1, \boldsymbol{x}_1) = 1. \tag{4.19}$$

Die Ungleichung (4.18) ist zunächst für alle Vektoren $\boldsymbol{x}$ der Länge Eins gleichbedeutend mit

$$(\boldsymbol{A}\boldsymbol{x}, \boldsymbol{x}) \leqslant \lambda_1(\boldsymbol{x}, \boldsymbol{x}), \tag{4.20}$$

was trivialerweise richtig bleibt für jeden beliebigen Vektor $\boldsymbol{x} \neq 0$, da jeder von Null verschiedene Vektor als geeignetes Vielfaches c eines Vektors der Länge Eins dargestellt werden kann, und der Faktor $c^2 > 0$ auf beiden Seiten von (4.20) erscheint. Wegen der Distributivität des inneren Produktes folgt aus (4.20)

$$(\boldsymbol{A}\boldsymbol{x}-\lambda_1\boldsymbol{x}, \boldsymbol{x}) = \big((\boldsymbol{A}-\lambda_1\boldsymbol{I})\boldsymbol{x}, \boldsymbol{x}\big) \leqslant 0 \quad \text{für alle } \boldsymbol{x} \neq 0, \tag{4.21}$$

und nach (4.19) gilt für den speziellen Vektor $\boldsymbol{x}_1$

$$(\boldsymbol{A}\boldsymbol{x}_1-\lambda_1\boldsymbol{x}_1, \boldsymbol{x}_1) = \big((\boldsymbol{A}-\lambda_1\boldsymbol{I})\boldsymbol{x}_1, \boldsymbol{x}_1\big) = 0 \quad \text{mit} \quad (\boldsymbol{x}_1, \boldsymbol{x}_1) = 1. \tag{4.22}$$

Es bleibt zu zeigen, daß aus (4.21) und (4.22) $(\boldsymbol{A}-\lambda_1\boldsymbol{I})\boldsymbol{x}_1 = 0$ folgt. Die Matrix $\boldsymbol{B} = \boldsymbol{A}-\lambda_1\boldsymbol{I}$ ist wie $\boldsymbol{A}$ symmetrisch, und ihre zugehörige quadratische Form ist nach (4.21) $(\boldsymbol{B}\boldsymbol{x}, \boldsymbol{x}) \leqslant 0$ für alle $\boldsymbol{x} \neq 0$, aber es existiert ein Vektor $\boldsymbol{x}_1$, so daß nach (4.22) $(\boldsymbol{B}\boldsymbol{x}_1, \boldsymbol{x}_1) = 0$ ist. Nun betrachten wir eine einparametrige Schar von Vektoren $\boldsymbol{x} = \boldsymbol{x}_1+t\boldsymbol{y}$, welche für $t = 0$ den Vektor $\boldsymbol{x}_1$ enthält, und worin $\boldsymbol{y}$ ein beliebiger Vektor ist. Für die Vektoren $\boldsymbol{x}$ dieser Schar gilt

$$\left.\begin{aligned} (\boldsymbol{B}\boldsymbol{x}, \boldsymbol{x}) &= \big(\boldsymbol{B}(\boldsymbol{x}_1+t\boldsymbol{y}), \boldsymbol{x}_1+t\boldsymbol{y}\big) = (\boldsymbol{B}\boldsymbol{x}_1, \boldsymbol{x}_1)+2t(\boldsymbol{B}\boldsymbol{x}_1, \boldsymbol{y})+t^2(\boldsymbol{B}\boldsymbol{y}, \boldsymbol{y}) \\ &= 2t(\boldsymbol{B}\boldsymbol{x}_1, \boldsymbol{y})+t^2(\boldsymbol{B}\boldsymbol{y}, \boldsymbol{y}) \leqslant 0 \quad \text{für jeden beliebigen Vektor } \boldsymbol{y}. \end{aligned}\right\} \tag{4.23}$$

Ein Ausdruck von der Form $at+bt^2$ mit $a \neq 0$ wechselt aber das Vorzeichen beim Nulldurchgang von t. Falls ein solcher Ausdruck wie in unserem Fall das Vorzeichen nicht ändern soll, muß notwendigerweise $a = 0$ sein. Übertragen auf unsere Situation folgt aus (4.23) notwendigerweise

$$(\boldsymbol{B}\boldsymbol{x}_1, \boldsymbol{y}) = \big((\boldsymbol{A}-\lambda_1\boldsymbol{I})\boldsymbol{x}_1, \boldsymbol{y}\big) = 0 \quad \text{für jeden Vektor } \boldsymbol{y}. \tag{4.24}$$

Die Gleichung (4.24) kann nur bestehen, falls gilt

$$(\boldsymbol{A}-\lambda_1\boldsymbol{I})\boldsymbol{x}_1 = 0, \quad \text{oder} \quad \boldsymbol{A}\boldsymbol{x}_1 = \lambda_1\boldsymbol{x}_1, \tag{4.25}$$

woraus sich $\boldsymbol{x}_1$ als Eigenvektor und λ_1 als zugehöriger Eigenwert der Matrix $\boldsymbol{A}$ herausstellt.

Um die Existenz eines weiteren Eigenwertes und Eigenvektors zu beweisen, werden alle Vektoren $\boldsymbol{x}$ betrachtet, welche zu $\boldsymbol{x}_1$ orthogonal sind. Die Gesamtheit dieser Vektoren bildet einen $(n-1)$-dimensionalen Unterraum. Dieser Unterraum ist bezüglich der linearen Transformation $\boldsymbol{A}$ invariant, indem er auf sich abgebildet wird. In der Tat ist $\boldsymbol{y} = \boldsymbol{A}\boldsymbol{x}$ für jeden Vektor $\boldsymbol{x}$ mit $(\boldsymbol{x}, \boldsymbol{x}_1) = 0$ wegen der Symmetrie von $\boldsymbol{A}$ nach

$$(\boldsymbol{y}, \boldsymbol{x}_1) = (\boldsymbol{A}\boldsymbol{x}, \boldsymbol{x}_1) = (\boldsymbol{x}, \boldsymbol{A}\boldsymbol{x}_1) = (\boldsymbol{x}, \lambda_1 \boldsymbol{x}_1) = \lambda_1(\boldsymbol{x}, \boldsymbol{x}_1) = 0$$

wieder orthogonal zu $\boldsymbol{x}_1$. Die Einheitskugel in diesem $(n-1)$-dimensionalen Unterraum ist eine abgeschlossene und beschränkte Menge, so daß auf ihr die stetige quadratische Form $Q(\boldsymbol{x}) = (\boldsymbol{A}\boldsymbol{x}, \boldsymbol{x})$ das Maximum λ_2 für einen Vektor $\boldsymbol{x}_2$ mit den Eigenschaften $(\boldsymbol{x}_2, \boldsymbol{x}_1) = 0$ und $(\boldsymbol{x}_2, \boldsymbol{x}_2) = 1$ annimmt. In Verallgemeinerung von (4.21) und (4.22) gelten jetzt

$$\big((\boldsymbol{A} - \lambda_2 \boldsymbol{I})\boldsymbol{x}, \boldsymbol{x}\big) \leqslant 0 \quad \text{für alle} \quad \boldsymbol{x} \neq 0 \quad \text{und} \quad (\boldsymbol{x}, \boldsymbol{x}_1) = 0$$

und $\big((\boldsymbol{A} - \lambda_2 \boldsymbol{I})\boldsymbol{x}_2, \boldsymbol{x}_2\big) = 0$. Wir betrachten weiter die symmetrische Matrix $\boldsymbol{B}_1 = \boldsymbol{A} - \lambda_2 \boldsymbol{I}$, deren zugehörige lineare Transformation den $(n-1)$-dimensionalen Unterraum in sich abbildet. Ferner sei jetzt $\boldsymbol{y}$ ein beliebiger von Null verschiedener Vektor in diesem Unterraum mit $(\boldsymbol{y}, \boldsymbol{x}_1) = 0$. Damit bilden wir die einparametrige Schar von Vektoren $\boldsymbol{x} = \boldsymbol{x}_2 + t\boldsymbol{y}$, welche unter den getroffenen Annahmen im $(n-1)$-dimensionalen Unterraum liegt und für $t = 0$ den Vektor $\boldsymbol{x}_2$ liefert. Für die Vektoren dieser Schar gilt für die Matrix $\boldsymbol{B}_1$ $(\boldsymbol{B}_1\boldsymbol{x}, \boldsymbol{x}) = \big(\boldsymbol{B}_1(\boldsymbol{x}_2 + t\boldsymbol{y}), \boldsymbol{x}_2 + t\boldsymbol{y}\big) = (\boldsymbol{B}_1\boldsymbol{x}_2, \boldsymbol{x}_2) + 2t(\boldsymbol{B}_1\boldsymbol{x}_2, \boldsymbol{y}) + t^2(\boldsymbol{B}_1\boldsymbol{y}, \boldsymbol{y}) = 2t(\boldsymbol{B}_1\boldsymbol{x}_2, \boldsymbol{y}) + t^2(\boldsymbol{B}_1\boldsymbol{y}, \boldsymbol{y}) \leqslant 0$ für jeden Vektor $\boldsymbol{y} \neq 0$ mit $(\boldsymbol{y}, \boldsymbol{x}_1) = 0$. Damit der zuletzt erhaltene Ausdruck beim Nulldurchgang von t sein Vorzeichen nicht ändert, muß notwendigerweise $(\boldsymbol{B}_1\boldsymbol{x}_2, \boldsymbol{y}) = 0$ sein. Der Vektor $\boldsymbol{x}_2$ ist ein Vektor des $(n-1)$-dimensionalen Unterraumes. Infolge der Invarianz dieses Unterraumes bezüglich der linearen Transformation $\boldsymbol{B}_1$ gehört $\boldsymbol{B}_1\boldsymbol{x}_2$ wieder diesem Unterraum an. Dieser Vektor muß orthogonal sein zu jedem beliebigen Vektor des Unterraumes, folglich muß er notwendigerweise verschwinden, und es gilt $\boldsymbol{B}_1\boldsymbol{x}_2 = 0$ oder $\boldsymbol{A}\boldsymbol{x}_2 = \lambda_2\boldsymbol{x}_2$, so daß $\boldsymbol{x}_2$ Eigenvektor und λ_2 zugehöriger Eigenwert von $\boldsymbol{A}$ sind. Infolge der Einschränkung der zur Konkurrenz zugelassenen Vektoren $\boldsymbol{x}$ der Länge Eins gilt offensichtlich $\lambda_2 \leqslant \lambda_1$, da das Maximum dabei nicht größer werden kann.

Der dritte Eigenwert λ_3 und der zugehörige Eigenvektor $\boldsymbol{x}_3$ ergeben sich als Lösung der folgenden Extremalaufgabe mit Nebenbedingungen: λ_3 ist das Maximum von $(\boldsymbol{A}\boldsymbol{x}, \boldsymbol{x})$ für alle Vektoren $\boldsymbol{x}$ auf der $(n-2)$-dimensionalen Einheitskugel mit $(\boldsymbol{x}, \boldsymbol{x}) = 1$, $(\boldsymbol{x}, \boldsymbol{x}_1) = 0$ und $(\boldsymbol{x}, \boldsymbol{x}_2) = 0$ und $\boldsymbol{x}_3$ ist der Vektor, für welchen das Maximum angenommen wird. In konsequenter Fortsetzung des konstruktiven Verfahrens wird die Existenz von n Eigenvektoren und zugehörigen Eigenwerten bewiesen. Die Eigenvektoren bilden auf Grund der Konkurrenzeinschränkungen ein orthonormiertes System von reellen Vektoren, und die Eigenwerte sind reell, da die quadratische Form für reelle Vektoren nur reelle Werte annimmt. Es kann natürlich sein, daß im Verlauf dieser Konstruktion mehrere gleiche Eigenwerte auftreten. Herrscht etwa die Situation $\lambda_1 > \lambda_2 >$

$> \ldots > \lambda_k = \lambda_{k+1} = \ldots = \lambda_{k+p-1} > \lambda_{k+p} > \ldots > \lambda_n$, heißt λ_k ein p-facher Eigenwert. In diesem Fall ist jede Linearkombination der gefundenen zu den Eigenwerten $\lambda_k, \lambda_{k+1}, \ldots, \lambda_{k+p-1}$ gehörigen Eigenvektoren ebenfalls Eigenvektor. Die Eigenvektoren zu einem mehrfachen Eigenwert sind nicht eindeutig festgelegt. Das Ergebnis halten wir fest als

Satz 4.2. *Jede symmetrische Matrix A der Ordnung n besitzt n reelle Eigenwerte, und die zugehörigen n Eigenvektoren bilden ein orthogonales System. Im Fall eines mehrfachen Eigenwertes der Vielfachheit p bilden die Eigenvektoren einen p-dimensionalen Unterraum.*

Ersetzt man in Satz 4.1 das Maximum durch das Minimum, bleibt der Satz nach einer vollkommen analogen Schlußweise gültig. Eine unmittelbare Folge davon ist der

Satz 4.3. *Das Maximum (Minimum) des Rayleighschen Quotienten $R(x) = (Ax, x)/(x, x)$ für beliebige Vektoren $x \neq 0$ ist gleich dem größten (kleinsten) Eigenwert $\lambda_{\max}$ ($\lambda_{\min}$) der symmetrischen Matrix A. Der Vektor x, für welchen das Extremum des Rayleighschen Quotienten angenommen wird, ist zugehöriger Eigenvektor. Für den Wert des Rayleighschen Quotienten einer symmetrischen Matrix A gilt $\lambda_{\min} \leq R(x) \leq \lambda_{\max}$.*

Eine wichtige Folge von Satz 4.3 ist die Tatsache, daß die Eigenwerte einer positiv definiten Matrix A positiv sind, weil der Wert des Rayleighschen Quotienten für alle nichtverschwindenden Vektoren x wesentlich positiv ist.

Satz 4.4. (*Hauptachsentheorem*) *Zu jeder symmetrischen Matrix A existiert eine orthogonale Matrix U, so daß sich A vermittels U ähnlich auf Diagonalgestalt $D = U^T A U$ transformiert. Die Diagonalelemente von D sind gleich den Eigenwerten von A.*

Beweis: Nach Satz 4.2 existiert zu jeder symmetrischen Matrix A der Ordnung n ein System von n orthonormierten Eigenvektoren $x_1, x_2, \ldots, x_n$. Dieses System von orthonormierten Vektoren wird als neue Basis eingeführt. Nach den allgemeinen Regeln über die Transformation der Darstellung eines Operators A beim Übergang zu einer andern Basis (vgl. 1.1.2) ist die Transformationsmatrix U zuständig, welche in ihrer k-ten Kolonne die Koordinaten des k-ten neuen Basisvektors bezüglich der alten Basis enthält. Bedeutet e_k den k-ten Einheitsvektor, ist $x_k = Ue_k$. Infolge der Orthonormiertheit der Kolonnen von U gilt $U^T U = I$, so daß $U^T = U^{-1}$ ist, und die Matrix U ist orthogonal. Die Matrix A wird beim Basiswechsel der Ähnlichkeitstransformation $B = U^{-1}AU = U^T A U$ unterworfen. Die Eigenvektoren von B sind jetzt die Einheitsvektoren e_k, während die Eigenwerte λ_k unverändert bleiben. Es gilt nun

$$Be_k = (U^T A U)e_k = U^T A(Ue_k) = U^T A x_k = U^T \lambda_k x_k = \lambda_k U^T x_k = \lambda_k e_k.$$

Da die Gleichung $Be_k = \lambda_k e_k$ für jeden Einheitsvektor $e_1, e_2, \ldots, e_n$ gilt, hat die Matrix B notwendigerweise Diagonalgestalt, und in ihrer Diagonale stehen die Eigenwerte λ_k von A.

A n m e r k u n g: Da die Transformationsmatrix $\boldsymbol{U}$ des Hauptachsentheorems in der k-ten Kolonne den normierten Eigenvektor von $\boldsymbol{A}$ zum Eigenwert λ_k enthält, ist $\boldsymbol{U}$ im Fall von mehrfachen Eigenwerten nicht eindeutig bestimmt.

4.4. Transformation auf Diagonalform. Simultane Berechnung aller Eigenwerte

Das Hauptachsentheorem bildet die Grundlage einer Klasse von Methoden, welche die Diagonalform durch sukzessive orthogonale Ähnlichkeitstransformationen anstreben und so die Eigenwerte von symmetrischen Matrizen simultan bestimmen. Diese Verfahren sind dann anzuwenden, wenn tatsächlich alle Eigenwerte und eventuell noch ihre Eigenvektoren gesucht sind.

4.4.1. Elementare orthogonale zweidimensionale Drehungen. Zur ähnlichen Transformation einer Matrix $\boldsymbol{A}$ auf eine bestimmte Normalform macht man Gebrauch von möglichst einfachen Transformationsmatrizen, deren Effekt gut überblickbar ist, und die dann die Bausteine von komplizierteren Verfahren bilden. Die einfachsten nicht trivialen orthogonalen Matrizen haben die Form

$$\boldsymbol{U} = \begin{bmatrix} 1 & & & & & & & \\ & \ddots & & & & & & \\ & & 1 & & & & & \\ & & & \cos\varphi & \cdots & \sin\varphi & & \\ & & & \vdots & 1 & & & \\ & & & & \ddots & & & \\ & & & & 1 & \vdots & & \\ & & & -\sin\varphi & \cdots & \cos\varphi & & \\ & & & & & & 1 & \\ & & & & & & & \ddots \\ & & & & & & & 1 \end{bmatrix} \begin{matrix} \\ \\ \\ \leftarrow p \\ \\ \\ \\ \leftarrow q \\ \\ \\ \\ \end{matrix}, \quad \boldsymbol{U}^{-1} = \boldsymbol{U}^{\mathrm{T}}. \tag{4.26}$$

Sie entspricht geometrisch einer zweidimensionalen Drehung um den Winkel φ in der Ebene, die aufgespannt wird durch die p-te und q-te Koordinatenrichtung. Die Matrix $\boldsymbol{U}$ ist charakterisiert durch ein R o t a t i o n s i n d e x p a a r p und q mit $1 \leqslant p < q \leqslant n$ und dem reellen D r e h w i n k e l φ, und ihre Elemente sind wie folgt definiert:

$$\left.\begin{aligned} u_{ii} &= 1 & i &\neq p,\ q \\ u_{pp} &= \cos\varphi, & u_{pq} &= \sin\varphi \\ u_{qp} &= -\sin\varphi, & u_{qq} &= \cos\varphi \\ u_{ij} &= 0 \quad \text{sonst.} \end{aligned}\right\} \tag{4.27}$$

Die Wirkung einer Ähnlichkeitstransformation auf eine Matrix $\boldsymbol{A}$ mit einer Matrix $\boldsymbol{U}$ (4.26) untersuchen wir in zwei Teilschritten.

1. S c h r i t t: $\boldsymbol{A}' = \boldsymbol{U}^{\mathrm{T}}\boldsymbol{A}$. Die Multiplikation der Matrix $\boldsymbol{A}$ von links mit $\boldsymbol{U}^{\mathrm{T}}$ bewirkt infolge der speziellen Gestalt von $\boldsymbol{U}$ nur eine gegenseitige lineare Kombination der p-ten und q-ten Z e i l e n von $\boldsymbol{A}$, während die übrigen Elemente

ungeändert bleiben.

$$\left.\begin{aligned} a'_{pj} &= a_{pj}\cos\varphi - a_{qj}\sin\varphi \\ a'_{qj} &= a_{pj}\sin\varphi + a_{qj}\cos\varphi \\ a'_{ij} &= a_{ij} \quad \text{für} \quad i \neq p, q \end{aligned}\right\} \quad (j = 1, 2, \ldots, n). \tag{4.28}$$

2. Schritt: $A'' = A'U = U^{\mathrm{T}}AU$. Die Multiplikation der Matrix A' von rechts mit U bewirkt im Gegensatz zum ersten Schritt eine gegenseitige lineare Kombination der p-ten und q-ten Kolonnen von A', während die übrigen Elemente ungeändert bleiben.

$$\left.\begin{aligned} a''_{ip} &= a'_{ip}\cos\varphi - a'_{iq}\sin\varphi \\ a''_{iq} &= a'_{ip}\sin\varphi + a'_{iq}\cos\varphi \\ a''_{ij} &= a'_{ij} \quad \text{für} \quad j \neq p, q \end{aligned}\right\} \quad (i = 1, 2, \ldots, n) \tag{4.29}$$

Durch die Ähnlichkeitstransformation $A'' = U^{\mathrm{T}}AU$ werden nur die Elemente von A in den p-ten und q-ten Zeilen und Kolonnen betroffen und verändert (vgl. Fig. 15).

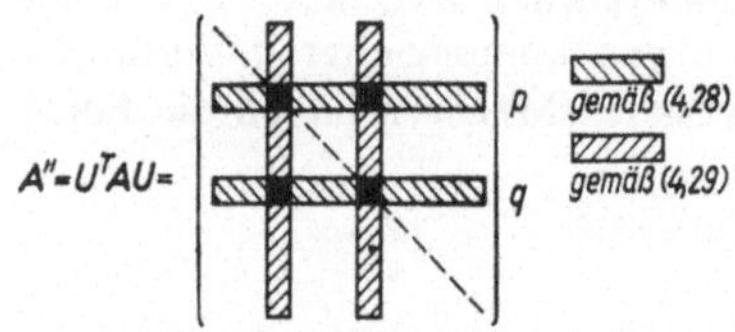

Fig. 15 Wirkung der Ähnlichkeitstransformation

Die Elemente an den Kreuzungsstellen der p-ten und q-ten Zeilen und Kolonnen transformieren sich am kompliziertesten, da sie sowohl nach (4.28) als auch nach (4.29) geändert werden. Für eine symmetrische Matrix A sind (4.30) die Transformationsformeln für die Elemente an den Kreuzungsstellen.

$$\left.\begin{aligned} a''_{pp} &= a_{pp}\cos^2\varphi - 2a_{pq}\cos\varphi\sin\varphi + a_{qq}\sin^2\varphi \\ a''_{qq} &= a_{pp}\sin^2\varphi + 2a_{pq}\cos\varphi\sin\varphi + a_{qq}\cos^2\varphi \\ a''_{pq} &= a''_{qp} = (a_{pp} - a_{qq})\cos\varphi\sin\varphi + a_{pq}(\cos^2\varphi - \sin^2\varphi) \end{aligned}\right\} \tag{4.30}$$

Die beschriebene Art von elementaren orthogonalen Ähnlichkeitstransformationen wurde erstmals von Jacobi 1846 [34] verwendet im Zusammenhang mit seinem Verfahren, welches in 4.4.2 beschrieben wird. Entsprechend ihrer geometrischen Deutung nennt man eine solche Transformation eine Jacobi-Rotation, oder auch, um das Rotationsindexpaar hervorzuheben, eine (p, q)-Drehung. Das außendiagonale Kreuzungselement a_{pq} heißt Pivotelement.

ALGOL-Prozedur für eine Jacobi-Rotation. Wegen der Erhaltung der Symmetrieeigenschaft unter orthogonalen Ähnlichkeitstransformationen genügt es für die Rechenpraxis, die Transformation auf die Elemente der Matrix A in und oberhalb der Diagonale auszuüben. Da beabsichtigt ist, auf eine Matrix A eine Folge von Jacobi-Rotationen anzuwenden, wird die transformierte Matrix A'' wieder mit A bezeichnet. Die Transformation wird in vier Teile zerlegt: 1.) Umrechnung der Elemente an den Kreuzungsstellen nach (4.30);

2.) Transformation der Elemente der p-ten und q-ten Kolonne oberhalb der p-ten Zeile nach (4.29); 3.) Behandlung der Elemente zwischen den Kreuzungselementen unter Berücksichtigung der Symmetrie und 4.) Zeilenkombinationen rechts der q-ten Kolonne nach (4.28). Temporäre Hilfsvariable *g* und *h* sind infolge der Identifikation von A'' mit A nötig, um die ursprünglichen Werte von noch benötigten Matrixelementen zu retten.

Die Parameter der Prozedur bedeuten:

n Ordnung der Matrix A
c, *s* $c = \cos\varphi$, $s = \sin\varphi$
p, *q* Rotationsindexpaar $p < q$
a Elemente der Matrix A vor, bzw. nach der (p, q)-Drehung.

```
procedure rotation (n, c, s, p, q, a);
          value n, c, s, p, q;
          real c, s; integer n, p, q; array a;
begin real g, h; integer j;
   h := c×c×a[p, p]−2×c×s×a[p, q]+s×s×a[q, q];
   g := s×s×a[p, p]+2×c×s×a[p, q]+c×c×a[q, q];
   a[p, q] := c×s×(a[p, p]−a[q,q])+(c×c−s×s)×a[p, q];
   a[p, p] := h;  a[q, q] := g;
   for j := 1 step 1 until p−1 do
   begin
      h := c×a[j, p]−s×a[j q];
      a[j, q] := s×a[j, p]+c×a[j, q];
      a[j, p] := h
   end j;
   for j := p+1 step 1 until q−1 do
   begin
      h := c×a[p, j]−s×a[j, q];
      a[j, q] := s×a[p, j]+c×a[j, q];
      a[p, j] := h
   end j;
   for j := q+1 step 1 until n do
   begin
      h := c×a[p, j]−s×a[q, j];
      a[q, j] := s×a[p, j]+c×a[q ,j];
      a[p, j] := h
   end j
end rotation
```

4.4.2. Das klassische Jacobi-Verfahren. In der Methode von Jacobi [34] wird die gegebene symmetrische Matrix $\boldsymbol{A}$ mit Hilfe einer Folge von Jacobi-Rotationen schrittweise auf Diagonalform $\boldsymbol{D}$ transformiert. Die Anzahl der benötigten Rotationen ist im allgemeinen unendlich, um die Diagonalform herzustellen, denn die Diagonalelemente von $\boldsymbol{D}$ sind die Eigenwerte von $\boldsymbol{A}$. Diese können als Nullstellen des charakteristischen Polynoms nicht durch einen endlichen rationalen Prozeß bestimmt werden. In Praxis wird man die Diagonalisierung stoppen, sobald die Außendiagonalelemente genügend klein sind.

In seiner klassischen Form werden die aufeinanderfolgenden Rotationen so gewählt, daß das momentan betragsgrößte Außendiagonalelement durch die Drehung zum Verschwinden gebracht wird. Dazu ist sogleich festzuhalten, daß das so erreichte Nullelement durch die nachfolgenden Drehungen i. a. wieder zerstört wird. Zur Vermeidung unnötiger Indizes sei $\boldsymbol{A}$ die momentane Matrix $\boldsymbol{A}_k$ der Folge von transformierten Matrizen und a_{pq} das betragsgrößte Außendiagonalelement oberhalb der Diagonale mit $1 \leqslant p < q \leqslant n$. Dieses Element wird eliminiert durch eine (p, q)-Drehung, welche a_{pq} in ihrem außendiagonalen Kreuzungspunkt aufweist. Die Forderung, daß das transformierte Element verschwinde, führt nach (4.30) auf die trigonometrische Gleichung für den Drehwinkel φ

$$(a_{pp}-a_{qq}) \sin \varphi \cos \varphi + a_{pq}(\cos^2 \varphi - \sin^2 \varphi) = 0,$$

oder nach trigonometrischer Umformung auf

$$\operatorname{ctg}(2\varphi) = \frac{a_{qq}-a_{pp}}{2a_{pq}} = \theta. \tag{4.31}$$

Die Bestimmungsgleichung für φ wird mit Vorteil für $\operatorname{ctg}(2\varphi)$ formuliert, da dieser Wert endlich ist mit $a_{pq} \neq 0$. Aus $\theta = \operatorname{ctg}(2\varphi)$ ergeben sich die Werte für $c = \cos \varphi$ und $s = \sin \varphi$ vermittels der trigonometrischen Identitäten

$$\operatorname{tg} \varphi = \frac{s}{c} = t, \qquad \theta = \frac{1-t^2}{2t}, \qquad c^2+s^2 = 1.$$

Zunächst ergibt sich t als Lösung der quadratischen Gleichung $t^2+2\theta t-1 = 0$ zu

$$t = -\theta \pm \sqrt{\theta^2+1} = \frac{1}{\theta \pm \sqrt{\theta^2+1}}. \tag{4.32}$$

Aus den beiden Lösungsmöglichkeiten für t wählen wir diejenige, für welche im Nenner der zweiten Darstellung (4.32) keine Auslöschung führender Stellen stattfindet, d. h. wir setzen fest

$$\begin{aligned} t &= \frac{1}{\theta + \operatorname{sign}(\theta) \cdot \sqrt{\theta^2+1}} && \text{für} \quad \theta \neq 0, \\ t &= 1 && \text{für} \quad \theta = 0. \end{aligned} \tag{4.33}$$

Schließlich resultieren daraus die gesuchten Werte

$$c = \cos\varphi = \frac{1}{\sqrt{1+t^2}}, \qquad s = \sin\varphi = ct. \tag{4.34}$$

Beachtet man, daß das Produkt der beiden Lösungen für t auf Grund der quadratischen Gleichung gleich -1 ist, stellt man fest, daß die andere Lösung für t zu Werten von c und s führt, welche gegenüber (4.34) bis aufs Vorzeichen nur gegeneinander vertauscht sind. Beide Lösungen erreichen im Endeffekt dasselbe Ziel, daß das Element a_{pq} durch die entsprechenden Jacobi-Rotationen zum Verschwinden gebracht wird. Nach (4.33) gilt $|t| \leq 1$, so daß nach (4.34) weiter $c = \cos\varphi \geq 1/\sqrt{2}$ und damit $|s| = |\sin\varphi| \leq 1/\sqrt{2}$ folgt, so daß wegen $c > 0$ der Drehwinkel φ auf das Intervall $-\pi/4 < \varphi \leq \pi/4$ beschränkt bleibt. Diese Feststellung wird in 4.4.3 von Bedeutung sein.

Zur Vorbereitung des Konvergenzbeweises des klassischen Jacobi-Verfahrens untersuchen wir die Änderung der Summe der Quadrate der Außendiagonalelemente

$$S(A) = \sum_{i=1}^{n} \sum_{\substack{j=1 \\ j\neq i}}^{n} a_{ij}^2 \tag{4.35}$$

unter einer (p, q)-Drehung. Zu diesem Zweck wird $S(A'')$ der transformierten Matrix $A'' = U^T A U$ aufgeteilt in die Teilsummen

$$S(A'') = \sum_{\substack{i=1 \\ i\neq p,q}}^{n} \sum_{\substack{j=1 \\ j\neq i \\ j\neq p,q}}^{n} a_{ij}''^2 + \sum_{\substack{i=1 \\ i\neq p,q}}^{n} (a_{ip}''^2 + a_{iq}''^2) + \sum_{\substack{j=1 \\ j\neq p,q}}^{n} (a_{pj}''^2 + a_{qj}''^2) + 2a_{pq}''^2 . \tag{4.36}$$

Einerseits ändern sich nur die Elemente in den p-ten und q-ten Zeilen und Kolonnen, und anderseits gelten nach (4.28) und (4.29) für die gekoppelten Elemente die Relationen

$$a_{ip}''^2 + a_{iq}''^2 = a_{ip}^2 + a_{iq}^2, \qquad (i \neq p, q),$$
$$a_{pj}''^2 + a_{qj}''^2 = a_{pj}^2 + a_{qj}^2, \qquad (j \neq p, q),$$

so daß aus (4.36) allgemein für eine (p, q)-Drehung folgt

$$S(A'') = S(U^T A U) = \{S(A) - 2a_{pq}^2\} + 2a_{pq}''^2 . \tag{4.37}$$

Satz 4.5. *Im klassischen Jacobi-Verfahren nimmt die Wertefolge der $S(A_k)$ monoton gegen Null ab.*

B e w e i s: Es sei $A = A_0$, und A_k bedeute die Matrix, welche sich nach k Drehungen ergibt. Im allgemeinen k-ten Schritt wird $a_{pq}^{(k)} = 0$, so daß sich aus (4.37) die Beziehung ergibt

$$S(A_k) = S(A_{k-1}) - 2a_{pq}^{(k-1)^2}, \qquad (k = 1, 2, \ldots). \tag{4.38}$$

Die Folge der Werte $S(A_k)$ ist somit monoton abnehmend. Da $a_{pq}^{(k-1)}$ das absolut größte Aussendiagonalelement von A_{k-1} ist, gilt die Ungleichung

$$S(A_{k-1}) \leqslant (n^2-n)a_{pq}^{(k-1)^2}. \tag{4.39}$$

Damit ergibt sich aus (4.38) die Ungleichung

$$S(A_k) = S(A_{k-1}) - 2a_{pq}^{(k-1)^2} \leqslant \left(1 - \frac{2}{n^2-n}\right) S(A_{k-1}).$$

Durch wiederholte Anwendung dieser von $a_{pq}^{(k-1)}$ unabhängigen Ungleichung folgt

$$S(A_k) \leqslant \left(1 - \frac{2}{n^2-n}\right)^k S(A_0). \tag{4.40}$$

Wegen $[1-2/(n^2-n)] < 1$ ist $S(A_k)$ nach (4.40) eine Nullfolge, und nach einer hinreichend großen Anzahl von Schritten unterscheidet sich A_k beliebig wenig von einer Diagonalmatrix. Das klassische Jacobi-Verfahren ist konvergent.

Damit ist übrigens gleichzeitig ein neuer konstruktiver Beweis des Hauptachsentheorems erbracht.

Die Ungleichung (4.40) liefert eine Abschätzung der benötigten Jacobi-Rotationen, um den Quotienten $S(A_k)/S(A_0) < \varepsilon$ werden zu lassen, worin ε eine vorgegebene Toleranz bedeutet. Es muß gelten

$$\left(1 - \frac{2}{n^2-n}\right)^k < \varepsilon, \quad \varepsilon < 1,$$

oder beim Übergang zum natürlichen Logarithmus

$$k \cdot \log\left(1 - \frac{2}{n^2-n}\right) < \log \varepsilon, \quad \text{bzw.} \quad k \cdot \log\left(\frac{n^2-n}{n^2-n-2}\right) > \log\left(\frac{1}{\varepsilon}\right),$$

$$k > \frac{-\log(\varepsilon)}{\log\left(\dfrac{n^2-n}{n^2-n-2}\right)}. \tag{4.41}$$

Soweit ist die Abschätzung exakt. Nun soll der Zusammenhang zwischen der Anzahl der Rotationen k und der Ordnung n der Matrix A unter der Annahme, daß $n \gg 1$ sei, wenigstens abgeschätzt werden. Der Nenner in (4.41) läßt sich nach Linearisierung [64] weiter approximieren durch

$$\log\left(\frac{n^2-n}{n^2-n-2}\right) = \log\left(1 + \frac{2}{n^2-n-2}\right) \sim \frac{2}{n^2-n-2} \sim \frac{2}{n^2}, \quad n \gg 1.$$

Anstelle der Ungleichung (4.41) ergibt sich daraus die Abschätzung

$$k \sim \frac{n^2}{2} \log\left(\frac{1}{\varepsilon}\right). \tag{4.42}$$

Die Zahl der Rotationen wird proportional zum Quadrat der Ordnung n der gegebenen Matrix A und ist abhängig von der Genauigkeit ε. Da eine Rotation, abgesehen von zwei Quadratwurzeln, für eine symmetrische Matrix rund $4n$ Multiplikationen erfordert, wird das klassische Jacobi-Verfahren zur Bestimmung der Eigenwerte einer reellen symmetrischen Matrix ein n^3-Prozeß, wobei der Faktor im wesentlichen durch ε bestimmt wird.

Die Abschätzung (4.42) ist sehr grob, da sie für allgemeine symmetrische Matrizen gilt, und sie ist demzufolge im allgemeinen zu pessimistisch. Die Konvergenz ist tatsächlich bedeutend besser, als es die Schätzung (4.42) erwarten läßt. Nach (4.40) konvergieren die Werte $S(A_k)$ mindestens wie eine geometrische Folge mit dem Quotienten $q = [1-2/(n^2-n)]$ gegen Null. In der üblichen Terminologie heißt das Verfahren linear konvergent. Unter der zusätzlichen Voraussetzung, daß die Matrix A n voneinander verschiedene Eigenwerte aufweist, wird in [29] gezeigt, daß das klassische Jacobi-Verfahren mindestens von dem Moment an, wo das absolut größte Außendiagonalelement eine bestimmte Größe unterschreitet, quadratisch konvergiert. Der Beginn der quadratischen Konvergenz tritt um so früher ein, je größer der Minimalabstand von zwei aufeinanderfolgenden Eigenwerten auf der reellen Zahlenachse ist. Diese Tatsache verbessert das Konvergenzverhalten beträchtlich. In neuerer Zeit wurde der Beweis der quadratischen Konvergenz verschiedentlich verfeinert. Neben einer Verkleinerung von Konstanten in der Abschätzung in [29] wird in [52] vor allen Dingen gezeigt, daß sich auch im Fall von höchstens doppelten Eigenwerten quadratische Konvergenz einstellt. Auf Grund eines neuen Konvergenzbeweises wurden schließlich in [53] weitere Verbesserungen des Resultates erzielt.

Für die Rechenpraxis ist ein Kriterium für die Abweichungen der Diagonalelemente $a_{ii}^{(k)}$ der Matrix A_k von den Eigenwerten der gegebenen Matrix A erforderlich, um über die Genauigkeit der näherungsweise berechneten Eigenwerte Bescheid zu wissen. Dazu zitieren wir den

Satz 4.6. *Es seien λ_j $(j = 1, 2, \ldots, n)$ die Eigenwerte einer symmetrischen Matrix A, angeordnet in absteigender Reihenfolge $\lambda_1 \geqslant \lambda_2 \geqslant \lambda_3 \geqslant \ldots \geqslant \lambda_n$. Ferner seien $d_j^{(k)}$ die Diagonalelemente $a_{ii}^{(k)}$ der zu A ähnlichen Matrix A_k, ebenfalls der Größe nach geordnet $d_1^{(k)} \geqslant d_2^{(k)} \geqslant d_3^{(k)} \geqslant \ldots \geqslant d_n^{(k)}$. Dann gilt die Abschätzung*

$$\left|d_j^{(k)} - \lambda_j\right| \leqslant \sqrt{S(A_k)}, \quad (j = 1, 2, \ldots, n; \quad k = 1, 2, \ldots) \tag{4.43}$$

gleichzeitig für alle Eigenwerte.

Der in [29] gegebene Beweis von Satz 4.6 braucht das weiter nicht verwendete Maximum-Minimum-Prinzip [11] zur Charakterisierung des i-ten Eigenwertes als Maximum einer Minimumaufgabe.

Der Satz 4.6 liefert eine generelle absolute Schranke für die Genauigkeit, mit welcher die Diagonalelemente die Eigenwerte approximieren. Ist beispielsweise der Wert von $S(A_k)$ nach k Jacobi-Rotationen auf den Wert 10^{-8}

gesunken, geben die Diagonalelemente $a_{ii}^{(k)}$ die Eigenwerte λ_j in einer gewissen Permutation mit einer absoluten Abweichung von höchstens 10^{-4} wieder. Mit andern Worten, die Eigenwerte sind auf vier Stellen nach dem Komma exakt bestimmt.

Der Wert von $S(\boldsymbol{A}_k)$ ist im klassischen Jacobi-Verfahren nicht unmittelbar vorhanden. Er könnte im Prinzip ohne großen Aufwand rekursiv nach (4.38) berechnet werden. Infolge der dabei auftretenden fortgesetzten Auslöschung von führenden Stellen ist dies jedoch nicht zu empfehlen. In jedem Schritt ist das absolut größte Außendiagonalelement $|a_{pq}^{(k)}| = \max\limits_{i<j} |a_{ij}^{(k)}|$ ohnehin zu bestimmen, womit $S(\boldsymbol{A}_k)$ abgeschätzt werden kann

$$S(\boldsymbol{A}_k) \leqslant (n^2-n)a_{pq}^{(k)^2} < n^2 a_{pq}^{(k)^2}. \tag{4.44}$$

Um die aufwendige Berechnung von $S(\boldsymbol{A}_k)$ in jedem Schritt zu vermeiden, kann anstelle von (4.43) die im allgemeinen schlechtere Aussage treten

$$|d_j^{(k)}-\lambda_j| < n\cdot\max_{i<j} |a_{ij}^{(k)}| = n\,|a_{pq}^{(k)}|, \tag{4.45}$$

welche als Abbrechkriterium dienen mag.

Neben der Berechnung der Eigenwerte einer symmetrischen Matrix $\boldsymbol{A}$ können auch gleichzeitig die zugehörigen Eigenvektoren mit dem Jacobi-Verfahren bestimmt werden. Die Folge der Matrizen $\boldsymbol{A}_k$ berechnet sich rekursiv gemäß $\boldsymbol{A}_k = \boldsymbol{U}_k^{\mathrm{T}}\boldsymbol{A}_{k-1}\boldsymbol{U}_k$ $(k = 1, 2, \ldots)$. Mit $\boldsymbol{A}_0 = \boldsymbol{A}$ entsteht danach $\boldsymbol{A}_k$ aus $\boldsymbol{A}$

$$\boldsymbol{A}_k = \boldsymbol{U}_k^{\mathrm{T}}\boldsymbol{U}_{k-1}^{\mathrm{T}} \ldots \boldsymbol{U}_2^{\mathrm{T}}\boldsymbol{U}_1^{\mathrm{T}}\boldsymbol{A}\boldsymbol{U}_1\boldsymbol{U}_2 \ldots \boldsymbol{U}_{k-1}\boldsymbol{U}_k = \boldsymbol{V}^{\mathrm{T}}\boldsymbol{A}\boldsymbol{V}, \tag{4.46}$$

mit $\boldsymbol{V} = \boldsymbol{U}_1\boldsymbol{U}_2 \ldots \boldsymbol{U}_{k-1}\boldsymbol{U}_k$. Angenommen, $\boldsymbol{A}_k$ sei genügend genau eine Diagonalmatrix $\boldsymbol{D}$, so kann approximativ gesetzt werden $\boldsymbol{V}^{\mathrm{T}}\boldsymbol{A}\boldsymbol{V} \cong \boldsymbol{D}$. Die Matrix $\boldsymbol{V}$ ist als Produkt von orthogonalen Matrizen selbst orthogonal. Nach dem Hauptachsentheorem enthält $\boldsymbol{D}$ in irgend einer Reihenfolge die Eigenwerte von $\boldsymbol{A}$, und $\boldsymbol{V}$ die Eigenvektoren von $\boldsymbol{A}$. Die j-te Kolonne von $\boldsymbol{V}$ ist der Eigenvektor zum Eigenwert $\lambda = a_{jj}^{(k)}$. Die Matrix $\boldsymbol{V}$ ergibt sich durch Aufmultiplikation der einzelnen Transformationsmatrizen $\boldsymbol{U}_k$ am besten rekursiv gemäß

$$\boldsymbol{V}_0 = \boldsymbol{I}; \qquad \boldsymbol{V}_k = \boldsymbol{V}_{k-1}\boldsymbol{U}_k \qquad (k = 1, 2, \ldots). \tag{4.47}$$

Die Multiplikation in (4.47) entspricht wiederum nur einer Kombination der p-ten und q-ten Kolonnen von $\boldsymbol{V}_{k-1}$. Im Gegensatz zu den symmetrischen Matrizen $\boldsymbol{A}_k$ ist $\boldsymbol{V}_k$ als volle Matrix mitzuführen. Da der Rechenaufwand zur Bildung von $\boldsymbol{V}_k$ aus $\boldsymbol{V}_{k-1}$ einer Jacobi-Rotation entspricht, verdoppelt sich der Rechenaufwand bei Mitberechnung der Eigenvektoren.

Die Eigenvektoren werden nicht mit der gleichen Genauigkeit geliefert wie die Eigenwerte. Die Konvergenz der Matrixfolge $\boldsymbol{V}_k$ gegen $\boldsymbol{U}$ gehorcht komplizierteren Gesetzen als diejenige der Diagonalelemente $a_{jj}^{(k)}$ gegen die Eigenwerte. Wesentlich ist jedoch, daß die Näherungen der Eigenvektoren, zumindest innerhalb der numerischen Genauigkeit, stets ein System von orthonormierten Vektoren bilden.

ALGOL-Prozedur zur Berechnung der Eigenwerte nach dem klassischen Jacobi-Verfahren. Von der symmetrischen Matrix A der Ordnung n werden nur die Elemente in und oberhalb der Diagonale verwendet. Die Prozedur ruft die in 4.4.1 definierte Prozedur *rotation* als globale Größe auf, und sie besteht im wesentlichen aus vier Teilen. Durch $n(n-1)/2$ Vergleiche wird das absolut größte Außendiagonalelement mit dem Rotationsindexpaar (p, q) bestimmt. Als Abbrechkriterium wird (4.45) benützt. Es folgt die Berechnung der Werte $c = \cos\varphi$ und $s = \sin\varphi$ nach (4.33) und (4.34) und schließlich die eigentliche (p, q)-Drehung. Die Eigenwerte erscheinen als Diagonalelemente der Matrix A. Sie sind im allgemeinen nicht der Größe nach geordnet.

Die Parameter der Prozedur bedeuten:

- *n* Ordnung der Matrix A
- *eps* Absolute Toleranz für die Genauigkeit der Eigenwerte
- *a* Elemente der Matrix A. Ihre Diagonalelemente sind am Schluß die Eigenwerte.

```
procedure jacobi 1 (n, eps, a);
              value n, eps;
              integer n; real eps; array a;
begin integer p, q, i, j; real max, theta, t, c, s;
suchen: max := 0;
         for i := 1 step 1 until n−1 do
             for j := i+1 step 1 until n do
                 if abs (a[i,j]) > max then
                 begin max := abs (a[i, j]);
                         p := i;  q := j
                 end;
test:    if n×max < eps then goto aus;
         theta := 0.5×(a[q, q]−a[p, p])/a[p, q];
         if theta = 0 then
            t := 1
         else
            t := 1/(theta+sign(theta)×sqrt(1+theta↑2));
         c := 1/sqrt(1+t↑2);  s :=c×t;
         rotation (n, c, s, p, q, a);
         goto suchen;
aus:
end jacobi 1
```

Tab. 10. Klassisches J a c o b i - Verfahren

$$A_0 = \begin{bmatrix} 20{,}000000 & \boxed{-7{,}000000} & 3{,}000000 & -2{,}000000 \\ -7{,}000000 & 5{,}000000 & 1{,}000000 & 4{,}000000 \\ 3{,}000000 & 1{,}000000 & 3{,}000000 & 1{,}000000 \\ -2{,}000000 & 4{,}000000 & 1{,}000000 & 2{,}000000 \end{bmatrix}$$

$S(A_0) = 1{,}600000 \cdot 10^2$

$p = 1, \quad q = 2, \quad c = 0{,}930337, \quad s = 0{,}366705$

$$A_1 = \begin{bmatrix} 22{,}759142 & 0 & 2{,}424307 & \boxed{-3{,}327494} \\ 0 & 2{,}240858 & 2{,}030452 & 2{,}987940 \\ 2{,}424307 & 2{,}030452 & 3{,}000000 & 1{,}000000 \\ -3{,}327494 & 2{,}987940 & 1{,}000000 & 2{,}000000 \end{bmatrix}$$

$S(A_1) = 6{,}200000 \cdot 10^1$

$p = 1, \quad q = 4, \quad c = 0{,}987994, \quad s = 0{,}154494$

$$A_2 = \begin{bmatrix} 23{,}279466 & -0{,}461618 & 2{,}240707 & 0 \\ -0{,}461618 & 2{,}240858 & 2{,}030452 & \boxed{2{,}952066} \\ 2{,}240707 & 2{,}030452 & 3{,}000000 & 1{,}362534 \\ 0 & 2{,}952066 & 1{,}362534 & 1{,}479676 \end{bmatrix}$$

$S(A_2) = 3{,}985557 \cdot 10^1$

$p = 2, \quad q = 4, \quad c = 0{,}750954, \quad s = -0{,}660354$

$$A_3 = \begin{bmatrix} 23{,}279466 & -0{,}346654 & 2{,}240707 & 0{,}304831 \\ -0{,}346654 & 4{,}836766 & \boxed{2{,}424531} & 0 \\ 2{,}240707 & 2{,}424531 & 3{,}000000 & -0{,}317616 \\ 0{,}304831 & 0 & -0{,}317616 & -1{,}116232 \end{bmatrix}$$

$S(A_3) = 2{,}242618 \cdot 10^1$

$p = 2, \quad q = 3, \quad c = 0{,}822869, \quad s = -0{,}568231$

$$A_4 = \begin{bmatrix} 23{,}279466 & 0{,}987988 & \boxed{2{,}040788} & 0{,}304831 \\ 0{,}987988 & 6{,}511022 & 0 & -0{,}180479 \\ 2{,}040788 & 0 & 1{,}325743 & -0{,}261356 \\ 0{,}304831 & -0{,}180479 & -0{,}261356 & -1{,}116232 \end{bmatrix}$$

$S(A_4) = 1{,}066948 \cdot 10^1$

$p = 1, \quad q = 3, \quad c = 0{,}995779, \quad s = -0{,}091780$

$$A_5 = \begin{bmatrix} 23{,}467563 & \boxed{0{,}983818} & 0 & 0{,}279557 \\ 0{,}983818 & 6{,}511022 & -0{,}090677 & -0{,}180479 \\ 0 & -0{,}090677 & 1{,}137646 & -0{,}288230 \\ 0{,}279557 & -0{,}180479 & -0{,}288230 & -1{,}116232 \end{bmatrix}$$

$S(A_5) = 2{,}339846$

$p = 1, \quad q = 2, \quad c = 0{,}998332, \quad s = -0{,}057730$

$$A_{10} = \begin{bmatrix} 23{,}527319 & -0{,}001741 & -0{,}038765 & -0{,}000060 \\ -0{,}001741 & 6{,}460515 & 0 & 0{,}000017 \\ -0{,}038765 & 0 & 1{,}173115 & -0{,}001349 \\ -0{,}000060 & 0{,}000017 & -0{,}001349 & -1{,}160949 \end{bmatrix}$$

$S(A_{10}) = 3{,}015230 \cdot 10^{-3}$

$$A_{16} = \begin{bmatrix} 23{,}527386 & 0 & 0 & 0 \\ 0 & 6{,}460515 & 0 & 0 \\ 0 & 0 & 1{,}173049 & 0 \\ 0 & 0 & 0 & -1{,}160950 \end{bmatrix}$$

$S(A_{16}) = 2{,}268476 \cdot 10^{-15}$

Beispiel 4.2. In Tab. 10 sind an einer vierreihigen Matrix die ersten fünf aufeinanderfolgenden Schritte des klassischen Jacobi-Verfahrens dargestellt, und dann sind noch die Matrizen A_{10} und A_{16} nach zehn, bzw. sechzehn Rotationen angegeben. Unter jeder Matrix ist der eigens zu Illustrationszwecken berechnete Wert $S(A_k)$ aufgeführt. Unter den ersten sechs Matrizen sind die Rotationsindexpaare (p, q) und die Werte von $c = \cos\varphi$ und $s = \sin\varphi$ angegeben, welche zur nächstfolgenden Matrix führen, und das zu Null rotierte Element a_{pq} ist hervorgehoben. In A_{16} ist das Vierfache des absolut größten Außendiagonalelementes kleiner als 10^{-6}, so daß ihre Diagonalelemente die Eigenwerte mit allen angeführten Stellen richtig darstellen. Wegen $S(A_{16}) \cong 2{,}2 \cdot 10^{-15}$ beträgt nach (4.43) der Fehler in jedem Diagonalelement sogar höchstens $5 \cdot 10^{-8}$. Zufälligerweise erscheinen die Eigenwerte in absteigender Reihenfolge. Die quadratische Konvergenz des Verfahrens stellt sich hier bald ein, da die Eigenwerte weit auseinander liegen. Elemente, die betraglich kleiner als 10^{-7} sind, werden mit dem Wert Null wiedergegeben.

4.4.3. Zyklische Jacobi-Verfahren. Der Suchprozeß des klassischen Jacobi-Verfahrens zur Bestimmung des absolut größten Außendiagonalelementes benötigt $N = n(n-1)/2$ Vergleichsoperationen. Das macht den Prozeß im Vergleich zu ungefähr $4n$ Multiplikationen einer eigentlichen Drehung auf einem Rechenautomaten unwirtschaftlich. Die Situation steht in Analogie zur Handrelaxation (vgl. 2.2.1). Genau wie dort wird in Modifikation der klassischen Version in den zyklischen Jacobi-Verfahren in einem Zyklus von $N = n(n-1)/2$ Rotationen jedes der N Elemente oberhalb der Diagonale genau einmal zum Verschwinden gebracht, und dies geschieht innerhalb eines jeden Zyklus in derselben Reihenfolge. Zwei spezielle Vorgehensarten bieten sich auf natürlich Weise an, das zeilenweise, bzw. kolonnenweise Durchgehen der Außendiagonalelemente.

Im speziellen zyklischen Jacobi-Verfahren mit zeilenweisem Vorgehen werden die Rotationsindexpaare (p_k, q_k) für einen Zyklus in der folgenden Reihenfolge gewählt:

$$\begin{array}{r} (1,2),\ (1,3),\ (1,4),\ \ldots,\ (1,n), \\ (2,3),\ (2,4),\ \ldots,\ (2,n), \\ (3,4),\ \ldots,\ (3,n), \\ \ldots\ \ . \ . \\ (n-1,n). \end{array} \tag{4.48}$$

Die Drehwinkel φ_k, bzw. die Werte $c_k = \cos\varphi_k$ und $s_k = \sin\varphi_k$ werden für die einzelnen Drehungen nach (4.31) bis (4.34) gewählt, so daß die Winkel auf das Intervall $-\pi/4 < \varphi_k \leqq \pi/4$ beschränkt bleiben. Eine Drehung soll zudem unterbleiben, falls das betreffende Element $a_{p_k q_k} = 0$ ist.

Satz 4.7. *Das spezielle zyklische Jacobi-Verfahren mit zeilenweisem Vorgehen und unter Wahl der Drehwinkel* φ_k *gemäß* (4.31) *bis* (4.34) *konvergiert. Die Werte* $S(A_k)$ *bilden eine monotone, nicht zunehmende Nullfolge.*

Der Beweis des Satzes 4.7 ist nicht so elementar wie beim klassischen Verfahren, und er soll hier nur skizziert werden. In [18] wird von der Feststellung ausgegangen, daß die Folge der Werte $S(A_k)$ monoton nicht zunehmend und nach unten beschränkt ist. Sie besitzt also einen Grenzwert. Aus der Beziehung $S(A_{k+1}) = S(A_k) - 2(a_{pq}^{(k)})^2$ und der Existenz des Grenzwertes folgt, daß die jeweiligen Pivotelemente $a_{pq}^{(k)}$ notwendigerweise gegen Null konvergieren. Unter Berücksichtigung der Vorgeschichte der übrigen Außendiagonalelemente kann gezeigt werden, daß auch diese beliebig klein werden.

Der Satz 4.7 sichert die Konvergenz des speziellen zyklischen Verfahrens. In [29] wird darüber hinaus in Analogie zum klassischen Verfahren bewiesen, daß für eine symmetrische Matrix A mit n voneinander verschiedenen Eigenwerten von dem Moment an, wo das absolut größte Außendiagonalelement unter einen Schwellwert gesunken ist, sogar quadratische Konvergenz herrscht. Dieser Zustand tritt nach Satz 4.7 sicher einmal ein, und zwar um so früher, je weiter die Eigenwerte gegenseitig getrennt liegen. Verfeinerungen des diesbezüglichen Beweises werden in [52], [73] und [53] gegeben.

Die Konvergenz und das Konvergenzverhalten des speziellen zyklischen Jacobi-Verfahrens bei kolonnenweisem Vorgehen folgen aus denjenigen des zeilenweisen Vorgehens, indem die beiden Methoden miteinander in dem Sinn äquivalent sind, daß sie, je ausgehend von derselben Matrix und beginnend mit dem gleichen Pivotelement, nach vollen Zyklen von $N = n(n-1)/2$ Rotationen dieselben Matrizen erzeugen. In [53] wird diese Tatsache nachgewiesen, indem systematisch untersucht wird, in welcher Weise die Matrixelemente durch die Drehungen gekoppelt sind, und in welcher Reihenfolge sie verändert werden.

Unter einem allgemeinen zyklischen Jacobi-Verfahren versteht man ein solches Vorgehen, bei welchem die Pivotelemente in einer ganz willkürlichen, aber immer noch zyklischen Reihenfolge die N Elemente oberhalb der Diagonale durchlaufen. Die Konvergenz der allgemeinen zyklischen Jacobi-Verfahren konnte bis heute noch nicht generell nachgewiesen werden. Vielmehr wird in [27] auf die prinzipiellen Schwierigkeiten hingewiesen, welche sich einem Konvergenzbeweis entgegenstellen. Es ist ein besonderer Glücksfall, daß die beiden speziellen zyklischen Jacobi-Verfahren konvergieren.

ALGOL-Prozedur der Berechnung der Eigenwerte nach dem speziellen zyklischen Jacobi-Verfahren. Von der gegebenen symmetrischen Matrix A der Ordnung n werden nur die Elemente in und oberhalb der Diagonale verwendet. Als Abbrechkriterium dient (4.43), indem vor jedem Zyklus der Wert $S(A)$ berechnet wird. Der Rechenaufwand fällt hier im Vergleich zu demjenigen von $N = n(n-1)/2$ Drehungen nicht so sehr ins Gewicht. Es wird die in 4.4.1 erklärte Prozedur *rotation* als globale Größe verwendet. Man vergleiche dazu auch die in [49] wiedergegebene Prozedur.

Die Parameter der Prozedur bedeuten:

n Ordnung der Matrix A

eps absolute Toleranz für die Genauigkeit der Eigenwerte

a Elemente der Matrix A. Ihre Diagonalelemente sind am Schluß die im allgemeinen nicht geordneten Eigenwerte.

```
procedure  jacobi 2 (n, eps, a);
           value n, eps;
           integer n; real eps; array a;
begin integer p, q, i, j; real ss, theta, t, c, s;
durchlauf: ss := 0;
           for i := 1 step 1 until n-1 do
               for j := i+1 step 1 until n do
                   ss := ss+a[i, j]↑2;
test:      if 2×ss < eps↑2 then goto aus;
           for p := 1 step 1 until n-1 do
               for q := p+1 step 1 until n do
               begin
                   if a[p, q] ≠ 0 then
drehenpq:          begin
                       theta := 0.5×(a[q, q]-a[p, p])/a[p, q];
                       if theta = 0 then
                           t := 1
                       else
                           t := 1/(theta+sign(theta)×sqrt(1+theta↑2));
                       c := 1/sqrt (1+t↑2); s = c×t;
                       rotation (n, c, s, p, q, a)
                   end drehenpq
               end q;
           goto durchlauf;
aus:
end jacobi 2
```

Beispiel 4.3. Die gleiche Matrix im Beispiel 4.2 wird nach dem speziellen zyklischen Jacobi-Verfahren behandelt. In Tab. 11 sind die Matrizen zusammengestellt wie sie sich nach vollständigen Zyklen ergeben. Nach vier Zyklen war $S(A_4) \cong 1{,}54 \cdot 10^{-30}$ geworden, so daß dieser Wert einer sehr hohen Genauigkeit der Eigenwerte entspricht. Die quadratische Konvergenz der Nullfolge $S(A_k)$ ist deutlich erkennbar. Außendiagonalelemente sind als Null angegeben, sobald sie betraglich kleiner als 10^{-7} sind.

Tab. 11 Zyklisches J a c o b i - Verfahren

$$A_0 = \begin{bmatrix} 20,000000 & -7,000000 & 3,000000 & -2,000000 \\ -7,000000 & 5,000000 & 1,000000 & 4,000000 \\ 3,000000 & 1,000000 & 3,000000 & 1,000000 \\ -2,000000 & 4,000000 & 1,000000 & 2,000000 \end{bmatrix}$$

$S(A_0) = 1,600000 \cdot 10^2$

$$A_1 = \begin{bmatrix} 23,523089 & -0,009053 & -0,238471 & 0,151640 \\ -0,009053 & -0,437554 & -1,397689 & 0,931475 \\ -0,238471 & -1,397689 & 6,174371 & 0 \\ 0,151640 & 0,931475 & 0 & 0,740095 \end{bmatrix}$$

$S(A_1) = 5,802252$

$$A_2 = \begin{bmatrix} 23,527359 & 0,022392 & -0,005358 & 0,010605 \\ 0,022392 & -1,160102 & 0,079297 & 0,002477 \\ -0,005358 & 0,079297 & 6,459691 & 0 \\ 0,010605 & 0,002477 & 0 & 1,173051 \end{bmatrix}$$

$S(A_2) = 1,387334 \cdot 10^{-2}$

$$A_3 = \begin{bmatrix} 23,527386 & -0,000023 & 0 & 0 \\ -0,000023 & -1,160950 & 0 & 0 \\ 0 & 0 & 6,460515 & 0 \\ 0 & 0 & 0 & 1,173049 \end{bmatrix}$$

$S(A_3) = 1,094265 \cdot 10^{-9}$

$$A_4 = \begin{bmatrix} 23,527386 & 0 & 0 & 0 \\ 0 & -1,160950 & 0 & 0 \\ 0 & 0 & 6,460515 & 0 \\ 0 & 0 & 0 & 1,173049 \end{bmatrix}$$

$S(A_4) = 1,542515 \cdot 10^{-30}$

4.5. Transformation auf tridiagonale Form. Sturmsche Kette. Berechnung einzelner Eigenwerte

In diesem Abschnitt werden Methoden beschrieben, welche die gegebene symmetrische Matrix A durch eine orthogonale Ähnlichkeitstransformation auf t r i d i a g o n a l e F o r m transformieren. Anschließend daran lassen sich einzelne Eigenwerte oder die Eigenwerte in einem vorgegebenen Intervall bestimmen.

Diese Methoden sind dann angezeigt, falls gezielt einzelne, nicht unbedingt die kleinsten oder die größten Eigenwerte zu ermitteln sind.

4.5.1. Die Methode von Givens. Im Gegensatz zu den Jacobi-Verfahren wird in der Methode von G i v e n s [23] die gegebene symmetrische Matrix A durch eine e n d l i c h e Anzahl von geeigneten Rotationen auf eine symmetrische, tridiagonale Matrix J (4.49) reduziert.

$$J = \begin{bmatrix} \alpha_1 & \beta_1 & & & & \\ \beta_1 & \alpha_2 & \beta_2 & & & \\ & \beta_2 & \alpha_3 & \beta_3 & & \cdot \\ & & \cdot & \cdot & \cdot & \\ & & & \beta_{n-2} & \alpha_{n-1} & \beta_{n-1} \\ & & & & \beta_{n-1} & \alpha_n \end{bmatrix} \tag{4.49}$$

Die Matrix J enthält nur in der Diagonale und den beiden benachbarten Diagonalen Elemente, die im allgemeinen von Null verschieden sind. Die Elemente von A, welche außerhalb dieser drei besetzten Diagonalreihen von J liegen, werden so eliminiert, daß die einmal zu Null rotierten Elemente durch spätere Drehungen nicht mehr zerstört werden. Im Gegensatz zu den Jacobi-Verfahren werden die Rotationsindexpaare so gewählt, daß das zu Null rotierte Element nicht im außendiagonalen Kreuzungspunkt der veränderten Zeilen und Kolonnen liegt. Bei zeilenweiser Elimination der Elemente a_{ik} mit $k \geqslant i+2$ leisten beispielsweise die in Tab. 12 an korrespondierender Stelle angegebenen Rotationen die beabsichtigte Transformation. Es existieren zahlreiche Varianten mit demselben Ergebnis.

Tab. 12 Rotationen der Methode von Givens

Elimination von	Rotationsindexpaar
a_{13} a_{14} a_{15} ... a_{1n}	(2,3) (2,4) (2,5) ... (2, n)
a_{24} a_{25} ... a_{2n}	(3,4) (3,5) ... (3, n)
a_{35} ... a_{3n}	(4,5) ... (4, n)
...	... .
$a_{n-2,n}$	$(n-1, n)$

Zur Elimination des momentanen Elementes a_{jk} $(k \geqslant j+2)$ wird eine $(j+1, k)$-Drehung angewendet. Das Element a_{jk} wird dadurch nur durch die Kolonnenoperation betroffen, so daß das Verschwinden des transformierten Elementes a'_{jk} nach (4.29) auf die Bedingung führt

$$a'_{jk} = a_{j,j+1} \sin\varphi + a_{j,k} \cos\varphi = 0. \tag{4.50}$$

Zusammen mit der Identität $\sin^2 \varphi + \cos^2 \varphi = 1$ liefert (4.50) die Werte

$$c = \cos\varphi = \frac{a_{j,\,j+1}}{\sqrt{a_{j,\,j+1}^2 + a_{j,\,k}^2}}, \quad s = \sin\varphi = -\frac{a_{j,\,k}}{\sqrt{a_{j,\,j+1}^2 + a_{j,\,k}^2}}. \tag{4.51}$$

Es bleibt zu verifizieren, daß die Rotationsreihenfolge nach Tab. 12 die Transformation von $\boldsymbol{A}$ auf die Gestalt $\boldsymbol{J}$ tatsächlich leistet. Dazu ist nur zu zeigen, daß die einmal erhaltenen Nullelemente durch spätere Drehungen unverändert bleiben. Für die erste Zeile ist dies offensichtlich, denn eine $(2, k)$-Drehung betrifft nur die zweiten und k-ten Kolonnen und Zeilen, jedoch nie die erste Zeile als ganzes. Es wird in der ersten Zeile nur das Element a_{12} geändert und a_{1k} $(k = 3, 4, \ldots, n)$ zum Verschwinden gebracht. Aus Symmetriegründen gilt die analoge Tatsache für die erste Kolonne. Nehmen wir weiter an, die ersten r Zeilen und Kolonnen seien auf die gewünschte Form gebracht. Für $r = 2$ liegt die Situation der Fig. 16 vor. Zur Elimination der Elemente der $(r+1)$-ten Zeile werden $(r+2, k)$-Drehungen angewendet. In Fig. 16 ist der Fall $k = 5$ angedeutet. In den r ersten Zeilen werden durch die Kolonnenoperationen nur Nullelemente miteinander linear kombiniert, so daß sich dort in der Tat nichts ändert. Da die Rotationsindizes beide größer als $(r+1)$ sind, werden nur Zeilen unterhalb der $(r+1)$-ten betroffen.

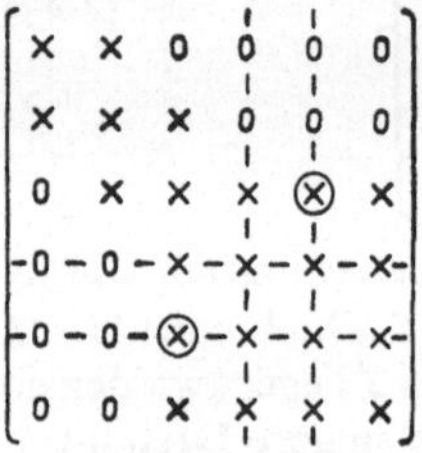

$$\begin{bmatrix} \times & \times & 0 & 0 & 0 & 0 \\ \times & \times & \times & 0 & 0 & 0 \\ 0 & \times & \times & \times & \otimes & \times \\ 0 & 0 & \times & \times & \times & \times \\ 0 & 0 & \otimes & \times & \times & \times \\ 0 & 0 & \times & \times & \times & \times \end{bmatrix}$$

Fig. 16 Methode von Givens

Insgesamt leisten $(n-1)(n-2)/2$ Rotationen die gewünschte Reduktion. Der ganze Rechenprozeß zeichnet sich durch eine große Einfachheit und Einheitlichkeit aus. Das Verfahren verläuft vollkommen zwangsläufig und benötigt keine besonderen Maßnahmen zur Behandlung von Ausnahmefällen. Eine Drehung ist einzig zu unterlassen, falls das betreffende Element a_{jk} schon gleich Null ist. Die Bestimmung der Werte c und s nach (4.51) bietet auch dann keine Schwierigkeit, falls $a_{j,\,j+1} = 0$ ist. In diesem Fall wird $c = 0$, und $s = -1$, d. h. die Drehung entspricht im wesentlichen einer Permutation.

A L G O L - P r o z e d u r d e r M e t h o d e v o n G i v e n s. Die Prozedur liefert zu einer gegebenen symmetrischen Matrix $\boldsymbol{A}$ der Ordnung n als Resultat des Verfahrens von Givens die Werte α_i und β_i der reduzierten Matrix $\boldsymbol{J}$ (4.49) als Elemente der veränderten Matrix $\boldsymbol{A}$ gemäß $\alpha_i = a_{ii}$ $(i = 1, 2, \ldots, n)$, $\beta_i = a_{i,\,i+1}$ $(i = 1, 2, \ldots, n-1)$. Aus Symmetriegründen benützt die Prozedur nur die Elemente a_{ik} in und oberhalb der Diagonale. Die in 4.4.1 erklärte Prozedur *rotation* wird als globale Größe verwendet. Das entstehende Programm ist nicht optimal, da von den bereits erzeugten Nullelementen kein Gebrauch gemacht wird.

Die Parameter der Prozedur bedeuten:

n Ordnung der Matrix $\boldsymbol{A}$

a Elemente der Matrix $\boldsymbol{A}$. Am Schluß bedeuten $a_{ii} = \alpha_i$, $a_{i,\,i+1} = \beta_i$.

```
procedure givens (n, a);
          value n; integer n; array a;
begin integer j, k; real w, c, s;
    for j := 1 step 1 until n-2 do
       for k := j+2 step 1 until n do
       begin
           if a[j, k] ≠ 0 then
           begin
               w := sqrt (a[j, j+1] ↑ 2+a[j, k] ↑ 2);
               c := a[j, j+1]/w;  s := - a[j, k]/w;
               rotation (n, c, s, j+1, k, a)
           end
       end k
end givens
```

Die dargestellte Methode von Givens leistet die Transformation einer vollen Matrix $\boldsymbol{A}$ auf Tridiagonalform $\boldsymbol{J}$ (4.49). Liegt speziell eine Bandmatrix mit gegebener Bandbreite m vor, transformiert die angegebene Reihenfolge von Jacobi-Rotationen selbstverständlich auch diese Matrix auf tridiagonale Form. Doch kann dabei aus der Bandgestalt kein Vorteil gezogen werden, da die Rotationen sofort von Null verschiedene Elemente außerhalb des Bandes erzeugen, welche die Matrix in den unteren Zeilen rasch ausfüllen. In [47] und [56] wird gezeigt, daß durch eine zweckentsprechende Reihenfolge der Rotationen die Bandgestalt ausgenützt und bewahrt werden kann, indem die außerhalb des Bandes erscheinenden von Null verschiedenen Elemente durch zusätzliche systematische Drehungen eliminiert werden können. Das resultierende Rechenverfahren ist für Bandmatrizen, deren Bandbreite klein ist im Vergleich zur Ordnung der Matrix, weniger aufwendig als die gewöhnliche Methode von Givens, und zudem ist es speicherplatzmäßig ökonomischer, da mit der speziellen Indizierung von 1.4.5 die Bandgestalt auch in dieser Hinsicht zum vollen Vorteil ausgenützt werden kann.

4.5.2. Die Methode von Householder. Anstatt die tridiagonale Form durch elementare Rotationen elementweise zu erreichen, hat Householder [32] eine andere Transformationsmethode vorgeschlagen, welche in jedem Schritt eine ganze Zeile und Kolonne auf die gewünschte Form bringt. Er betrachtet Transformationsmatrizen $\boldsymbol{U}$ von der Gestalt

$$\boldsymbol{U} = \boldsymbol{I} - 2\boldsymbol{w}\boldsymbol{w}^{\mathrm{T}}. \tag{4.52}$$

Darin bedeutet $\boldsymbol{w}$ einen normierten Vektor mit n Komponenten, und $\boldsymbol{w}\boldsymbol{w}^{\mathrm{T}}$

stellt als dyadisches Produkt aus einem Kolonnenvektor und dem transponierten Zeilenvektor eine n-reihige Matrix dar. Die Matrix $\boldsymbol{U}$ (4.52) ist offensichtlich symmetrisch. Sie ist involutorisch, indem ihr Quadrat gleich der Einheitsmatrix ist. In der Tat ist

$$\boldsymbol{UU} = (\boldsymbol{I} - 2\boldsymbol{w}\boldsymbol{w}^{\mathrm{T}})(\boldsymbol{I} - 2\boldsymbol{w}\boldsymbol{w}^{\mathrm{T}}) = \boldsymbol{I} - 2\boldsymbol{w}\boldsymbol{w}^{\mathrm{T}} - 2\boldsymbol{w}\boldsymbol{w}^{\mathrm{T}} + 4\boldsymbol{w}\boldsymbol{w}^{\mathrm{T}}\boldsymbol{w}\boldsymbol{w}^{\mathrm{T}} = \boldsymbol{I},$$

weil wegen der Normierung von $\boldsymbol{w}$ der Wert $\boldsymbol{w}^{\mathrm{T}}\boldsymbol{w} = (\boldsymbol{w}, \boldsymbol{w}) = 1$ ist. Die Matrix $\boldsymbol{U}$ (4.52) ist deshalb symmetrisch und zugleich orthogonal.

Um in einem ersten Schritt der Transformation von Householder die Elemente $a_{13}, a_{14}, \ldots, a_{1n}$ und die dazu symmetrisch gelegenen gleichzeitig zum Verschwinden zu bringen, wird der Vektor $\boldsymbol{w} = (0, w_2, w_3, \ldots, w_n)^{\mathrm{T}}$ so angesetzt, daß seine erste Komponente gleich Null ist. Infolge der Normierungsbedingung $(\boldsymbol{w}, \boldsymbol{w}) = 1$ stehen $n-2$ Größen zur Verfügung, welche geeignet gewählt werden können, damit nach ausgeführter Ähnlichkeitstransformation $\boldsymbol{U}^{\mathrm{T}}\boldsymbol{A}\boldsymbol{U} = \boldsymbol{A}'$ die $n-2$ Elemente a'_{1k} $(k = 3, 4, \ldots, n)$ verschwinden. Im Fall $n = 5$ hat die Transformationsmatrix $\boldsymbol{U}$ die Gestalt (4.53).

$$\boldsymbol{U} = \boldsymbol{U}^{\mathrm{T}} = \boldsymbol{U}^{-1} = \begin{bmatrix} 1 & 0 & 0 & 0 & 0 \\ 0 & 1-2w_2^2 & -2w_2w_3 & -2w_2w_4 & -2w_2w_5 \\ 0 & -2w_2w_3 & 1-2w_3^2 & -2w_3w_4 & -2w_3w_5 \\ 0 & -2w_2w_4 & -2w_3w_4 & 1-2w_4^2 & -2w_4w_5 \\ 0 & -2w_2w_5 & -2w_3w_5 & -2w_4w_5 & 1-2w_5^2 \end{bmatrix}. \quad (4.53)$$

Wir untersuchen zuerst die Transformation der Elemente der ersten Zeile. Bei der Bildung von $\boldsymbol{U}^{\mathrm{T}}\boldsymbol{A}$ bleibt die erste Zeile infolge der speziellen Gestalt von $\boldsymbol{U}$ unverändert. Deshalb gelten für die Elemente der ersten Zeile von $\boldsymbol{A}' = \boldsymbol{U}^{\mathrm{T}}\boldsymbol{A}\boldsymbol{U}$

$$\left.\begin{aligned} a'_{11} &= a_{11} \\ a'_{12} &= \quad (1-2w_2^2)a_{12} - 2w_2w_3a_{13} - 2w_2w_4a_{14} - \ldots - 2w_2w_na_{1n} \\ a'_{13} &= -2w_2w_3a_{12} + (1-2w_3^2)a_{13} - 2w_3w_4a_{14} - \ldots - 2w_3w_na_{1n} \\ &\cdots\cdots\cdots\cdots\cdots\cdots \\ a'_{1n} &= -2w_2w_na_{12} - 2w_3w_na_{13} - 2w_4w_na_{14} - \ldots + (1-2w_n^2)a_{1n} \end{aligned}\right\}. \quad (4.54)$$

Eine triviale Rechnung zeigt, daß die Summe s^2 der Quadrate der Außendiagonalelemente der ersten Zeile invariant ist.

$$a'^2_{12} + a'^2_{13} + \ldots + a'^2_{1n} = a^2_{12} + a^2_{13} + \ldots + a^2_{1n} = s^2, \quad s \geqslant 0. \quad (4.55)$$

Zur weiteren Abkürzung definieren wir die Größe

$$h = w_2a_{12} + w_3a_{13} + \ldots + w_na_{1n}. \quad (4.56)$$

Die Formeln (4.54) für die sich ändernden Elemente der ersten Zeile werden damit

$$a'_{1k} = a_{1k} - 2w_kh, \quad (k = 2, 3, \ldots, n). \quad (4.57)$$

Aus der Forderung $a'_{1k} = 0$ $(k = 3, 4, \ldots, n)$ und der Invarianz der Summe der

Quadrate (4.55) folgt in Verbindung mit (4.57) für $a_{12}'^2$ die Gleichung

$$a_{12}'^2 = (a_{12}-2w_2h)^2 = \sum_{k=2}^{n} a_{1k}^2 = s^2,$$

oder

$$a_{12}-2hw_2 = \pm s. \tag{4.58}$$

Die Forderung $a_{1k}' = 0$ $(k = 3, 4, \ldots, n)$ selbst führt nach (4.57) auf die Gleichungen

$$a_{1k}-2hw_k = 0, \qquad (k = 3, 4, \ldots, n). \tag{4.59}$$

Multiplizieren wir (4.58) mit w_2, und jede der Gleichungen (4.59) mit dem diesbezüglichen w_k und addieren die so erhaltenen Gleichungen, ergibt sich unter Beachtung der Normierungsbedingung für den Vektor $\boldsymbol{w}$ und der Definition (4.56) für h

$$-h = \pm sw_2, \quad \text{resp.} \quad h = \mp sw_2. \tag{4.60}$$

Es gilt das obere, bzw. das untere Vorzeichen in (4.60) entsprechend zu (4.58). Aus (4.58) und (4.60) resultiert als erstes der Wert für w_2, damit aus (4.60) derjenige für h und schließlich nach (4.59) die Werte für $w_3, w_4, \ldots, w_n$.

$$w_2 = \sqrt{\frac{1}{2}\left(1 \mp \frac{a_{12}}{s}\right)}, \quad h = \mp sw_2, \quad w_k = \frac{a_{1k}}{2h}, \quad (k = 3, 4, \ldots, n). \tag{4.61}$$

Das noch frei wählbare Vorzeichen wird so festgelegt, daß keine Stellenauslöschung im Radikanden auftritt, d. h. es ist das Vorzeichen von a_{12} zu nehmen. Damit ist die Transformationsmatrix $\boldsymbol{U}$ (4.52) durch die Komponenten des Vektors $\boldsymbol{w}$ festgelegt. Es bleibt noch die Ähnlichkeitstransformation der Matrix $\boldsymbol{A}$ mit $\boldsymbol{U}$ tatsächlich auszuführen. Es zeigt sich, daß die Matrizenprodukte gebildet werden können, ohne die Matrix $\boldsymbol{U}$ explizit und elementweise aufzustellen. Definitionsgemäß sind die Elemente u_{ik} von $\boldsymbol{U}$ nach (4.52)

$$u_{ik} = \delta_{ik}-2w_iw_k,^{1)} \qquad (i, k = 1, 2, \ldots, n).$$

Die Elemente b_{ij} der Produktmatrix $\boldsymbol{B} = \boldsymbol{U}^{\mathrm{T}}\boldsymbol{A} = \boldsymbol{U}\boldsymbol{A}$ sind

$$b_{ij} = \sum_{k=1}^{n} u_{ik}a_{kj} = \sum_{k=1}^{n} (\delta_{ik}-2w_iw_k)a_{kj} = a_{ij}-2w_i \sum_{k=1}^{n} w_ka_{kj}.$$

Unter Berücksichtigung von $w_1 = 0$ definieren wir die nur von j abhängigen Größen

$$p_j = \sum_{k=1}^{n} w_ka_{kj} = \sum_{k=2}^{n} w_ka_{kj}, \qquad (j = 1, 2, \ldots, n). \tag{4.62}$$

Speziell ist $p_1 = h$, so daß dieser Wert nicht mehr berechnet werden muß. Die

---

1) Hier wird das Kroneckersche Symbol δ_{ik} verwendet mit den Werten $\delta_{ik} = 1$ für $i = k$ und $\delta_{ik} = 0$ für $i \neq k$.

Elemente b_{ij} werden mit diesen Festsetzungen

$$b_{ij} = a_{ij} - 2w_i p_j, \qquad (i, j = 1, 2, \ldots, n).$$

Die Elemente a'_{ij} der Matrix $\boldsymbol{A}' = \boldsymbol{U}^{\mathrm{T}}\boldsymbol{A}\boldsymbol{U} = \boldsymbol{B}\boldsymbol{U}$ sind dann

$$a'_{ij} = \sum_{k=1}^{n} b_{ik} u_{kj} = \sum_{k=1}^{n} (a_{ik} - 2w_i p_k)(\delta_{kj} - 2w_k w_j)$$

$$= a_{ij} - 2w_j \sum_{k=1}^{n} a_{ik} w_k - 2w_i p_j + 4w_i w_j \sum_{k=1}^{n} p_k w_k .$$

Aus Symmetriegründen ist $\sum_{k=1}^{n} a_{ik} w_k = \sum_{k=1}^{n} a_{ki} w_k = p_i$ nach (4.62). Weiter setzen wir die von i und j unabhängige Größe $\sum_{k=1}^{n} p_k w_k = \sum_{k=2}^{n} p_k w_k = g$. Damit lassen sich die transformierten Elemente a'_{ij} schreiben als

$$a'_{ij} = a_{ij} - 2w_j p_i - 2w_i p_j + 4g w_i w_j$$
$$= a_{ij} - 2w_i(p_j - g w_j) - 2w_j(p_i - g w_i).$$

Für die Rechenpraxis ist es weiter zweckmäßig, die Größen

$$q_i = 2(p_i - g w_i), \qquad (i = 1, 2, \ldots, n) \tag{4.63}$$

einzuführen, so daß sich die Elemente a_{ij} der transformierten Matrix nach einem vollständig symmetrisch gebauten Bildungsgesetz (4.64) berechnen.

$$a'_{ij} = a_{ij} - w_i q_j - q_i w_j, \qquad (i, j = 1, 2, \ldots, n). \tag{4.64}$$

Nach beendetem ersten Schritt weist die transformierte Matrix $\boldsymbol{A}'$ in der ersten Zeile und Kolonne die beabsichtigte Form auf. Das Verfahren wird in Analogie auf die $(n-1)$-reihige, rechts unten stehende Matrix angewendet. Im zweiten Schritt wird ein Vektor $\boldsymbol{w}$ so gewählt, daß seine ersten beiden Komponenten verschwinden. Die zugehörige Transformationsmatrix $\boldsymbol{U}$ ändert deshalb die erste Zeile und Kolonne nicht. Nach $n-2$ Transformationsschritten ist die tridiagonale Form $\boldsymbol{J}$ hergestellt.

A L G O L - P r o z e d u r d e r M e t h o d e v o n H o u s e h o l d e r. Die Symmetrie der gegebenen Matrix $\boldsymbol{A}$ der Ordnung n wird ausgenützt, indem nur die Elemente in und oberhalb der Diagonale vorzugeben sind und auch behandelt werden. Die Prozedur liefert die Elemente der tridiagonalen Matrix $\boldsymbol{J}$ (4.49) als $\alpha_i = a_{ii}$ $(i = 1, 2, \ldots, n)$ und $\beta_i = a_{i,i+1}$ $(i = 1, 2, \ldots, n-1)$.

Die Parameter der Prozedur bedeuten:

n Ordnung der Matrix $\boldsymbol{A}$

a Elemente der Matrix $\boldsymbol{A}$. Am Schluß bedeuten $a_{ii} = \alpha_i$, $a_{i,i+1} = \beta_i$.

```
procedure householder (n, a);
          value n; integer n; array a;
begin integer i, j, k, t; real sigma, s, h, g;
      array w, p, q [1 : n];
      for t := 1 step 1 until n-2 do
      begin sigma := 0;
            for k := t+1 step 1 until n do
                sigma := sigma + a[t, k] ↑ 2;
            if sigma = 0 then goto zero;
            if a[t, t+1] > 0 then
              s := sqrt (sigma)
            else
              s := - sqrt (sigma);
            w[t] := 0; w[t+1] := sqrt(0.5×(1+a[t, t+1]/s));
            h := s×w[t+1];
            for k := t+2 step 1 until n do
                w[k] := a[t, k]/(2×h);
            p[t] := h;
            for j := t+1 step 1 until n do
            begin p[j] := 0;
                  for k := t+1 step 1 until j do
                      p[j] := p[j]+w[k]×a[k, j];
                  for k := j+1 step 1 until n do
                      p[j] := p[j]+w[k]×a[j, k]
            end j:
            g := 0;
            for k := t+1 step 1 until n do
                g := g+p[k]×w[k];
            for i := t step 1 until n do
                q[i] := 2×(p[i]-g×w[i]);
            for i := t step 1 until n do
                for j := i step 1 until n do
                    a[i, j] := a[i, j]-w[i]×q[j]-w[j]×q[i];
zero: end
end householder
```

Obwohl die Methoden von Givens und Householder rechentechnisch ganz verschieden sind, liefern die beiden Verfahren interessanterweise im wesentlichen die gleiche tridiagonale Matrix, indem höchstens die Vorzeichen der Außendiagonalelemente verschieden ausfallen können. Der Grund für diese bemerkenswerte Tatsache besteht darin, daß in beiden Methoden das Produkt aller Transformationsmatrizen eine orthogonale Matrix $\boldsymbol{U}$ ist, welche in der ersten Kolonne, und damit auch in der ersten Zeile, den ersten Einheitsvektor enthält. Ausgehend davon läßt sich durch eine einfache Rechnung nachweisen, daß $\boldsymbol{U}$ und die tridiagonale Matrix $\boldsymbol{J}$ bis auf bestimmte Vorzeichen eindeutig bestimmt sind [19], [75].

Die Methode von Householder weist trotz ihres scheinbar komplizierteren Aufbaus gegenüber der Methode von Givens zwei Vorteile auf. Im Verfahren von Givens entstehen bei jeder einzelnen Rotation in den davon betroffenen Elementen Rundungsfehler. Läßt man beim Verfahren von Householder im Rechenautomaten die auftretenden skalaren Produkte mit größerer Stellenzahl auflaufen, um sie erst nach vollständiger Bildung der Summe zu runden, läßt sich der Rundungsfehler wesentlich kleiner halten, so daß die tridiagonale Matrix $\boldsymbol{J}$ numerisch genauer erscheint [75].

Dazu kommt, daß der Rechenaufwand der beiden Verfahren deutlich verschieden ist. Eine Auszählung der wesentlichen Operationen ergibt für die Reduktion von symmetrischen Matrizen großer Ordnung n asymptotisch einen Aufwand von $4n^3/3$ für die Methode von Givens gegenüber nur $2n^3/3$ für das Verfahren von Householder. Zudem erfordert jedes zu Null rotierte Element nach der Methode von Givens die Berechnung einer Quadratwurzel, insgesamt also deren $(n-1)(n-2)/2$, während das Verfahren von Householder für jeden Schritt nur deren zwei benötigt, im ganzen also $2(n-2)$. *Die Householder-Transformation ist deshalb aus ökonomischen und aus numerischen Gründen vorzuziehen.*

Die Methode von Householder in der hier beschriebenen Form kann aus der Bandgestalt einer symmetrischen Matrix keinen Vorteil ziehen. Es existiert hingegen wie bei der Methode von Givens eine Modifikation, so daß die spezielle Struktur der Matrix voll ausgenützt wird. In [47] wird gezeigt, daß die von Null verschiedenen Elemente außerhalb des Bandes, die durch den ersten Schritt der Householder-Transformation erzeugt werden, und einen dreieckigen Bereich ausfüllen, durch zusätzliche Transformationen derselben Art wieder eliminiert werden können. Im wesentlichen werden diese die Bandgestalt störenden Elemente nach links unten verschoben, bis sie schließlich über den Rand der Bandmatrix hinaus gelangen und damit wieder verschwinden. Dann wird die Transformation der zweiten Zeile und Kolonne in Angriff genommen, und der Prozeß in Analogie zum ersten Schritt fortgesetzt. Auf diese Art läßt sich die Bandgestalt im Verlauf der Rechnung aufrechterhalten und durch die spezielle Indizierung von 1.4.5 auch speicherplatzmäßig auswerten.

4.5.3. Die Sturmsche Kette. Nach den Reduktionsmethoden von Givens und Householder bleibt noch das Problem, die Eigenwerte von tridiagonalen symmetrischen Matrizen zu berechnen. Eine erste Berechnungsart beruht auf dem Begriff der Sturmschen Kette.

Definition 4.1. *Unter einer Sturmschen Kette versteht man eine Folge von reellen Funktionen $f_n(x), f_{n-1}(x), \ldots, f_1(x), f_0(x)$ der reellen Veränderlichen x, welche in einem abgeschlossenen Intervall $[a, b]$ der x-Achse die folgenden Bedingungen erfüllen:*

1) Die Funktionen $f_i(x)$ sind für $i = n, n-1, \ldots, 1, 0$ stetig.

2) $f_0(x)$ hat für $a \leqslant x \leqslant b$ konstantes Vorzeichen.

3) Zwei aufeinanderfolgende Funktionen der Folge haben keine gemeinsame Nullstelle. Falls also $\bar{x}$ aus $[a, b]$ Nullstelle einer Funktion $f_i(x)$ $(i = n-1, n-2, \ldots, 2, 1)$ ist, dann gilt $f_{i-1}(\bar{x}) \neq 0$ und $f_{i+1}(\bar{x}) \neq 0$.

4) Für eine Nullstelle $\bar{x}$ aus $[a, b]$ einer Funktion $f_i(x)$ $(i = n-1, n-2, \ldots, 2, 1)$ haben die benachbarten Funktionen überdies verschiedene Vorzeichen:

$$f_i(\bar{x}) = 0: \operatorname{sign} f_{i+1}(\bar{x}) = -\operatorname{sign} f_{i-1}(\bar{x}). \tag{4.65}$$

5) Für eine Nullstelle $\bar{x}$ aus $[a, b]$ der Funktion $f_n(x)$ gelten für hinreichend kleines $h > 0$ die Relationen

$$\operatorname{sign} \frac{f_n(\bar{x}-h)}{f_{n-1}(\bar{x}-h)} = -1, \quad \operatorname{sign} \frac{f_n(\bar{x}+h)}{f_{n-1}(\bar{x}+h)} = +1. \tag{4.66}$$

Die Bedingung (4.66) bedeutet, daß an jeder Nullstelle von $f_n(x)$ das Vorzeichen von $f_{n-1}(x)$ mit demjenigen der Ableitung von $f_n(x)$ übereinstimmen soll, falls sie existiert.

Satz 4.8. *Es sei $f_n(x), f_{n-1}(x), \ldots, f_1(x), f_0(x)$ eine Sturmsche Kette, und $V(x)$ bedeute die Anzahl der Vorzeichenwechsel der Wertefolge $f_n(x), f_{n-1}(x), \ldots, f_1(x), f_0(x)$ für ein gegebenes x im Intervall $[a, b]$. Die Zahl m der Nullstellen von $f_n(x)$ im Intervall $[a, b]$ ist $m = V(a) - V(b)$.*

Beweis: Wir betrachten die Anzahl der Vorzeichenwechsel in der Wertefolge $f_n(x), f_{n-1}(x), \ldots, f_1(x), f_0(x)$ in Funktion von x, falls x monoton von a nach b läuft. Der Wert $V(x)$ kann sich infolge der Stetigkeit der Funktionen der Sturmschen Kette nur ändern, falls eine oder mehrere Funktionen einen Nulldurchgang aufweisen. Da $f_0(x)$ definitionsgemäß konstantes Vorzeichen aufweist, sind zwei Fälle zu unterscheiden.

a) Nulldurchgang einer der inneren Funktionen $f_i(x)$ $(i = n-1, n-2, \ldots, 2, 1)$. Auf Grund der Eigenschaften 1), 3) und 4) sind für hinreichend kleines $h > 0$ nur die in Tab. 13 aufgeführten Vorzeichensituationen möglich.

Die Zahl der Vorzeichenwechsel bleibt in jedem Fall ungeändert. Dies ist auch richtig im Fall eines unechten Nulldurchgangs von $f_i(x)$, falls $f_i(x)$ eine mehrfache Nullstelle $\bar{x}$ gerader Ordnung besitzt. Jede Nullstelle einer inneren Funktion läßt die Zahl der Vorzeichenwechsel invariant.

Tab. 13 Nullstelle einer inneren Funktion

$x =$	$f_{i+1}(x)$	$f_i(x)$	$f_{i-1}(x)$	$x =$	$f_{i+1}(x)$	$f_i(x)$	$f_{i-1}(x)$
$\bar{x}-h$	$+$	$\pm$	$-$	$\bar{x}-h$	$-$	$\pm$	$+$
$\bar{x}$	$+$	0	$-$	$\bar{x}$	$-$	0	$+$
$\bar{x}+h$	$+$	$\mp$	$-$	$\bar{x}+h$	$-$	$\mp$	$+$

b) Nullstelle von $f_n(x)$. Auf Grund der Eigenschaften 1), 3) und 5) sind für hinreichend kleines $h > 0$ nur die in Tab. 14 zusammengestellten Vorzeichensituationen möglich.

In beiden Fällen geht mit zunehmendem x ein Zeichenwechsel verloren. Eine mehrfache Nullstelle von $f_n(x)$ von gerader Vielfachheit ist mit den Eigenschaften 1), 3) und 5) unverträglich. Eine Nullstelle ungerader Vielfachheit hat dieselbe Wirkung wie eine einfache Nullstelle. Jede einfach gezählte Nullstelle von $f_n(x)$ vermindert die Zahl der Vorzeichenwechsel um Eins.

Tab. 14 Nullstelle der ersten Funktion

$x =$	$f_n(x)$	$f_{n-1}(x)$	$x =$	$f_n(x)$	$f_{n-1}(x)$
$\bar{x}-h$	$+$	$-$	$\bar{x}-h$	$-$	$+$
$\bar{x}$	0	$-$	$\bar{x}$	0	$+$
$\bar{x}+h$	$-$	$-$	$\bar{x}+h$	$+$	$+$

Zusammenfassend folgt, daß m Nullstellen von $f_n(x)$ im Intervall $[a, b]$ die Vorzeichenwechsel $V(x)$ der Sturmschen Kette um m vermindern, und folglich ist m gleich der Differenz von $V(a)$ und $V(b)$.

Tab. 15 Vorzeichen der Sturmschen Kette

x	$f_3(x)$	$f_2(x)$	$f_1(x)$	$f_0(x)$	$V(x)$
-2	$-$	$+$	$-$	$+$	3
-1	$-$	$+$	$-$	$+$	3
0	$+$	$+$	$-$	$+$	2
$+1$	$-$	$-$	(0)	$+$	1
$+2$	$-$	$-$	$+$	$+$	1
$+3$	$+$	$+$	$+$	$+$	0

Beispiel 4.4. Die vier Polynome $f_3(x) = x^3-3x^2+1$, $f_2(x) = x^2-3x+1$, $f_1(x) = x-1$ und $f_0(x) = 1$ bilden eine Sturmsche Kette. Die Bedingungen 1) und 2) sind offensichtlich für jedes endliche Intervall erfüllt. Man überzeuge sich beispielsweise durch eine Zeichnung davon, daß auch die übrigen drei Bedingungen erfüllt sind. In Tab. 15 sind die Vorzeichen und die Anzahl der Vorzeichenwechsel $V(x)$ für einige ganzzahlige x-Werte angegeben.

Für $x = 1$ ist $f_1(x) = 0$. Es ist im Prinzip gleichgültig, welches Vorzeichen der Zahl Null beigelegt wird, da auf Grund der Eigenschaft 4) der Sturmschen Kette die Funktionen $f_2(x)$ und $f_0(x)$ entgegengesetzte Vorzeichen aufweisen, und damit in der Folge der Vorzeichen von $f_2(1)$, $f_1(1)$ und $f_0(1)$ jedenfalls ein Zeichenwechsel vorhanden ist.

Aus den Werten von $V(x)$ ergibt sich, daß in jedem der Intervalle $[-1, 0]$, $[0, 1]$ und $[2, 3]$ genau eine Nullstelle von $f_3(x)$ liegt, und daß die drei Nullstellen von $f_3(x)$ im Innern des Intervalls $[-1, 3]$ sind.

Durch eine Verfeinerung der Intervalleinteilung kann die Lage der reellen Nullstellen von $f_n(x)$ nach Satz 4.8 im Prinzip beliebig genau lokalisiert werden. Diese Idee wird im folgenden zur Bestimmung der Eigenwerte von symmetrischen tridiagonalen Matrizen zu einem sicheren numerischen Verfahren entwickelt.

4.5.4. Die Eigenwerte von symmetrischen tridiagonalen Matrizen. Die formale Entwicklung des charakteristischen Polynoms $P(\lambda)$ einer symmetrischen tridiagonalen Matrix

$$P(\lambda) = \begin{vmatrix} \lambda-a_1 & -b_1 & & & & \\ -b_1 & \lambda-a_2 & -b_2 & & & \\ & -b_2 & \lambda-a_3 & -b_3 & & \\ & & \cdot & \cdot & \cdot & \cdot \quad \cdot \\ & & & -b_{n-2} & \lambda-a_{n-1} & -b_{n-1} \\ & & & & -b_{n-1} & \lambda-a_n \end{vmatrix} \tag{4.67}$$

nach aufsteigenden Hauptminoren[1)] führt auf die Rekursionsformeln

$$f_0(\lambda) = 1, \quad f_1(\lambda) = \lambda - a_1, \quad f_2(\lambda) = (\lambda-a_2)\, f_1(\lambda) - b_1^2 f_0(\lambda), \tag{4.68}$$

und allgemein für $k \geqslant 2$

$$f_k(\lambda) = (\lambda-a_k)\, f_{k-1}(\lambda) - b_{k-1}^2 f_{k-2}(\lambda), \qquad (k = 2, 3, \ldots, n). \tag{4.69}$$

Es ist $P(\lambda) = f_n(\lambda)$. Die Rekursionspolynome (4.68) und (4.69) einer symmetrischen tridiagonalen Matrix weisen einige bemerkenswerte Eigenschaften auf.

Satz 4.9. *Falls alle Außendiagonalelemente* b_i $(i = 1, 2, \ldots, n-1)$ in (4.67) *von Null verschieden sind, hat das Rekursionspolynom* $f_k(\lambda)$ $(k = 0, 1, 2, \ldots, n)$ k *reelle einfache Nullstellen. Für* $1 \leqslant k \leqslant n-1$ *trennen sie diejenigen von* $f_{k+1}(\lambda)$.

Beweis: Die Realität der Nullstellen von $f_k(\lambda)$ folgt aus der Tatsache, daß $f_k(\lambda)$ charakteristisches Polynom des k-reihigen Hauptminors einer symmetri-

1) Unter einem Hauptminor schlechthin verstehen wir im ganzen Buch eine Unterdeterminante der Ordnung k, die aus den ersten k Zeilen und k Kolonnen der Matrix gebildet ist.

schen Matrix ist. Der zweite Teil des Satzes wird durch vollständige Induktion nach dem Index k bewiesen.

Induktionsvoraussetzung: Die Rekursionspolynome $f_0(\lambda)$, $f_1(\lambda)$, $\ldots, f_k(\lambda)$ besitzen reelle einfache Nullstellen, derart daß zwischen je zwei aufeinanderfolgenden Nullstellen von $f_i(\lambda)$ $(i \leqq k)$ genau eine Nullstelle von $f_{i-1}(\lambda)$ liegt.

Induktionsbehauptung: Zwischen je zwei aufeinanderfolgenden Nullstellen von $f_{k+1}(\lambda)$ liegt genau eine Nullstelle von $f_k(\lambda)$.

Induktionsbeweis: Die Nullstellen von $f_k(\lambda)$ seien in absteigender Reihenfolge numeriert als $\lambda_1^{(k)} > \lambda_2^{(k)} > \ldots > \lambda_k^{(k)}$. Für zwei aufeinanderfolgende Nullstellen $\lambda_i^{(k)} < \lambda_{i-1}^{(k)}$ gelten nach der Rekursionsformel (4.69) für $k+1$ anstelle von k wegen $f_k(\lambda_i^{(k)}) = f_k(\lambda_{i-1}^{(k)}) = 0$

$$f_{k+1}(\lambda_i^{(k)}) = -b_k^2 f_{k-1}(\lambda_i^{(k)}), \quad f_{k+1}(\lambda_{i-1}^{(k)}) = -b_k^2 f_{k-1}(\lambda_{i-1}^{(k)}). \tag{4.70}$$

Nach Induktionsvoraussetzung hat $f_{k-1}(\lambda)$ zwischen $\lambda_i^{(k)}$ und $\lambda_{i-1}^{(k)}$ genau eine Nullstelle, so daß aus Stetigkeitsgründen gilt

$$\operatorname{sign} f_{k-1}(\lambda_i^{(k)}) = -\operatorname{sign} f_{k-1}(\lambda_{i-1}^{(k)}).$$

Da nach Voraussetzung $b_k \neq 0$ ist, folgt daraus nach (4.70)

$$\operatorname{sign} f_{k+1}(\lambda_i^{(k)}) = -\operatorname{sign} f_{k+1}(\lambda_{i-1}^{(k)}).$$

Aus Stetigkeitsgründen liegen im Innern eines jeden der $(k-1)$ Intervalle $[\lambda_i^{(k)}, \lambda_{i-1}^{(k)}]$ $(i = k, k-1, \ldots, 2)$ je eine ungerade Zahl von Nullstellen des Polynoms $f_{k+1}(\lambda)$. Für die größte Nullstelle $\lambda_1^{(k)}$ ist $f_{k+1}(\lambda_1^{(k)}) = -b_k^2 f_{k-1}(\lambda_1^{(k)}) < 0$, da einerseits $b_k^2 > 0$ ist nach Voraussetzung und anderseits nach Induktionsvoraussetzung die größte Nullstelle von $f_{k-1}(\lambda)$ $\lambda_1^{(k-1)} < \lambda_1^{(k)}$ ist, und der Koeffizient der höchsten Potenz λ^{k-1} von $f_{k-1}(\lambda)$ gleich Eins ist auf Grund der Rekursionsformeln. Desgleichen ist $f_{k+1}(\lambda) > 0$ für einen hinreichend großen positiven Wert von λ. Im Intervall $[\lambda_1^{(k)}, \infty)$ existiert folglich eine ungerade Zahl von Nullstellen von $f_{k+1}(\lambda)$. Dasselbe gilt in Analogie für das Intervall $(-\infty, \lambda_k^{(k)}]$. Total existieren $(k+1)$ Intervalle, in deren Innern je eine ungerade Zahl von Nullstellen von $f_{k+1}(\lambda)$ liegen müssen. Das Polynom $f_{k+1}(\lambda)$ ist vom echten Grad $(k+1)$, so daß dies nur möglich ist, falls sich in jedem der Intervalle eine einfache Nullstelle befindet.

Induktionsverankerung: Das Polynom $f_1(\lambda) = \lambda - a_1$ hat die reelle Nullstelle $\lambda_1^{(1)} = a_1$. Für sie ist $f_2(\lambda_1^{(1)}) = -b_1^2 < 0$. Anderseits ist $f_2(\lambda) = \lambda^2 + \ldots > 0$ für $|\lambda| \to \infty$, so daß seine beiden reellen Nullstellen notwendigerweise durch $\lambda_1^{(1)}$ getrennt werden. Die Induktionsverankerung trifft für $k = 2$ zu.

Eine symmetrische tridiagonale Matrix, deren Außendiagonalelemente b_k $(k = 1, 2, \ldots, n-1)$ von Null verschieden sind, ist irreduzibel (vgl. Definition 1.6

in 1.3.2). Der Satz 4.9 ist speziell für $k = n$, d. h. für das charakteristische Polynom $P(\lambda) = f_n(\lambda)$, gültig. Dieses Resultat halten wir fest als

Satz 4.10. *Die Eigenwerte einer symmetrischen tridiagonalen und nicht zerfallenden Matrix (vgl. Definition 1.6) sind reell und einfach.*

Für die praktische Berechnung der Eigenwerte einer tridiagonalen Matrix ist der folgende Satz von Bedeutung.

Satz 4.11. *Die Rekursionspolynome* (4.68) *und* (4.69) $f_n(\lambda), f_{n-1}(\lambda), \ldots, f_1(\lambda)$, $f_0(\lambda)$ *des charakteristischen Polynoms* $P(\lambda)$ *einer symmetrischen tridiagonalen und nicht zerfallenden Matrix bilden eine Sturmsche Kette.*

Beweis: Wir weisen die fünf Eigenschaften einer Sturmschen Kette nach Definition 4.1 nach.

1) Die Funktionen $f_k(\lambda)$ sind reell und als Polynome stetig.
2) Das Vorzeichen von $f_0(\lambda) = 1$ ist konstant.
3) Gemeinsame Nullstellen von zwei aufeinanderfolgenden Rekursionspolynomen sind infolge der Trennungseigenschaft der Nullstellen nach Satz 4.9 ausgeschlossen.
4) Für irgend eine Nullstelle $\bar{\lambda}$ von $f_i(\lambda)$ $(i = n-1, n-2, \ldots, 2, 1)$ gilt $f_{i+1}(\bar{\lambda}) = -b_i^2 f_{i-1}(\bar{\lambda})$, und wegen $b_i \neq 0$ und der Trennungseigenschaft ist in der Tat $\operatorname{sign} f_{i+1}(\bar{\lambda}) = -\operatorname{sign} f_{i-1}(\bar{\lambda})$.
5) Für hinreichend großes λ ist $f_n(\lambda) > 0$ und $f_{n-1}(\lambda) > 0$. An der größten Nullstelle $\lambda_1^{(n)}$ von $f_n(\lambda)$ ist infolge der Trennungseigenschaft $f_{n-1}(\lambda_1^{(n)}) > 0$, und die Kurve $f_n(\lambda)$ schneidet die λ-Achse mit einer positiven Steigung. Die Bedingung (4.66) ist für diese Nullstelle erfüllt. Für die nächstkleineren Nullstellen von $f_n(\lambda)$ überträgt sich die Bedingung (4.66) auf Grund der Trennungseigenschaft der Nullstellen und der Stetigkeit der Polynome.

Satz 4.12. *Die Anzahl m der Nullstellen von* $f_n(\lambda) = P(\lambda)$, *die größer als ein Wert a sind, ist gleich der Zahl der Vorzeichenwechsel* $V(a)$ *der Rekursionspolynome für* $\lambda = a$.

Beweis: Für einen Wert $b > \lambda_1^{(n)}$ sind $f_i(b) > 0$ für $i = n, n-1, \ldots, 1, 0$, so daß $V(b) = 0$ ist, und damit $m = V(a)$.

Die Methode der fortgesetzten Intervallhalbierung zur Bestimmung der Eigenwerte einer symmetrischen tridiagonalen und nicht zerfallenden Matrix basiert auf Satz 4.12.[1] Die Eigenwerte seien in absteigender Reihenfolge numeriert $\lambda_1 > \lambda_2 > \lambda_3 > \ldots > \lambda_n$. Wir setzen uns das Ziel, den k-ten Eigenwert λ_k zu bestimmen. Zu diesem Zweck startet man mit einem Intervall [a, b], das alle Eigenwerte enthält. Mit diesen Startwerten von a und b gilt $V(a) = n$, $V(b) = 0$. Für den Intervallmittelpunkt $\lambda = (a+b)/2$ wird die Zahl der

[1] Falls die tridiagonale Matrix zerfällt, dann zerfällt auch das Problem der Eigenwertberechnung. Es sind dann die Eigenwerte der Teilmatrizen zu bestimmen.

Vorzeichenwechsel $V(\lambda) = m$ bestimmt. Falls $m \geqslant k$ ist, stellt λ nach Satz 4.1.2 eine sichere u n t e r e Schranke für λ_k dar, andernfalls eine sichere o b e r e Schranke. Entsprechend wird a oder b durch den Wert λ ersetzt. Das Intervall, in welchem λ_k sicher enthalten ist, wurde durch diesen einen Schritt halbiert. Die Intervallhalbierung wird nun so lange fortgesetzt, bis die Intervallgrenzen genügend eng sind. Nach t Halbierungsschritten ist das ursprüngliche Intervall von der Länge $(b-a)$ auf die Länge $2^{-t}(b-a)$ gesunken. Für den berechneten Eigenwert λ_k ist die absolute Fehlerschranke gleich $2^{-t-1}(b-a)$, falls am Schluß für λ_k der Mittelpunkt des Intervalls genommen wird.

Zu den Werten a und b gelangt man nach Satz 1.1 auf Grund einer beliebigen Norm der Matrix, beispielsweise

$$b = \max_i\{|a_1|+|b_1|, \quad |b_i|+|a_i|+|b_{i-1}|, \quad |b_{n-1}|+|a_n|\}, \qquad a = -b. \tag{4.71}$$

Der K r e i s e s a t z v o n G e r s c h g o r i n [21], [32] liefert im allgemeinen etwas feinere Schranken. Danach berechne man in jeder Zeile einer allgemeinen Matrix die Summe der Beträge der Elemente a_{ik} unter Auslassung des Diagonalelementes,

$$r_i = \sum_{\substack{k=1\\k\neq i}}^{n} |a_{ik}|, \qquad (i = 1, 2, \ldots, n).$$

Dann zeichne man in einer komplexen λ-Ebene die n Kreise mit den Mittelpunkten a_{ii} und zugehörigen Radien r_i. Die Eigenwerte λ_k der betreffenden Matrix $A = (a_{ik})$ liegen in der Vereinigungsmenge dieser Kreisscheiben.

Für eine symmetrische tridiagonale Matrix (4.67) sind speziell

$$a_{ii} = a_i, \quad r_1 = |b_1|, \quad r_i = |b_{i-1}|+|b_i| \quad (i = 2, 3, \ldots, n-1), \quad r_n = |b_{n-1}|,$$

so daß folgende Schranken für a und b in Frage kommen

$$a = \min_i\,(a_i - r_i), \qquad b = \max_i\,(a_i + r_i).$$

Der Wert von b stimmt mit demjenigen in (4.71) überein, die untere Schranke a ist jedoch im allgemeinen besser.

Die fortgesetzte Intervallunterteilung erfordert die Berechnung der Werte der Rekursionspolynome $f_k(\lambda)$ für gegebene Werte von λ, um daraus die Zahl der Zeichenwechsel $V(\lambda)$ zu bestimmen. Die Berechnung dieser Werte erfolgt auf Grund der Rekursionsformeln (4.68) und (4.69), was für alle Werte zusammen nur $2n$ Multiplikationen erfordert. Es wäre numerisch ganz unzweckmäßig, die Rekursionspolynome etwa koeffizientenmäßig aufzustellen, um damit ihre Werte zu berechnen.

Das Verfahren der fortgesetzten Intervallunterteilung zeichnet sich durch eine große Einfachheit und n u m e r i s c h e S t a b i l i t ä t aus [75], und es erlaubt, mit Sicherheit den k-ten Eigenwert zu berechnen, ohne die andern zu kennen. Die Methode ermöglicht auch die Berechnung der Eigenwerte, die in einem vorgegebenen Intervall liegen. Die Bestimmung der Zahl der Vorzeichenwechsel für die beiden Intervallgrenzen liefert nach Satz 4.12 sofort die Indexwerte der in dem Intervall liegenden Eigenwerte.

ALGOL-Prozedur zur Methode der fortgesetzten Intervallhalbierung (Bisection). Die Prozedur bestimmt den k-ten Eigenwert λ_k (in absteigender Reihenfolge numeriert) einer symmetrischen tridiagonalen und nicht zerfallenden Matrix durch eine vorgebbare Anzahl von Unterteilungen. Die Startwerte werden nach dem Kreisesatz von Gerschgorin bestimmt. Die immer wieder verwendeten Quadrate der Außendiagonalelemente werden zum voraus berechnet. Das nicht existierende Element b_n wird zur Vereinfachung als Null vorausgesetzt. Anderseits werden zur Vermeidung einer indizierten Größe für die Werte $f_i(\lambda)$ die drei nichtindizierten Größen p, q und r für $f_{i-2}(\lambda)$, $f_{i-1}(\lambda)$ und $f_i(\lambda)$ respektive verwendet, die dementsprechend umdefiniert werden müssen. Die Vorzeichenwechsel werden mit Hilfe der Funktion sign (x) ermittelt. Im Fall einer Vorzeichenfolge von q und r ist sign$(q)-$ $-$sign $(r) = 0$, im Fall eines Vorzeichenwechsels ist $|\text{sign}(q)-\text{sign}(r)| = 2$, so daß im Normalfall die Zeichenwechsel doppelt gezählt werden. Dies ist auch dann richtig, falls ein inneres Polynom $f_i(\lambda)$ $(i = 1, 2, \ldots, n-1)$ zufälligerweise verschwindet, indem dann sign $(0) = 0$ ist, aber die absolute Differenz in zwei aufeinanderfolgenden Schritten je gleich Eins ist. Ist ferner zufälligerweise $f_n(\lambda) = 0$, wird die Zahl der Zeichenwechsel mit dieser Zählung ungerade. Ist λ gleich dem gesuchten Eigenwert, ist es gleichgültig, ob der betreffende Intervallmittelpunkt als neue obere oder untere Schranke genommen wird.

Die Parameter der Prozedur bedeuten:

- *n* Ordnung der tridiagonalen Matrix
- *a* Elemente a_i der Diagonale $(i = 1, 2, \ldots, n)$
- *b* Elemente b_i der Nebendiagonale $(i = 1, 2, \ldots, n)$; $b_n = 0$
- *t* Zahl der auszuführenden Intervallteilungen
- *k* Index des zu berechnenden Eigenwertes λ_k
- *eig* Wert des berechneten Eigenwertes λ_k

```
procedure bisection (n, a, b, t, k, eig);
          value n, t, k;
          integer n, t, k; real eig; array a, b;
begin integer i, l, v; real lambda, min, max, p, q, r;
    array b2[1: n];
    min := a[1]−abs(b[1]); max := a [1]+abs(b[1]);
    b2[1] := b[1]↑2;
    for i := 2 step 1 until n do
```

```
    begin b2[i] := b[i] ↑ 2;
        r := abs(b[i-1])+abs(b[i]);
        if a[i]-r < min then min := a[i]-r;
        if a[i]+r > max then max :=a[i]+r
    end i;
    for l := 1 step 1 until t do
    begin lambda :=(min+max)/2;
        p := 1; q := lambda-a[1];
        v := abs(sign(p)-sign(q));
        for i := 2 step 1 until n do
        begin
            r := (lambda-a[i])×q-b2[i-1]×p;
            v := v+abs(sign(q)-sign(r));
            p := q; q := r
        end i;
        v := entier(v/2);
        if v ≥ k then min := lambda
                 else max := lambda
    end l;
    eig := (min+max)/2
end bisection
```

Beispiel 4.5. Eine tridiagonale Matrix der Ordnung $n = 10$ habe in der Diagonale die Werte $a_i = 2$ und in den beiden Nebendiagonalen die Elemente $b_i = 1$, so daß die Rekursionspolynome lauten

$$f_0(\lambda) = 1, \quad f_1(\lambda) = \lambda-2; \qquad f_k(\lambda) = (\lambda-2)f_{k-1}(\lambda)-f_{k-2}(\lambda) \qquad (k \geqslant 2).$$

Als nicht zerfallende symmetrische und im schwachen Sinn diagonal dominante Matrix mit positiven Diagonalelementen ist sie positiv definit. Der Gerschgorinsche Kreisesatz liefert dementsprechend die Grenzen $a = 0$ und $b = 4$ für die Eigenwerte. Mit 20 Intervallunterteilungen sind die Eigenwerte mit einer absoluten Genauigkeit von $(b-a)\cdot 2^{-21} = 4\cdot 2^{-21} = 2^{-19} \cong 1{,}9\cdot 10^{-6}$ bestimmt. Die sechste Stelle nach dem Komma ist um höchstens zwei Einheiten falsch. In Tab. 16 ist die Bestimmung des kleinsten und fünften Eigenwertes dargestellt.

Die Werte min und max sind die Intervallschranken für den betreffenden Eigenwert zu Beginn des l-ten Schrittes, λ bedeutet den Intervallmittelpunkt und $V(\lambda)$ die Zahl der Vorzeichenwechsel der Sturmschen Kette für λ.

Tab. 16 Methode der fortgesetzten Intervallhalbierung

$k = 10$: Kleinster Eigenwert λ_{10}					$k = 5$: Eigenwert λ_5				
l	min	max	λ	$V(\lambda)$	l	min	max	λ	$V(\lambda)$
1	0	4,000000	2,000000	5	1	0	4,000000	2,000000	5
2	0	2,000000	1,000000	7	2	2,000000	4,000000	3,000000	3
3	0	1,000000	0,500000	8	3	2,000000	3,000000	2,500000	4
4	0	0,500000	0,250000	9	4	2,000000	2,500000	2,250000	5
5	0	0,250000	0,125000	9	5	2,250000	2,500000	2,375000	4
6	0	0,125000	0,062500	10	6	2,250000	2,375000	2,312500	4
7	0,062500	0,125000	0,093750	9	7	2,250000	2,312500	2,281250	5
8	0,062500	0,093750	0,078125	10	8	2,281250	2,312500	2,296875	4
9	0,078125	0,093750	0,085938	9	9	2,281250	2,296875	2,289063	4
10	0,078125	0,085938	0,082031	9	10	2,281250	2,289063	2,285156	4
11	0,078125	0,082031	0,080078	10	11	2,281250	2,285156	2,283203	5
12	0,080078	0,082031	0,081055	9	12	2,283203	2,285156	2,284180	5
13	0,080078	0,081055	0,080566	10	13	2,284180	2,285156	2,284668	4
14	0,080566	0,081055	0,080811	10	14	2,284180	2,284668	2,284424	5
15	0,080811	0,081055	0,080933	10	15	2,284424	2,284668	2,284546	5
16	0,080933	0,081055	0,080994	10	16	2,284546	2,284668	2,284607	5
17	0,080994	0,081055	0,081024	9	17	2,284607	2,284668	2,284637	4
18	0,080994	0,081024	0,081009	10	18	2,284607	2,284637	2,284622	5
19	0,081009	0,081024	0,081017	9	19	2,284622	2,284637	2,284630	4
20	0,081009	0,081017	0,081013	10	20	2,284622	2,284630	2,284626	5
$\lambda_{10} = 0{,}081015$					$\lambda_5 = 2{,}284628$				

4.5.5. Die Eigenvektoren von tridiagonalen Matrizen. Will man zu den berechneten Eigenwerten noch die zugehörigen Eigenvektoren einer gegebenen symmetrischen Matrix $\boldsymbol{A}$ bestimmen, und hat man $\boldsymbol{A}$ nach der Methode von Givens oder Householder auf tridiagonale Form $\boldsymbol{J}$ (4.49) reduziert, können zunächst einmal die Eigenvektoren von $\boldsymbol{J}$ berechnet werden. Anschließend daran erhält man die Eigenvektoren von $\boldsymbol{A}$ durch endlich viele Matrizenmultiplikationen, die den einzelnen Transformationsschritten der genannten Verfahren entsprechen.

Die Eigenvektoren $\boldsymbol{x}$ einer symmetrischen tridiagonalen Matrix $\boldsymbol{J}$ sind nach Berechnung der Eigenwerte λ_k die Lösungen der homogenen, nichttrivial lösbaren Gleichungssysteme

$$\left.\begin{aligned} (a_1-\lambda_k)x_1+b_1x_2 &= 0\\ b_1x_1+(a_2-\lambda_k)x_2+b_2x_3 &= 0\\ b_2x_2+(a_3-\lambda_k)x_3+b_3x_4 &= 0\\ \cdot \quad \cdot \quad \cdot \quad \cdot \quad &\\ b_{n-1}x_{n-1}+(a_n-\lambda_k)x_n &= 0 \end{aligned}\right\} \qquad (4.72)$$

Mit $x_1 = 1$ folgt aus (4.72) unter Beachtung der Rekursionsformeln der Rekursionspolynome $f_j(\lambda)$ (4.69) für die übrigen Komponenten x_j des k-ten Eigenvektors die explizite Formel

$$x_1 = 1, \quad x_j = f_{j-1}(\lambda_k) \Big/ \left(\prod_{i=1}^{j-1} b_i\right), \quad (j = 2, 3, \ldots, n). \qquad (4.73)$$

Das Problem der Berechnung der Eigenvektoren scheint dadurch auf triviale Weise gelöst zu sein. Die expliziten Formeln (4.73) erweisen sich jedoch numerisch als höchst unstabil, so daß sie in vielen Fällen ganz unbrauchbare Eigenvektoren liefern. Auch wenn die Rekursionspolynome $f_j(\lambda)$ als Sturmsche Kette die Eigenwerte in stabiler Art bestimmen, geht die Stabilität in den expliziten Formeln gänzlich verloren [75]. Die geeignete numerische Bestimmung der Eigenvektoren von tridiagonalen Matrizen $\boldsymbol{J}$ bei näherungsweise bekannten Eigenwerten beruht auf der gebrochenen Vektoriteration von Wielandt [72], (man vergleiche dazu auch 4.7.3). Ausgehend von einem beliebigen normierten Vektor $\boldsymbol{x}^{(0)}$ und einem Näherungswert $\bar{\lambda}$ eines Eigenwertes λ_j berechne man die Folge von Vektoren $\boldsymbol{x}^{(k)}$ nach der Vorschrift

$$(\boldsymbol{J}-\bar{\lambda}\boldsymbol{I})\boldsymbol{x}^{(k)} = \boldsymbol{x}^{(k-1)}, \quad (k = 1, 2, \ldots). \qquad (4.74)$$

Als erstes stellen wir fest, daß die beiden symmetrischen Matrizen $\boldsymbol{J}$ und $\boldsymbol{B} = (\boldsymbol{J}-\bar{\lambda}\boldsymbol{I})$ dasselbe vollständige System von orthonormierten Eigenvektoren $\boldsymbol{y}_1, \boldsymbol{y}_2, \ldots, \boldsymbol{y}_n$ besitzen, und daß die zugehörigen Eigenwerte λ_k, bzw. $\lambda_k-\bar{\lambda}$ sind, so daß gelten

$$\boldsymbol{J}\boldsymbol{y}_k = \lambda_k\boldsymbol{y}_k, \quad \boldsymbol{B}\boldsymbol{y}_k = (\boldsymbol{J}-\bar{\lambda}\boldsymbol{I})\boldsymbol{y}_k = (\lambda_k-\bar{\lambda})\boldsymbol{y}_k.$$

Der gegebene Startvektor $\boldsymbol{x}^{(0)}$ und die nach (4.74) iterierten Vektoren $\boldsymbol{x}^{(k)}$ werden nach den Eigenvektoren $\boldsymbol{y}_i$ entwickelt

$$\boldsymbol{x}^{(0)} = \sum_{i=1}^{n} c_i^{(0)} \boldsymbol{y}_i, \qquad \boldsymbol{x}^{(k)} = \sum_{i=1}^{n} c_i^{(k)} \boldsymbol{y}_i. \tag{4.75}$$

Der Zusammenhang zwischen den Entwicklungskoeffizienten $c_i^{(0)}$ und $c_i^{(k)}$ ergibt sich durch Einsetzen von (4.75) in (4.74).

$$(\boldsymbol{J}-\bar{\lambda}\boldsymbol{I})\left(\sum_{i=1}^{n} c_i^{(k)}\boldsymbol{y}_i\right) = \sum_{i=1}^{n} c_i^{(k)}(\boldsymbol{J}-\bar{\lambda}\boldsymbol{I})\boldsymbol{y}_i = \sum_{i=1}^{n} c_i^{(k)}(\lambda_i-\bar{\lambda})\boldsymbol{y}_i$$
$$= \sum_{i=1}^{n} c_i^{(k-1)}\boldsymbol{y}_i$$

Infolge der linearen Unabhängigkeit der Vektoren $\boldsymbol{y}_i$ folgt

$$c_i^{(k)} = \frac{c_i^{(k-1)}}{\lambda_i-\bar{\lambda}}, \qquad (i = 1, 2, \ldots, n; \quad k = 1, 2, \ldots), \tag{4.76}$$

so daß für den k-ten iterierten Vektor $\boldsymbol{x}^{(k)}$ die Darstellung gilt

$$\boldsymbol{x}^{(k)} = \sum_{i=1}^{n} c_i^{(0)} \frac{1}{(\lambda_i-\bar{\lambda})^k} \boldsymbol{y}_i, \qquad (k = 1, 2, \ldots). \tag{4.77}$$

Als konkrete Annahme sei $\bar{\lambda}$ ein guter Näherungswert für λ_1, so daß mit $\bar{\lambda} = \lambda_1 + \varepsilon$ die Relationen $|\bar{\lambda} - \lambda_i| \gg \varepsilon$ für $i = 2, 3, \ldots, n$ gelten. Unter diesen Festsetzungen wird $\boldsymbol{x}^{(k)}$ nach (4.77)

$$\boldsymbol{x}^{(k)} = \frac{c_1^{(0)}}{\varepsilon^k}\boldsymbol{y}_1 + \sum_{i=2}^{n} c_i^{(0)} \frac{1}{(\lambda_i-\bar{\lambda})^k}\boldsymbol{y}_i = \frac{1}{\varepsilon^k}\left[c_1^{(0)}\boldsymbol{y}_1 + \sum_{i=2}^{n} c_i^{(0)}\left\{\frac{\varepsilon}{(\lambda_i-\bar{\lambda})}\right\}^k \boldsymbol{y}_i\right]. \tag{4.78}$$

Unter den getroffenen Annahmen, und falls $c_1^{(0)} \neq 0$ ist, wird $\boldsymbol{x}^{(k)}$ nach (4.78) mit zunehmendem k bald proportional zum Eigenvektor $\boldsymbol{y}_1$. Die Konvergenz ist um so besser, je größer der minimale Abstand von $\bar{\lambda}$ zu einem der übrigen Eigen werte λ_i im Vergleich zu ε ist.

Beispiel 4.6. Selbst in ungünstigen Situationen ist die Konvergenz noch befriedigend. Der Eigenwert λ_1 sei vermittels der Methode der fortgesetzten Intervallhalbierung mit einer absoluten Genauigkeit von $\varepsilon = 10^{-10}$ bestimmt worden. Er sei schlecht von den übrigen getrennt, und es sei $\min_{i=2,\ldots,n} |\lambda_1-\lambda_i| = 10^{-5}$. Überdies sei $c_1^{(0)} = 10^{-5}$, oder mit andern Worten, im normierten Startvektor $\boldsymbol{x}^{(0)}$ mit $\sum_{i=1}^{n} c_i^{(0)^2} = 1$ ist der erste Eigenvektor $\boldsymbol{y}_1$ nur schwach enthalten. Nach (4.78) ist nach drei Iterationen

$$\boldsymbol{x}^{(3)} = 10^{30}\left[10^{-5}\boldsymbol{y}_1 + \sum_{i=2}^{n} c_i^{(0)}\left\{\frac{10^{-10}}{\lambda_i-\bar{\lambda}}\right\}^3 \boldsymbol{y}_i\right] = 10^{25}\boldsymbol{y}_1+\boldsymbol{r}$$

mit

$$\boldsymbol{r} = \sum_{i=2}^{n} c_i^{(0)} \frac{1}{(\lambda_i - \bar{\lambda})^3} \boldsymbol{y}_i .$$

Wegen der Orthonormiertheit der Eigenvektoren $\boldsymbol{y}_i$ und der Normierung von $\boldsymbol{x}^{(0)}$ ist die euklidische Vektornorm von $\boldsymbol{r}$

$$\|\boldsymbol{r}\| = \left\{ \sum_{i=2}^{n} \left[c_i^{(0)} \frac{1}{(\lambda_i - \bar{\lambda})^3} \right]^2 \right\}^{\frac{1}{2}} \leqslant 10^{15} \left\{ \sum_{i=2}^{n} c_i^{(0)^2} \right\}^{\frac{1}{2}} \leqslant 10^{15}.$$

Die Norm des Vektors $\boldsymbol{r}$ ist gegenüber dem ersten Anteil mindestens 10^{10} mal kleiner. Der normierte Vektor $\boldsymbol{x}^{(3)}$ stellt den Eigenvektor auf 10 Dezimalstellen genau dar.

Die praktische Durchführung des Verfahrens der gebrochenen Iteration wirft einige Fragen auf. Jeder Iterationsschritt verlangt die Auflösung eines Gleichungssystems (4.74) nach $\boldsymbol{x}^{(k)}$ bei gegebener rechter Seite $\boldsymbol{x}^{(k-1)}$. Das System ist symmetrisch, und die Koeffizientenmatrix ist tridiagonal, jedoch im allgemeinen nicht mehr positiv definit. Das Verfahren von Cholesky ist deshalb zur Auflösung nicht anwendbar. Zudem ist das System fast singulär, und es weist eine denkbar schlechte Kondition auf. Diese prinzipielle Schwierigkeit kann weitgehend gemeistert werden, indem auf die tridiagonale Matrix $(\boldsymbol{J} - \bar{\lambda}\boldsymbol{I})$ eine unsymmetrische Dreieckszerlegung angewendet wird, die noch so gesteuert werden kann, daß nie durch kleine und demzufolge ungenaue Werte dividiert zu werden braucht. Dadurch gelingt es, das System trotzdem mit hoher Genauigkeit aufzulösen [74], [75].

Der Wahl des Startvektors $\boldsymbol{x}^{(0)}$ muß ebenfalls besondere Aufmerksamkeit geschenkt werden, denn er soll eine nicht pathologisch kleine Komponente des betreffenden Eigenvektors aufweisen. Der Einheitsvektor $\boldsymbol{e}_1$ stellt in vielen Fällen einen denkbar schlechten Startvektor dar, da er oft praktisch orthogonal zu einem Eigenvektor sein kann. In [74], [75] ist dargestellt, wie der Startvektor $\boldsymbol{x}^{(0)}$ abhängig vom Näherungswert $\bar{\lambda}$ durch einen halben Iterationsschritt berechnet werden kann, so daß Gewähr dafür besteht, daß der gewünschte Eigenvektor in $\boldsymbol{x}^{(0)}$ mit einer nicht zu kleinen Komponente vertreten ist.

4.6. LR-Transformation und QD-Algorithmus. Berechnung der kleinsten Eigenwerte

In diesem Abschnitt wird ein Verfahren beschrieben, welches eine solche Folge von ähnlichen Matrizen erzeugt, daß nacheinander die kleinsten Eigenwerte in aufsteigender Reihenfolge erscheinen. Durch eine geringfügige Modifikation lassen sich die größten Eigenwerte in absteigender Reihenfolge bestimmen. Das Verfahren ist dann geeignet, falls nur einige Eigenwerte der Matrix am einen Ende des Spektrums gesucht sind. Diese Problemstellung entspricht vielen Schwingungsaufgaben, bei denen nur die Grundfrequenz und noch einige höhere Frequenzen von Interesse sind. Das Verfahren ist besonders geeignet für Bandmatrizen, da diese Eigenschaft voll ausgenützt werden kann.

4.6.1. Die LR-Transformation. Die Grundidee (vgl. [44]) zur Berechnung der Eigenwerte einer gegebenen allgemeinen quadratischen Matrix $\boldsymbol{A} = \boldsymbol{A}_1$ besteht darin, $\boldsymbol{A}_1$ in ein Produkt von zwei Dreiecksmatrizen $\boldsymbol{L}_1$ und $\boldsymbol{R}_1$ zu zerlegen gemäß

$$\boldsymbol{A}_1 = \boldsymbol{L}_1 \boldsymbol{R}_1, \tag{4.79}$$

um die beiden Dreiecksmatrizen $\boldsymbol{L}_1$ und $\boldsymbol{R}_1$ anschließend in umgekehrter Reihenfolge zu multiplizieren und eine neue Matrix $\boldsymbol{A}_2$ nach

$$\boldsymbol{A}_2 = \boldsymbol{R}_1 \boldsymbol{L}_1 \tag{4.80}$$

zu bilden. Dabei ist $\boldsymbol{L}_1$ eine Linksdreiecksmatrix und $\boldsymbol{R}_1$ eine Rechtsdreiecksmatrix der Form

$$\boldsymbol{L}_1 = \begin{bmatrix} 1 & & & & & 0 \\ l_{21} & 1 & & & & \\ l_{31} & l_{32} & 1 & & & \\ \cdot & \cdot & \cdot & \cdot & & \\ \cdot & \cdot & \cdot & \cdot & \cdot & \\ l_{n1} & l_{n2} & l_{n3} & \cdot & \cdot & 1 \end{bmatrix}, \quad \boldsymbol{R}_1 = \begin{bmatrix} r_{11} & r_{12} & r_{13} & \dots & r_{1n} \\ & r_{22} & r_{23} & \dots & r_{2n} \\ & & r_{33} & \dots & r_{3n} \\ & & & \cdot & \cdot \\ & 0 & & & \\ & & & \cdot & \cdot \\ & & & & r_{nn} \end{bmatrix}. \tag{4.81}$$

Die Diagonalelemente der Linksdreicksmatrix $\boldsymbol{L}_1$ sind zu Eins normiert, um die Zerlegung eindeutig zu machen. Die Dreieckszerlegung (4.79) einer beliebigen (nicht symmetrischen und nicht positiv definiten) Matrix $\boldsymbol{A}$ ist allgemeiner als die Cholesky-Zerlegung für symmetrische und positiv definite Matrizen. Sie ist jedoch nicht in allen Fällen möglich, vielmehr darf kein Hauptminor[1)] von $\boldsymbol{A}$ verschwinden [76]. Unter dieser Voraussetzung lassen sich die nicht trivialen Elemente r_{ik} und l_{ik} zeilenweise der Reihe nach explizit berechnen.

$$\begin{aligned} r_{1k} &= a_{1k} && (k = 1, 2, \dots, n) \\ l_{ik} &= \left(a_{ik} - \sum_{j=1}^{k-1} l_{ij} r_{jk} \right) \Big/ r_{kk} && (k = 1, 2, \dots, i-1) \\ r_{ik} &= a_{ik} - \sum_{j=1}^{i-1} l_{ij} r_{jk} && (k = i, i+1, \dots, n) \end{aligned} \Bigg\} \quad (i = 2, 3, \dots, n). \tag{4.82}$$

Die Summe in (4.82) ist für $k = 1$ sinngemäß leer.

1) Man vergleiche die Fußnote in 4.5.4.

Satz 4.13. *Unter der Voraussetzung, daß die Zerlegung* (4.79) $\boldsymbol{A}_1 = \boldsymbol{L}_1\boldsymbol{R}_1$ *existiert, ist die Matrix* $\boldsymbol{A}_2 = \boldsymbol{R}_1\boldsymbol{L}_1$ *ähnlich zu* $\boldsymbol{A}_1$.

Beweis: Falls die Zerlegung (4.79) möglich ist, ist $\boldsymbol{L}_1$ infolge der Normierung der Diagonalelemente regulär, so daß ihre Inverse existiert. Aus (4.79) folgt $\boldsymbol{R}_1 = \boldsymbol{L}_1^{-1}\boldsymbol{A}_1$, und damit nach (4.80) die Gleichung $\boldsymbol{A}_2 = \boldsymbol{L}_1^{-1}\boldsymbol{A}_1\boldsymbol{L}_1$, welche die behauptete Ähnlichkeit aufzeigt. Die Eigenwerte von $\boldsymbol{A}_2$ und $\boldsymbol{A}_1$ sind somit die gleichen.

Man nennt den Übergang von $\boldsymbol{A}_1$ zu $\boldsymbol{A}_2$ nach (4.79) und (4.80) einen LR-Schritt, da $\boldsymbol{A}_1$ in das Produkt einer Linksdreiecksmatrix $\boldsymbol{L}$ und einer Rechtsdreiecksmatrix $\boldsymbol{R}$ zerlegt wird. Der LR-Schritt wird mit $\boldsymbol{A}_2$ wiederholt und eine unendliche Folge von ähnlichen Matrizen $\boldsymbol{A}_k$ erzeugt nach der Vorschrift

$$\boldsymbol{A}_k = \boldsymbol{L}_k\boldsymbol{R}_k, \quad \boldsymbol{A}_{k+1} = \boldsymbol{R}_k\boldsymbol{L}_k, \qquad (k = 1, 2, \ldots). \tag{4.83}$$

Aus (4.83) folgt rekursiv, daß die Produkte der Dreiecksmatrizen

$$\boldsymbol{\Lambda}_k = \boldsymbol{L}_1\boldsymbol{L}_2 \ldots \boldsymbol{L}_k, \quad \boldsymbol{P}_k = \boldsymbol{R}_k\boldsymbol{R}_{k-1} \ldots \boldsymbol{R}_1 \tag{4.84}$$

die Transformationsmatrizen sind, die $\boldsymbol{A}_1$ in $\boldsymbol{A}_{k+1}$ überführen.

$$\boldsymbol{A}_{k+1} = \boldsymbol{\Lambda}_k^{-1}\boldsymbol{A}_1\boldsymbol{\Lambda}_k = \boldsymbol{P}_k\boldsymbol{A}_1\boldsymbol{P}_k^{-1} \tag{4.85}$$

Die Produktmatrizen $\boldsymbol{\Lambda}_k$ und $\boldsymbol{P}_k$ sind infolge der Gruppeneigenschaft der Dreiecksmatrizen selbst Links-, bzw. Rechtsdreiecksmatrizen. Ihr Produkt $\boldsymbol{\Lambda}_k\boldsymbol{P}_k$ reduziert sich wegen $\boldsymbol{L}_i\boldsymbol{R}_i = \boldsymbol{R}_{i-1}\boldsymbol{L}_{i-1}$ nach wiederholter Anwendung auf

$$\boldsymbol{\Lambda}_k\boldsymbol{P}_k = (\boldsymbol{L}_1\boldsymbol{R}_1)^k = \boldsymbol{A}_1^k.$$

Die Produktmatrizen $\boldsymbol{\Lambda}_k$ und $\boldsymbol{P}_k$ stellen die Dreieckszerlegung der k-ten Potenz der Ausgangsmatrix $\boldsymbol{A}_1 = \boldsymbol{A}$ dar.

Unter geeigneten Voraussetzungen konvergiert die Folge von ähnlichen Matrizen $\boldsymbol{A}_k$ (4.83) gegen eine Rechtsdreiecksmatrix [44], [76].

Satz 4.14. *Falls die Folge von Matrizen* $\boldsymbol{\Lambda}_k$ *für* $k \to \infty$ *konvergiert, dann konvergiert die Folge von Matrizen* $\boldsymbol{A}_k$ *gegen eine Rechtsdreiecksmatrix.*

Beweis: Aus der vorausgesetzten Existenz des Grenzwertes $\lim\limits_{k\to\infty} \boldsymbol{\Lambda}_k = \boldsymbol{\Lambda}_\infty$ folgt $\lim\limits_{k\to\infty} \boldsymbol{L}_k = \lim\limits_{k\to\infty} \boldsymbol{\Lambda}_{k-1}^{-1}\boldsymbol{\Lambda}_k = \boldsymbol{I}$. Anderseits ist nach (4.85) und (4.83) $\boldsymbol{A}_k = \boldsymbol{\Lambda}_{k-1}^{-1}\boldsymbol{A}_1\boldsymbol{\Lambda}_{k-1} = \boldsymbol{L}_k\boldsymbol{R}_k$, und damit $\boldsymbol{R}_k = \boldsymbol{\Lambda}_k^{-1}\boldsymbol{A}_1\boldsymbol{\Lambda}_{k-1}$. Deshalb existiert auch der Grenzwert $\boldsymbol{R}_\infty = \lim\limits_{k\to\infty} \boldsymbol{R}_k = \lim\limits_{k\to\infty} \boldsymbol{\Lambda}_k^{-1}\boldsymbol{A}_1\boldsymbol{\Lambda}_{k-1}$. Wegen $\lim\limits_{k\to\infty} \boldsymbol{L}_k = \boldsymbol{I}$ hat dann auch $\boldsymbol{A}_k$ einen Grenzwert, indem gilt $\boldsymbol{A}_\infty = \lim\limits_{k\to\infty} \boldsymbol{A}_k = \lim\limits_{k\to\infty} \boldsymbol{L}_k\boldsymbol{R}_k = \boldsymbol{R}_\infty$. Im Konvergenzfall erscheinen die Eigenwerte der gegebenen Matrix $\boldsymbol{A}$ als Diagonalelemente der Rechtsdreiecksmatrix $\boldsymbol{A}_\infty = \boldsymbol{R}_\infty$.

Eine Aussage über die Konvergenzbedingungen für die LR-Transformation besteht im

Satz 4.15. *Hat die Matrix A lauter reelle, einfache und dem Betrag nach verschiedene Eigenwerte, und verschwindet kein Hauptminor der Transformationsmatrizen U und U^{-1}, welche A nach $A = UDU^{-1}$ auf Diagonalform transformieren, dann existiert der Grenzwert $\Lambda_\infty = \lim_{k\to\infty} \Lambda_k$, und $A_\infty = \lim_{k\to\infty} A_k$ ist eine Rechtsdreiecksmatrix, in welcher die Eigenwerte von A in der Diagonale dem Betrag nach in absteigender Reihenfolge stehen.*

Für den Beweis von Satz 4.15 sei auf [44], [76] verwiesen.

Die LR-Transformation für eine allgemeine Matrix A weist den numerischen Nachteil auf, daß die Zerlegung (4.79) in der beschriebenen Form nicht immer durchführbar ist, oder zumindest durch das Kleinwerden eines Hauptminors großen Rundungsfehlern unterworfen sein kann. Diese Schwierigkeit kann im Prinzip durch eine Dreieckszerlegung mit Zeilenvertauschungen behoben werden [75], [76].

Im folgenden werden wir uns auf die Berechnung der Eigenwerte von symmetrischen und positiv definiten Matrizen nach der Methode der LR-Transformation beschränken, indem sich die Methode dafür numerisch als stabil erweist. Die Einschränkung auf positiv definite Matrizen ist in keiner Weise einschneidend, wie aus der folgenden Betrachtung hervorgeht.

Eine Spektraltransformation besteht darin, daß man durch einfache Abänderungen einer gegebenen Matrix A eine Abänderung des Spektrums anstrebt, welche die Berechnung der Eigenwerte erleichtert. Beispielsweise bedeutet der Übergang von A zu $(A+cI)$ eine Verschiebung des ganzen Spektrums von A um den Wert c. Im folgenden wird diese Abänderung Koordinatenverschiebung genannt. Ein weiteres Beispiel einer Spektraltransformation besteht im Übergang von A zu A^{-1}, was der Ersetzung der Eigenwerte von A durch ihre reziproken Werte gleichkommt.

Die Addition von cI zu einer gegebenen Matrix A bewirkt die Verschiebung des Spektrums von A um die Strecke c. Durch geeignete Wahl der Koordinatenverschiebung mit $c > 0$ kann daher immer erreicht werden, daß alle Eigenwerte von $(A+cI)$ positiv werden, was gleichbedeutend damit ist, daß $(A+cI)$ positiv definit ist. Nach Berechnung der positiven Eigenwerte von $(A+cI)$ ergeben sich daraus die Eigenwerte von A durch Subtraktion des Wertes c.

Für eine symmetrische und positiv definite Matrix A werden in der LR-Transformation die Linksdreiecksmatrizen L_k durch die Transponierten der Rechtsdreiecksmatrizen R_k ersetzt, so daß anstelle von (4.79) die Cholesky-Zerlegung tritt. Die Rechenvorschrift (4.83) wird ersetzt durch

$$A_k = R_k^T R_k, \quad A_{k+1} = R_k R_k^T, \qquad (k = 1, 2, \ldots). \tag{4.86}$$

Die Symmetrie der Matrix A_{k+1} ist offensichtlich, die Ähnlichkeit der Matrizen A_{k+1} und A_k besteht nach wie vor, so daß die LR-Schritte in dieser Variante stets durchführbar sind. Die Modifikation (4.86) wird als L R - C h o l e s k y bezeichnet, und es gilt der

Satz 4.16. *Das LR-C h o l e s k y-Verfahren für eine symmetrische und positiv definite Matrix* A_1 *erzeugt nach der Vorschrift* (4.86) *eine Folge von symmetrischen, ähnlichen Matrizen.*

4.6.2. Konvergenzbeweis des LR-Cholesky-Verfahrens. Wesentlich am LR-Cholesky-Verfahren ist die Tatsache, daß es stets konvergiert.

Satz 4.17. *Das LR-Cholesky-Verfahren* (4.86) *für eine symmetrische und positiv definite Matrix* A_1 *ist konvergent. Die Folge der ähnlichen Matrizen* A_k *konvergiert gegen eine Diagonalmatrix* A_∞, *deren Diagonalelemente gleich den Eigenwerten von* A_1 *sind.*

B e w e i s : Es seien $\boldsymbol{A}_k = (a_{ij}^{(k)})$ und $\boldsymbol{R}_k = (r_{ij}^{(k)})$. Nach (4.86) gelten für die Elemente der Matrizen $\boldsymbol{A}_k$ und $\boldsymbol{A}_{k+1}$ die Beziehungen

$$a_{ij}^{(k)} = \sum_{p=1}^{i} r_{pi}^{(k)} r_{pj}^{(k)}, \quad a_{ij}^{(k+1)} = \sum_{p=j}^{n} r_{ip}^{(k)} r_{jp}^{(k)}, \qquad (i \leqslant j). \tag{4.87}$$

Weiter seien $s_m^{(k)}$ die S p u r e n a b s c h n i t t e der iterierten Matrizen $\boldsymbol{A}_k$, gebildet aus den ersten m Diagonalelementen von $\boldsymbol{A}_k$.

$$s_m^{(k)} = a_{11}^{(k)} + a_{22}^{(k)} + \ldots + a_{m,m}^{(k)} = \sum_{i=1}^{m} a_{ii}^{(k)}, \qquad (m = 1, 2, \ldots, n). \tag{4.88}$$

Wir untersuchen die Änderung des Spurenabschnittes für festes m beim Übergang von $\boldsymbol{A}_k$ zu $\boldsymbol{A}_{k+1}$. Für die Diagonalelemente der Matrizen $\boldsymbol{A}_k$ und $\boldsymbol{A}_{k+1}$ gilt nach (4.87)

$$a_{ii}^{(k)} = \sum_{p=1}^{i} (r_{pi}^{(k)})^2, \quad a_{ii}^{(k+1)} = \sum_{p=i}^{n} (r_{ip}^{(k)})^2.$$

Die m-ten Spurenabschnitte sind damit gegeben durch

$$s_m^{(k)} = \sum_{i=1}^{m} a_{ii}^{(k)} = \sum_{i=1}^{m} \sum_{p=1}^{i} (r_{pi}^{(k)})^2,$$

$$s_m^{(k+1)} = \sum_{i=1}^{m} a_{ii}^{(k+1)} = \sum_{i=1}^{m} \sum_{p=i}^{n} (r_{ip}^{(k)})^2.$$

Die Spurenabschnitte $s_m^{(k)}$ und $s_m^{(k+1)}$ von zwei aufeinanderfolgenden Matrizen $\boldsymbol{A}_k$ und $\boldsymbol{A}_{k+1}$ erscheinen als Ausdrücke von Elementen derselben Matrix $\boldsymbol{R}_k$. Der Wert $s_m^{(k)}$ ist die Summe der Quadrate der Elemente von $\boldsymbol{R}_k$ in den ersten m S p a l t e n (s. Fig. 17a), während $s_m^{(k+1)}$ als Summe der Quadrate der Elemente von $\boldsymbol{R}_k$ in den ersten m Z e i l e n dargestellt ist (s. Fig. 17b).

Die Differenz der Spurenabschnitte

$$s_m^{(k+1)} - s_m^{(k)} = \sum_{i=1}^{m} \sum_{p=m+1}^{n} \left(r_{ip}^{(k)}\right)^2 \tag{4.89}$$

wird gebildet aus den Quadraten der Elemente von $\boldsymbol{R}_k$ in den m ersten Zeilen und den $(n-m)$ letzten Spalten (s. Fig. 17 c). Aus (4.89) folgt für die Spuren-

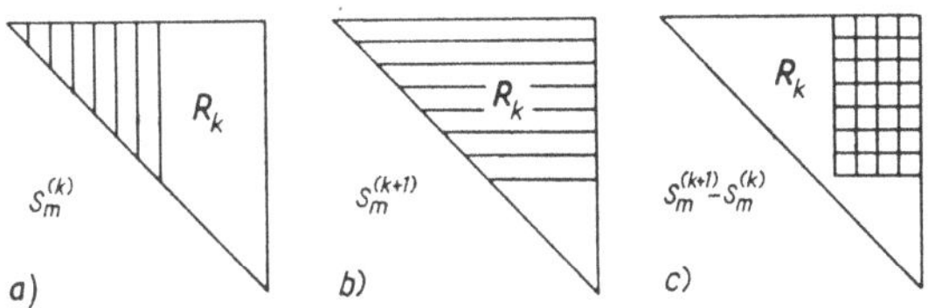

Fig. 17 Darstellung der Spurenabschnitte

abschnitte $s_m^{(k)}$, daß sie mit zunehmendem k eine monotone, nicht abnehmende Folge bilden, da die Differenz nicht negativ ist. Es gilt also für jedes feste m

$$s_m^{(1)} \leqslant s_m^{(2)} \leqslant \ldots \leqslant s_m^{(k)} \leqslant s_m^{(k+1)} \leqslant \ldots, \qquad (m = 1, 2, \ldots, n). \tag{4.90}$$

Die vorausgesetzte positive Definitheit der Matrix A_1 überträgt sich nach Satz 4.16 auf die Matrizen A_k. Deshalb sind einerseits alle Diagonalelemente $a_{ii}^{(k)} > 0$ $(i = 1, 2, \ldots, n;\ k = 1, 2, \ldots)$. Anderseits ist die S p u r $s_n^{(k)}$ als Summe aller Eigenwerte eine I n v a r i a n t e des LR-Cholesky-Verfahrens, und sie besitzt einen gegebenen endlichen Wert. Auf Grund dieser beiden Tatsachen ist jeder Spurenabschnitt $s_m^{(k)}$ als Teilsumme der ganzen Spur, in welcher einige positive Elemente fehlen, nach oben beschränkt. Für jedes feste m ist die monotone, nicht abnehmende Folge der Werte $s_m^{(k)}$ für $k \to \infty$ konvergent, woraus notwendigerweise folgt, daß

$$\lim_{k\to\infty} \left(s_m^{(k+1)} - s_m^{(k)}\right) = \lim_{k\to\infty} \left\{\sum_{i=1}^{m} \sum_{p=m+1}^{n} \left(r_{ip}^{(k)}\right)^2\right\} = 0, \qquad (m = 1, 2, \ldots, n). \tag{4.91}$$

Jedes einzelne Element $r_{ip}^{(k)}$ der Matrix $\boldsymbol{R}_k$ im rechteckigen, in Fig. 17c schraffierten Bereich konvergiert für jedes feste m gegen Null. Wenden wir dieses Resultat nacheinander an für $m = 1, 2, \ldots, n-1$, müssen für $m = 1$ zunächst die Außendiagonalelemente der ersten Zeile von $\boldsymbol{R}_k$ gegen Null konvergieren, dann für $m = 2$ auch diejenigen der zweiten Zeile, u.s.f. Es gilt folglich

$$\lim_{k\to\infty} r_{ij}^{(k)} = 0 \quad \text{für} \quad 1 \leqslant i < j \leqslant n. \tag{4.92}$$

Die Rechtsdreiecksmatrizen $\boldsymbol{R}_k$ konvergieren gegen eine Diagonalmatrix. Dasselbe gilt auch für die Matrizen A_k, indem aus Symmetriegründen nach (4.87) und (4.92) folgt

$$\lim_{k\to\infty} a_{ij}^{(k+1)} = \lim_{k\to\infty} a_{ji}^{(k+1)} = \lim_{k\to\infty} \sum_{p=j}^{n} r_{ip}^{(k)} r_{jp}^{(k)} = 0, \qquad (1 \leqslant i < j \leqslant n).$$

Damit ist die Konvergenz der Matrizenfolge A_k (4.86) gegen eine Diagonalmatrix A_∞ für symmetrische und positiv definite Matrizen bewiesen. Wegen der Ähnlichkeit der Matrizen sind die Diagonalelemente der Grenzmatrix A_∞ die Eigenwerte der gegebenen Matrix A_1.

Durch Satz 4.17 ist die Konvergenz des LR-Cholesky-Verfahrens an sich gesichert, und die Eigenwerte erscheinen in irgendeiner Reihenfolge längs der Diagonale von A_∞. In der bisher beschriebenen Form der LR-Transformation erhält man analog zu den Verfahren von Jacobi alle Eigenwerte miteinander. Die Situation ändert sich durch die im folgenden behandelte Modifikation.

4.6.3. Konvergenzverhalten, Koordinatenverschiebung. Aus dem grundsätzlichen Konvergenzbeweis lassen sich keine allgemeinen Aussagen darüber ableiten, wie die Außendiagonalelemente $a_{ij}^{(k)}$ von A_k gegen Null konvergieren. Das Konvergenzverhalten der Elemente $a_{ij}^{(k)}$ kann unter einer zusätzlichen Annahme genauer studiert werden.

Wenn die Grenzmatrix A_∞ der Matrixfolge A_k (4.86) in der Diagonale die Eigenwerte in absteigender Reihenfolge enthält, bezeichnen wir dies als Normalfall. Normalerweise tritt diese Situation ein. Einen offensichtlichen Ausnahmefall bilden die reduziblen symmetrischen Matrizen, welche nur in quadratischen Untermatrizen längs der Diagonale die im allgemeinen von Null verschiedenen Elemente enthalten. Diese Gestalt bleibt im LR-Cholesky-Verfahren erhalten, und die Eigenwerte der einzelnen Untermatrizen können demzufolge nicht geordnet, d. h. untereinander vermischt werden, da die entsprechende Kopplung fehlt. Diesen Ausnahmefall können wir ohne weiteres ausschließen, indem die Bestimmung der Eigenwerte einer reduziblen Matrix in die Teilprobleme zerfällt, die Eigenwerte der einzelnen Untermatrizen zu bestimmen. Daneben existiert der seltene theoretische Ausnahmefall von ungeordneten Eigenwerten, in welchem einer der Hauptminoren der orthogonalen Transformationsmatrix U, die A auf Diagonalform D gemäß $U^T A U = D$ transformiert, verschwindet (man vergleiche dazu die Originalarbeit [44], oder auch [75], [76]). Dieser Ausnahmefall wird jedoch durch die unvermeidlichen Rundungsfehler der numerischen Rechnung derart gestört, daß sich auch dann — allerdings erst nach sehr vielen Iterationen — der Normalfall einstellt.

Satz 4.18. *Falls der Normalfall vorliegt, und die Eigenwerte λ_i der Matrix A_1 untereinander verschieden sind, gilt für hinreichend großes k asymptotisch*

$$a_{ij}^{(k+1)} \sim a_{ij}^{(k)} \sqrt{\frac{a_{jj}^{(k)}}{a_{ii}^{(k)}}} \sim a_{ij}^{(k)} \cdot \frac{r_{jj}^{(k)}}{r_{ii}^{(k)}} \sim a_{ij}^{(k)} \sqrt{\frac{\lambda_j}{\lambda_i}}, \qquad (1 \leqslant i < j \leqslant n). \quad (4.93)$$

Die Außendiagonalelemente $a_{ij}^{(k)}$ $(i < j)$ weisen l i n e a r e s Konvergenzverhalten auf, indem sie wie geometrische Folgen mit den Quotienten $q_{ij} = (\lambda_j/\lambda_i)^{\frac{1}{2}}$ gegen Null konvergieren.

B e w e i s : Nach Satz 4.17 existiert zu jedem beliebig kleinen $\varepsilon > 0$ eine Zahl $K(\varepsilon)$ derart, daß gilt

$$\left|r_{ij}^{(k)}\right| \leqslant \varepsilon \quad \text{für} \quad 1 \leqslant i < j \leqslant n \quad \text{und} \quad k > K(\varepsilon).$$

Diesen Sachverhalt kann man auch ausdrücken durch die Schreibweise

$$r_{ij}^{(k)} = O(\varepsilon)\,^{1)} \qquad k \to \infty, \quad (1 \leqslant i < j \leqslant n). \tag{4.94}$$

Wegen der positiven Definitheit der Matrix $\boldsymbol{A}_1$ sind auch alle Diagonalelemente von $\boldsymbol{A}_k$ wesentlich positiv, und da sie nach Satz 4.17 gegen die positiven Eigenwerte von $\boldsymbol{A}_1$ konvergieren, gilt für sie die asymptotische Aussage

$$a_{jj}^{(k)} = O(1) \qquad k \to \infty, \quad (j = 1, 2, \ldots, n). \tag{4.95}$$

Aus der Cholesky-Zerlegung $\boldsymbol{A}_k = \boldsymbol{R}_k^{\mathrm{T}}\boldsymbol{R}_k$, speziell angeschrieben für die Diagonalelemente

$$a_{jj}^{(k)} = \sum_{i=1}^{j} \left(r_{ij}^{(k)}\right)^2 = \left(r_{jj}^{(k)}\right)^2 + \sum_{i=1}^{j-1} \left(r_{ij}^{(k)}\right)^2$$

folgt aus (4.94) und (4.95)

$$r_{jj}^{(k)} = O(1) \qquad k \to \infty, \quad (j = 1, 2, \ldots, n). \tag{4.96}$$

Für die Außendiagonalelemente $a_{ij}^{(k)}$ und $a_{ij}^{(k+1)}$ mit gleichen Indizes in zwei aufeinanderfolgenden Matrizen $\boldsymbol{A}_k$ und $\boldsymbol{A}_{k+1}$ ergeben sich auf Grund ihrer Darstellung (4.87) für $k \to \infty$ die Relationen

$$a_{ij}^{(k)} = \sum_{p=1}^{i} r_{pi}^{(k)} r_{pj}^{(k)} = r_{ii}^{(k)} r_{ij}^{(k)} + \sum_{p=1}^{i-1} r_{pi}^{(k)} r_{pj}^{(k)} = r_{ii}^{(k)} r_{ij}^{(k)} + O(\varepsilon^2) \qquad (i < j),$$

$$a_{ij}^{(k+1)} = \sum_{p=j}^{n} r_{ip}^{(k)} r_{jp}^{(k)} = r_{jj}^{(k)} r_{ij}^{(k)} + \sum_{p=j+1}^{n} r_{ip}^{(k)} r_{jp}^{(k)} = r_{jj}^{(k)} r_{ij}^{(k)} + O(\varepsilon^2) \qquad (i < j).$$

Die beiden ersten Terme in den Darstellungen für $a_{ij}^{(k)}$ und $a_{ij}^{(k+1)}$ sind asymptotisch $O(\varepsilon)$. Werden die Glieder der Größenordnung ε^2 gegenüber denjenigen von

[1] Wir verwenden das Ordnungssymbol $O(\varepsilon^m)$, und verstehen darunter eine Funktion $f(\varepsilon)$ derart, daß der Quotient $f(\varepsilon)/\varepsilon^m$ für $\varepsilon \to 0$ einen endlichen (ev. auch verschwindenden) Grenzwert aufweist. Man sagt, die Funktion $f(\varepsilon)$ sei von der Ordnung ε^m und schreibt $f(\varepsilon) = O(\varepsilon^m)$. Es gelten folgende Rechenregeln: a) Es seien $f(\varepsilon) = O(\varepsilon^m)$ und $g(\varepsilon) = O(\varepsilon^n)$, dann ist $f(\varepsilon)\cdot g(\varepsilon) = O(\varepsilon^m)\,O(\varepsilon^n) = O(\varepsilon^{m+n})$. b) Es seien $f(\varepsilon) = O(\varepsilon^m)$ und $g(\varepsilon) = O(\varepsilon^n)$ mit $m \leqslant n$, dann gilt $f(\varepsilon) + g(\varepsilon) = O(\varepsilon^m) + O(\varepsilon^n) = O(\varepsilon^m)$.

der Ordnung ε vernachlässigt, ergibt sich aus den beiden letzten Gleichungen die asymptotisch gültige Aussage

$$a_{ij}^{(k+1)} \sim r_{jj}^{(k)} \frac{a_{ij}^{(k)}}{r_{ii}^{(k)}} = a_{ij}^{(k)} \frac{r_{jj}^{(k)}}{r_{ii}^{(k)}}, \qquad (1 \leq i < j \leq n).$$

Wegen der vorausgesetzten absteigenden Reihenfolge der Eigenwerte in A_∞ sind die Quotienten $r_{jj}^{(k)}/r_{ii}^{(k)}$ für hinreichend großes k kleiner als Eins, da Zähler und Nenner gegen $\sqrt{\lambda_j}$ und $\sqrt{\lambda_i}$ streben, und $\sqrt{\lambda_i} > \sqrt{\lambda_j}$ mit $i < j$ ist. Da noch $r_{jj}^{(k)} \sim \sqrt{a_{jj}^{(k)}}$ gilt, sind die drei gleichwertigen asymptotischen Aussagen (4.93) und damit die lineare Konvergenz der Außendiagonalelemente gegen Null begründet.

Die Aussage über das Konvergenzverhalten gilt nur, falls die Eigenwerte geordnet erscheinen. Daraus darf umgekehrt nicht geschlossen werden, daß die Eigenwerte auf Grund der Konvergenz des LR-Cholesky-Verfahrens geordnet erscheinen müssen. Im theoretischen Ausnahmefall von ungeordneten Eigenwerten gilt ein anderes Gesetz für die asymptotische Abnahme der Außendiagonalelemente (vgl. [44], [75], [76]).

In der Rechenpraxis wird die Überführung des Ausnahmefalles in den Normalfall dadurch künstlich beschleunigt, indem Außendiagonalelemente, welche exakt Null werden oder betragsmäßig unterhalb eine Schranke absinken, durch so kleine Werte ersetzt werden, daß die solchermaßen eingeführten Störungen an der Matrix innerhalb der verlangten Genauigkeit für die berechneten Eigenwerte keinen Einfluß haben (vgl. [75]).

Beispiel 4.7. Wir betrachten die Matrix A aus Beispiel 4.2. Sie ist nicht positiv definit. Durch Addition von 2 zu den Diagonalelementen von A wird die Matrix $A_1 = (A+2I)$ positiv definit, und das LR-Cholesky-Verfahren wird anwendbar. In Tab. 17 sind die ersten drei LR-Schritte mit den Rechtsdreiecksmatrizen zusammengestellt. Die Außendiagonalelemente von A_4 sind schon deutlich kleiner als diejenigen von A_1, und die Diagonalelemente konvergieren gegen die der Größe nach geordneten Eigenwerte. Zur Illustration des Konvergenzverhaltens ist in Tab. 18 der 12. LR-Schritt wiedergegeben.

Daran kann (4.93) verifiziert werden. Die Elemente $a_{i,i+1}^{(k)}$ $(i = 1, 2, \ldots, n-1)$ der Nebendiagonale konvergieren am langsamsten gegen Null, da für sie die Konvergenzquotienten am größten sind und sich am wenigsten von Eins unterscheiden.

Die nach Satz 4.18 im Normalfall herrschende *lineare Konvergenz* der Außendiagonalelemente gegen Null macht das LR-Cholesky-Verfahren in seiner bisher beschriebenen Form in dem Fall unbrauchbar, wo benachbarte Eigenwerte vorliegen und die lineare Konvergenz zu langsam wird, indem zur Diagonalisierung der Matrix zu viele Iterationsschritte benötigt werden. Eine Konvergenzverbesserung ist im Normalfall durch eine *Koordinatenver-*

Tab. 17 LR-Cholesky, drei Iterationen

$$A_1 = \begin{bmatrix} 22{,}000000 & -7{,}000000 & 3{,}000000 & -2{,}000000 \\ -7{,}000000 & 7{,}000000 & 1{,}000000 & 4{,}000000 \\ 3{,}000000 & 1{,}000000 & 5{,}000000 & 1{,}000000 \\ -2{,}000000 & 4{,}000000 & 1{,}000000 & 4{,}000000 \end{bmatrix}$$

$$R_1^T = \begin{bmatrix} 4{,}690416 & & & \\ -1{,}492405 & 2{,}184657 & & \\ 0{,}639602 & 0{,}894669 & 1{,}946915 & \\ -0{,}426401 & 1{,}539663 & -0{,}053809 & 1{,}201967 \end{bmatrix}$$

$$A_2 = \begin{bmatrix} 24{,}818182 & -3{,}344676 & 1{,}268195 & -0{,}512520 \\ -3{,}344676 & 7{,}943723 & 1{,}658996 & 1{,}850624 \\ 1{,}268195 & 1{,}658996 & 3{,}793372 & -0{,}064677 \\ -0{,}512520 & 1{,}850624 & -0{,}064677 & 1{,}444724 \end{bmatrix}$$

$$R_2^T = \begin{bmatrix} 4{,}981785 & & & \\ -0{,}671381 & 2{,}737329 & & \\ 0{,}254566 & 0{,}668501 & 1{,}811539 & \\ -0{,}102879 & 0{,}650836 & -0{,}261420 & 0{,}970676 \end{bmatrix}$$

$$A_3 = \begin{bmatrix} 25{,}344322 & -1{,}734570 & 0{,}488052 & -0{,}099862 \\ -1{,}734570 & 8{,}363452 & 1{,}040874 & 0{,}631751 \\ 0{,}488052 & 1{,}040874 & 3{,}350014 & -0{,}253754 \\ -0{,}099862 & 0{,}631751 & -0{,}253754 & 0{,}942212 \end{bmatrix}$$

$$R_3^T = \begin{bmatrix} 5{,}034314 & & & \\ -0{,}344549 & 2{,}871365 & & \\ 0{,}096945 & 0{,}374134 & 1{,}789033 & \\ -0{,}019836 & 0{,}217637 & -0{,}186277 & 0{,}927229 \end{bmatrix}$$

$$A_4 = \begin{bmatrix} 25{,}472828 & -0{,}957374 & 0{,}177133 & -0{,}018393 \\ -0{,}957374 & 8{,}432080 & 0{,}628798 & 0{,}201800 \\ 0{,}177133 & 0{,}628798 & 3{,}235338 & -0{,}172722 \\ -0{,}018393 & 0{,}201800 & -0{,}172722 & 0{,}859753 \end{bmatrix}$$

schiebung des Spektrums möglich, welche die maßgebenden Quotienten $q_{ij} = (\lambda_j/\lambda_i)^{\frac{1}{2}}$, $(i < j)$ verkleinert. Ersetzt man die gegebene Matrix A_1 durch $A_1' = A_1 - yI$, werden alle Eigenwerte $\lambda_i'(A_1') = \lambda_i(A_1) - y$ um y verkleinert.

Tab. 18 LR-Cholesky, 12. Iteration

$$A_{12} = \begin{bmatrix} 25{,}527379 & -0{,}011249 & 0{,}000043 & -0{,}000000 \\ -0{,}011249 & 8{,}460493 & 0{,}012435 & 0{,}000020 \\ 0{,}000043 & 0{,}012435 & 3{,}173078 & -0{,}000962 \\ -0{,}000000 & 0{,}000020 & -0{,}000962 & 0{,}839051 \end{bmatrix}$$

$$R_{12}^{T} = \begin{bmatrix} 5{,}052463 & & & \\ -0{,}002226 & 2{,}908692 & & \\ 0{,}000008 & 0{,}004275 & 1{,}781308 & \\ -0{,}000000 & 0{,}000007 & -0{,}000540 & 0{,}915997 \end{bmatrix}$$

$$A_{13} = \begin{bmatrix} 25{,}527384 & -0{,}006476 & 0{,}000015 & -0{,}000000 \\ -0{,}006476 & 8{,}460506 & 0{,}007616 & 0{,}000006 \\ 0{,}000015 & 0{,}007616 & 3{,}173060 & -0{,}000495 \\ -0{,}000000 & 0{,}000006 & -0{,}000495 & 0{,}839050 \end{bmatrix}$$

Damit die Cholesky-Zerlegung und damit das LR-Cholesky-Verfahren für A_1' überhaupt durchführbar bleibt, muß $0 \leqslant y < \lambda_n(A)$ sein. Mit einem geeignet gewählten y lassen sich zwar nicht alle Konvergenzquotienten q_{ij} beliebig verkleinern, so doch zumindest die Werte $q_{in} = (\lambda_n/\lambda_i)^{\frac{1}{2}}$, indem sie für A_1' die Werte $q_{in}' = [(\lambda_n - y)/(\lambda_i - y)]^{\frac{1}{2}} < q_{in}$ $(i = 1, 2, \ldots, n-1)$ erhalten. Je näher y beim kleinsten Eigenwert λ_n gewählt wird, desto kleiner werden die Werte q_{in}' und desto rascher konvergieren die Außendiagonalelemente der letzten Zeile und Kolonne in der Folge der Matrizen A_k' gegen Null. Das LR-Cholesky-Verfahren (4.86) für die Startmatrix $A_1' = A_1 - yI$ erzeugt eine Matrixfolge A_k', die im Normalfall bei geeignet gewähltem y rasch gegen eine Matrix der Gestalt

$$A_m' = \left[\begin{array}{cccc:c} a_{11}^{\prime(m)} & a_{12}^{\prime(m)} & \cdots & a_{1,n-1}^{\prime(m)} & 0 \\ \vdots & \vdots & & \vdots & \vdots \\ a_{n-1,1}^{\prime(m)} & a_{n-1,2}^{\prime(m)} & \cdots & a_{n-1,n-1}^{\prime(m)} & 0 \\ \hdashline 0 & 0 & \ldots & 0 & \lambda_n' \end{array}\right] \tag{4.97}$$

konvergiert. Darin bedeutet λ_n' den kleinsten Eigenwert der Matrix $A_1' = A_1 - yI$, so daß der kleinste Eigenwert von A_1 durch $\lambda_n = \lambda_n' + y$ gegeben ist. Es erscheint so der kleinste Eigenwert λ_n als erster in der Berechnung aller Eigenwerte. Da die Matrix A_m' (4.97) zerfällt, kann das LR-Cholesky-Verfahren auf den $(n-1)$-reihigen Hauptminor angewendet werden, dessen Eigenwerte λ_1', λ_2', $\ldots$, λ_{n-1}' die restlichen Eigenwerte von A_1' sind. Eine weitere geeignete Koordinatenverschiebung wird in Analogie rasch den kleinsten Eigenwert λ_{n-1}' des

Tab. 19 LR-Cholesky-Verfahren

$$A_1' = \begin{bmatrix} 21{,}200000 & -7{,}000000 & 3{,}000000 & -2{,}000000 \\ -7{,}000000 & 6{,}200000 & 1{,}000000 & 4{,}000000 \\ 3{,}000000 & 1{,}000000 & 4{,}200000 & 1{,}000000 \\ -2{,}000000 & 4{,}000000 & 1{,}000000 & 3{,}200000 \end{bmatrix}$$

$$A_2' = \begin{bmatrix} 24{,}124528 & -3{,}075924 & 1{,}193350 & -0{,}120724 \\ -3{,}075924 & 7{,}775714 & 1{,}240896 & 0{,}470684 \\ 1{,}193350 & 1{,}240896 & 2{,}822513 & -0{,}071394 \\ -0{,}120724 & 0{,}470684 & -0{,}071394 & 0{,}077244 \end{bmatrix}$$

$$A_3' = \begin{bmatrix} 24{,}576349 & -1{,}581241 & 0{,}386559 & -0{,}004879 \\ -1{,}581241 & 7{,}674430 & 0{,}794669 & 0{,}033262 \\ 0{,}386559 & 0{,}794669 & 2{,}509813 & -0{,}018996 \\ -0{,}004879 & 0{,}033262 & -0{,}018996 & 0{,}039408 \end{bmatrix}$$

$$A_4' = \begin{bmatrix} 24{,}684167 & -0{,}854527 & 0{,}121191 & -0{,}000195 \\ -0{,}854527 & 7{,}661529 & 0{,}462642 & 0{,}002366 \\ 0{,}121191 & 0{,}462642 & 2{,}415249 & -0{,}002859 \\ -0{,}000195 & 0{,}002366 & -0{,}002859 & 0{,}039055 \end{bmatrix}$$

$$A_5' = \begin{bmatrix} 24{,}714345 & -0{,}471032 & 0{,}037680 & -0{,}000008 \\ -0{,}471032 & 7{,}660503 & 0{,}261029 & 0{,}000169 \\ 0{,}037680 & 0{,}261029 & 2{,}386102 & -0{,}000384 \\ -0{,}000008 & 0{,}000169 & -0{,}000384 & 0{,}039050 \end{bmatrix}$$

$$A_6' = \begin{bmatrix} 24{,}723379 & -0{,}261372 & 0{,}011686 & -0{,}000000 \\ -0{,}261372 & 7{,}660480 & 0{,}145892 & 0{,}000012 \\ 0{,}011686 & 0{,}145892 & 2{,}377090 & -0{,}000050 \\ -0{,}000000 & 0{,}000012 & -0{,}000050 & 0{,}039050 \end{bmatrix}$$

Hauptminors von A_m', und damit den zweitkleinsten Eigenwert λ_{n-1} von A_1 liefern. Das so modifizierte LR-Cholesky-Verfahren liefert nicht mehr alle Eigenwerte simultan, sondern nacheinander die kleinsten Eigenwerte in aufsteigender Reihenfolge.

Beispiel 4.8. In der Matrix A_1 von Beispiel 4.7 wird vor der ersten Cholesky-Zerlegung der Wert $y = 0{,}8$ von den Diagonalelementen subtrahiert, und die LR-Transformation mit der Matrix $A_1' = A_1 - 0{,}8\, I$ gestartet. In Tab. 19 sind die ersten fünf LR-Schritte mit den Matrizen $A_1', A_2', \ldots, A_6'$ wiedergegeben. Die raschere Konvergenz der Elemente $a_{in}^{\prime(k)}$ und $a_{ni}^{\prime(k)}$ gegen Null tritt deutlich in Erscheinung. Der größte Konvergenzquotient ist in diesem Fall

$$q_{3,4} = \sqrt{\frac{\lambda_4(A_1)-0,8}{\lambda_3(A_1)-0,8}} = \sqrt{\frac{0,03905}{2,373}} = 0,1285.$$

Asymptotisch reduziert sich das Element $a_{34}^{\prime(k)}$ in jedem LR-Schritt ungefähr auf den achten Teil, die andern Elemente der letzten Zeile und Kolonne noch stärker.

Die skizzierte Koordinatenverschiebung wird man aber nicht nur vor dem ersten LR-Schritt vornehmen, sondern sie in jedem nachfolgenden Schritt wiederholen, um dadurch die an sich lineare Konvergenz ständig zu verbessern. Mit dem Fortschreiten des Verfahrens tritt im letzten Diagonalelement der momentanen Matrix ohnehin der kleinste Eigenwert immer deutlicher in Erscheinung, so daß die möglichen Koordinatenverschiebungen unter Wahrung der positiven Definitheit mit größerer Sicherheit angegeben werden können. In dieser Modifikation muß selbstverständlich die totale Koordinatenverschiebung z_k als Summe der einzelnen Verschiebungen mitgeführt werden. Die Rechenvorschrift (4.86) wird ersetzt durch den folgenden Algorithmus:

Start. $\boxed{\boldsymbol{A}_1 = \boldsymbol{A}, \quad z_1 = 0}$ (4.98)

k-ter LR-Cholesky-Schritt ($k = 1, 2, \ldots$).

a) Wahl von $y_k < \lambda_n(\boldsymbol{A}_k)$

b) Cholesky-Zerlegung $\boldsymbol{A}_k - y_k \boldsymbol{I} = \boldsymbol{R}_k^{\mathrm{T}} \boldsymbol{R}_k$ (4.99)

c) $\boldsymbol{A}_{k+1} = \boldsymbol{R}_k \boldsymbol{R}_k^{\mathrm{T}}, \quad z_{k+1} = z_k + y_k$

Abbrechkriterium: Falls in jedem Schritt der Wert y_k so groß als möglich, aber stets kleiner als der kleinste Eigenwert von $\boldsymbol{A}_k$, gewählt wird, konvergiert das letzte Diagonalelement $a_{nn}^{(k)}$ von $\boldsymbol{A}_k$ im allgemeinen gegen Null, und der Wert z_k konvergiert gegen den kleinsten Eigenwert λ_n von $\boldsymbol{A}$. Sobald $a_{nn}^{(k)}$ hinreichend klein ist, stellt $z_k + a_{nn}^{(k)}$ den kleinsten Eigenwert von $\boldsymbol{A}$ mit einer Genauigkeit von der Größenordnung $a_{nn}^{(k)}$ dar. Die laufenden Werte z_k und $z_k + a_{nn}^{(k)}$ stellen dabei stets untere und obere Schranken für den kleinsten Eigenwert dar.

Die verbleibenden Eigenwerte erhält man anschließend, indem die letzte Zeile und Kolonne in $\boldsymbol{A}_k$ gestrichen wird, und der Algorithmus (4.99) mit der reduzierten Untermatrix fortgesetzt, aber anstelle von (4.98) mit dem zuletzt erhaltenen Wert von z_k weitergefahren wird.

Eine Schwierigkeit des LR-Cholesky-Verfahrens mit Koordinatenverschiebungen besteht darin, einen passenden und zugleich möglichst guten Wert für y_k zu wählen, da ja im allgemeinen nichts über die Lage des zu bestimmenden kleinsten Eigenwertes bekannt ist. Für eine positiv definite Matrix ist Null eine untere Schranke für die Eigenwerte, und nach Satz 3.2 ist das kleinste Diagonalelement von $\boldsymbol{A}_k$ eine obere Schranke für den kleinsten Eigenwert. Dadurch wird ein Intervall $\left[0, \min\limits_{i=1, 2, \ldots, n} a_{ii}^{(k)}\right]$ definiert, in dessen Inneren der Wert y_k gewählt werden muß. Man wird versuchen, die Zerlegung von $\boldsymbol{A}_k - y_k \boldsymbol{I}$ mit einem Bruchteil des kleinsten Diagonalelementes von $\boldsymbol{A}_k$ durchzuführen, indem der Rechenautomat dazu benützt wird, einen möglichen Wert von y_k zu bestimmen. Das Mißlingen einer solchen Versuchszerlegung liefert stets eine bessere obere Schranke für den kleinsten Eigenwert. In [45] wird überdies gezeigt, daß in gewissen Fällen die Information aus einer mißlungenen Versuchszerlegung dazu benützt werden kann, eine sehr gute u n t e r e Schranke für den kleinsten Eigenwert zu gewinnen, woraus eine bedeutende Konvergenzverbesserung resultiert.

Wie schon oben erwähnt wurde, ist das LR-Cholesky-Verfahren auch anwendbar auf symmetrische, nicht positiv definite Matrizen, nachdem eine geeignete Koordinatenverschiebung $(\boldsymbol{A}_1 - z_1 \boldsymbol{I})$ mit $z_1 < 0$ durchgeführt ist. Der Startwert z_1 sollte nicht zu klein angesetzt werden, um die Auslöschung von führenden Stellen bei der Bildung von $\lambda_i(\boldsymbol{A}) = \lambda_i(\boldsymbol{A}_1 - z_1 \boldsymbol{I}) + z_1$ in engen Schranken zu halten. Einen möglichst großen Wert für z_1 läßt man durch den Automaten durch Versuchszerlegungen berechnen, bis z_1 in der Größenordnung mit λ_n übereinstimmt.

Durch eine S p e k t r a l t r a n s f o r m a t i o n lassen sich durch das LR-Cholesky-Verfahren auch nacheinander die g r ö ß t e n E i g e n w e r t e in absteigender Reihenfolge bestimmen. Zu diesem Zweck sei c ein Wert, der größer ist als der größte Eigenwert λ_1 der gegebenen symmetrischen Matrix $\boldsymbol{A}$. Die Matrix $\boldsymbol{B} = c\boldsymbol{I} - \boldsymbol{A}$ ist ebenfalls symmetrisch und überdies positiv definit, und ihre Eigenwerte $\lambda_i(\boldsymbol{B})$ sind mit denjenigen von $\boldsymbol{A}$ verknüpft durch $\lambda_i(\boldsymbol{B}) = c - \lambda_i(\boldsymbol{A})$. Wegen $c > \lambda_1(\boldsymbol{A})$ werden durch diese Transformation die größten Eigenwerte von $\boldsymbol{A}$ in die kleinsten (positiven) Eigenwerte von $\boldsymbol{B}$ übergeführt. Das LR-Cholesky-Verfahren liefert die kleinsten Eigenwerte von $\boldsymbol{B}$ in aufsteigender Reihenfolge, und damit die größten Eigenwerte von $\boldsymbol{A}$. Der Wert c soll auch hier möglichst nahe oberhalb des größten Eigenwertes gewählt werden, beispielsweise durch Versuchszerlegungen, indem man für c mit dem größten Diagonalelement beginnt und es sukzessive vergrößert, um die Auslöschung von führenden Stellen bei der Bildung von $\lambda_i(\boldsymbol{A}) = c - \lambda_i(\boldsymbol{B})$ in engen Grenzen zu halten.

A n m e r k u n g: In neuerer Zeit wurde eine zur LR-Transformation weitgehend analoge Transformation entwickelt, welche darin besteht, die gegebene Matrix $\boldsymbol{A}_1$ nach Satz 3.4 in das Produkt einer orthogonalen Matrix $\boldsymbol{Q}_1$ und einer

Rechtsdreiecksmatrix $\boldsymbol{R}_1$ gemäß $\boldsymbol{A}_1 = \boldsymbol{Q}_1\boldsymbol{R}_1$ zu zerlegen, um anschließend daraus eine zu $\boldsymbol{A}_1$ ähnliche Matrix $\boldsymbol{A}_2 = \boldsymbol{R}_1\boldsymbol{Q}_1$ zu bilden. Durch Fortsetzung dieses Verfahrens entsteht die QR-Transformation [20], die ursprünglich vor allem zur Bestimmung der Eigenwerte von unsymmetrischen Matrizen ausgedacht worden ist, die sich aber auch gut für symmetrische Matrizen eignet. Die QR-Transformation hat auch die Eigenschaft, die Symmetrie der gegebenen Matrix $\boldsymbol{A}_1$ auf die Folge der Matrizen $\boldsymbol{A}_k$ zu übertragen, und sie ist numerisch sehr stabil. Für weitere Details sei auf die Originalarbeiten [20], sowie auf [75], [76] und [77] verwiesen.

4.6.4. Symmetrisch-definite Bandmatrizen. Das LR-Cholesky-Verfahren ist prinzipiell anwendbar für beliebige symmetrische und positiv definite Matrizen. Allerdings wird der Rechenaufwand groß für volle Matrizen, deren Elemente alle von Null verschieden sind. Der Rechenaufwand verringert sich wesentlich für symmetrisch-definite Bandmatrizen. Es gilt der

Satz 4.19. *Die Bandgestalt einer symmetrisch-definiten Matrix bleibt im LR-Cholesky-Verfahren erhalten.*

Beweis: Es sei $\boldsymbol{A} = (a_{ik})$ eine symmetrisch-definite Bandmatrix mit der Bandbreite m, so daß

$$a_{ik} = 0 \quad \text{für alle} \quad i, k \quad \text{mit} \quad |i-k| > m$$

ist. Die Cholesky-Zerlegung von $\boldsymbol{A} = \boldsymbol{R}^{\mathrm{T}}\boldsymbol{R}$ erzeugt nach Satz 1.13 eine Rechtsdreiecksmatrix $\boldsymbol{R} = (r_{ik})$ von Bandgestalt.

$$r_{ik} = 0 \quad \text{für alle} \quad i, k \quad \text{mit} \quad k-i > m. \tag{4.100}$$

Die Elemente a'_{ik} der Matrix $\boldsymbol{A}' = \boldsymbol{R}\boldsymbol{R}^{\mathrm{T}}$ in und oberhalb der Diagonale sind gegeben durch

$$a'_{ik} = \sum_{j=k}^{n} r_{ij} r_{kj}, \qquad (i \leq k). \tag{4.101}$$

In (4.101) verschwinden nach (4.100) alle Elemente r_{ij}, sobald $j > i+m$ ist. Da der Summationsindex $j \geq k$ ist, folgt daraus und aus Symmetriegründen die Behauptung

$$a'_{ik} = 0 \quad \text{für alle} \quad i, k \quad \text{mit} \quad |i-k| > m.$$

Die Methoden von Jacobi und Givens/Householder zerstören die Bandgestalt einer Matrix, so daß jene Verfahren keine Vorteile aus der speziellen Form ziehen können. Ist die Bandbreite m klein im Vergleich zur Ordnung n der Matrix, ist das LR-Cholesky-Verfahren den andern hinsichtlich Rechenaufwand überlegen. Für die ersteren Verfahren ist der Rechenaufwand für die Bestimmung der Eigenwerte proportional zu n^3 gegenüber $m^2 n$ für die LR-Transformation.

Symmetrisch-definite Bandmatrizen mit kleiner Bandbreite m im Vergleich zur Ordnung n entstehen bei der Diskretisation von Differentialgleichungen. Bei

Eigenwertaufgaben dieses Typus interessieren im allgemeinen nur einige wenige Eigenwerte am unteren Ende des Spektrums, so daß sich gerade deshalb das LR-Cholesky-Verfahren besonders eignet.

ALGOL-Prozedur des LR-Cholesky-Verfahrens für Bandmatrizen. Für die positiv definite Bandmatrix A der Ordnung n und der Bandbreite m wird die in 1.4.5 eingeführte spezielle Indizierung zur optimalen Ausnützung des Speichers verwendet, und es wird die dort erklärte Prozedur *choleskyband* als globale Größe benützt. Die Koordinatenverschiebungen werden nach einem sehr groben und daher keineswegs optimalen Schema bestimmt. In jedem Schritt wird versuchsweise ein Bruchteil φ des letzten Diagonalelementes als nächste Verschiebung y angesetzt. Gelingt die Cholesky-Zerlegung mit diesem Ansatz, wird der LR-Schritt beendet, die totale Koordinatenverschiebung nachgeführt und der Wert von φ vergrößert. Mißlingt hingegen die Zerlegung mit dem so angesetzten positiven y, soll sie ohne Koordinatenverschiebung ($y = 0$) durchgeführt werden, und anderseits soll der Faktor φ zwecks einer nachfolgenden vorsichtigeren Wahl von y verkleinert werden. Da die Koordinatenverschiebung vor dem Aufruf der Prozedur *choleskyband* in den Diagonalelementen von A bereits berücksichtigt ist, muß sie bei Mißlingen der Zerlegung rückgängig gemacht werden. Sobald das letzte Diagonalelement $a_{n0}^{(k)}$ unterhalb eine vorgebbare Toleranz ε gesunken ist, wird der Wert $z+a_{n0}^{(k)}$ als Eigenwert an die Stelle des betreffenden Diagonalelementes gesetzt, und gleichzeitig die Ordnung n um Eins verkleinert. Dies geschieht solange, bis eine vorbestimmte Anzahl n_{eig} von Eigenwerten bestimmt sind. Störungen von der Größe $\varepsilon \cdot 10^{-3}$, die an die Stelle von verschwindenden Matrixelementen gesetzt werden, sorgen dafür, daß stets der Normalfall von geordneten Eigenwerten eintritt. Die gegebene Matrix A wird im Programm sukzessive so modifiziert, daß sie nach Beendigung der Prozedur in den letzten n_{eig} Diagonalelementen die kleinsten Eigenwerte enthält, und der resultierende Hauptminor der Ordnung $n-n_{\text{eig}}$ besitzt die übrigen Eigenwerte der ursprünglichen Matrix A, indem die totale Koordinatenverschiebung rückgängig gemacht ist.

Die Parameter der Prozedur bedeuten:

n	Ordnung der gegebenen Matrix A. Man beachte, daß der Parameter *n* nicht mit Wertaufruf behandelt und im Verlauf des Prozesses verändert wird. Das resultierende *n* ist die Ordnung des Hauptminors
m	Bandbreite der Matrix A
a	Elemente $a[i, k]$ der Bandmatrix in der speziellen Indizierung von 1.4.5. Die Elemente $a[i, k]$ mit $n < i+k \leqslant n+m$ sind als Null vorausgesetzt. Die Bedeutung der Elemente $a[i, k]$ nach Beendigung der Prozedur ist oben erklärt
eps	Absolute Toleranz für die Genauigkeit der Eigenwerte
neig	Anzahl der gewünschten kleinsten Eigenwerte (*neig* $\leqslant$ *n*).

```
procedure lrcholband (n, m, a, eps, neig);
          value m, eps, neig;
          integer n, m, neig; real eps; array a;
begin integer i, j, k, keig, min; real y, z, phi;
      array r[1:n, 0:m];
      z := 0; keig := 0; phi := 0.5;
iter:  y := phi×a[n, 0];
      for k := 1 step 1 until n do a[k, 0] := a[k, 0]−y;
rep:  choleskyband (a, n, m, r, missl);
erfolg: z := z+y;
      if y ≠ 0 then phi := (1+phi)×0.5;
      goto recomb;
missl: phi := 0.5×phi;
      for k := 1 step 1 until n do a[k, 0] := a[k, 0]+y;
      y := 0; goto rep;
recomb: for k := 1 step 1 until n do
        begin if m < n-k then min := m else min := n−k;
            for j := 0 step 1 until min do
            begin a[k, j] := 0;
                for i := j step 1 until min do
                    a[k, j] := a[k, j]+r[k, i]×r[k+j, i−j];
stoerung:       if a[k, j] = 0 then a[k, j] := ₁₀-3×eps
            end j
        end k;
        if a[n, 0] > eps then goto iter;
eigen:  begin keig := keig+1;
          a[n, 0] := a[n, 0]+z;
          for j := 1 step 1 until m do
              if j < n then a[n−j, j] := 0;
          n := n−1; phi := 0.9;
          if keig < neig then
          begin if n = 1 then goto eigen;
                goto iter
          end
        end eigen;
        for k := 1 step 1 until n do a[k, 0] := a[k, 0]+z
end lrcholband
```

Eine Prozedur, welche von allen theoretischen und numerischen Feinheiten Gebrauch macht, ist in [48] wiedergegeben.

Beispiel 4.9. Die Bestimmung der kleinsten Eigenfrequenzen eines schwingenden homogenen Balkens führt nach Diskretisation in 12 Intervalle auf das Problem, die kleinsten Eigenwerte der nachfolgenden symmetrisch-definiten Bandmatrix der Ordnung $n = 11$ und der typischen Bandbreite $m = 2$ zu berechnen.

$$A = \begin{bmatrix} 5 & -4 & 1 & & & & & & & & \\ -4 & 6 & -4 & 1 & & & & & & & \\ 1 & -4 & 6 & -4 & 1 & & & & & & \\ & 1 & -4 & 6 & -4 & 1 & & & & & \\ & & 1 & -4 & 6 & -4 & 1 & & & & \\ & & & 1 & -4 & 6 & -4 & 1 & & & \\ & & & & 1 & -4 & 6 & -4 & 1 & & \\ & & & & & 1 & -4 & 6 & -4 & 1 & \\ & & & & & & 1 & -4 & 6 & -4 & 1 \\ & & & & & & & 1 & -4 & 6 & -4 \\ & & & & & & & & 1 & -4 & 5 \end{bmatrix}$$

Neun LR-Schritte mit der ALGOL-Prozedur *lrcholband* liefern den kleinsten Eigenwert mit einer absoluten Genauigkeit $\varepsilon = 10^{-8}$. In Tab. 20 sind die Werte $a_{n0}^{(k)}$ des letzten Diagonalelementes, die totalen Verschiebungen z_k und die Werte $z_k + a_{n0}^{(k)}$ als obere Schranken für den kleinsten Eigenwert, sowie die Faktoren φ zur Steuerung der nächstfolgenden Verschiebung und die tatsächlich durchgeführten Verschiebungen y_k angegeben. In den beiden ersten LR-Schritten ist die von der Prozedur versuchte Verschiebung y_k je zu groß, so daß in beiden Fällen die versuchsweise Zerlegung mißlingt, und beide Schritte mit $y = 0$ wiederholt werden. Später sind die Ansätze für y_k zufälligerweise immer erfolgreich. Die Wertepaare z_k und $z_k + a_{n0}^{(k)}$ geben mit zunehmendem k schärfere Schranken für den kleinsten Eigenwert $\lambda_{11} = 0{,}004644197$.

Für die übrigen Eigenwerte werden mit der Prozedur *lrcholband* nur noch je fünf bis sechs Schritte benötigt, da die reduzierten Matrizen in ihren letzten Diagonalelementen gute Näherungen für die kleinsten Eigenwerte liefern.

4.6.5. Der QD-Algorithmus. Für eine symmetrisch-definite tridiagonale Matrix führt die LR-Transformation auf ein besonders einfaches Rechenschema und damit zu einem weiteren Verfahren, ihre Eigenwerte zu berechnen. Aus Zweckmäßigkeitsgründen wird die symmetrische tridiagonale Matrix $\boldsymbol{J}$ (4.49), die für das folgende als irreduzibel vorausgesetzt wird, durch eine Ähnlichkeitstransformation, bei der man für $k = 2, 3, \ldots, n$ sukzessive die k-te Kolonne durch einen geeigneten Wert dividiert und gleichzeitig die k-te Zeile mit demselben Wert mul-

Tab. 20 LR- Cholesky-Verfahren für Bandmatrix

k	$a_{n0}^{(k)}$	z_k	$z_k + a_{n0}^{(k)}$	φ	y_k
1	5,000 000	0	5,000 000 000	0,5000	0
2	$2{,}845\,850 \cdot 10^{-1}$	0	0,284 584 979	0,2500	0
3	$6{,}672\,845 \cdot 10^{-3}$	0	0,006 672 845	0,1250	$8{,}34106 \cdot 10^{-4}$
4	$3{,}872\,768 \cdot 10^{-3}$	0,000 834 106	0,004 706 873	0,5625	$2{,}17843 \cdot 10^{-3}$
5	$1{,}633\,022 \cdot 10^{-3}$	0,003 012 537	0,004 645 559	0,7813	$1{,}27580 \cdot 10^{-3}$
6	$3{,}558\,686 \cdot 10^{-4}$	0,004 288 336	0,004 644 204	0,8906	$3{,}16945 \cdot 10^{-4}$
7	$3{,}891\,606 \cdot 10^{-5}$	0,004 605 281	0,004 644 197	0,9453	$3{,}67878 \cdot 10^{-5}$
8	$2{,}128\,218 \cdot 10^{-6}$	0,004 642 069	0,004 644 197	0,9727	$2{,}07003 \cdot 10^{-6}$
9	$5{,}819\,346 \cdot 10^{-8}$	0,004 644 139	0,004 644 197	0,9863	$5{,}73979 \cdot 10^{-8}$
10	$7{,}956\,138 \cdot 10^{-10}$	0,004 644 196	0,004 644 197	–	–

tipliziert, in die unsymmetrische Form

$$\boldsymbol{A}_1 = \begin{bmatrix} \alpha_1 & 1 & & & & & \\ \beta_1^2 & \alpha_2 & 1 & & & & \\ & \beta_2^2 & \alpha_3 & 1 & & & \\ & & \cdot & \cdot & \cdot & & \\ & & & \cdot & \cdot & \cdot & \\ & & & & \cdot & \cdot & \cdot \\ & & & & \beta_{n-2}^2 & \alpha_{n-1} & 1 \\ & & & & & \beta_{n-1}^2 & \alpha_n \end{bmatrix} \tag{4.102}$$

übergeführt. Die Matrix $\boldsymbol{A}_1$ (4.102) dient als Startmatrix für die LR-Transformation in ihrer ursprünglichen Form von 4.6.1. Da die Bandgestalt auch bei unsymmetrischer Zerlegung erhalten bleibt, werden die Matrizen $\boldsymbol{L}_1$ und $\boldsymbol{R}_1$ in $\boldsymbol{A}_1 = \boldsymbol{L}_1\boldsymbol{R}_1$ angesetzt als

$$\boldsymbol{L}_1 = \begin{bmatrix} 1 & & & & & \\ e_1^{(1)} & 1 & & & & \\ & e_2^{(1)} & 1 & & & \\ & & e_3^{(1)} & 1 & & \\ & & & \cdot & \cdot & \\ & & & & e_{n-1}^{(1)} & 1 \end{bmatrix}, \quad \boldsymbol{R}_1 = \begin{bmatrix} q_1^{(1)} & 1 & & & & \\ & q_2^{(1)} & 1 & & & \\ & & q_3^{(1)} & 1 & & \\ & & & \cdot & \cdot & \\ & & & & q_{n-1}^{(1)} & 1 \\ & & & & & q_n^{(1)} \end{bmatrix} \tag{4.103}$$

Für die Werte $q_k^{(1)}$ und $e_k^{(1)}$ ergeben sich aus (4.102) und (4.103)

$$\left.\begin{aligned} q_1^{(1)} &= \alpha_1, \\ e_k^{(1)} &= \beta_k^2/q_k^{(1)}, \qquad q_{k+1}^{(1)} = \alpha_{k+1} - e_k^{(1)}, \qquad (k = 1, 2, \ldots, n-1). \end{aligned}\right\} \quad (4.104)$$

Die Multiplikation $\boldsymbol{R}_1\boldsymbol{L}_1 = \boldsymbol{A}_2$ erzeugt eine zu (4.102) analoge Matrix $\boldsymbol{A}_2$, deren Diagonalelemente mit $\alpha_k^{(2)}$ und deren Elemente in der unteren begleitenden Diagonale mit $\beta_k^{(2)2}$ bezeichnet sein mögen. Diese Werte sind

$$\left.\begin{aligned} \alpha_k^{(2)} &= q_k^{(1)} + e_k^{(1)}, \qquad \beta_k^{(2)2} = q_{k+1}^{(1)} \cdot e_k^{(1)}, \qquad (k = 1, 2, \ldots, n-1) \\ \alpha_n^{(2)} &= q_n^{(1)}. \end{aligned}\right\} \quad (4.105)$$

Die Zerlegung von $\boldsymbol{A}_2 = \boldsymbol{L}_2\boldsymbol{R}_2$ in entsprechende Matrizen $\boldsymbol{L}_2$ und $\boldsymbol{R}_2$ ergibt für ihre Elemente in Analogie zu (4.104)

$$\left.\begin{aligned} q_1^{(2)} &= \alpha_1^{(2)}, \\ e_k^{(2)} &= \beta_k^{(2)2}/q_k^{(2)}, \qquad q_{k+1}^{(2)} = \alpha_{k+1}^{(2)} - e_k^{(2)}, \qquad (k = 1, 2, \ldots, n-1). \end{aligned}\right\} \quad (4.106)$$

Im entstandenen Rechenprozeß wird die Matrix $\boldsymbol{A}_2$ eliminiert, und der direkte Übergang von den $q_k^{(1)}$ und $e_k^{(1)}$ zu den $q_k^{(2)}$ und $e_k^{(2)}$ vollzogen. Aus (4.105) und (4.106) folgen die Beziehungen

$$\left.\begin{aligned} q_1^{(2)} &= q_1^{(1)} + e_1^{(1)} \\ e_k^{(2)} &= \frac{q_{k+1}^{(1)}}{q_k^{(2)}} e_k^{(1)}, \qquad q_{k+1}^{(2)} = q_{k+1}^{(1)} + e_{k+1}^{(1)} - e_k^{(2)}, \qquad (k = 1, 2, \ldots, n-1). \end{aligned}\right\} \quad (4.107)$$

Die Formel (4.107) für $q_n^{(2)}$ bleibt richtig, falls $e_n^{(1)} = 0$ definiert wird. Die Fortsetzung des ersten durch (4.107) definierten Rechenschrittes für $q_k^{(2)}$ und $e_k^{(2)}$ erzeugt Wertefolgen $q_k^{(s)}$ und $e_k^{(s)}$, die im sogenannten Quotienten-Differenzen-Schema (4.108) angeordnet werden. Darin erscheinen die q- und e-Werte mit gleichem oberen Index abwechselnd in einer Schrägzeile.

$$\begin{array}{ccccccccccc}
q_1^{(1)} & & & & & & & & & & \\
 & e_1^{(1)} & & & & & & & & & \\
q_1^{(2)} & & q_2^{(1)} & & & & & & & & \\
 & e_1^{(2)} & & e_2^{(1)} & & & & & & & \\
q_1^{(3)} & & q_2^{(2)} & & q_3^{(1)} & & & & & & \\
 & e_1^{(3)} & & e_2^{(2)} & & \cdot & & & & & \\
\cdot & & q_2^{(3)} & & q_3^{(2)} & & \cdot & & q_{n-1}^{(1)} & & \\
 & \cdot & & e_2^{(3)} & & \cdot & & & & e_{n-1}^{(1)} & \\
\cdot & & \cdot & & q_3^{(3)} & & \cdot & & q_{n-1}^{(2)} & & q_n^{(1)} \\
 & \cdot & & \cdot & & \cdot & & & & e_{n-1}^{(2)} & \\
 & & \cdot & & \cdot & & \cdot & & q_{n-1}^{(3)} & & q_n^{(2)} \\
 & & & \cdot & & & & & & e_{n-1}^{(3)} & \\
 & & & & \cdot & & & & \cdot & & q_n^{(3)} \\
 & & & & & & & & & \cdot & \\
 & & & & & & & & \cdot & & \cdot \\
 & & & & & & & & & \cdot & \\
 & & & & & & & & & & \cdot
\end{array} \quad (4.108)$$

Sobald eine volle Schrägzeile vorliegt, kann die nächstfolgende nach (4.107) elementweise von links nach rechts berechnet werden. Dabei werden stets vier Elemente des Schemas miteinander verknüpft, welche die Ecken eines Rhombus bilden. Das neu zu berechnende Element steht an seiner unteren Ecke. In den Fig. 18 und 19 sind die typischen Rhomben zur Berechnung je eines e- und eines q-Wertes dargestellt.

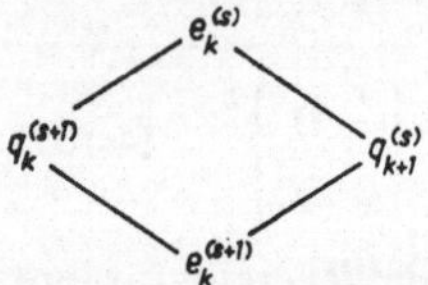

Fig. 18 Erste Rhombenregel

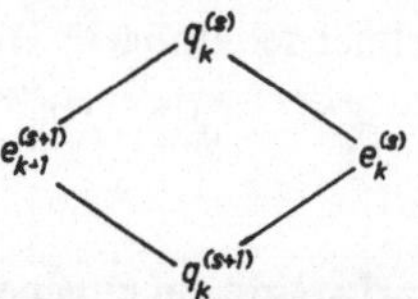

Fig. 19 Zweite Rhombenregel

Nach (4.107) sind in Fig. 18 das Produkt und in Fig. 19 die Summe der Elemente in der neuen Zeile gleich den entsprechenden Werten der alten Zeile. Dies sind die Rhombenregeln des Quotienten-Differenzen-Algorithmus (QD-Algorithmus) [42], [43], [28]. Die erste Rhombenregel (Fig. 18) besagt, daß $e_k^{(s+1)}$ erhalten wird, indem das Produkt des oben und des rechts stehenden Elements durch das links stehende Element dividiert wird. Für die Berechnung von $q_k^{(s+1)}$ ist die zweite Rhombenregel (Fig. 19) zuständig, indem von der Summe des oben und des rechts stehenden Elementes das links stehende Element subtrahiert wird. Die beiden Rhombenregeln sind dual zueinander, indem sich die multiplikativen und additiven Operationen bei Vertauschung der q- und e-Werte gegenseitig entsprechen.

Es ist zu erwarten, daß der QD-Algorithmus als Spezialfall der LR-Transformation konvergiert, und daß die q-Werte der Rechtsdreiecksmatrizen $\boldsymbol{R}_s$ gegen die Eigenwerte von $\boldsymbol{A}$, bzw. von $\boldsymbol{J}$ konvergieren, und die e-Werte gegen Null streben. Da der QD-Algorithmus auf der unsymmetrischen Zerlegung basiert, können wir uns nicht auf Satz 4.17 berufen, sondern haben die Konvergenz neu zu beweisen. Als Vorbereitung dazu wird eine Eigenschaft des entstehenden QD-Schemas gezeigt.

Satz 4.20. *Die Startwerte $q_k^{(1)}$ und $e_k^{(1)}$ der ersten Schrägzeile des QD-Schemas für eine symmetrisch-definite, nicht zerfallende tridiagonale Matrix $\boldsymbol{J}$ (bzw. $\boldsymbol{A}_1$ (4.102)) sind wesentlich positiv.*

Beweis: In der Tat ist dies für $q_1^{(1)} = \alpha_1$ und $e_1^{(1)} = \beta_1^2/q_1^{(1)}$ nach der vorausgesetzten positiven Definitheit und der Irreduzibilität von $\boldsymbol{J}$ mit $\alpha_1 > 0$ und $\beta_1 \neq 0$ erfüllt. Wegen $\beta_k^2 > 0$ $(k = 1, 2, \ldots, n-1)$ ist $e_k^{(1)} > 0$ nach (4.104), sobald $q_k^{(1)} > 0$ nachgewiesen ist. Allgemein ist $q_k^{(1)}$ $(k = 2, 3, \ldots, n)$ der Quotient des

k-reihigen und $(k-1)$-reihigen Hauptminors, was durch vollständige Induktion bewiesen wird.

Induktionsvoraussetzung: Es sei h_i der Hauptminor der Ordnung i $(i = 1, 2, \ldots, n)$ der Matrix $\boldsymbol{J}$, und es gelte

$$q_i^{(1)} = h_i/h_{i-1}, \qquad (i = 2, 3, \ldots, k-1).$$

Induktionsbehauptung: Es ist $q_k^{(1)} = h_k/h_{k-1}$.

Induktionsbeweis: Nach (4.104), nach Induktionsvoraussetzung und schließlich infolge der tridiagonalen Gestalt von $\boldsymbol{J}$ gelten nacheinander

$$\begin{aligned} q_k^{(1)} &= \alpha_k - e_{k-1}^{(1)} = \alpha_k - \beta_{k-1}^2/q_{k-1}^{(1)} = \alpha_k - \beta_{k-1}^2 h_{k-2}/h_{k-1} \\ &= \left(\alpha_k h_{k-1} - \beta_{k-1}^2 h_{k-2}\right)/h_{k-1} = h_k/h_{k-1}. \end{aligned}$$

Induktionsverankerung: Für $q_2^{(1)}$ ergibt sich der Ausdruck

$$q_2^{(1)} = \alpha_2 - e_1^{(1)} = \alpha_2 - \beta_1^2/\alpha_1 = \left(\alpha_1\alpha_2 - \beta_1^2\right)/\alpha_1 = h_2/h_1.$$

Die Hauptminoren einer positiv definiten Matrix sind positiv, so daß $q_k^{(1)} > 0$ $(k = 1, 2, \ldots, n)$ ist.

Die Eigenschaft der ersten Schrägzeile des QD-Schemas, nur wesentlich positive Elemente zu enthalten, überträgt sich als Invariante auf die folgenden Schrägzeilen, da sie als Zerlegung einer entsprechenden, zu $\boldsymbol{J}$ ähnlichen, positiv definiten Matrix betrachtet werden können. Man spricht deshalb von einem positiven QD-Schema [46], wobei wesentlich ist, daß die neuen q- Werte positiv bleiben, obwohl sie nach der zweiten Rhombenregel durch je eine Addition und eine Subtraktion entstehen. Desgleichen können die e-Werte theoretisch nicht verschwinden, da sie nach der ersten Rhombenregel durch Multiplikation mit einem positiven Quotienten entstehen. Ein positives QD-Schema besitzt die numerische Eigenschaft, daß man nie durch den Wert Null zu dividieren hat. Man braucht sich nicht um diesen Ausnahmefall zu kümmern.

Nach diesen Feststellungen wenden wir uns der Konvergenzfrage zu.

Satz 4.21. *Der QD-Algorithmus für eine symmetrisch-definite, nicht zerfallende tridiagonale Matrix* $\boldsymbol{J}$, *bzw.* $\boldsymbol{A}_1$ (4.102), *ist konvergent. Überdies sind die Grenzwerte* $\lim\limits_{s\to\infty} q_k^{(s)} = \lambda_k$ *die der Größe nach geordneten Eigenwerte* $\lambda_1 > \lambda_2 > \ldots > \lambda_n$ *der Matrix* $\boldsymbol{J}$, *bzw.* $\boldsymbol{A}_1$.

Beweis: Für die Folge der q-Werte der letzten Kolonne im QD-Schema gilt nach der zweiten Rhombenregel

$$q_n^{(s+1)} = q_n^{(s)} - e_{n-1}^{(s+1)}.$$

Da das QD-Schema positiv ist, gilt $e_{n-1}^{(s+1)} > 0$ für alle $s \geqslant 0$, und infolgedessen ist $q_n^{(s+1)}$ eine monoton abnehmende Folge. Sie ist anderseits nach unten durch Null beschränkt. Die Folge ist konvergent und es folgt notwendigerweise

$$\lim_{s \to \infty} e_{n-1}^{(s+1)} = 0. \tag{4.109}$$

Um zu zeigen, daß die Werte $e_{n-2}^{(s)}$ eine Nullfolge bilden, betrachten wir die Summe $q_{n-1}^{(s+1)} + q_n^{(s)}$. Für sie gilt nach der zweiten Rhombenregel

$$q_{n-1}^{(s+1)} + q_n^{(s)} = q_{n-1}^{(s)} + q_n^{(s-1)} - e_{n-2}^{(s+1)}.$$

Diese Summe ist wegen $e_{n-2}^{(s+1)} > 0$ mit zunehmendem s eine streng monoton abnehmende und nach unten beschränkte Folge. Daraus folgt notwendigerweise, daß

$$\lim_{s \to \infty} e_{n-2}^{(s+1)} = 0 \tag{4.110}$$

ist. Die Fortsetzung dieser Überlegung auf Summen von q-Werten zeigt, daß alle e-Kolonnen gegen Null und deshalb die q-Kolonnen gegen die Eigenwerte der Matrix $\boldsymbol{J}$, bzw. $\boldsymbol{A}_1$ konvergieren. Die Grenzwerte der q-Kolonnen sind aber notwendigerweise der Größe nach geordnet. Nach Satz 4.10 hat die Matrix $\boldsymbol{J}$ unter den gemachten Voraussetzungen positive, voneinander verschiedene Eigenwerte. Alle Quotienten $q_{k+1}^{(s)}/q_k^{(s+1)}$ sind deshalb im Grenzfall von Eins verschieden. Da die Werte $e_k^{(s)} > 0$ sind, und $e_k^{(s)}$ für jedes feste k mit zunehmendem s gegen Null konvergiert, ist dies wegen der ersten Rhombenregel nur möglich, falls

$$\lim_{s \to \infty} \frac{q_{k+1}^{(s)}}{q_k^{(s+1)}} < 1 \quad \text{ist für} \quad k = 1, 2, \ldots, n-1.$$

Beispiel 4.10. Die Eigenwerte der tridiagonalen Matrix

$$\boldsymbol{J} = \boldsymbol{A}_1 = \begin{bmatrix} 2 & 1 & & \\ 1 & 2 & 1 & \\ & 1 & 2 & 1 \\ & & 1 & 2 \end{bmatrix}$$

sind $\lambda_k = 2 \pm \sqrt{0{,}5(3 \pm \sqrt{5})}$, also $\lambda_1 = 3{,}61803$, $\lambda_2 = 2{,}61803$, $\lambda_3 = 1{,}38197$, $\lambda_4 = 0{,}38197$. Die ersten acht Zeilen des zugehörigen QD-Schemas sind in Tab. 21 wiedergegeben.

Die Konvergenz der e-Werte gegen Null, bzw. der q-Werte gegen die Eigenwerte, ist linear, indem für jedes k die Werte $e_k^{(s)}$ asymptotisch wie geometrische Folgen mit den Quotienten λ_{k+1}/λ_k gegen Null konvergieren. Durch geeignete Koordinatenverschiebungen wird das Konvergenzverhalten so verbessert, daß die Konvergenzquotienten für $e_{n-1}^{(s)}$ verkleinert werden. Dabei ist zu beachten, daß die numerisch vorteilhafte Eigenschaft des positiven QD-Schemas erhalten bleibt. Die Verschiebung darf nicht größer als der kleinste Eigenwert

Tab. 21 QD-Schema

$q_1^{(s)}$	$e_1^{(s)}$	$q_2^{(s)}$	$e_2^{(s)}$	$q_3^{(s)}$	$e_3^{(s)}$	$q_4^{(s)}$
2,00000						
	0,50000					
2,50000		1,50000				
	0,30000		0,66667			
2,80000		1,86667		1,33333		
	0,20000		0,47619		0,75000	
3,00000		2,14286		1,60714		1,25000
	0,14286		0,35714		0,58333	
3,14286		2,35714		1,83333		0,66667
	0,10714		0,27778		0,21212	
3,25000		2,52778		1,76767		0,45455
	0,08333		0,19425		0,05455	
3,33333		2,63870		1,62797		0,40000
	0,06597		0,11984		0,01340	
3,39930		2,69257		1,52153		0,38660
	0,05225		0,06772		0,00340	
		2,70804		1,45721		0,38320
			0,03644		0,00089	
				1,42166		0,38231
					0,00024	
						0,38207
↓		↓		↓		↓
3,61803		2,61803		1,38197		0,38197

sein. Eine zu große Wahl der Verschiebung äußert sich in einem negativen q-Wert.

Die Modifikation der Rhombenregeln, die durch eine Koordinatenverschiebung um y_s im s-ten QD-Schritt bedingt ist, betrifft nur die zweite Rhombenregel. Nach Bildung von $\boldsymbol{R}_s\boldsymbol{L}_s = \boldsymbol{A}_{s+1}$ sind zur Berücksichtigung der Verschiebung um y_s die Elemente $\alpha_k^{(s+1)}$ durch $\alpha_k^{(s+1)}-y_s$ zu ersetzen. Dies betrifft in der nachfolgenden Zerlegung von $(\boldsymbol{A}_{s+1}-y_s\boldsymbol{I}) = \boldsymbol{L}_{s+1}\boldsymbol{R}_{s+1}$ nur die Formeln zur Berechnung der $q_k^{(s+1)}$. Es resultiert der modifizierte QD-Algorithmus mit Koordinatenverschiebungen.

Start.

$$q_1^{(1)} = \alpha_1, \qquad z_1 = 0$$
$$e_k^{(1)} = \beta_k^2/q_k^{(1)}, \qquad q_{k+1}^{(1)} = \alpha_{k+1}-e_k^{(1)}, \qquad (k = 1, 2, \ldots, n-1) \tag{4.111}$$

s-ter QD-Schritt ($s = 1, 2, \ldots$).

$$
\begin{array}{ll}
\text{a)} & \text{Wahl von } y_s < \lambda_n(A_{s+1}) \\
\text{b)} & q_1^{(s+1)} = q_1^{(s)} + e_1^{(s)} - y_s \\
& e_k^{(s+1)} = \dfrac{q_{k+1}^{(s)}}{q_k^{(s+1)}} e_k^{(s)}, \quad q_{k+1}^{(s+1)} = q_{k+1}^{(s)} + e_{k+1}^{(s)} - e_k^{(s+1)} - y_s \\
& \qquad (k = 1, 2, \ldots, n-1) \\
\text{c)} & z_{s+1} = z_s + y_s
\end{array}
\tag{4.112}
$$

Der Wert von z_s stellt die totale Koordinatenverschiebung dar. Falls in jedem Schritt y_s möglichst groß, aber stets kleiner als der kleinste Eigenwert der Matrix A_{s+1} gewählt wird, konvergiert das letzte q-Element gegen Null und z_{s+1} gegen den kleinsten Eigenwert von A_1, bzw. J. Dementsprechend strebt $e_{n-1}^{(s)}$ im allgemeinen rasch gegen Null. Sobald $e_{n-1}^{(s)}$ hinreichend klein ist, stellt z_s den kleinsten Eigenwert dar. Für die Fortsetzung des Verfahrens werden die beiden letzten Kolonnen des QD-Schemas weggelassen, so daß sich wiederum die kleinsten Eigenwerte in aufsteigender Reihenfolge ergeben. Analog zum LR-Cholesky-Verfahren läßt sich die mögliche Verschiebung y_s für den s-ten QD-Schritt durch eine Versuchszerlegung und entsprechende Steuerung durch den Rechenautomaten bestimmen.

Beispiel 4.11. Die Konvergenzbeschleunigung durch Koordinatenverschiebungen wird für die Matrix des Beispiels 4.10 gezeigt. Ausgehend von der gleichen ersten Schrägzeile werden die Verschiebungen $y_s = \varphi \cdot q_n^{(s)}$ gesetzt, worin $q_n^{(s)}$ das jeweilige letzte q-Element des eventuell reduzierten QD-Schemas bedeutet, und der Faktor φ für zwei aufeinanderfolgende QD-Schritte gleich und die speziellen Werte 1/4, 1/2, 3/4, 7/8, 15/16, ... durchlaufen soll. Die so angesetzten Verschiebungen sind für das Beispiel möglich. Die Rechnung ist in Tab. 22 dargestellt. Man beachte die rasche Konvergenz von $e_3^{(s)}$ gegen Null. Nach fünf Schritten ist $e_3^{(6)} \approx 2 \cdot 10^{-7}$. In der zugehörigen Matrix A_7 ist $\beta_3^{(7)2} \approx 2 \cdot 10^{-7}$, so daß auch sie zerfällt. Der kleinste Eigenwert wird deshalb $\lambda_4 = z_6 + q_4^{(6)} = 0{,}38196$, welcher bis auf eine Einheit der letzten Stelle richtig ist. In Tab. 22 ist noch die Fortsetzung mit den reduzierten QD-Schemata dargestellt.

Der QD-Algorithmus zur Bestimmung der Eigenwerte einer symmetrisch-definiten, nicht zerfallenden tridiagonalen Matrix ist ein *einfaches und numerisch stabiles Rechenverfahren* [46]. Der Rechenaufwand für einen QD-Schritt entspricht ziemlich genau demjenigen eines Schrittes der Methode der fortgesetzten Intervallhalbierung (siehe 4.5.4). Im Fall des QD-Algorithmus sind jedoch im allgemeinen weniger Schritte zur Bestimmung eines Eigenwertes erforderlich als in der Methode der Bisection. *Falls nur einige der kleinsten Eigenwerte verlangt sind, ist der QD-Algorithmus vorzuziehen.*

Tab. 22 QD-Algorithmus mit Koordinatenverschiebungen

Verschiebungen		$q_1^{(s)}$	$e_1^{(s)}$	$q_2^{(s)}$	$e_2^{(s)}$	$q_3^{(s)}$	$e_3^{(s)}$	$q_4^{(s)}$
$z_1 = 0$		2,00000						
	$y_1 = 0{,}31250$		0,50000					
$z_2 = 0{,}31250$		2,18750		1,50000				
	$y_2 = 0{,}03620$		0,34286		0,66667			
$z_3 = 0{,}34870$		2,49416		1,51131		1,33333		
	$y_3 = 0{,}01761$		0,20775		0,58816		0,75000	
$z_4 = 0{,}36631$		2,68430		1,85552		1,18267		1,25000
	$y_4 = 0{,}00784$		0,14361		0,37488		0,79270	
$z_5 = 0{,}37415$		2,82007		2,06918		1,56429		0,14480
	$y_5 = 0{,}00586$		0,10537		0,28341		0,07338	
$z_6 = 0{,}38001$		2,91958		2,23938		1,33665		0,03522
			0,08082		0,16916		0,00193	
				2,32186		1,16158		0,01568
					0,08463		0,00003	
						1,07112		0,00781
	$y_6 = 0{,}80334$						0,00000	
								0,00195
$z_7 = 1{,}18335$		2,19706						$\lambda_4 = 0{,}38196$
	$y_7 = 0{,}18204$		0,08541					
$z_8 = 1{,}36539$		2,10043		1,51774				
	$y_8 = 0{,}01460$		0,06172		0,05973			
$z_9 = 1{,}37999$		2,14755		1,33371		0,20805		
	$y_9 = 0{,}00185$		0,03833		0,00932			
$z_{10} = 1{,}38184$		2,18403		1,29010		0,01669		
			0,02264		0,00012			
				1,26573		0,00197		
					0,00000			
	$y_{10} = 1{,}18662$					0,00012		
$z_{11} = 2{,}56846$		1,02005						
	$y_{11} = 0{,}04943$		0,02809			$\lambda_3 = 1{,}38196$		
$z_{12} = 2{,}61789$		0,99871		0,05102				
	$y_{12} = 0{,}00014$		0,00144					
$z_{13} = 2{,}61803$		1,00001		0,00015				
			0,00000					
				0,00001				
		$\lambda_1 = 3{,}61804$		$\lambda_2 = 2{,}61804$				

4.6.6. Anwendungen des QD-Algorithmus. Neben der Berechnung der Eigenwerte von tridiagonalen Matrizen besitzt der QD-Algorithmus verschiedene Anwendungen. Im folgenden wird geschildert, wie die Anfangswerte der ersten Schrägzeile in diesen Anwendungen erhalten werden. Im übrigen sei auf die Übersicht in [30] verwiesen.

a) Bestimmung der Nullstellen eines Polynoms. Der euklidische Algorithmus zur Bestimmung des größten gemeinschaftlichen Teilers zweier Polynome $p_n(x)$ und $p_{n-1}(x)$ vom echten Grad n und $n-1$ und mit Höchstkoeffizienten gleich Eins, erzeugt eine rekursive Folge von Polynomen absteigenden Grades

$$\left.\begin{aligned} p_n(x) &= (x-\alpha_n)\,p_{n-1}(x)-\beta_{n-1}\,p_{n-2}(x)\\ p_{n-1}(x) &= (x-\alpha_{n-1})\,p_{n-2}(x)-\beta_{n-2}\,p_{n-3}(x)\\ &\cdots\cdots\cdots\cdots\\ p_2(x) &= (x-\alpha_2)\,p_1(x)-\beta_1\,p_0(x)\\ p_1(x) &= (x-\alpha_1)\,p_0(x) \end{aligned}\right\} \tag{4.113}$$

Die Werte β_k sind so zu bestimmen, daß das Restpolynom $p_{k-1}(x)$ den Höchstkoeffizienten Eins erhält. Falls die gegebenen Polynome $p_n(x)$ und $p_{n-1}(x)$ teilerfremd sind, endet der Algorithmus, abgesehen von gewissen Ausnahmefällen, in denen ein Restpolynom von kleinerem Grad wird, mit dem Polynom $p_0(x)=1$. Auf Grund der Rekursionsformeln (4.113) ist $p_n(x)$ interpretierbar als charakteristisches Polynom der tridiagonalen Matrix

$$\boldsymbol{A} = \begin{bmatrix} \alpha_1 & 1 & & & \\ \beta_1 & \alpha_2 & 1 & & \\ & \beta_2 & \alpha_3 & 1 & \\ & & \cdot & \cdot & \cdot \\ & & & \beta_{n-1} & \alpha_n \end{bmatrix}.$$

Die Nullstellen von $p_n(x)$ sind damit identisch mit den Eigenwerten von $\boldsymbol{A}$, welche sich mit dem QD-Algorithmus berechnen lassen. Die erste Schrägzeile des QD-Schemas berechnet sich aus den Koeffizienten α_k und β_k des euklidischen Algorithmus gemäß

$$\left.\begin{aligned} q_1^{(1)} &= \alpha_1\\ e_k^{(1)} &= \beta_k/q_k^{(1)}, \quad q_{k+1}^{(1)} = \alpha_k - e_k^{(1)}, \qquad (k=1,2,\ldots,n-1). \end{aligned}\right\} \tag{4.114}$$

Falls die Nullstellen von $p_n(x)$ einfach sind, kann für $p_{n-1}(x)$ die Ableitung des gegebenen Polynoms $p_n(x)$ genommen werden, so normiert, daß der Höchstkoeffizient Eins wird. Sind die Nullstellen von $p_n(x)$ zudem reell und positiv, ist das entstehende QD-Schema positiv.[1)]

Beispiel 4.12. Für das Polynom $p_4(x) = x^4-10x^3+35x^2-50x+24 = (x-1) \cdot(x-2)(x-3)(x-4)$ mit positiven einfachen Nullstellen liefert der euklidische Algorithmus mit der normierten Ableitung $p_3(x) = 0{,}25\, p_4'(x) = x^3-7{,}5x^2+17{,}5x-12{,}5$ nacheinander

$$\begin{aligned}
p_4(x) &= x^4-10x^3+35x^2-50x+24 \\
p_3(x) &= x^3-7{,}5x^2+17{,}5x-12{,}5, \quad \alpha_4 = 2{,}5, \quad \beta_3 = 1{,}25 \\
p_2(x) &= x^2-5x+5{,}8, \quad \alpha_3 = 2{,}5, \quad \beta_2 = 0{,}8 \\
p_1(x) &= x-2{,}5, \quad \alpha_2 = 2{,}5, \quad \beta_1 = 0{,}45 \\
p_0(x) &= 1, \quad \alpha_1 = 2{,}5.
\end{aligned}$$

Das zugehörige QD-Schema ohne Verschiebungen ist in Tab. 23 wiedergegeben. Der QD-Algorithmus konvergiert in diesem Beispiel für die ersten beiden q-Kolonnen besonders langsam, da die q-Werte fast gleich groß sind. Immerhin erscheint die kleinste Nullstelle von $p_4(x)$ schon recht deutlich.

b) Die Methode der konjugierten Gradienten und die Bestimmung der Eigenwerte des Operators A. Nach der Rechenvorschrift (2.96) erzeugt das Verfahren der konjugierten Gradienten zwei Vektorfolgen

$$\boldsymbol{r}^{(k)} = \boldsymbol{r}^{(k-1)}+q_k(A\boldsymbol{p}^{(k)}), \qquad \boldsymbol{p}^{(k)} = -\boldsymbol{r}^{(k-1)}+e_{k-1}\boldsymbol{p}^{(k-1)}$$

mit Werten $e_{k-1} > 0$ und $q_k > 0$. Für den Residuenvektor $\boldsymbol{r}^{(k)}$ gilt eine dreigliedrige Rekursionsformel:

$$\begin{aligned}
\boldsymbol{r}^{(k)} &= \boldsymbol{r}^{(k-1)}+q_k(A\boldsymbol{p}^{(k)}) = \boldsymbol{r}^{(k-1)}+q_kA(-\boldsymbol{r}^{(k-1)}+e_{k-1}\boldsymbol{p}^{(k-1)}) \\
&= \boldsymbol{r}^{(k-1)}-q_kA\boldsymbol{r}^{(k-1)}+e_{k-1}q_kA\boldsymbol{p}^{(k-1)} \\
&= \boldsymbol{r}^{(k-1)}-q_kA\boldsymbol{r}^{(k-1)}+e_{k-1}q_k\frac{1}{q_{k-1}}(\boldsymbol{r}^{(k-1)}-\boldsymbol{r}^{(k-2)}).
\end{aligned}$$

Aufgelöst nach $A\boldsymbol{r}^{(k-1)}$ liefert dies eine Beziehung zwischen drei aufeinanderfolgenden Residuenvektoren

$$A\boldsymbol{r}^{(k-1)} = -\frac{e_{k-1}}{q_{k-1}}\boldsymbol{r}^{(k-2)}+\left(\frac{1}{q_k}+\frac{e_{k-1}}{q_{k-1}}\right)\boldsymbol{r}^{(k-1)}-\frac{1}{q_k}\boldsymbol{r}^{(k)}. \tag{4.115}$$

[1)] Diese willkommene Eigenschaft wird dadurch erreicht, daß die erste Schrägzeile mit dem euklidischen Algorithmus erzeugt wird. Die in [64] gegebene und an sich einfachere Einleitung des QD-Schemas hat diese Eigenschaft nicht; selbst wenn alle Nullstellen positiv sind, erscheinen im QD-Schema sofort neben positiven auch negative Werte.

Tab. 23 Nullstellenberechnung eines Polynoms

$q_1^{(s)}$	$e_1^{(s)}$	$q_2^{(s)}$	$e_2^{(s)}$	$q_3^{(s)}$	$e_3^{(s)}$	$q_4^{(s)}$
2,50000						
	0,18000					
2,68000		2,32000				
	0,15582		0,34483			
2,83582		2,50901		2,15517		
	0,13786		0,29620		0,58000	
2,97368		2,66735		2,43897		1,92000
	0,12366		0,27084		0,45659	
3,09734		2,81453		2,62472		1,46341
	0,11237		0,25257		0,25457	
3,20971		2,95473		2,62672		1,20884
	0,10344		0,22453		0,11716	
3,31315		3,07582		2,51935		1,09168
	0,09603		0,18391		0,05077	
		3,16370		2,38621		1,04091
			0,13871		0,02215	
				2,26965		1,01876
					0,00994	
						1,00882
↓		↓		↓		↓
4,00000		3,00000		2,00000		1,00000

Die Beziehung (4.115) bleibt für $k = 1$ bestehen, falls $e_0 = 0$ gesetzt wird. Nach Satz 2.12 bilden die Residuenvektoren $\boldsymbol{r}^{(0)}, \boldsymbol{r}^{(1)}, \ldots, \boldsymbol{r}^{(n-1)}$ ein vollständiges Orthogonalsystem, falls das Verfahren nicht zufällig früher abbricht. Die Residuenvektoren sollen normiert werden zu Vektoren

$$\boldsymbol{u}^{(k)} = \frac{\boldsymbol{r}^{(k-1)}}{\varrho_{k-1}}, \quad \varrho_{k-1} = (\boldsymbol{r}^{(k-1)}, \boldsymbol{r}^{(k-1)})^{\frac{1}{2}}, \quad (k = 1, 2, \ldots, n), \tag{4.116}$$

welche ein vollständiges Orthonormalsystem bilden. Für sie lautet (4.115)

$$\begin{aligned} \boldsymbol{A}\boldsymbol{u}^{(k)} = \frac{1}{\varrho_{k-1}} \Bigg[-\frac{e_{k-1}}{q_{k-1}} \varrho_{k-2} \boldsymbol{u}^{(k-1)} + \left(\frac{1}{q_k} + \frac{e_{k-1}}{q_{k-1}} \right) \varrho_{k-1} \boldsymbol{u}^{(k)} \\ - \frac{1}{q_k} \varrho_k \boldsymbol{u}^{(k+1)} \Bigg], \quad (k = 1, 2, \ldots, n). \end{aligned} \tag{4.117}$$

Für $k = n$ ist $\boldsymbol{u}^{(n+1)} = 0$ entsprechend der Tatsache, daß $\boldsymbol{r}^{(n)}$ verschwindet. Die Darstellung des Operators $\boldsymbol{A}$ bezüglich der Basis der orthonormierten Vektoren $\boldsymbol{u}^{(k)}$ wird gegeben durch $\boldsymbol{B} = \boldsymbol{U}^{\mathrm{T}} \boldsymbol{A} \boldsymbol{U}$, worin $\boldsymbol{U}$ die orthogonale Matrix bedeutet, deren k-te Kolonne den Vektor $\boldsymbol{u}^{(k)}$ enthält. Das allgemeine Element b_{ik} von $\boldsymbol{B}$ berechnet sich als

$$b_{ik} = (\boldsymbol{u}^{(i)}, \boldsymbol{A}\boldsymbol{u}^{(k)}).$$

Wegen (4.117) und der Orthonormiertheit der Vektoren $\boldsymbol{u}^{(i)}$ ist die Matrix $\boldsymbol{B}$ tridiagonal, und ihre nichttrivialen Elemente $\alpha_k = b_{kk}$ und $\beta_k = b_{k,k+1} = b_{k+1,k}$ werden unter Beachtung daß nach (2.90)

$$e_k = \left(\frac{\varrho_k}{\varrho_{k-1}}\right)^2$$

gilt,

$$\left.\begin{aligned} \alpha_k &= \frac{1}{q_k} + \frac{e_{k-1}}{q_{k-1}}, && (k = 1, 2, \ldots, n) \quad e_0 = 0, \\ \beta_k &= -\frac{e_k}{q_k}\frac{\varrho_{k-1}}{\varrho_k}, && (k = 1, 2, \ldots, n-1), \\ \beta_k^2 &= \frac{e_k^2}{q_k^2}\frac{\varrho_{k-1}^2}{\varrho_k^2} = \frac{e_k}{q_k^2}, && (k = 1, 2, \ldots, n-1). \end{aligned}\right\} \quad (4.118)$$

Damit ist beim Verfahren der konjugierten Gradienten die Verbindung der gegebenen Matrix $\boldsymbol{A}$ zu einer dazu ähnlichen tridiagonalen Matrix $\boldsymbol{B}$ hergestellt.[1] Ihre Elemente ergeben sich aus den q- und e-Werten der Methode der konjugierten Gradienten nach (4.118). Die Eigenwerte von $\boldsymbol{A}$ lassen sich aus $\boldsymbol{B}$ mit Hilfe des QD-Algorithmus berechnen, indem sich die Startwerte $q_k^{(1)}$ und $e_k^{(1)}$ der ersten Schrägzeile des QD-Schemas durch eine triviale Umrechnung der Größen q_k und e_k der Methode der konjugierten Gradienten ergeben.

$$\left.\begin{aligned} q_1^{(1)} &= \frac{1}{q_1} \\ e_k^{(1)} &= \frac{e_k}{q_k}, \quad q_{k+1}^{(1)} = \frac{1}{q_{k+1}}, \qquad (k = 1, 2, \ldots, n-1). \end{aligned}\right\} \quad (4.119)$$

Das entstehende QD-Schema ist positiv.

4.7. Vektoriteration. Größte und kleinste Eigenwerte

In diesem Paragraphen gelangen iterative Verfahren zur Darstellung, die durch eine geeignete Folge von Iterierten eines willkürlichen Anfangsvektors den betragsgrößten, bzw. betragskleinsten Eigenwert und den zugehörigen Eigenvek-

[1] Das Verfahren der konjugierten Gradienten leistet also theoretisch dasselbe wie die Verfahren von Givens und Householder, ist jedoch wegen numerischer Instabilität für Eigenwertberechnungen nicht zu empfehlen [13].

tor bestimmen. Eine Modifikation des Iterationsverfahrens ermittelt durch gleichzeitige Iteration mehrerer Vektoren die entsprechende Anzahl von betragsgrößten, bzw. betragskleinsten Eigenwerten mit zugehörigen Eigenvektoren. Die Verfahren sind dann geeignet, wenn neben den Eigenwerten am einen Ende des Spektrums auch die zugehörigen Eigenvektoren verlangt sind, da sich dieselben zwangsläufig ergeben. Die LR-Transformation und der QD-Algorithmus liefern primär nur die Eigenwerte, und die nachtägliche Berechnung der Eigenvektoren verlangt oft zusätzlichen Maßnahmen, um die Eigenvektoren mit Sicherheit zu bestimmen.

4.7.1. Klassische Vektoriteration. Potenzmethode. Die symmetrische Matrix A besitze einen einfachen betragsgrößten Eigenwert λ_1, so daß für die übrigen Eigenwerte die Ungleichungen

$$|\lambda_1| > |\lambda_j|, \qquad (j = 2, 3, \ldots, n) \tag{4.120}$$

gelten. Ausgehend von einem willkürlichen Anfangsvektor $x^{(0)}$ wird die unendliche Folge von iterierten Vektoren

$$x^{(k+1)} = Ax^{(k)}, \qquad (k = 0, 1, 2, \ldots) \tag{4.121}$$

gebildet. Offentsichtlich ist $x^{(k)} = A^k x^{(0)}$ gleich dem Produkt der k-ten Potenz von A mit $x^{(0)}$, weshalb die durch (4.121) definierte Vektoriteration auch als Potenzmethode bezeichnet wird.

Die Matrix A besitzt nach Satz 4.2 ein vollständiges System von n orthonormierten Eigenvektoren $y_1, y_2, \ldots, y_n$ zu den zugehörigen reellen Eigenwerten $\lambda_1, \lambda_2, \ldots, \lambda_n$. Der Startvektor $x^{(0)}$ besitzt eine Entwicklung nach den Eigenvektoren

$$x^{(0)} = c_1 y_1 + c_2 y_2 + \ldots + c_n y_n. \tag{4.122}$$

Für das folgende wird vorausgesetzt, daß $c_1 \neq 0$ sei, d. h. der Startvektor $x^{(0)}$ soll eine Komponente nach dem ersten Eigenvektor y_1 zum absolut größten Eigenwert λ_1 enthalten. Die übrigen Entwicklungskoeffizienten $c_2, c_3, \ldots, c_n$ sind beliebig.

Satz 4.22. *Unter der Voraussetzung* (4.120) *und falls in der Entwicklung* (4.122) *der Koeffizient $c_1 \neq 0$ ist, wird der k-te iterierte Vektor $x^{(k)}$ der Folge* (4.121) *für $k \to \infty$ asymptotisch das $c_1\lambda_1^k$-fache des ersten normierten Eigenvektors y_1 von A.*

Beweis: Aus (4.122) folgt für den iterierten Vektor $x^{(1)}$ auf Grund der Tatsache, daß y_j Eigenvektor von A zum Eigenwert λ_j ist, die Darstellung

$$x^{(1)} = c_1\lambda_1 y_1 + c_2\lambda_2 y_2 + \ldots + c_n\lambda_n y_n,$$

und allgemein für $x^{(k)}$

$$x^{(k)} = c_1\lambda_1^k y_1 + c_2\lambda_2^k y_2 + \ldots + c_n\lambda_n^k y_n. \tag{4.123}$$

Klammern wir darin den Wert λ_1^k aus, ergibt sich

$$x^{(k)} = \lambda_1^k \left\{ c_1 y_1 + c_2 \left(\frac{\lambda_2}{\lambda_1}\right)^k y_2 + \ldots + c_n \left(\frac{\lambda_n}{\lambda_1}\right)^k y_n \right\}. \tag{4.124}$$

Wegen (4.120) konvergieren die Quotienten $(\lambda_j/\lambda_1)^k$ mit wachsendem k gegen Null, so daß in der geschweiften Klammer von (4.124) für hinreichend großes k der erste Summand wegen $c_1 \neq 0$ schließlich überwiegt, woraus sich die Behauptung des Satzes ergibt.

Für hinreichend großes k werden zwei aufeinanderfolgende iterierte Vektoren $x^{(k)}$ und $x^{(k+1)}$ nach (4.124) proportional zueinander, und der Proportionalitätsfaktor ist gleich dem betragsgrößten Eigenwert λ_1. Der Wert λ_1 wird deshalb näherungsweise durch die Quotienten entsprechender Komponenten von aufeinanderfolgenden, hinreichend oft iterierten Vektoren gegeben.

$$\lambda_1 \sim \frac{x_i^{(k+1)}}{x_i^{(k)}}, \qquad (i = 1, 2, \ldots, n) \tag{4.125}$$

Die n Komponentenverhältnisse (4.125) variieren mit zunehmendem k im allgemeinen recht lange um den exakten Wert λ_1. Bessere Näherungen für den Eigenwert λ_1 liefern die Quotienten von S c h w a r z schen K o n s t a n t e n [54]. Sie sind definiert als skalare Produkte von zwei beliebigen Vektoren $x^{(\mu)}$ und $x^{(\nu)}$ der Folge (4.121) als

$$s_{\mu+\nu} = (x^{(\mu)}, x^{(\nu)}), \qquad (\mu, \nu = 0, 1, 2, \ldots). \tag{4.126}$$

Für die Schwarzschen Konstanten $s_{\mu+\nu}$ ergibt sich auf Grund der Entwicklung (4.123) der iterierten Vektoren $x^{(\mu)}$ und der Orthonormiertheit der Eigenvektoren y_j die Darstellung

$$s_{\mu+\nu} = c_1^2 \lambda_1^{\mu+\nu} + c_2^2 \lambda_2^{\mu+\nu} + \ldots + c_n^2 \lambda_n^{\mu+\nu}. \tag{4.127}$$

Die Werte $s_{\mu+\nu}$ sind nach (4.127) nur von der Summe $\mu+\nu$ der Indizes der beteiligten iterierten Vektoren $x^{(\mu)}$ und $x^{(\nu)}$ abhängig, was als Rechenkontrolle dienen kann. Der Quotient von zwei aufeinanderfolgenden Konstanten s_{m+1} und s_m wird damit

$$\frac{s_{m+1}}{s_m} = \frac{\sum_{i=1}^{n} c_i^2 \lambda_i^{m+1}}{\sum_{i=1}^{n} c_i^2 \lambda_i^{m}} = \lambda_1 \cdot \frac{1 + \sum_{i=2}^{n} \left(\frac{c_i}{c_1}\right)^2 \left(\frac{\lambda_i}{\lambda_1}\right)^{m+1}}{1 + \sum_{i=2}^{n} \left(\frac{c_i}{c_1}\right)^2 \left(\frac{\lambda_i}{\lambda_1}\right)^{m}}. \tag{4.128}$$

Unter Berücksichtigung von (4.120) folgt aus (4.128)

$$\lim_{m \to \infty} \frac{s_{m+1}}{s_m} = \lambda_1. \tag{4.129}$$

Speziell sind die Quotienten

$$\frac{s_{2k+1}}{s_{2k}} = \frac{(x^{(k+1)}, x^{(k)})}{(x^{(k)}, x^{(k)})} = \frac{(A x^{(k)}, x^{(k)})}{(x^{(k)}, x^{(k)})}$$

die Rayleighschen Quotienten für den k-ten iterierten Vektor $\boldsymbol{x}^{(k)}$. Liegen m iterierte Vektoren vor, können $2m+1$ Schwarzsche Konstanten s_0, $s_1, \ldots, s_{2m}$ berechnet werden, und damit $2m$ Quotienten. Diese Quotienten bestimmen den betragsgrößten Eigenwert bedeutend besser als die Komponentenverhältnisse, da die Rauhigkeiten in den einzelnen Komponenten durch die Bildung der skalaren Produkte geglättet werden.

Die Konvergenz der Potenzmethode ist linear, indem die Komponenten des Anfangsvektors $\boldsymbol{x}^{(0)}$ nach den Eigenvektoren $\boldsymbol{y}_2, \boldsymbol{y}_3, \ldots, \boldsymbol{y}_n$ nach (4.124) wie geometrische Folgen mit den Quotienten $|\lambda_j/\lambda_1| < 1$ $(j = 2, 3, \ldots, n)$ abnehmen. Die Konvergenzgeschwindigkeit wird durch den größten dieser Quotienten bestimmt. Zur Konvergenzbeschleunigung sind Verfahren entwikkelt worden, welche die lineare Konvergenz ausnützen und durch Extrapolation nach einigen Schritten stark verbesserte Näherungen liefern. Zu erwähnen sind der δ^2-Prozeß von Aitken [1] und der ε-Algorithmus von Wynn [78].
Die Potenzmethode weist die Eigenheit auf, daß die iterierten Vektoren $\boldsymbol{x}^{(k)}$ im Fall $|\lambda_1| > 1$ rasch sehr große Komponenten aufweisen, im Fall $|\lambda_1| < 1$ gegen den Nullvektor streben und einzig im Fall $|\lambda_1| = 1$ von ungefähr gleicher Norm bleiben. Dieser Tatsache ist dadurch Rechnung zu tragen, daß die iterierten Vektoren entweder in jedem Iterationsschritt oder zumindest von Zeit zu Zeit in irgendeinem Sinn normiert werden.

Wenn der betragsgrößte Eigenwert die Vielfachheit p aufweist, wird der iterierte Vektor $\boldsymbol{x}^{(k)}$ immer mehr proportional zu einem Eigenvektor des zu λ_1 gehörigen p-dimensionalen Eigenraumes. Die Richtung von $\boldsymbol{x}^{(k)}$ ist aber noch vom Startvektor abhängig. Besitzt die Matrix $\boldsymbol{A}$ zwei entgegengesetzte dominante Eigenwerte, läßt sich das Quadrat von λ_1 aus $\boldsymbol{x}^{(k+2)}$ und $\boldsymbol{x}^{(k)}$ bestimmen, und die zugehörigen Eigenvektoren ergeben sich aus zwei aufeinanderfolgenden genügend hoch iterierten Vektoren $\boldsymbol{x}^{(k+1)}$ und $\boldsymbol{x}^{(k)}$ (vgl. dazu [16], [80]).

Beispiel 4.13. Es sei der betragsgrößte Eigenwert und der zugehörige Eigenvektor der symmetrischen vierreihigen Matrix zu berechnen.

$$\boldsymbol{A} = \begin{bmatrix} 2{,}0 & -0{,}7 & 0{,}3 & -0{,}2 \\ -0{,}7 & 0{,}5 & 0{,}1 & 0{,}4 \\ 0{,}3 & 0{,}1 & 0{,}3 & 0{,}1 \\ -0{,}2 & 0{,}4 & 0{,}1 & 0{,}2 \end{bmatrix}$$

In Tab. 24 sind der Startvektor $\boldsymbol{x}^{(0)}$ und die ersten sechs iterierten Vektoren angegeben. Darunter sind je die entsprechenden Komponentenquotienten aufgeführt. Die Streuung der Komponentenverhältnisse $x_i^{(6)}/x_i^{(5)}$ $(i = 1, 2, 3, 4)$ deutet darauf hin, daß der Vektor $\boldsymbol{x}^{(6)}$ noch nicht parallel zum Eigenvektor $\boldsymbol{y}_1$ ist. Um den Eigenvektor mit größerer Genauigkeit zu erhalten, wären noch mehr Schritte nötig. Die Anwendung eines der erwähnten konvergenzbeschleunigenden Verfahren vermag einen besseren Näherungsvektor zu liefern.

Tab. 24 Potenzmethode. Iterierte Vektoren und Komponentenverhältnisse

$k =$	0	1	2	3	4	5	6
	1	1,40000	2,73000	6,06300	14,03280	32,86578	77,22787
	1	0,30000	−0,55000	−2,10400	−5,47250	−13,21280	−31,30425
$x^{(k)} =$	1	0,80000	0,74000	0,98800	1,83610	4,00412	9,21664
	1	0,50000	0,02000	−0,68800	−2,09300	−5,23055	−12,50397
$\frac{x_1^{(k)}}{x_1^{(k-1)}}$	–	1,40000	1,95000	2,22088	2,31450	2,34207	2,34980
$\frac{x_2^{(k)}}{x_2^{(k-1)}}$	–	0,30000	−1,83333	3,82545	2,60100	2,41440	2,36924
$\frac{x_3^{(k)}}{x_3^{(k-1)}}$	–	0,80000	0,92500	1,33514	1,85840	2,18077	2,30179
$\frac{x_4^{(k)}}{x_4^{(k-1)}}$	–	·0,50000	0,04000	−34,40000	·3,04215	2,49907	2,39057

Die Schwarzschen Konstanten und Quotienten, welche mit den Vektoren $x^{(0)}, x^{(1)}, \ldots, x^{(6)}$ gebildet werden können, sind in Tab. 25 zusammengestellt. Die bessere Bestimmung des Eigenwertes λ_1 ist offensichtlich, und der letzte Quotient s_{12}/s_{11} stimmt bis auf zwei Einheiten der letzten angegebenen Stelle mit dem exakten Eigenwert überein.

Tab. 25 Schwarzsche Konstanten und Quotienten

k	s_k	$q_k = s_k/s_{k-1}$
0	4,00000	–
1	3,00000	0,75000
2	2,94000	0,98000
3	4,25900	1,44864
4	8,30340	1,94961
5	18,42655	2,21916
6	42,63627	2,31385
7	99,84906	2,34188
8	234,6196	2,34974
9	551,8055	2,35192
10	1298,129	2,35252
11	3054,078	2,35268
12	7185,396	2,35272
		↓
		2,35274

4.7.2. Bestimmung des zweitgrößten Eigenwertes. Der betragsgrößte Eigenwert λ_1 von A und der zugehörige normierte Eigenvektor y_1 seien nach der Potenzmethode mit hinreichender Genauigkeit bestimmt worden. Dann kann der betragsmäßig zweitgrößte Eigenwert λ_2 mit dem zugehörigen Eigenvektor y_2 unter Beachtung der Orthogonalität der Eigenvektoren dadurch berechnet werden, daß der Startvektor $x^{(0)}$ in dem zu y_1 orthogonalen $(n-1)$-dimensionalen Unterraum gewählt wird. Die Entwicklung von $x^{(0)}$ nach den Eigenvektoren besitzt demnach keine Komponente nach y_1 und lautet

$$x^{(0)} = c_2 y_2 + c_3 y_3 + \ldots + c_n y_n. \tag{4.130}$$

Da der Unterraum bezüglich der linearen Transformation A invariant ist, gehören theoretisch die gemäß $x^{(k+1)} = A x^{(k)}$ $(k = 0, 1, 2, \ldots)$ iterierten Vektoren ebenfalls diesem Unterraum an, und die Entwicklung von $x^{(k)}$ lautet

$$x^{(k)} = c_2 \lambda_2^k y_2 + c_3 \lambda_3^k y_3 + \ldots + c_n \lambda_n^k y_n. \tag{4.131}$$

Falls in (4.130) $c_2 \neq 0$ ist, und überdies noch $|\lambda_2| > |\lambda_i|$ $(i = 3, 4, \ldots, n)$ gilt, wird für $k \to \infty$ $x^{(k)}$ asymptotisch das $c_2 \lambda_2^k$-fache des zweiten normierten Eigenvektors y_2. Der Vektor $x^{(k+1)}$ ist für hinreichend großes k proportional zu $x^{(k)}$, und der Proportionalitätsfaktor ist gleich λ_2. Der Eigenwert λ_2 kann wiederum mit Hilfe von Schwarzschen Konstanten und Quotienten berechnet werden.

Infolge der unvermeidlichen Rundungsfehler wird in Abweichung von der Theorie durch die Iteration eine zunächst sehr kleine Komponente von y_1 eingeschleppt, welche sich anschließend derart vergrößert, daß die Iterationsfolge $x^{(k)}$ asymptotisch doch wieder einen Vektor erzeugt, welcher zu y_1 proportional ist. Um dies zu verhindern, muß jeder iterierte Vektor sofort von der störenden Komponente durch Orthogonalisierung bezüglich y_1 befreit werden. So entsteht die folgende modifizierte Potenzmethode zur Bestimmung des zweitgrößten Eigenwertes λ_2 und des zugehörigen Eigenvektors y_2: Beginnend mit einem Startvektor $x^{(0)}$ mit $(x^{(0)}, y_1) = 0$ bilde man die beiden Vektorfolgen $z^{(k)}$ und $x^{(k)}$ gemäß

$$\left.\begin{aligned} z^{(k+1)} &= A x^{(k)} \\ x^{(k+1)} &= z^{(k+1)} - (z^{(k+1)}, y_1) \cdot y_1 \end{aligned}\right\} \quad (k = 0, 1, 2, \ldots). \tag{4.132}$$

Die Verallgemeinerung des Verfahrens zur Berechnung des drittgrößten Eigenwertes λ_3 und des zugehörigen Eigenvektors y_3 erfolgt durch Erzeugung einer Vektorfolge $x^{(k)}$ in dem zu y_1 und y_2 orthogonalen $(n-2)$-dimensionalen Unterraum, indem in Analogie zu (4.132) die Iterierten zusätzlich zu y_1 und y_2 orthogonalisiert werden. Zur Bestimmung von mehreren der größten Eigenwerte mit den zugehörigen Eigenvektoren vergleiche man auch die Methode der simultanen Vektoriteration (vgl. 4.7.4).

4.7.3. Inverse Vektoriteration. Die klassische Vektoriteration nach 4.7.1 liefert prinzipiell den dominanten Eigenwert λ_1 mit dem zugehörigen Eigenvektor y_1. Im Fall einer regulären Matrix A kann anstelle von (4.121), beginnend mit einem willkürlichen Startvektor $x^{(0)}$, mit der Inversen A^{-1} die unendliche Folge von iterierten Vektoren

$$x^{(k+1)} = A^{-1} x^{(k)}, \qquad (k = 0, 1, 2, \ldots) \tag{4.133}$$

gebildet werden. Die Matrix A^{-1} hat dieselben Eigenvektoren wie A, ihre Eigenwerte sind jedoch reziprok zu denjenigen von A. Unter der Annahme, die symmetrische Matrix A besitze jetzt einen einfachen betragskleinsten Eigenwert λ_n mit $|\lambda_n| < |\lambda_j|$ $(j = 1, 2, \ldots, n-1)$, und die Entwicklung des Startvektors $x^{(0)}$ nach den Eigenvektoren $y_1, y_2, \ldots, y_n$ enthalte eine Komponente $c_n y_n$ $(c_n \neq 0)$, wird der Vektor $x^{(k)}$ der Folge (4.133) für $k \to \infty$ asymptotisch das $c_n \lambda_n^{-k}$ -fache des normierten Eigenvektors y_n des Eigenwertes λ_n. Näherungswerte für λ_n sind als Quotienten entsprechender Komponenten der iterierten Vektoren $x^{(k)}$ und $x^{(k+1)}$ oder besser als Quotienten von aufeinanderfolgenden Schwarzschen Konstanten gegeben gemäß

$$\lambda_n \sim \frac{x_i^{(k)}}{x_i^{(k+1)}}, \quad (i = 1, 2, \ldots, n), \quad \text{oder} \quad \lambda_n \sim \frac{s_m}{s_{m+1}}. \tag{4.134}$$

Für die praktische Durchführung der inversen Vektoriteration ist die Inverse A^{-1} nicht explizit aufzustellen, um mit ihr die Folge der Vektoren $x^{(k)}$ nach (4.133) zu bilden. Vielmehr ist $x^{(k+1)}$ die Lösung des linearen Gleichungssystems

$$A x^{(k+1)} = x^{(k)}, \quad (k = 0, 1, 2, \ldots) \tag{4.135}$$

mit gegebener rechter Seite $x^{(k)}$. Für jedes k besitzen die Systeme (4.135) die gleiche Koeffizientenmatrix A. Da A nicht als positiv definit vorausgesetzt wurde, können zur Auflösung dieser Gleichungssysteme im allgemeinen Fall keine Relaxationsverfahren angewendet werden. Ist hingegen die Matrix A symmetrisch-definit, erfolgt die sukzessive Auflösung der Folge von linearen Gleichungssystemen am zweckmäßigsten nach der Methode von Cholesky, wonach die Matrix A zuerst zerlegt wird, um dann $x^{(k+1)}$ nur durch die Prozesse des Vorwärts- und Rückwärtseinsetzens aus $x^{(k)}$ zu gewinnen. In diesem Fall sind auch Relaxationsverfahren möglich und in bestimmten Situationen sogar angezeigt (vgl. 5.3).

Die inverse Vektoriteration kann mit der in 4.7.2 gegebenen Modifikation sinngemäß ausgedehnt werden, bei bekanntem Eigenvektor zum betragskleinsten Eigenwert den betragsmäßig zweitkleinsten Eigenwert mit zugehörigem Eigenvektor zu ermitteln. Man vergleiche dazu aber auch die simultane Vektoriteration in 4.7.4, welche die gewünschten Eigenvektoren und Eigenwerte gleichzeitig liefert.

Eine Weiterführung der Idee der inversen Vektoriteration besteht in der gebrochenen Iteration von Wielandt [72]. Sie dient dazu, den Näherungswert $\bar{\lambda}$ eines einfachen beliebigen Eigenwertes λ_k einer Matrix A und den zugehörigen Eigenvektor zu verbessern. Die Matrix $A - \bar{\lambda} I$ besitzt einen Eigenwert, der dem Betrag nach entschieden kleiner ist als die andern, wenn $\bar{\lambda}$ eine gute Näherung von λ_k ist, und λ_k von den andern Eigenwerten gut getrennt ist. Die inverse Vektoriteration mit der Matrix $A - \bar{\lambda} I$ erzeugt deshalb eine rasch konvergente Vektorfolge, welche häufig nach ein oder zwei Iterationsschritten den Eigenwert und Eigenvektor mit genügender Genauigkeit liefert. Allerdings ist die Matrix $A - \bar{\lambda} I$ fast singulär, so daß zur Auflösung der Gleichungssysteme besondere Maßnahmen nötig werden [67], [75], [80].

4.7.4. Simultane Vektoriteration. Um gewissen Schwierigkeiten aus dem Weg zu gehen, setzen wir jetzt nicht nur die Symmetrie, sondern auch die positive Definitheit der Matrix A der Ordnung n voraus. Die Aufgabe, die p größten Eigenwerte ($p < n$) mit den zugehörigen Eigenvektoren zu bestimmen, wird jetzt durch gleichzeitige Iteration von p linear unabhängigen Startvektoren gelöst. Einerseits bilden die Eigenvektoren zu verschiedenen Eigenwerten ein orthogonales System, aber anderseits haben die Folgen von iterierten Vektoren nach der Potenzmethode die Tendenz, asymptotisch ein Vielfaches des ersten Eigenvektors zu werden. Um zu verhindern, daß die p gleichzeitig iterierten Vektoren proportional zu demselben Vektor werden, und um der Orthogonalität gerecht zu werden, wird aus den iterierten Vektoren nach jedem Schritt zuerst wieder ein System von orthogonalen Vektoren gebildet. Anschaulich bedeutet die Konstruktion, daß man im n-dimensionalen Raum ein orthogonales p-Bein durch Iteration in das p-Bein zu drehen sucht, das durch die p Eigenvektoren der p größten Eigenwerte gebildet wird.

Die p Startvektoren $x_1^{(0)}, x_2^{(0)}, \ldots, x_p^{(0)}$ werden als orthonormiert angenommen, und sie werden zu einer hohen $(n \times p)$-Matrix $X^{(0)}$ zusammengefaßt, deren Spalten die Vektoren $x_j^{(0)}$ sind. Das im folgenden geschilderte Verfahren kann dann versagen, falls aus Zufall oder infolge ungeschickter Wahl der p-dimensionale Unterraum der Startvektoren orthogonal zu irgendeinem der Eigenvektoren der p größten Eigenwerte ist. Die iterierten Vektoren $z_1^{(1)}, z_2^{(1)}, \ldots, z_p^{(1)}$ gemäß $z_j^{(1)} = Ax_j^{(0)}$ bilden analog die Matrix

$$Z^{(1)} = AX^{(0)}, \tag{4.136}$$

die den Maximalrang p aufweist. Die Kolonnen von $Z^{(1)}$ werden vor der nächsten Iteration nach dem Schmidtschen Orthogonalisierungsverfahren (vgl. 3.4.1) orthonormiert. Die Matrix $Z^{(1)}$ wird zerlegt in

$$Z^{(1)} = X^{(1)}R^{(1)}, \tag{4.137}$$

worin $X^{(1)}$ eine $(n \times p)$-Matrix mit p orthonormierten Kolonnen bedeutet, und $R^{(1)}$ eine reguläre Rechtsdreiecksmatrix ist. Der allgemeine k-te Iterationsschritt ist deshalb

$$\left.\begin{aligned} Z^{(k+1)} &= AX^{(k)} \\ Z^{(k+1)} &= X^{(k+1)}R^{(k+1)} \end{aligned}\right\} \quad (k = 0, 1, 2, \ldots). \tag{4.138}$$

Satz 4.23. *Falls die größten $p+1$ Eigenwerte λ_j der symmetrisch-definiten Matrix A verschieden sind, konvergieren die Kolonnen von $X^{(k)}$ bei geeigneter Wahl von $X^{(0)}$ gegen die normierten Eigenvektoren $y_1, y_2, \ldots, y_p$ der p größten Eigenwerte $\lambda_1 > \lambda_2 > \ldots > \lambda_p$. Die Folge der Rechtsdreiecksmatrizen $R^{(k)}$ konvergiert mit wachsendem k gegen eine Diagonalmatrix, deren Diagonalelemente die Eigenwerte sind.*[1]

[1] Das Verfahren konvergiert auch dann, falls unter den p größten Eigenwerten einige mehrfach sind.

Beweis: Es seien $y_1, y_2, \ldots, y_n$ die normierten Eigenvektoren der Matrix A mit den zugehörigen Eigenwerten $\lambda_1 > \lambda_2 > \ldots > \lambda_p > \lambda_{p+1} \geqslant \lambda_{p+2} \geqslant \geqslant \ldots \geqslant \lambda_n$. Die Eigenvektoren bilden die orthogonale Matrix Y, derart daß Y die Matrix A auf Diagonalform transformiert

$$Y^{T}AY = D, \tag{4.139}$$

wobei D in der Diagonale die Eigenwerte in absteigender Reihenfolge enthält. Die einzelnen iterierten Vektoren $x_1^{(k)}, x_2^{(k)}, \ldots, x_p^{(k)}$ werden je nach den Eigenvektoren entwickelt:

$$x_l^{(k)} = \sum_{j=1}^{n} c_{jl}^{(k)} y_j, \qquad (l = 1, 2, \ldots, p;\ k = 0, 1, 2, \ldots)$$

Für ein festes k bilden die Werte $c_{jl}^{(k)}$ eine (n×p)-Matrix $C^{(k)}$, welche infolge der Orthonormiertheit der iterierten Vektorsysteme $x_1^{(k)}, x_2^{(k)}, \ldots, x_p^{(k)}$ selbst eine Matrix darstellt, deren Kolonnenvektoren orthonormiert sind. Mit diesen Festsetzungen kann die Matrix $X^{(k)}$ geschrieben werden als

$$X^{(k)} = YC^{(k)}, \qquad (k = 0, 1, 2, \ldots). \tag{4.140}$$

Als nächstes suchen wir eine Beziehung zwischen der k-ten Entwicklungsmatrix $C^{(k)}$ und der durch die Startvektoren gegebenen Matrix $C^{(0)}$ auf Grund des Algorithmus (4.138) herzuleiten. Nach dem ersten Teilschritt ist nach (4.140) und (4.139)

$$Z^{(k)} = AX^{(k-1)} = AYC^{(k-1)} = YDC^{(k-1)}. \tag{4.141}$$

Anderseits ist im zweiten Teilschritt von (4.138)

$$Z^{(k)} = X^{(k)}R^{(k)} = YC^{(k)}R^{(k)}. \tag{4.142}$$

Aus (4.141) und (4.142) ergibt sich wegen der Regularität von Y und von $R^{(k)}$ die rekursive Beziehung

$$C^{(k)} = DC^{(k-1)}R^{(k)^{-1}}. \tag{4.143}$$

Durch wiederholte Anwendung von (4.143) erhält man die gewünschte Relation

$$C^{(k)} = D^{k}C^{(0)}[R^{(k)}R^{(k-1)} \ldots R^{(2)}R^{(1)}]^{-1}. \tag{4.144}$$

Die Inverse des Produktes der Rechtsdreiecksmatrizen ist nach Satz 1.11 wieder eine Rechtsdreiecksmatrix

$$S^{(k)} = [R^{(k)}R^{(k-1)} \ldots R^{(2)}R^{(1)}]^{-1}, \tag{4.145}$$

und es sei $S^{(k)} = (s_{ij}^{(k)})$. Aus der Beziehung $C^{(k)} = D^{k}C^{(0)}S^{(k)}$ ergibt sich für das allgemeine Element $c_{\mu\nu}^{(k)}$ von $C^{(k)}$ die Darstellung

$$c_{\mu\nu}^{(k)} = \sum_{l=1}^{\nu} \lambda_{\mu}^{k} c_{\mu l}^{(0)} s_{l\nu}^{(k)}, \qquad (\mu = 1, 2, \ldots, n;\ \nu = 1, 2, \ldots, p). \tag{4.146}$$

Die Normiertheit der ersten Kolonne von $C^{(k)}$ bedeutet mit $\nu = 1$

$$\sum_{\mu=1}^{n} (c_{\mu 1}^{(k)})^2 = \sum_{\mu=1}^{n} (\lambda_\mu^k c_{\mu 1}^{(0)} s_{11}^{(k)})^2 = (s_{11}^{(k)})^2 \left\{ \sum_{\mu=1}^{n} \lambda_\mu^{2k} (c_{\mu 1}^{(0)})^2 \right\} = 1,$$

oder

$$(s_{11}^{(k)})^2 \lambda_1^{2k} \left[(c_{11}^{(0)})^2 + \sum_{\mu=2}^{n} (c_{\mu 1}^{(0)})^2 \left(\frac{\lambda_\mu}{\lambda_1}\right)^{2k} \right] = 1. \qquad (4.147)$$

Falls der Starvektor $x_1^{(0)}$ eine Komponente nach dem Eigenvektor y_1 besitzt $(c_{11}^{(0)} \neq 0)$, wird in (4.147) die Summe für hinreichend großes k gegenüber dem ersten Term vernachlässigbar klein, so daß gilt

$$\lim_{k \to \infty} \lambda_1^k c_{11}^{(0)} s_{11}^{(k)} = 1. \qquad (4.148)$$

Nach (4.146) ist $c_{11}^{(k)} = \lambda_1^k c_{11}^{(0)} s_{11}^{(k)}$, so daß im Grenzfall

$$\lim_{k \to \infty} c_{11}^{(k)} = 1, \qquad (4.149)$$

und wegen $\sum_{\mu=1}^{n} (c_{\mu 1}^{(k)})^2 = 1$

$$\lim_{k \to \infty} c_{\mu 1}^{(k)} = 0, \qquad (\mu = 2, 3, \ldots, n) \qquad (4.150)$$

gilt. Der erste iterierte Vektor $x_1^{(k)}$ konvergiert in der Tat gegen den ersten normierten Eigenvektor y_1. Dann wird aber $x_1^{(k)}$ durch die Iteration $z_1^{(k+1)} = Ax_1^{(k)}$ ins λ_1-fache transformiert, so daß durch die Normierung von $z_1^{(k+1)}$ zu $x_1^{(k+1)}$ nach (4.138) $\lim_{k \to \infty} r_{11}^{(k+1)} = \lambda_1$ wird.

Aus der Tatsache, daß die Kolonnen der Matrizen $C^{(k)}$ orthonormiert sind, folgt aus der Orthogonalitätsbedingung

$$\sum_{\mu=1}^{n} c_{\mu 1}^{(k)} c_{\mu \nu}^{(k)} = 0, \qquad (\nu = 2, 3, \ldots, p)$$

unter Berücksichtigung von (4.149) und (4.150)

$$\lim_{k \to \infty} c_{1\nu}^{(k)} = 0, \qquad (\nu = 2, 3, \ldots, p). \qquad (4.151)$$

Speziell für $\nu = 2$ folgt nach (4.146)

$$\lim_{k \to \infty} c_{12}^{(k)} = \lim_{k \to \infty} \lambda_1^k [c_{11}^{(0)} s_{12}^{(k)} + c_{12}^{(0)} s_{22}^{(k)}] = 0. \qquad (4.152)$$

Aus der Normierungseigenschaft der zweiten Kolonne von $C^{(k)}$ ergibt sich die Gleichung

$$1 = \sum_{\mu=1}^{n} \left(c_{\mu 2}^{(k)}\right)^2 = \sum_{\mu=1}^{n} \lambda_\mu^{2k}\left[c_{\mu 1}^{(0)} s_{12}^{(k)} + c_{\mu 2}^{(0)} s_{22}^{(k)}\right]^2$$

$$= \left\{\lambda_1^k\left[c_{11}^{(0)} s_{12}^{(k)} + c_{12}^{(0)} s_{22}^{(k)}\right]\right\}^2 + \lambda_2^{2k}\left\{\left[c_{21}^{(0)} s_{12}^{(k)} + c_{22}^{(0)} s_{22}^{(k)}\right]^2\right.$$

$$\left. + \sum_{\mu=3}^{n} \left[c_{\mu 1}^{(0)} s_{12}^{(k)} + c_{\mu 2}^{(0)} s_{22}^{(k)}\right]^2 \left(\frac{\lambda_\mu}{\lambda_2}\right)^{2k}\right\}.$$

Im Grenzfall für $k \to \infty$ verschwindet der erste Term nach (4.152), und die Summe wird wegen $(\lambda_\mu/\lambda_2) < 1$ vernachlässigbar klein gegenüber dem ersten Term des zweiten Teils. Deshalb gilt

$$\lim_{k \to \infty} c_{22}^{(k)} = \lim_{k \to \infty} \lambda_2^k\left[c_{21}^{(0)} s_{12}^{(k)} + c_{22}^{(0)} s_{22}^{(k)}\right] = 1, \qquad (4.153)$$

und entsprechend zu (4.150)

$$\lim_{k \to \infty} c_{\mu 2}^{(k)} = 0, \qquad (\mu = 3, 4, \ldots, n). \qquad (4.154)$$

Der zweite Vektor $\boldsymbol{x}_2^{(k)}$ konvergiert tatsächlich gegen den normierten Eigenvektor $\boldsymbol{y}_2$. Dementsprechend wird $\lim_{k \to \infty} r_{22}^{(k+1)} = \lambda_2$, und das Element $r_{12}^{(k)}$ strebt notwendigerweise gegen Null, da im Grenzfall $\boldsymbol{x}_1^{(k)}$ und $\boldsymbol{x}_2^{(k)}$ je in Vielfache transformiert werden.

Die Überlegungen übertragen sich sinngemäß auf die übrigen Iterationsvektoren, so daß sich die Behauptung des Satzes ergibt.

Der Algorithmus (4.138) weist den Nachteil auf, daß die iterierten Vektoren $z_j^{(k)}$ nach dem Schmidtschen Verfahren von links nach rechts orthonormiert werden, wobei der erste Vektor stets nur normiert wird. Bei ungünstiger Wahl der Startvektoren, insbesondere von $\boldsymbol{x}_1^{(0)}$, bildet sich demzufolge der erste Eigenvektor nur langsam heraus, so daß dies die Konvergenz der p iterierten Vektoren gegen das System der gesuchten p Eigenvektoren verlangsamen kann.

Eine erste Verbesserung dieser Situation kann dadurch erreicht werden, daß nach dem Orthonormierungsprozeß $\boldsymbol{Z}^{(k+1)} = \boldsymbol{X}^{(k+1)}\boldsymbol{R}^{(k+1)}$ die Vektoren $\boldsymbol{x}_1^{(k+1)}, \boldsymbol{x}_2^{(k+1)}, \ldots, \boldsymbol{x}_p^{(k+1)}$ entsprechend der Größenordnung der Normierungskonstanten $r_{ii}^{(k+1)}$ geordnet werden. Dadurch gelangt ein iterierter Vektor mit starker Komponente nach dem ersten Eigenvektor $\boldsymbol{y}_1$ an die erste Stelle.

Eine zweite Verbesserung der Konvergenz wird durch eine Art Hauptachsentransformation der p iterierten Vektoren erzielt, indem aus den p Iterierten allgemeinere Linearkombinationen hergestellt werden, in denen die Eigenvektoren in der richtigen Reihenfolge stärker hervortreten. Dazu wird zur Matrix $\boldsymbol{Z}^{(k+1)} =$

$= AX^{(k)}$ ihre G a u ß sche Transformierte

$$G^{(k+1)} = Z^{(k+1)T}Z^{(k+1)} \tag{4.155}$$

gebildet. Die quadratische Matrix $G^{(k+1)}$ hat die Ordnung p, sie ist symmetrisch und positiv definit, da die $(n \times p)$-Matrix $X^{(k)}$, bestehend aus p orthonormierten Kolonnenvektoren, den Rang p hat, die Matrix A als positiv definite Matrix regulär ist und deshalb $Z^{(k+1)}$ vom Maximalrang p ist. Die Eigenwerte von $G^{(k+1)}$ sind streng positiv. Die Matrix $G^{(k+1)}$ läßt sich nach der Methode von Jacobi durch eine orthogonale Matrix U_{k+1} auf Diagonalform D_{k+1} transformieren

$$U_{k+1}^T G^{(k+1)} U_{k+1} = D_{k+1}, \tag{4.156}$$

wobei dafür gesorgt werde, daß die Eigenwerte in D_{k+1} in absteigender Reihenfolge erscheinen. Dies wird durch eine eventuelle Permutation erreicht. Wegen der Positivität der Diagonalelemente von D_{k+1} kann die Matrix $D_{k+1}^{\frac{1}{2}}$ gebildet werden, deren Diagonalelemente die Quadratwurzeln der entsprechenden Elemente von D_{k+1} sind. Die Matrix

$$X^{(k+1)} = Z^{(k+1)} U_{k+1} D_{k+1}^{-\frac{1}{2}} \tag{4.157}$$

enthält p orthonormierte Kolonnenvektoren, denn es gilt

$$X^{(k+1)T}X^{(k+1)} = D_{k+1}^{-\frac{1}{2}} U_{k+1}^T Z^{(k+1)T} Z^{(k+1)} U_{k+1} D_{k+1}^{-\frac{1}{2}}$$

$$= D_{k+1}^{-\frac{1}{2}} U_{k+1}^T G^{(k+1)} U_{k+1} D_{k+1}^{-\frac{1}{2}} = D_{k+1}^{-\frac{1}{2}} D_{k+1} D_{k+1}^{-\frac{1}{2}} = I.$$

Jeder Kolonnenvektor von $X^{(k+1)}$ geht nach (4.157) tatsächlich durch eine Linearkombination von allen Spaltenvektoren von $Z^{(k+1)}$ hervor, im besondern auch der erste. Die Orthonormierung der Spalten von $X^{(k+1)}$ nach (4.157) wird numerisch nicht exakt erfüllt sein, so daß sich eine Nachorthogonalisierung der Matrix $X^{(k+1)}$ nach dem Schmidtschen Verfahren empfiehlt.

Der Rechenaufwand zur Berechnung von $X^{(k+1)}$ über (4.155), (4.156) und (4.157) mit der empfehlenswerten Nachorthogonalisierung ist beträchtlich, indem neben den Matrixprodukten noch die Diagonalisierung einer Matrix von allerdings nur p-ter Ordnung zusätzlich hinzukommt. Die erfahrungsgemäß festgestellte Konvergenzverbesserung rechtfertigt die Durchführung der zusätzlichen Transformation in jedem einzelnen Iterationsschritt nicht. Dagegen erweist sich die Kombination der beiden Varianten hinsichtlich Rechenaufwand und Konvergenz als gangbarer Weg: Nach je einer festen Anzahl von Iterationsschritten (4.138) wird ein Schritt gemäß (4.155) bis (4.157) eigenschaltet.

Die simultane Vektoriteration wird abgebrochen, sobald der Vektorraum, aufgespannt durch die p Vektoren $x_1^{(k+1)}, x_2^{(k+1)}, \ldots, x_p^{(k+1)}$, innerhalb einer

Toleranz übereinstimmt mit demjenigen aufgespannt durch $x_1^{(k)}, x_2^{(k)}, \ldots, x_p^{(k)}$. Dies wird festgestellt, indem die alten Vektoren $x_i^{(k)}$ zu den neuen Vektoren $x_1^{(k+1)}, x_2^{(k+1)}, \ldots, x_p^{(k+1)}$ orthogonalisiert werden. Der maximale Betrag der durch die Orthogonalisierung entstehenden Restvektoren ist ein Maß dafür, wie sich der p-dimensionale Raum unter der Iteration verändert.

Die gleichzeitige Berechnung der p kleinsten Eigenwerte zusammen mit den zugehörigen Eigenvektoren kann durch simultane inverse Vektoriteration erfolgen. An die Stelle der Matrixmultiplikation $Z^{(k+1)} = AX^{(k)}$ tritt die Auflösung des simultanen Gleichungssystems $AZ^{(k+1)} = X^{(k)}$ nach der Matrix $Z^{(k+1)}$. Nach der nur einmal durchzuführenden Cholesky-Zerlegung von A werden die p Kolonnen von $Z^{(k+1)}$ durch p-maliges Vorwärts- und Rückwärtseinsetzen aus den entsprechenden Kolonnen von $X^{(k)}$ gewonnen.

4.8. Das allgemeine symmetrische Eigenwertproblem

Das allgemeine Eigenwertproblem, bei gegebenen symmetrischen Matrizen A und B die Eigenwerte λ und Eigenvektoren x von $(A-\lambda B)x = 0$ zu finden, kann unter der Voraussetzung, daß eine der beiden Matrizen, beispielsweise B, regulär ist, prinzipiell auf ein spezielles Eigenwertproblem $(C-\lambda I)x = 0$ mit $C = B^{-1}A$ zurückgeführt werden. Die Eigenvektoren des speziellen Eigenwertproblems sind unmittelbar gleich denjenigen des allgemeinen Eigenwertproblems. Es besteht aber der schwerwiegende Nachteil, daß die Matrix C trotz der Symmetrie von A, B und B^{-1} im allgemeinen nicht mehr symmetrisch ist. Es ist

$$C = B^{-1}A \quad \text{und} \quad C^T = (B^{-1}A)^T = A^T(B^{-1})^T = AB^{-1}. \tag{4.158}$$

Die Matrix C ist dann und nur dann symmetrisch, falls die Matrizen A und B^{-1}, bzw. A und B vertauschbar sind. In der Tat folgen aus $AB = BA$ $A = BAB^{-1}$ und $B^{-1}A = AB^{-1}$, so daß C nach (4.158) symmetrisch ist, und umgekehrt folgt notwendigerweise aus $C = C^T$, daß $AB = BA$ gelten muß. Im Fall von nicht vertauschbaren Matrizen A und B geht die Symmetrie verloren.

Für alle physikalischen Probleme, welche nach der Energiemethode behandelt werden, ist die eine der beiden Matrizen, zugehörig zur positiv definiten quadratischen Form der kinetischen Energie, nicht nur regulär, sondern sogar positiv definit. In diesem Fall existieren Verfahren, welche die Symmetrie voll ausnützen und bewahren.

4.8.1. Transformation auf ein spezielles symmetrisches Eigenwertproblem. Im allgemeinen Eigenwertproblem

$$(A-\lambda B)x = 0 \tag{4.159}$$

seien die Matrizen A und B symmetrisch, und die Matrix B sei überdies positiv definit. Die Matrix B kann unter dieser Voraussetzung nach der Methode von

Cholesky in das Produkt von zwei zueinander transponierten regulären Rechtsdreiecksmatrizen zerlegt werden.

$$\boldsymbol{B} = \boldsymbol{R}^{\mathrm{T}}\boldsymbol{R} \tag{4.160}$$

Die Zerlegung (4.160) von $\boldsymbol{B}$ wird in (4.159) eingesetzt. Nach Herausziehen des Faktors $\boldsymbol{R}$ wird aus (4.159)

$$(\boldsymbol{A}\boldsymbol{R}^{-1} - \lambda\boldsymbol{R}^{\mathrm{T}})\,\boldsymbol{R}\boldsymbol{x} = 0. \tag{4.161}$$

Nach Multiplikation von (4.161) von links mit $\boldsymbol{R}^{\mathrm{T}^{-1}}$ entsteht die spezielle Eigenwertaufgabe

$$(\boldsymbol{R}^{\mathrm{T}^{-1}}\boldsymbol{A}\boldsymbol{R}^{-1} - \lambda\boldsymbol{I})\,(\boldsymbol{R}\boldsymbol{x}) = 0. \tag{4.162}$$

Die Matrix

$$\boldsymbol{C} = (\boldsymbol{R}^{-1})^{\mathrm{T}}\boldsymbol{A}\boldsymbol{R}^{-1} \tag{4.163}$$

ist symmetrisch, denn wegen der Symmetrie von $\boldsymbol{A}$ gilt $\boldsymbol{C}^{\mathrm{T}} = [(\boldsymbol{R}^{-1})^{\mathrm{T}}\boldsymbol{A}\boldsymbol{R}^{-1}]^{\mathrm{T}} = (\boldsymbol{R}^{-1})^{\mathrm{T}}\boldsymbol{A}^{\mathrm{T}}\boldsymbol{R}^{-1} = (\boldsymbol{R}^{-1})^{\mathrm{T}}\boldsymbol{A}\boldsymbol{R}^{-1} = \boldsymbol{C}$. Mit $\boldsymbol{y} = \boldsymbol{R}\boldsymbol{x}$ ist das allgemeine Eigenwertproblem (4.159) zurückgeführt auf das spezielle $(\boldsymbol{C} - \lambda\boldsymbol{I})\boldsymbol{y} = 0$ mit symmetrischer Matrix $\boldsymbol{C}$ (4.163) für die Eigenvektoren $\boldsymbol{y}$. Die Eigenwerte λ und die Eigenvektoren $\boldsymbol{y}$ können nach einem der oben dargestellten Verfahren berechnet werden. Die Eigenvektoren $\boldsymbol{x}$ der gegebenen allgemeinen Eigenwertaufgabe ergeben sich durch Rückwärtseinsetzen aus den Eigenvektoren $\boldsymbol{y}$ aus $\boldsymbol{R}\boldsymbol{x} = \boldsymbol{y}$. Man beachte, daß die Eigenvektoren $\boldsymbol{x}$ nicht im üblichen Sinn der euklidischen Metrik orthogonal sind, sondern im allgemeineren Sinn bezüglich des inneren Produktes $(\boldsymbol{x}, \boldsymbol{B}\boldsymbol{y})$, worin $\boldsymbol{B}$ die symmetrisch-definite Matrix der Eigenwertaufgabe bedeutet.

4.8.2. Jacobische Methode. Die positiv definite Matrix $\boldsymbol{B}$ des allgemeinen symmetrischen Eigenwertproblems $(\boldsymbol{A} - \lambda\boldsymbol{B})\,\boldsymbol{x} = 0$ werde nach der Methode von Jacobi auf Diagonalform $\boldsymbol{D}$ transformiert vermöge der orthogonalen Matrix $\boldsymbol{U}$

$$\boldsymbol{D} = \boldsymbol{U}^{\mathrm{T}}\boldsymbol{B}\boldsymbol{U}. \tag{4.164}$$

Die allgemeine Eigenwertaufgabe wird mit Hilfe der Matrix $\boldsymbol{U}$ transformiert, indem einerseits die Einheitsmatrix in Form von $\boldsymbol{U}\boldsymbol{U}^{\mathrm{T}}$ eingefügt, und anderseits die Eigenwertgleichung mit $\boldsymbol{U}^{\mathrm{T}}$ von links multipliziert wird.

$$\boldsymbol{U}^{\mathrm{T}}(\boldsymbol{A} - \lambda\boldsymbol{B})\,\boldsymbol{U}\boldsymbol{U}^{\mathrm{T}}\boldsymbol{x} = 0$$

Nach (4.164) ist dies gleich

$$(\boldsymbol{U}^{\mathrm{T}}\boldsymbol{A}\boldsymbol{U} - \lambda\boldsymbol{D})\,(\boldsymbol{U}^{\mathrm{T}}\boldsymbol{x}) = 0. \tag{4.165}$$

Die allgemeine Eigenwertaufgabe ist dadurch schon fast auf eine spezielle zurückgeführt. Anstelle der Einheitsmatrix $\boldsymbol{I}$ steht in (4.165) noch eine Diagonalmatrix $\boldsymbol{D}$, die aber lauter positive Diagonalelemente aufweist, die gleich den Eigenwerten von $\boldsymbol{B}$ sind. Die Diagonalmatrix $\boldsymbol{D}^{\frac{1}{2}}$, bestehend aus den Quadratwurzeln der positiven Diagonalelemente von $\boldsymbol{D}$ kann gebildet werden, und ihre Inverse $\boldsymbol{D}^{-\frac{1}{2}}$ existiert ebenfalls. Damit wird (4.165) weiter transformiert gemäß

$$\boldsymbol{D}^{-\frac{1}{2}}(\boldsymbol{U}^{\mathrm{T}}\boldsymbol{A}\boldsymbol{U}-\lambda\boldsymbol{D})\,\boldsymbol{D}^{-\frac{1}{2}}\,\boldsymbol{D}^{\frac{1}{2}}(\boldsymbol{U}^{\mathrm{T}}\boldsymbol{x})=0$$

oder

$$\left(\boldsymbol{D}^{-\frac{1}{2}}\boldsymbol{U}^{\mathrm{T}}\boldsymbol{A}\boldsymbol{U}\boldsymbol{D}^{-\frac{1}{2}}-\lambda\boldsymbol{I}\right)\left(\boldsymbol{D}^{\frac{1}{2}}\boldsymbol{U}^{\mathrm{T}}\boldsymbol{x}\right)=0. \tag{4.166}$$

Die Matrix

$$\boldsymbol{C}=\boldsymbol{D}^{-\frac{1}{2}}\boldsymbol{U}^{\mathrm{T}}\boldsymbol{A}\boldsymbol{U}\boldsymbol{D}^{-\frac{1}{2}} \tag{4.167}$$

ist symmetrisch auf Grund der Tatsachen, daß $\boldsymbol{A}$ symmetrisch, $\boldsymbol{U}$ orthogonal und $\boldsymbol{D}^{-\frac{1}{2}}$ eine Diagonalmatrix ist. Mit

$$\boldsymbol{y}=\boldsymbol{D}^{\frac{1}{2}}\boldsymbol{U}^{\mathrm{T}}\boldsymbol{x} \tag{4.168}$$

ist die allgemeine Eigenwertaufgabe zurückgeführt auf eine spezielle mit symmetrischer Matrix $\boldsymbol{C}$ (4.167)

$$(\boldsymbol{C}-\lambda\boldsymbol{I})\,\boldsymbol{y}=0. \tag{4.169}$$

Die Eigenwerte λ von $\boldsymbol{C}$ stimmen überein mit denjenigen der allgemeinen Eigenwertaufgabe, und der Zusammenhang der Eigenvektoren $\boldsymbol{y}$ und $\boldsymbol{x}$ ist durch (4.168) gegeben. Die spezielle Eigenwertaufgabe (4.169) wird nach dem Jacobi-Verfahren gelöst. Hierbei ergibt sich die Transformationsmatrix $\boldsymbol{V}$, die in ihren Spalten die Eigenvektoren von $\boldsymbol{C}$ erhält. Vermittels (4.168) ergibt sich die Matrix $\boldsymbol{X}$ der Eigenvektoren des allgemeinen Eigenwertproblems (4.159).

Der Algorithmus zur Bestimmung der Eigenwerte λ_i und Eigenvektoren $\boldsymbol{x}_i$ der allgemeinen symmetrischen Eigenwertaufgabe $(\boldsymbol{A}-\lambda\boldsymbol{B})\,\boldsymbol{x}=0$ besteht zusammenfassend aus den folgenden Schritten:

a)	$\boldsymbol{U}^{\mathrm{T}}\boldsymbol{B}\boldsymbol{U}=\boldsymbol{D}$	(Jacobi)
b)	$\boldsymbol{C}=\boldsymbol{D}^{-\frac{1}{2}}\boldsymbol{U}^{\mathrm{T}}\boldsymbol{A}\boldsymbol{U}\boldsymbol{D}^{-\frac{1}{2}}$	
c)	$\boldsymbol{V}^{\mathrm{T}}\boldsymbol{C}\boldsymbol{V}=\boldsymbol{D}_1$	(Jacobi)
d)	$\boldsymbol{X}=\boldsymbol{U}\boldsymbol{D}^{-\frac{1}{2}}\boldsymbol{V}$	

(4.170)

Die Eigenwerte λ_i sind die Diagonalelemente von $\boldsymbol{D}_1$ und die zugehörigen Eigenvektoren sind die entsprechenden Kolonnen der Matrix $\boldsymbol{X}$. Die Matrix $\boldsymbol{X}$ ist wiederum nicht orthogonal, vielmehr gilt $\boldsymbol{X}^{\mathrm{T}}\boldsymbol{B}\boldsymbol{X}=\boldsymbol{I}$, worin die verallgemeinerte Metrik zum Ausdruck kommt.

Der Rechenprozeß (4.170) kann so aufgebaut werden, daß die Matrizen $\boldsymbol{U}$ und $\boldsymbol{V}$ nicht explizit auftreten. Zu diesem Zweck sind die aufeinanderfolgenden Drehungen, die $\boldsymbol{U}$ und $\boldsymbol{V}$ liefern, sofort auf die entsprechenden andern Matrizen auszuüben. Insbesondere heißt das, daß während der Diagonalisierung von $\boldsymbol{B}$ die Matrix $\boldsymbol{A}$ parallel denselben Rotationen unterworfen wird. Bei gewünschten Eigenvektoren ist zwar $\boldsymbol{U}$ aus $\boldsymbol{I}$ rekursiv als Produkt aller Rotationen aufzubauen. Nach der Bildung von $\boldsymbol{C}$ und von $\boldsymbol{U}\boldsymbol{D}^{-\frac{1}{2}}$ sind die zur Diagonalisierung von $\boldsymbol{C}$ notwendigen Drehungen gleichzeitig auf $\boldsymbol{U}\boldsymbol{D}^{-\frac{1}{2}}$ anzuwenden, was $\boldsymbol{X}$ liefert. Sind die Eigenvektoren nicht verlangt, ergibt sich eine entsprechende Vereinfachung. So durchgeführt zeichnet sich das Verfahren durch eine große Einheitlichkeit aus, da im wesentlichen nur Jacobi-Rotationen zur Anwendung gelangen. Der Rechenaufwand ist dafür größer als bei der Transformation nach 4.8.1.

4.8.3. Methode der Vektoriteration. Die vorgehend geschilderten Verfahren reduzieren das allgemeine Eigenwertproblem je auf eine spezielle Eigenwertaufgabe. Im Gegensatz dazu löst die Vektoriteration das allgemeine Eigenwertproblem ohne Transformation auf eine Normalform. Als Methode des direkten Angriffs ist dieses Verfahren besonders dann geeignet, wenn nur einige Eigenwerte am Ende des Spektrums mit den zugehörigen Eigenvektoren gesucht sind.

Im folgenden wird das Verfahren geschildert, den kleinsten Eigenwert der allgemeinen Eigenwertaufgabe $(\boldsymbol{A}-\lambda\boldsymbol{B})\boldsymbol{x} = 0$ zu berechnen, wobei jetzt beide Matrizen $\boldsymbol{A}$ und $\boldsymbol{B}$ als positiv definit vorausgesetzt werden. Die allgemeine Aufgabe kann im Prinzip auf das spezielle Eigenwertproblem $(\boldsymbol{B}^{-1}\boldsymbol{A}-\lambda\boldsymbol{I})\boldsymbol{x} = 0$ zurückgeführt werden, worin allerdings $\boldsymbol{B}^{-1}\boldsymbol{A}$ im allgemeinen nicht mehr symmetrisch zu sein braucht. Dennoch liefert die inverse Vektoriteration für $\boldsymbol{B}^{-1}\boldsymbol{A}$ den kleinsten (positiven) Eigenwert als Proportionalitätsfaktor der Vektorfolge

$$\boldsymbol{B}^{-1}\boldsymbol{A}\boldsymbol{x}^{(k+1)} = \boldsymbol{x}^{(k)}, \qquad (k = 0, 1, 2, \ldots). \tag{4.171}$$

Statt (4.171) kann die Iterationsvorschrift auch geschrieben werden als

$$\boldsymbol{A}\boldsymbol{x}^{(k+1)} = \boldsymbol{B}\boldsymbol{x}^{(k)}, \qquad (k = 0, 1, 2, \ldots). \tag{4.172}$$

Jeder Iterationsschritt benötigt nach (4.172) erstens die Multiplikation des Vektors $\boldsymbol{x}^{(k)}$ mit der Matrix $\boldsymbol{B}$ und zweitens die Auflösung eines Gleichungssystems nach $\boldsymbol{x}^{(k+1)}$ mit der stets gleichbleibenden Matrix $\boldsymbol{A}$. Der Vektor $\boldsymbol{x}^{(k)}$ in (4.172) nimmt asymptotisch die Richtung von $\boldsymbol{y}_n$, dem Eigenvektor zum kleinsten Eigenwert, an.

Die Vektoriteration liefert den größten Eigenwert der allgemeinen Eigenwertaufgabe, wenn in (4.172) die Matrizen $\boldsymbol{A}$ und $\boldsymbol{B}$ vertauscht werden.

Falls man weitere Eigenwerte bestimmen will, ist sowohl für die modifizierte Potenzmethode (vgl. 4.7.2), wie auch für die simultane Vektoriteration zu berücksichtigen, daß die Eigenvektoren im verallgemeinerten Sinn bezüglich der Metrik $(\boldsymbol{x}, \boldsymbol{B}\boldsymbol{y})$ orthogonal sind.

4.9. Übersicht über die Eigenwertmethoden

In der folgenden Übersicht über die Verfahren zur Lösung des speziellen Eigenwertproblems $(\boldsymbol{A}-\lambda\boldsymbol{I})\boldsymbol{x} = 0$ werde angenommen, daß die symmetrische Matrix $\boldsymbol{A}$ als zweifach indizierte Anordnung von Zahlen (z.B. als **array** *a* [1 : n, 1 : n]) gegeben sei, und daß die Werte ihrer Elemente a_{ij} einzeln im Rechenautomaten gespeichert seien.[1)] Wir unterscheiden im folgenden vier verschiedene Problemstellungen entsprechend der Zielsetzung, ob alle Eigenwerte oder nur einige Eigenwerte am Ende des Spektrums gesucht sind, oder ob auch noch die zugehörigen Eigenvektoren zu bestimmen sind. Bei zwei Problemstellungen wird ferner unterschieden, ob $\boldsymbol{A}$ eine volle Matrix ist oder speziell eine Bandmatrix bedeutet. Da die verschiedenen behandelten Verfahren zur Lösung der Eigenwertaufgabe nicht für jede Problemstellung gleich geeignet sind, werden einige Richtlinien und Empfehlungen zusammengestellt, nach denen die Methoden auszuwählen und anzuwenden sind.

1) Hat man alle Eigenwerte und die zugehörigen Eigenvektoren zu bestimmen, ist die Methode von Jacobi (vgl. 4.4) am zweckmäßigsten und sichersten. Es sei besonders auf den Vorteil hingewiesen, daß das Verfahren als Näherungen für die Eigenvektoren stets ein System von orthonormierten Vektoren als Kolonnen der orthogonalen Transformationsmatrix liefert. Die LR-Transformation (vgl. 4.6.4) ist selbst für eine Bandmatrix nicht zu empfehlen, da sie primär nur die Eigenwerte liefert, und die Berechnung der Eigenvektoren recht umständlich ist, weil dazu alle Rechtsdreiecksmatrizen erforderlich sind, die beispielsweise auf ein Magnetband abzuspeichern wären.

2a) Will man nur alle Eigenwerte einer vollen Matrix bestimmen, kann dies ebenfalls nach der Methode von Jacobi (vgl. 4.4) erfolgen. Der Rechenaufwand ist jedoch im allgemeinen kleiner bei Verwendung der Methoden von Givens (vgl. 4.5.1) oder Householder (vgl. 4.5.2), welche die gegebene Matrix zunächst auf Tridiagonalform transformieren, um anschließend daran entweder mit der Methode der fortgesetzten Intervallhalbierung (Bisection, vgl. 4.5.4) oder mit dem QD-Algorithmus (vgl. 4.6.5) die Eigenwerte zu berechnen.
b) Hat die Matrix Bandgestalt, ist es hinsichtlich des Rechenaufwandes am günstigsten, die Bandmatrix unter Wahrung und Ausnützung ihrer Form auf eine tridiagonale Matrix zu reduzieren [47], [56], um anschließend die Methode der Bisection (vgl. 4.5.4) oder den QD-Algorithmus (vgl. 4.6.5) anzuwenden.

3a) Will man nur einige Eigenwerte am Ende des Spektrums (Schwingungsprobleme), kommen für eine volle Matrix die Methoden von Givens (vgl. 4.5.1) oder Householder (vgl. 4.5.2) in Frage, welche die Matrix zunächst auf Tridiagonalform transformieren, also bei diesem Schritt noch kei-

1) Der Fall, wo $\boldsymbol{A}$ in Form eines Operators, beispielsweise als Operatorgleichungen eines diskretisierten Randwertproblems, vorliegt, wird in 5.3 behandelt.

nen Vorteil aus der speziellen Problemstellung ziehen können. Anschließend an diese Transformation vermag entweder die Methode der fortgesetzten Intervallhalbierung (vgl. 4.5.4) oder der QD-Algorithmus (vgl. 4.6.5) genau die gewünschten Eigenwerte zu liefern.

b) Für eine Bandmatrix hingegen eignet sich zur Berechnung von einigen Eigenwerten am Ende des Spektrums die LR-Transformation (vgl. 4.6.4) am besten, da sie die gewünschten Eigenwerte mit kleinstem Aufwand und mit Sicherheit liefert.

4) Sind einige Eigenwerte am Ende des Spektrums und die zugehörigen Eigenvektoren verlangt, entspricht es dem Prinzip des direkten Angriffs, diese Aufgabe mit Hilfe der simultanen Vektoriteration (vgl. 4.7.4) zu lösen, da diese Methode sofort auf die Eigenvektoren und die Eigenwerte zusteuert und als Näherungen für die Eigenvektoren stets ein System von orthonormierten Vektoren liefert. Es entspricht demgegenüber einem unnatürlichen Vorgehen, zuerst die Eigenwerte allein nach einer ersten Methode zu bestimmen, um nachträglich mit Hilfe eines ganz anderen Verfahrens die Eigenvektoren zu ermitteln.

5. Randwertprobleme, Relaxation

Viele Probleme der mathematischen Physik führen auf Randwertaufgaben bei partiellen Differentialgleichungen vom elliptischen Typus. Das Dirichlet Problem mit der ihm zugrunde liegenden Laplaceschen Differentialgleichung $\Delta u = 0$ gehört zu dieser Klasse von Aufgaben. Diese Probleme haben die Eigenschaft, selbstadjungiert zu sein. Es ist deshalb angebracht, für diese Aufgaben spezielle numerische Methoden anzuwenden, welche die Selbstadjungiertheit ausnützen. Der Schlüssel dazu wird durch die Tatsache geliefert, daß sich die selbstadjungierten Probleme als Variationsaufgaben formulieren lassen, indem ein bestimmter zugehöriger Integralausdruck in der gesuchten Funktion extremal gemacht werden soll. Im Fall des Dirichlet Problems ist es das Dirichlet Integral. Das Variationsintegral läßt sich in den Anwendungen der Elastizitätstheorie als Energie interpretieren, weshalb man von der Energiemethode spricht. Für die Praxis ist es besser, das Variationsproblem unmittelbar nach dem Prinzip des direkten Angriffs zu behandeln und die Randwertaufgabe zu vergessen. Zum Zweck der Diskretisation der kontinuierlichen Aufgabe wird das Variationsintegral approximiert und die entstehende quadratische Funktion in den diskreten Funktionswerten extremal gemacht. Die quadratischen Terme bilden eine quadratische, positiv definite Form, so daß dadurch der Anschluß an die Methoden der Relaxation hergestellt wird.

Im folgenden werden wir uns nur mit Problemen vom Dirichletschen und Poissonschen Typus befassen. Die Methoden lassen sich sinngemäß auf allgemeinere Aufgaben übertragen.

5.1. Randwertprobleme

5.1.1. Die Energiemethode. Es sei G ein endliches zusammenhängendes Gebiet der (x, y)-Ebene, berandet durch den Rand C, der auch aus mehreren Stücken bestehen darf. In diesem zweidimensionalen Gebiet G ist eine stetige und zweimal stückweise stetig differenzierbare Funktion $u(x, y)$ der beiden unabhängigen Variablen x und y gesucht, so daß das Variationsintegral

$$J = \iint_G \left[\frac{1}{2} (\operatorname{grad} u)^2 - \frac{1}{2} \varrho(x, y) \cdot u^2 + f(x, y) \cdot u\right] dx\, dy + \oint_C \left[\frac{1}{2} \alpha(s) u^2 - \gamma(s) u\right] ds \tag{5.1}$$

einen stationären Wert annimmt unter der Nebenbedingung, daß die Funktion $u(x, y)$ auf einem gegebenen Teil C_1 des Randes C vorgegebene Werte $\varphi(s)$ annimmt, während sie auf dem Rest C_2 des Randes frei ist. Die Randbedingung lautet also

$$u = \varphi(s) \quad \text{auf} \quad C_1. \tag{5.2}$$

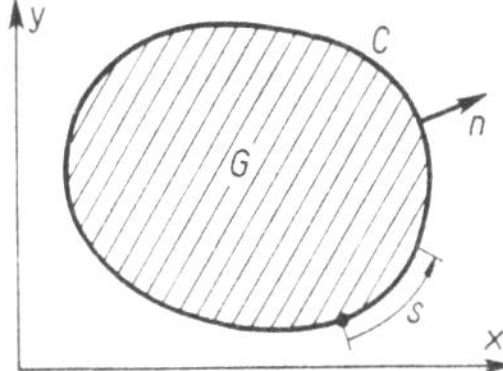

Fig. 20 Zur Variationsaufgabe

Es bedeutet s die Bogenlänge auf dem Rand C, gemessen von einem festen Punkt aus. Die Funktionen $\varrho(x, y)$ und $f(x, y)$ sind gegeben im Gebiet G, und $\alpha(s)$ und $\gamma(s)$ sind gegebene Funktionen der Bogenlänge s auf dem Rand C.

Die formulierte Aufgabe (5.1) und (5.2) ist äquivalent mit einem Randwertproblem mit partieller Differentialgleichung vom elliptischen Typus. Eine notwendige Bedingung dafür, daß das Integral (5.1) einen stationären Wert annimmt, besteht nach den klassischen Methoden der Variationsrechnung darin, daß seine erste Variation verschwindet [11].

$$\delta J = \iint_G [\operatorname{grad} u \cdot \operatorname{grad} (\delta u) - \varrho(x, y) \cdot u \cdot \delta u + f(x, y) \delta u]\, dx\, dy + \oint_C [\alpha \cdot u \cdot \delta u - \gamma \cdot \delta u]\, ds = 0. \tag{5.3}$$

Der erste Term des ersten Integrals wird nach der Greenschen Formel

$$\iint_G \operatorname{grad} u \cdot \operatorname{grad} v\, dx\, dy = - \iint_G \Delta u \cdot v\, dx\, dy + \oint_C \frac{\partial u}{\partial n} \cdot v\, ds \tag{5.4}$$

umgeformt. Darin bedeutet Δ den Laplace-Operator und $\partial u/\partial n$ die Ableitung von u in Richtung der äußeren Normalen auf der Berandung C. Damit wird (5.3)

$$\delta J = -\iint\limits_G [\Delta u + \varrho(x, y)\cdot u - f(x, y)]\delta u \,\mathrm{d}x\,\mathrm{d}y + \oint\limits_C \left[\frac{\partial u}{\partial n} + \alpha\cdot u - \gamma\right]\delta u \,\mathrm{d}s = 0. \tag{5.5}$$

Durch eine erste Konkurrenzeinschränkung der zugelassenen Funktionen u mit verschwindender Variation δu auf dem ganzen Rand C folgt nach den allgemeinen Variationsprinzipien die Eulersche Differentialgleichung

$$\Delta u + \varrho(x, y)\cdot u = f(x, y) \quad \text{in} \quad G. \tag{5.6}$$

Ihr hat die Funktion $u(x, y)$ im Gebiet G notwendigerweise zu genügen, damit das Integral einen stationären Wert annimmt. Falls auf dem ganzen Rand C die Werte von $u = \varphi(s)$ nach (5.2) vorgeschrieben sind (Dirichletsche Randbedingung), dann ist $\delta u \equiv 0$ auf C, und das zweite Integral in (5.5) verschwindet. In diesem Fall besitzt das Randintegral in (5.1) einen festen Wert und spielt für die Bestimmung des stationären Wertes von J keine Rolle. Im andern Fall ist auf dem Teil C_2 des Randes ohne Bedingungen bezüglich u die Variation δu frei wählbar. Durch eine zweite Konkurrenzeinschränkung, bei der die Klasse der Funktionen auf diejenigen beschränkt wird, welche in G der Eulerschen Differentialgleichung genügen und auf dem Rand C_1 die gegebenen Werte annehmen, folgt aus dem Verschwinden des Randintegrals von (5.5) die natürliche Randbedingung

$$\frac{\partial u}{\partial n} + \alpha\cdot u = \gamma \quad \text{auf} \quad C_2. \tag{5.7}$$

Damit ist die Variationsaufgabe (5.1) und (5.2) zurückgeführt auf das Randwertproblem mit der elliptischen Differentialgleichung (5.6) mit den Randbedingungen (5.2) und (5.7). Jede Funktion $u(x, y)$, welche das Integral (5.1) stationär macht unter allen zweimal stückweise stetig differenzierbaren Funktionen, die der Randbedingung (5.2) genügen, erfüllt notwendigerweise die Differentialgleichung (5.6) in G und genügt auf dem Randstück C_2 der Bedingung (5.7). Auch das umgekehrte trifft offensichtlich zu, indem jede Lösung der Randwertaufgabe (5.6), (5.2) und (5.7) das Integral (5.1) stationär macht. Es besteht eine vollständige Äquivalenz zwischen den beiden Formulierungen, indem die Lösung der einen Aufgabe die andere löst.

Die Formulierung der Variationsaufgabe zeigt eine wesentliche Unterscheidung der Randbedingungen des Randwertproblems auf. Die Forderung an die Funktion $u(x, y)$, auf dem Randstück C_1 vorgegebene Werte anzunehmen, gehört untrennbar zur Variationsaufgabe, und man nennt sie Zwangsbedingung. Dagegen befriedigt eine Funktion $u(x, y)$, welche das Integral (5.1) unter den Zwangsbedingungen stationär macht, automatisch die natürlichen Randbedingungen (5.7). Sie sind eine natürliche Folge der Variationsaufgabe. Darin liegt ein *wichtiger Vorteil in der Formulierung einer Randwertaufgabe als Variationsproblem, da man sich nur um die Zwangsbedingungen zu kümmern hat.*

Man beachte, daß der Koeffizient der Normalableitung in der natürlichen Randbedingung (5.7) gleich Eins ist, so daß dieser Term immer auftritt. Anderseits kommt in den Randbedingungen kein Term in $\partial u/\partial s$ (Ableitung nach der Tangentenrichtung von C) vor. Dies ist eine Konsequenz der Variationsaufgabe, welche auf eine Randwertaufgabe mit dem Laplaceschen Differentialoperator in (5.6) führt.

Die partielle Differentialgleichung (5.6) ist die Normalform einer elliptischen Differentialgleichung. Durch spezielle Festsetzung der Funktionen $\varrho(x, y)$ und $f(x, y)$ in der Variationsaufgabe (5.1) ergeben sich die Spezialfälle.

$$\Delta u = 0 \qquad \text{Laplace-Gleichung} \qquad (\varrho(x,y) = f(x,y) = 0), \tag{5.8}$$

$$\Delta u = f(x,y) \qquad \text{Poisson-Gleichung} \qquad (\varrho(x,y) = 0), \tag{5.9}$$

$$\Delta u + \varrho(x,y)\cdot u = 0 \quad \text{Schwingungsgleichung} \quad (f(x,y) = 0). \tag{5.10}$$

Desgleichen sind die natürlichen Randbedingungen (5.7) von den Funktionen $\alpha(s)$ und $\gamma(s)$ abhängig. Bei verschwindendem $\alpha(s)$ lautet die natürliche Bedingung

$$\frac{\partial u}{\partial n} = \gamma(s) \quad \text{auf} \quad C_2. \tag{5.11}$$

Tritt das Randintegral in (5.1) überhaupt nicht auf, reduziert sich (5.7) auf

$$\frac{\partial u}{\partial n} = 0 \quad \text{auf} \quad C_2. \tag{5.12}$$

Zu jeder Randwertaufgabe mit partieller Differentialgleichung (5.6) und zugehörigen Zwangs- und natürlichen Randbedingungen vom Typus (5.2) bzw. (5.7) kann das zugehörige Variationsintegral (5.1) gebildet werden. Die dort auftretenden Funktionen sind durch die Differentialgleichung, bzw. durch die Randbedingungen definiert.

5.1.2. Selbstadjungiertheit. Der Begriff der Selbstadjungiertheit ist untrennbar verknüpft mit Randwertaufgaben, welche von einem Variationsproblem herrühren. Die Differentialgleichung (5.6) in ihrer speziellen Form ist selbstverständlich nicht die allgemeinste Form einer partiellen Differentialgleichung zweiter Ordnung.

Wir betrachten nun das allgemeinere Randwertproblem

$$L(u) = f(x, y) \quad \text{in} \quad G, \tag{5.13}$$

wobei $L(u)$ einen beliebigen linearen Differentialoperator bedeutet, und die Randbedingungen

$$au+b\frac{\partial u}{\partial n}+c\frac{\partial u}{\partial s}=d \text{ auf } C, \tag{5.14}$$

die sowohl Zwangsbedingungen als auch natürliche Bedingungen sein können.

Definition 5.1. *Ein Randwertproblem $L(u)=f(x, y)$ in einem Gebiet G mit Randbedingungen (5.14) auf dem Rand C heißt selbstadjungiert, falls für zwei beliebige, aber hinreichend oft stetig differenzierbare Funktionen $u(x, y)$ und $v(x, y)$, welche die zu (5.14) zugehörigen homogenen Randbedingungen*

$$au+b\frac{\partial u}{\partial n}+c\frac{\partial u}{\partial s}=0 \text{ und } av+b\frac{\partial v}{\partial n}+c\frac{\partial v}{\partial s}=0 \tag{5.15}$$

auf dem Rand C erfüllen, immer

$$\iint_G [v\cdot L(u)-u\cdot L(v)]\,dx\,dy=0 \tag{5.16}$$

gilt.

Die Selbstadjungiertheit des Randwertproblems (5.6) mit den Randbedingungen (5.2) und (5.7) folgt folgendermaßen: Der Integralausdruck (5.16) erhält für $L(u)=\Delta u+\varrho\cdot u$ nach Vereinfachung und nach Umformung nach der Greenschen Formel (5.4) den Wert

$$\iint_G [v(\Delta u+\varrho\cdot u)-u(\Delta v+\varrho\cdot v)]\,dx\,dy$$
$$=\iint_G [v\cdot\Delta u-u\cdot\Delta v]\,dx\,dy=\oint_C\left[\frac{\partial u}{\partial n}v-\frac{\partial v}{\partial n}u\right]ds. \tag{5.17}$$

Es bleibt zu zeigen, daß das Randintegral (5.17) verschwindet für zwei beliebige Funktionen u und v, die den homogenen Randbedingungen

$$u=0 \text{ auf } C_1, \quad \frac{\partial u}{\partial n}+\alpha\cdot u=0 \text{ auf } C_2 \tag{5.18}$$

genügen. Für das Randstück C_1 ist dies trivial, da dort sowohl u als auch v verschwinden. Für den Teil C_2 des Randes folgt das Verschwinden des betreffenden Kurvenintegrals daraus, daß nach dem Einsetzen der homogenen Randbedingungen der Integrand identisch verschwindet.

$$\int_{C_2}\left[\frac{\partial u}{\partial n}v-\frac{\partial v}{\partial n}u\right]ds=\int_{C_2}[-\alpha\cdot uv+\alpha vu]\,ds=0.$$

Viele Probleme der mathematischen Physik können als Variationsaufgaben mit eventuellen Zwangsbedingungen formuliert werden (Hamiltonsches,

Rayleighsches, Fermatsches Prinzip), und es ist dann nicht nötig, sie zwecks numerischer Lösung in eine Randwertaufgabe mit partieller Differentialgleichung mit noch zusätzlichen natürlichen Randbedingungen überzuführen. Neben dem nicht zu unterschätzenden Vorteil, daß nur Zwangsbedingungen berücksichtigt werden müssen, hat man zudem die Gewißheit, daß nach der Diskretisation die entstehenden Gleichungen symmetrisch werden. Die Selbstadjungiertheit eines Randwertproblems, hervorgegangen aus einer Variationsaufgabe, entspricht der Symmetrie eines reellen Matrizenoperators.

Ist aber das Problem in der Form einer partiellen Differentialgleichung mit Randbedingungen gestellt, so kann man im Fall einer selbstadjungierten Randwertaufgabe stets versuchen, das zugehörige Variationsproblem zu finden. Zu diesem Zweck müßte man im vorhergehenden Beispiel von 5.1.1 die Rechnungen im umgekehrten Sinn durchführen und vor allem von der Greenschen Formel, oder in allgemeineren Fällen überhaupt von der partiellen Integration in der Ebene, angewendet auf die gesuchte Funktion u und die Variation δu, Gebrauch machen [17].

5.1.3. Diskretisation. Die Diskretisation des Problems erfolgt normalerweise dadurch, daß man über das Grundgebiet G ein regelmäßiges quadratisches Netz legt und dann nur noch die Funktionswerte u_i der gesuchten Funktion $u(x, y)$ an den Gitterpunkten des Netzes als Unbekannte betrachtet. Das Variationsintegral (5.1) wird in der Folge approximiert durch Summen, welche über die Unbekannten u_i erstreckt sind, und eventuelle Zwangsbedingungen werden angenähert durch Ausdrücke in den Unbekannten, woraus sich gewisse Nebenbedingungen für die zulässigen u_i ergeben.

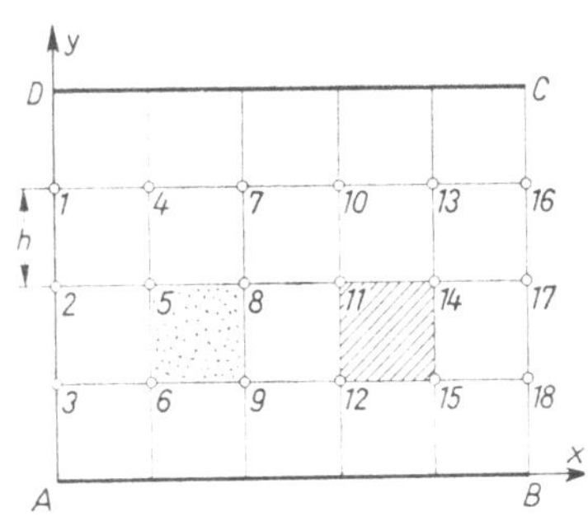

Fig. 21 Grundgebiet der Variationsaufgabe

Beispiel 5.1. In der (x, y)-Ebene wird als Grundgebiet G das in Fig. 21 dargestellte Rechteck vom Seitenverhältnis 5 : 4 betrachtet. In G wird eine Funktion $u(x, y)$ gesucht, welche bei gegebener Funktion $f(x, y)$ das Integral

$$J = \iint_G \left[\frac{1}{2} (\text{grad } u)^2 + f(x, y) \cdot u \right] dx\, dy + \frac{1}{2} \int_B^C u^2\, dy \tag{5.19}$$

stationär macht unter den Zwangsbedingungen

$$u = 0 \quad \text{auf} \quad AB \quad \text{und} \quad CD. \tag{5.20}$$

Die Variationsaufgabe entspricht der Randwertaufgabe mit Poissonscher

Differentialgleichung

$$\left.\begin{aligned} &\Delta u = f(x, y) \quad \text{in} \quad G \\ &\text{mit den Randbedingungen} \\ &u = 0 \quad \text{auf} \quad AB \quad \text{und} \quad CD \\ &\frac{\partial u}{\partial n} + u = 0 \quad \text{auf} \quad BC, \quad \frac{\partial u}{\partial n} = 0 \quad \text{auf} \quad DA. \end{aligned}\right\} \tag{5.21}$$

Das gestellte Problem hat die physikalische Bedeutung, die Gleichgewichtslage einer Membran oder Gummihaut zu bestimmen, die im unbelasteten Zustand das Rechteck G bedeckt, wobei die beiden horizontalen Ränder festgehalten, der linke vertikale Rand frei und der rechte vertikale Rand elastisch gelagert ist. Die Membran wird der kontinuierlichen spezifischen Belastung $f(x, y)$ ausgesetzt, die senkrecht zur Zeichenebene wirkt. Die gesuchte Funktion $u(x, y)$ stellt die Durchbiegung der Membran unter dieser Belastung dar. Das Variationsintegral (5.19) bedeutet physikalisch die Summe der linearisierten Deformationsenergie der Membran und der Arbeit der Belastung und der elastischen Befestigung am rechten Rand. Nach den Extremalprinzipien der Mechanik [11] minimalisiert die tatsächliche Auslenkung $u(x, y)$ der Membran den Ausdruck J.

Über das Grundgebiet G wird ein quadratisches Netz von der Maschenweite h gelegt (vgl. Fig. 21). Es entstehen 18 Gitterpunkte im Innern und auf den vertikalen Rändern, welche in Fig. 21 kolonnenweise numeriert sind. In ihnen sollen die Funktionswerte $u_1, u_2, \ldots, u_{18}$ der gesuchten Funktion $u(x, y)$ berechnet werden. Die Funktionswerte in den Gitterpunkten der beiden horizontalen Ränder sind durch die Zwangsbedingungen festgelegt und treten nicht als Unbekannte auf.

Nach dem Prinzip des direkten Angriffs wird das Integral (5.19) approximiert durch die Unbekannten $u_1, u_2, \ldots, u_{18}$. Erst nach dieser Diskretisation wird minimalisiert. Wir beginnen mit der Approximation des ersten Teilintegrals

$$J_1 = \frac{1}{2} \iint_G (\operatorname{grad} u)^2 \, dx \, dy = \frac{1}{2} \iint_G (u_x^2 + u_y^2) \, dx \, dy,$$

und berechnen angenähert den Beitrag der in Fig. 21 schraffierten Masche des Netzes. Im Mittelpunkt der oberen horizontalen Kante gilt nach den Regeln der numerischen Differentiation näherungsweise

$$u_x \sim \frac{u_{14} - u_{11}}{h}, \tag{5.22}$$

und desgleichen ist im Mittelpunkt der unteren horizontalen Kante

$$u_x \sim \frac{u_{15}-u_{12}}{h}. \tag{5.23}$$

Als Approximation für den Wert u_x^2 im Zentrum der Masche nehmen wir das arithmetische Mittel der Quadrate der beiden Ausdrücke (5.22) und (5.23):

$$u_x^2 \sim \frac{1}{2h^2}[(u_{14}-u_{11})^2+(u_{15}-u_{12})^2]. \tag{5.24}$$

Für die Differentiation in der y-Richtung folgt das analoge Resultat für den Wert u_y^2 im Zentrum

$$u_y^2 \sim \frac{1}{2h^2}[(u_{14}-u_{15})^2+(u_{11}-u_{12})^2]. \tag{5.25}$$

Die schraffierte Masche mit dem Flächeninhalt h^2 leistet damit zum Integral J_1 angenähert den Beitrag

$$J_1 : \frac{1}{4}[(u_{14}-u_{11})^2+(u_{15}-u_{12})^2+(u_{14}-u_{15})^2+(u_{11}-u_{12})^2]. \tag{5.26}$$

Als Beitrag derselben schraffierten Masche zum Teilintegral

$$J_2 = \iint_G f(x, y)\cdot u \,\mathrm{d}x\,\mathrm{d}y \tag{5.27}$$

benutzen wir den Näherungswert (f_{11} bedeutet den Wert der gegebenen Funktion $f(x, y)$ im Punkt 11)

$$J_2 : \frac{h^2}{4}[f_{11}\cdot u_{11}+f_{12}\cdot u_{12}+f_{14}\cdot u_{14}+f_{15}\cdot u_{15}]. \tag{5.28}$$

Dieser Ausdruck, der im wesentlichen das arithmetische Mittel der Werte des Integranden an den vier Ecken der Masche ist, kann als eine Art zweidimensionale Trapezregel aufgefaßt werden. Das Randintegral

$$J_3 = \frac{1}{2}\int_B^C u^2\,\mathrm{d}y \tag{5.29}$$

werde nach der groben Approximation durch Rechtecke angenähert durch

$$J_3 \sim \frac{h}{2}[u_{16}^2+u_{17}^2+u_{18}^2]. \tag{5.30}$$

Das Integral J ist näherungsweise die Summe aller Beiträge (5.26) und (5.28) der einzelnen Maschen und des Ausdruckes (5.30). Der diskretisierte Ausdruck für $J = J_1+J_2+J_3$ ist eine quadratische Funktion in den Variablen $u_1, u_2, \ldots, u_{18}$. Sie setzt sich aus der q u a d r a t i s c h e n F o r m J_1+J_3 und der linearen

Funktion J_2 zusammen. Die quadratische Form J_1+J_3 ist als Summe von Quadraten positiv. Sie verschwindet nur, falls alle Variablen $u_1, u_2, \ldots, u_{18}$ gleichzeitig verschwinden. Der quadratische Anteil ist damit eine p o s i t i v d e f i n i t e q u a d r a t i s c h e F o r m, und das aus der Minimierung entspringende lineare Gleichungssystem ist s y m m e t r i s c h - d e f i n i t. Dies ist ein wesentlicher Punkt der Energiemethode. Falls man nämlich das Randwertproblem diskretisiert, steht nicht von vornherein fest, daß das resultierende Gleichungssystem symmetrisch wird, so daß die Selbstadjungiertheit eventuell verlorengeht. Nur speziell sorgfältiges Vorgehen sichert in diesem Fall die Symmetrie.

Das lineare Gleichungssystem ergibt sich aus der Minimalforderung an das Integral J durch Differentiation seines diskretisierten Ausdrucks nach den einzelnen Variablen $u_1, u_2, \ldots, u_{18}$ und durch Nullsetzen der einzelnen partiellen Ableitungen. Im vorliegenden Beispiel sind grundsätzlich drei verschiedene Fälle zu unterscheiden, je nach dem, ob die betreffende Variable zu einem inneren Punkt des Rechtecks oder zu einem der beiden vertikalen Ränder gehört. Wir beginnen mit dem willkürlichen Punkt 11 im Innern. Die zugehörige Variable u_{11} tritt nur in den Beiträgen derjenigen Maschen auf, die mit einer Ecke im Punkt 11 zusammenhängen. Bei der Differentiation nach u_{11} sind daher nur die vier umliegenden Maschen zu berücksichtigen. Die in Fig. 21 schraffierte Masche liefert den Beitrag von J_1 und J_2 nach (5.26) und (5.28)

$$\frac{1}{2}(-u_{14}+2u_{11}-u_{12})+\frac{h^2}{4}f_{11}. \tag{5.31}$$

Die drei andern Quadrate steuern die analogen Beiträge bei

$$\begin{aligned} &\frac{1}{2}(-u_{10}+2u_{11}-u_{14})+\frac{h^2}{4}f_{11}, \quad \frac{1}{2}(-u_8+2u_{11}-u_{10})+\frac{h^2}{4}f_{11}, \\ &\frac{1}{2}(-u_8+2u_{11}-u_{12})+\frac{h^2}{4}f_{11}. \end{aligned} \tag{5.32}$$

Nach Addition dieser vier Teilergebnisse ergibt sich zum inneren Punkt 11 die d i s k r e t i s i e r t e G l e i c h u n g

$$4u_{11}-u_{14}-u_{10}-u_8-u_{12}+h^2f_{11}=0. \tag{5.33}$$

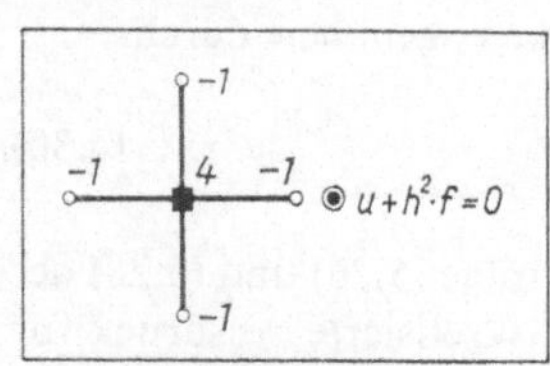

Fig. 22 Operatorgleichung für innere Punkte

Eine Gleichung der Art (5.33) ist für jeden der 12 inneren Punkte des Gebietes zuständig. Sie wird symbolisch in Fig. 22 dargestellt und heißt O p e r a t o r g l e i c h u n g für die inneren Punkte. Das dort gezeichnete Kreuz heißt O p e r a t o r des Problems. In seinen Punkten sind die Koeffizienten der entsprechenden linearen Gleichung eingetragen. Die Operatorgleichung ist so zu lesen, daß die Funktionswerte u_i an den betreffenden Gitterpunkten mit den entsprechenden Gewichten zu multiplizieren und zu addieren sind, und der Funktionswert f ist im zentralen Punkt des Operators zu nehmen.

Es versteht sich von selbst, daß in einem inneren Gitterpunkt der oberen Reihe, beispielsweise im Punkt 7, der Wert von u im nach oben weisenden Arm des Operators auf Grund der Randbedingung einzusetzen ist. Da der Randwert in unserem Fall gleich Null ist, entfällt dieser Arm der Operatorgleichung. Entsprechendes gilt für einen Punkt der unteren Reihe.

Die Operatorgleichung (5.33) hätte man auch dadurch erhalten, daß man die zweiten partiellen Ableitungen durch die entsprechenden zweiten Differenzenquotienten ersetzt. Die Energiemethode liefert bis zu diesem Punkt nichts Neues. Anders verhält es sich in den Randpunkten. Betrachten wir zuerst den Punkt 2 am linken Rand. Hier stoßen nur zwei Quadrate des Gitternetzes zusammen, welche bei Differentiation von J nach u_2 die zu (5.32) analogen Beiträge liefern

$$\frac{1}{2}(-u_5+2u_2-u_1)+\frac{h^2}{4}f_2, \quad \frac{1}{2}(-u_3+2u_2-u_5)+\frac{h^2}{4}f_2. \tag{5.34}$$

Im übrigen tritt u_2 nirgends mehr auf, so daß die Summe dieser beiden Ausdrücke verschwinden muß. Zum Punkt 2 gehört die Gleichung

$$2u_2-u_5-\frac{1}{2}u_1-\frac{1}{2}u_3+\frac{h^2}{2}f_2=0, \tag{5.35}$$

welche in Fig. 23 in Operatorform dargestellt ist. Diese Operatorgleichung ist zuständig für die drei Randpunkte der linken Vertikalen. Für die Punkte 1 und 3 ergeben sich sinngemäß die schon oben erwähnten Modifikationen durch die Randbedingungen. Man beachte, daß der Wert der partiellen Ableitung von J nach u_2 unverändert Null gesetzt wurde. Die naheliegende Erweiterung von (5.35), bzw. der Operatorform der Fig. 23 mit dem Faktor 2 ist zu unterlassen, um die Symmetrie des entstehenden Gleichungssystems zu garantieren.

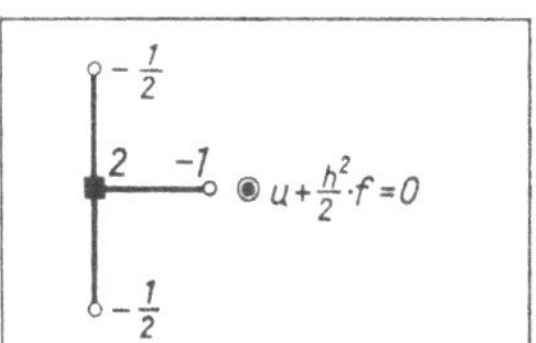

Fig. 23 Operatorgleichung für Punkte am linken Rand

Für einen Punkt des rechten Randes verläuft die Rechnung völlig analog. Betrachten wir den Punkt 17. Die beiden dort zusammenstoßenden Maschen liefern bei Differentiation nach u_{17} je die Beiträge

$$\frac{1}{2}(-u_{14}+2u_{17}-u_{16})+\frac{h^2}{4}f_{17}, \quad \frac{1}{2}(-u_{14}+2u_{17}-u_{18})+\frac{h^2}{4}f_{17}, \tag{5.36}$$

während jetzt die Approximation des Integrals J_3 über den rechten Rand gemäß (5.30) noch den Term hu_{17} beiträgt. Daher gehört zum Punkt 17 die Gleichung

$$2u_{17}-u_{14}-\frac{1}{2}u_{16}-\frac{1}{2}u_{18}+\frac{h^2}{2}f_{17}+hu_{17}=0, \tag{5.37}$$

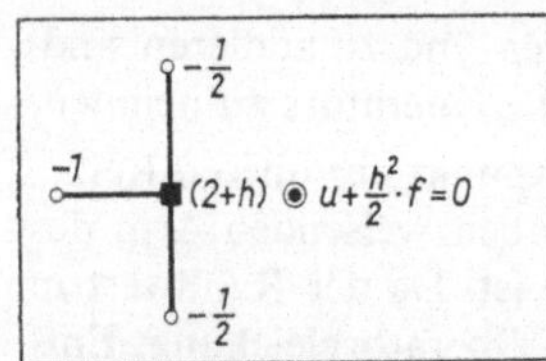

Fig. 24 Operatorgleichung für Punkte am rechten Rand

welche in Fig. 24 in ihrer Operatorform dargestellt ist. Sie ist zuständig für die drei Punkte am rechten Rand mit den entsprechenden Modifikationen für die Punkte 16 und 18. Auch hier muß eine Erweiterung mit dem Faktor 2 aus Gründen der Wahrung der Symmetrie des resultierenden Gleichungssystems unterbleiben. Im Unterschied zur Operatorgleichung (5.35) tritt im zentralen Punkt 17 ein anderes Gewicht auf, welches vom Randintegral herstammt. Darin kommen die natürlichen Randbedingungen der Randwertaufgabe zum Ausdruck. Die bei der Herleitung in keiner Weise berücksichtigten natürlichen Randbedingungen stecken implizit in den Operatorgleichungen der Fig. 23 und 24.

Soweit wurden zur Approximation des Variationsintegrals nur die einfachsten Näherungen der partiellen Ableitungen durch Differenzen verwendet. Die Diskretisation ist deshalb sehr grob, und der lokale Diskretisationsfehler ist groß. Zur Approximation von partiellen Differentialgleichungen durch Differenzengleichungen existieren bessere Verfahren. Speziell bewähren sich dazu die Mehrstellenoperatoren [10]. Die Energiemethode vermag desgleichen bessere Approximationen durch Operatorgleichungen zu liefern, indem genauere numerische Integrationsformeln angewendet werden. In [13] ist dies konkret ausgeführt, und die Energiemethode wird auch auf einfache Elastizitätsprobleme angewendet.

Ist das Grundgebiet G nicht mehr rechteckig, sondern von allgemeinerer Form, jedoch noch so, daß seine Berandung auf gerade Stücke des Netzes fällt, erfährt die Energiemethode keine wesentliche Modifikation. Anders verhält es sich bei einem beliebigen Grundgebiet G mit krummlinigem Rand. Auch hier wird das Gebiet mit einem regelmäßigen quadratischen Gitter mit der Maschenweite h überdeckt (Fig. 25). Eine rohe Methode besteht darin, das gegebene Gebiet G durch ein Gebiet G' zu ersetzen, gebildet aus den Gitterquadraten, welche vollständig in G liegen. Die Zwangsbedingungen auf C werden stellenweise durch lineare Interpolationen entlang den Gittergeraden approximiert. Es soll etwa der Randwert $u(R_1)$ im Punkt R_1 auf dem Rand C berücksichtigt werden. Lineare Interpolation entlang der Gittergeraden von R_1 nach den Punkten 1 und 2 liefert

$$u_1 = \frac{a \cdot u_2 + h \cdot u(R_1)}{a+h}.$$

Darin ist a die Distanz vom Punkt 1 zum Punkt R_1, und $u(R_1)$ ist ein gege-

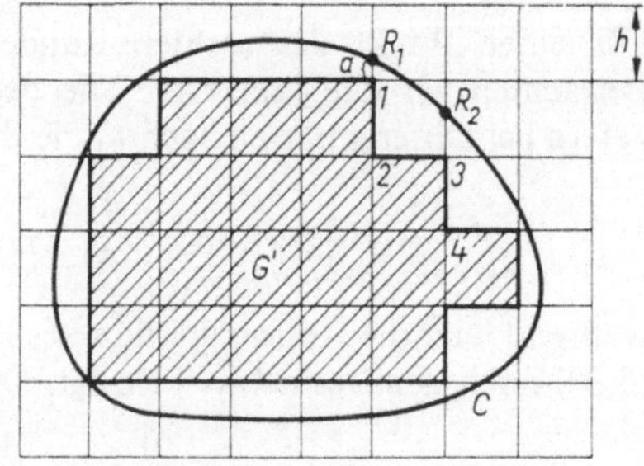

Fig. 25 Krummer Rand

bener Wert. Vermöge dieser Gleichung wird die Variable u_1 aus der Approximation des Energie-Integrals und damit aus dem ganzen Problem eliminiert. Man nennt deshalb den Punkt 1 einen Eliminationspunkt und den Punkt 2 den zugehörigen Hilfspunkt. Werden weitere Randpunkte R_i gewählt, in denen die gegebenen Randbedingungen erfüllt werden sollen, darf ein Hilfspunkt nie Eliminationspunkt werden.

Eine bessere Approximation des Variationsintegrals entsteht, indem neben den Maschen von G' noch alle Maschen in das Gittergebiet aufgenommen werden, welche von G wenigstens angeschnitten werden. Die Fig. 26 zeigt einen typischen Fall einer angeschnittenen Masche mit den Eckpunkten 1, 2, 3 und 4. Obwohl die Punkte 3 und 4 nicht zum gegebenen Grundgebiet G gehören, treten die zugehörigen Funktionswerte u_3 und u_4 dennoch als Variable auf. Es sei F der Flächeninhalt des Teils der Masche, welcher zum Grundgebiet gehört. Der reduzierte Beitrag der Masche an das Energie-Integral wird am einfachsten berücksichtigt durch den Ausdruck

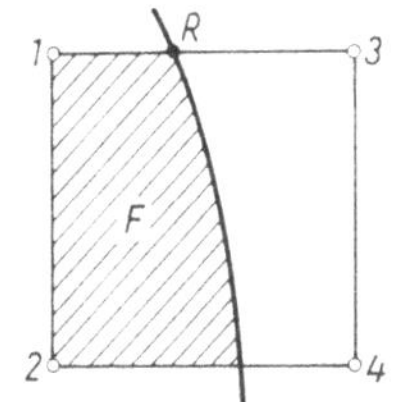

Fig. 26 Masche auf krummem Rand

$$J_1 : \frac{F}{4h^2}[(u_1-u_2)^2+(u_2-u_4)^2+(u_3-u_4)^2+(u_1-u_3)^2].$$

Zwangsbedingungen werden durch lineare Interpolation und anschließende Elimination berücksichtigt. In Fig. 26 kann beispielsweise dem Randpunkt R der Eliminationspunkt 3 mit dem Hilfspunkt 1 zugeordnet werden, so daß u_3 im Energieausdruck verschwindet. Liegen keine Zwangsbedingungen vor, bleiben die Funktionswerte u_3 und u_4 als Variable bestehen. Randintegrale werden approximiert, indem interpolierte Werte auf der Randkurve verwendet werden. In letzter Zeit ist versucht worden, diese arbeitsintensiven Vorbereitungen zu automatisieren (man vgl. [14]).

5.1.4. Struktur der linearen Gleichungen. Die Gesamtheit der 18 Operatorgleichungen des Beispiels 5.1 bildet ein symmetrisch-definites lineares Gleichungssystem in den Unbekannten $u_1, u_2, \ldots, u_{18}$. Das Gleichungssystem weist auf Grund seines Ursprungs eine spezielle Struktur auf. Die Operatorgleichungen verknüpfen offensichtlich höchstens fünf der Unbekannten u_i miteinander, so daß die Koeffizientenmatrix des linearen Gleichungssystems nur schwach mit von Null verschiedenen Elementen besetzt ist.

Als konkrete Festsetzung soll die Funktion $f(x, y)$ im punktierten Quadrat der Fig. 21 den konstanten Wert 4 haben und im übrigen Gebiet G verschwinden. Dann liefert nur das erwähnte Quadrat einen Beitrag zum Integral J_2 gemäß

$$J_2 = \frac{h^2}{4}[f_5u_5+f_6u_6+f_8u_8+f_9u_9] = h^2(u_5+u_6+u_8+u_9).$$

Dies ist bei der Differentiation von J nach den Variablen u zu berücksichtigen. Falls weiter die dimensionslose Schrittweite $h = 1$ gesetzt wird, erhält das System auf Grund der Numerierung der Fig. 21 die Gestalt (5.38), worin entsprechend den oben stehenden Variablen nur seine Koeffizienten angegeben sind.

u_1	u_2	u_3	u_4	u_5	u_6	u_7	u_8	u_9	u_{10}	u_{11}	u_{12}	u_{13}	u_{14}	u_{15}	u_{16}	u_{17}	u_{18}	1
2	$-\frac{1}{2}$	0	-1															0
$-\frac{1}{2}$	2	$-\frac{1}{2}$	0	-1														0
0	$-\frac{1}{2}$	2	0	0	-1													0
-1	0	0	4	-1	0	-1												0
	-1	0	-1	4	-1	0	-1											1
		-1	0	-1	4	0	0	-1										1
			-1	0	0	4	-1	0	-1									0
				-1	0	-1	4	-1	0	-1								1
					-1	0	-1	4	0	0	-1							1
						-1	0	0	4	-1	0	-1						0
							-1	0	-1	4	-1	0	-1					0
								-1	0	-1	4	0	0	-1				0
									-1	0	0	4	-1	0	-1			0
										-1	0	-1	4	-1	0	-1		0
											-1	0	-1	4	0	0	-1	0
												-1	0	0	3	$-\frac{1}{2}$	0	0
													-1	0	$-\frac{1}{2}$	3	$-\frac{1}{2}$	0
														-1	0	$-\frac{1}{2}$	3	0

(5.38)

Die offensichtlichste Eigenschaft ist die B a n d g e s t a l t der Koeffizientenmatrix. Die Bandbreite $m = 3$ ist eine Folge der kolonnenweisen Numerierung der Gitterpunkte. Bei zeilenweiser Durchnumerierung der Gitterpunkte wäre ein analoges Gleichungssystem mit der Bandbreite $m = 6$ entstanden, weil dann die größte Differenz der Nummern derjenigen Punkte, deren Werte durch eine Operatorgleichung verknüpft werden, gleich 6 ist. Die Bandbreite ist abhängig von der Numerierung der Gitterpunkte.

Die Bandeigenschaft zusammen mit der Symmetrie und der Definitheit des Systems erlauben seine Lösung nach der Methode von C h o l e s k y (vgl. 1.4.5). Bei relativ grober Netzeinteilung und entsprechend kleiner Anzahl der Unbekannten ist dieser Weg durchaus am Platz. Bei bedeutend feinerer Einteilung des Netzes als in Fig. 21 bleiben zwar die Operatorgleichungen der Fig. 22 bis 24 gültig, aber einerseits wächst die Zahl der Gitterpunkte rasch an, und anderseits nimmt die Bandbreite zu. Bei halb so großer Maschenweite (vgl. Fig. 27) ergeben sich 77 Gitterpunkte mit zugehörigen unbekannten Funktionswerten u_i. Bei kolonnenweiser Numerierung wird die Bandbreite des Systems $m = 7$, was zugleich die kleinstmögliche Bandbreite in diesem Fall ist. Doch nimmt das Verhältnis zwischen der Zahl der von Null verschiedenen Elemente zur Totalzahl der Matrixelemente ab. Zudem können die zahlreichen Nullelemente innerhalb des Bandes im Verfahren von Cholesky nicht ausgenützt werden, da sie im Verlauf der Reduktion zerstört werden. Aus den erwähnten Gründen werden üblicherweise für die Auflösung der Operatorgleichungen bei einer größeren Anzahl von Gitterpunkten keine direkten Methoden angewendet, sondern iterative Relaxationsmethoden. Das Gleichungssystem wurde nur zum Studium seiner Struktur explizit angegeben.

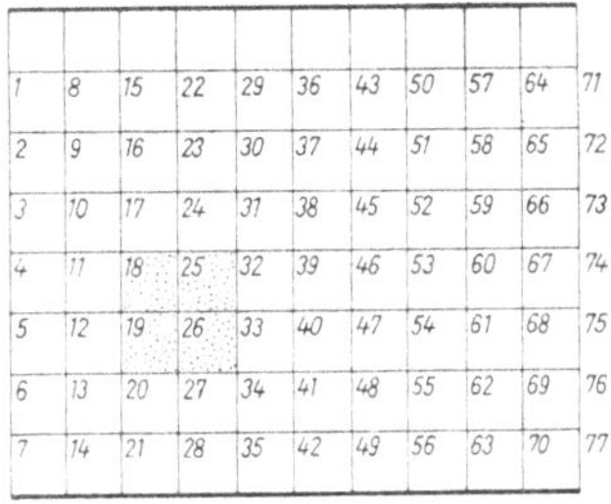

Fig. 27 Feinere Einteilung des Grundgebietes

Im weiteren zerfällt die Matrix (5.38) in dreireihige Untermatrizen gemäß (5.39).

$$A = \begin{bmatrix} \boldsymbol{B}_1 & \boldsymbol{D}_1 & & & & \\ \boldsymbol{D}_1 & \boldsymbol{B}_2 & \boldsymbol{D}_1 & & & \\ & \boldsymbol{D}_1 & \boldsymbol{B}_2 & \boldsymbol{D}_1 & & \\ & & \boldsymbol{D}_1 & \boldsymbol{B}_2 & \boldsymbol{D}_1 & \\ & & & \boldsymbol{D}_1 & \boldsymbol{B}_2 & \boldsymbol{D}_1 \\ & & & & \boldsymbol{D}_1 & \boldsymbol{B}_3 \end{bmatrix} \tag{5.39}$$

Darin bedeuten $\boldsymbol{B}_1$, $\boldsymbol{B}_2$, $\boldsymbol{B}_3$ und $\boldsymbol{D}_1$ je dreireihige Matrizen

$$\begin{aligned} \boldsymbol{B}_1 &= \begin{bmatrix} 2 & -\frac{1}{2} & 0 \\ -\frac{1}{2} & 2 & -\frac{1}{2} \\ 0 & -\frac{1}{2} & 2 \end{bmatrix}, \quad \boldsymbol{B}_2 = \begin{bmatrix} 4 & -1 & 0 \\ -1 & 4 & -1 \\ 0 & -1 & 4 \end{bmatrix}, \\ \boldsymbol{B}_3 &= \begin{bmatrix} 3 & -\frac{1}{2} & 0 \\ -\frac{1}{2} & 3 & -\frac{1}{2} \\ 0 & -\frac{1}{2} & 3 \end{bmatrix}, \quad \boldsymbol{D}_1 = \begin{bmatrix} -1 & 0 & 0 \\ 0 & -1 & 0 \\ 0 & 0 & -1 \end{bmatrix}, \end{aligned} \tag{5.40}$$

wobei $\boldsymbol{B}_1$, $\boldsymbol{B}_2$ und $\boldsymbol{B}_3$ je tridiagonal sind, und $\boldsymbol{D}_1$ sogar eine Diagonalmatrix ist. Die innere Gesetzmäßigkeit des Gleichungssystems tritt jetzt noch deutlicher hervor. Einige der Gleichungen wiederholen sich in ihrem Aufbau als Folge der gleichartig gebauten Operatorgleichungen und der regelmäßigen Numerierung der Gitterpunkte. Im betrachteten Beispiel existieren neun verschiedene Typen von Operatorgleichungen. Bei 18 Operatorgleichungen ist dies nicht sehr aufregend. Bei feinerer Einteilung des Netzes nach Fig. 27 ist die Struktur des Gleichungssystems ebenfalls von der Art (5.39), nur daß die Untermatrizen von der Ordnung 7 sind, und 9 Matrizen der Bauart B_2 auftreten. Da nach wie vor nur 9 verschieden gebaute Operatorgleichungen vorkommen, ist es unzweckmäßig, das System koeffizientenmäßig speichern zu wollen. Auf Grund der äußerst einfachen Bauart der Operatorgleichungen ist es vorteilhafter, sie als arithmetische Rechenvorschriften zu formulieren, die für bestimmte Gruppen von Gitterpunkten gelten.

5.2. Operatorgleichungen und Relaxation

In diesem Abschnitt wird die geeignete iterative Behandlung der Operatorgleichungen behandelt. Neben den allgemeinen Relaxationsmethoden von Kapitel 2 erlaubt die spezielle Struktur der Operatorgleichungen zusätzliche Varianten.

5.2.1. Elementare Relaxationsmethoden. In den Anfängen der Relaxationsrechnung wurde der Struktur der Operatorgleichungen dadurch Rechnung getragen, daß man ein Arbeitsblatt von der Art der Fig. 28 verwendete, auf welchem das

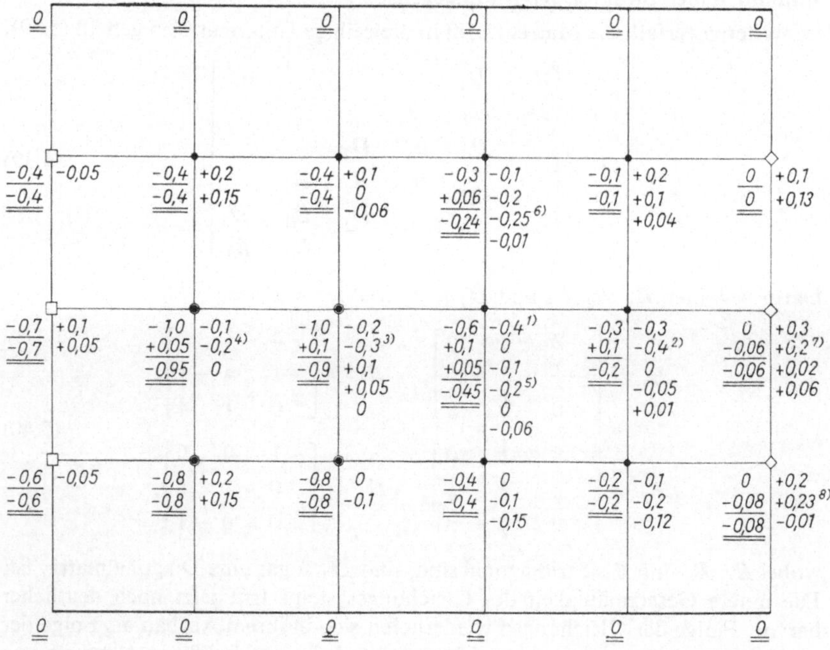

Fig. 28 Arbeitsblatt für Handrelaxation

● Operatorgleichung nach Fig. 22
□ Operatorgleichung nach Fig. 23
◇ Operatorgleichung nach Fig. 24
⊙ Punkte mit formal $f = 1$

Gebiet und das zu Grunde gelegte Netz mit seinen Gitterpunkten dargestellt wird. Darin wird als erstes links unterhalb eines jeden Gitterpunktes eine mutmaßliche Ausgangsnäherung für u_i angeschrieben. Die zugehörigen Residuen werden auf Grund der Operatorgleichungen berechnet und rechts unterhalb der Gitterpunkte hingeschrieben. Nach der Methode der Handrelaxation von 2.2.1 wird das absolut größte Residuum durch eine Korrektur des Funktionswertes zum Verschwinden gebracht. Dazu ist das Residuum durch das negativ genommene Gewicht der betreffenden Operatorgleichung im zentralen Punkt zu dividieren. Die Korrektur, welche man zweckmäßigerweise auf eine wesentliche Dezimale rundet, wird unter den Funktionswert geschrieben. Das Residuum wird dadurch zwar nur in seinen wesentlichen Stellen zum Verschwinden gebracht. Die Abnahme der Residuen bewirkt im Verlauf der Rechnung eine Verkleinerung der Korrekturen und damit eine zunehmende Genauigkeit der Näherungswerte. Eine einzige Korrektur beeinflußt die Residuen nur in den Nachbarpunkten, deren Operatorgleichungen den korrigierten Funktionswert einbeziehen. Beim 5-Punkte Operator (Fig. 22) sind dies im Normalfall genau die vier umliegenden Punkte. Zur Schematisierung der Rechnung werden zu den Operatorgleichungen Residuenoperatoren definiert, deren Gewichte angeben, wie sich die Residuen in den Punkten des Sterns ändern, falls im zentralen Punkt eine Korrektur des Funktionswertes um eine Einheit erfolgt. Für das Beispiel 5.1 sind die Residuenoperatoren in Fig. 29 zusammengestellt. Sie sind analog gebaut wie die Operatorgleichungen, nur daß die Terme mit f wegfallen. Im Arbeitsblatt der Fig. 28 sind die ersten acht Schritte durchgeführt, wobei einerseits die Korrekturen der Funktionswerte, aber anderseits die tatsächlichen Residuen protokolliert sind. Zur Verfolgung des Ablaufs sind die behandelten Residuen fortlaufend numeriert. Die summierten Korrekturen ergeben die doppelt unterstrichenen Näherungswerte.

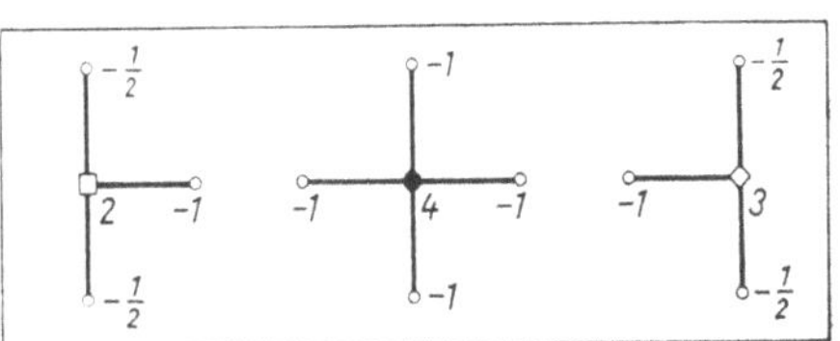

Fig. 29 Residuenoperatoren für Handrelaxation ($h = 1$)

Diese iterative Methode zur Lösung der Operatorgleichungen geht auf Southwell [59] zurück. Er deutet die Residuen r_i in den Gitterpunkten als negativ genommene zusätzliche äußere Zwangskräfte, welche die Membran in der Auslenkung der betreffenden Näherungswerte u_i halten. Jeder Schritt der Handrelaxation bringt die betragsgrößte äußere Zwangskraft auf den Wert Null. Diese Interpretation gab den iterativen Verfahren zur allmählichen Annulierung der Residuen den Namen Relaxation.

Die Southwellsche Relaxationsmethode zeichnet sich durch eine große Einfachheit der Rechenoperationen aus, so daß ein geübter Rechner eine große Fertigkeit in den gleichbleibenden Rechenoperationen entwickeln konnte. Doch treten bei größeren Systemen bald konvergenzhemmende Erscheinungen auf [61].

5.2.2. Überrelaxation, Property A. Für den Rechenautomaten eignen sich die Methoden besser, welche die Gitterpunkte in zyklischer Weise durchlaufen (*Gauß-Seidel*, vgl. 2.2.2, Überrelaxation, vgl. 2.2.3). Infolge der besseren Konvergenz kommt praktisch nur die Überrelaxation in Frage.

Die Theorie zur optimalen Wahl des Überrelaxationsfaktors ω_{opt} nach 2.2.4 ist nur anwendbar im Fall einer symmetrisch-definiten und zudem *diagonal blockweise tridiagonalen* Koeffizientenmatrix des Gleichungssystems. Die Matrix A nach (5.38) ist zwar *blockweise tridiagonal*, doch haben die Untermatrizen längs der Diagonale nicht Diagonalgestalt. Die Theorie läßt sich auf (5.38) nicht anwenden. Am konkreten Beispiel 5.1 wird gezeigt, daß die Voraussetzung von Satz 2.7 durch eine geeignete Numerierung der Gitterpunkte erfüllt werden kann.

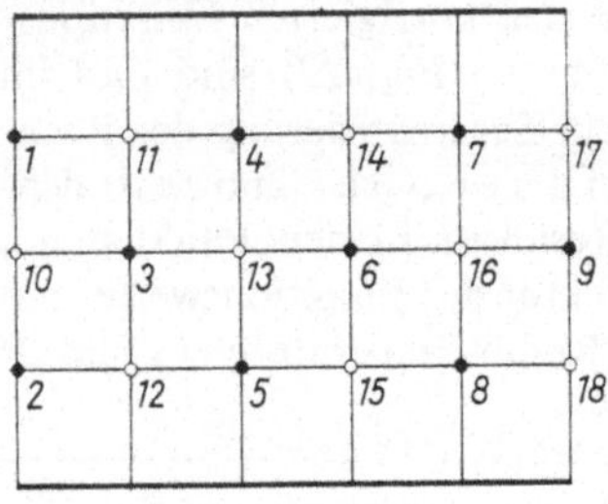

Fig. 30 Aufteilung der Gitterpunkte in zwei Gruppen

In Fig. 30 sind die Gitterpunkte so als leere weiße und als ausgefüllte schwarze Kreise markiert, daß jede Gitterstrecke nur Punkte ungleicher Markierung verbindet. Jede Operatorgleichung der Fig. 22, 23 und 24 verknüpft neben dem Funktionswert im zentralen Punkt nur noch Funktionswerte, die zu Punkten entgegengesetzter Markierung gehören. Die Unbekannten u_i lassen sich damit in zwei Gruppen einteilen, zugehörig zu schwarzen, bzw. weißen Gitterpunkten.

Die Operatorgleichungen verknüpfen die Unbekannte im zentralen Punkt nur mit solchen der andern Gruppe. Werden die Unbekannten der ersten Gruppe vor denjenigen der andern Gruppe durchnumeriert, und werden die Operatorgleichungen entsprechend angeordnet, erhält das Gleichungssystem für die Numerierung der Gitterpunkte nach Fig. 30 die Gestalt (5.41).

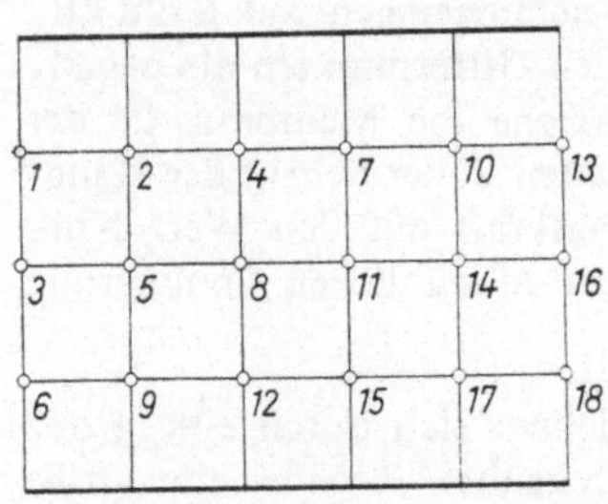

Fig. 31 Numerierung nach Schrägzeilen

Die Matrix A ist jetzt tatsächlich *diagonal blockweise tridiagonal*. Sie zerfällt in vier quadratische Untermatrizen der Ordnung 9, und die beiden Untermatrizen in der Diagonale sind selbst diagonal.

Für die Praxis ist die Numerierung der Gitterpunkte nach Schrägzeilen (vgl. Fig. 31) bequemer. Auch sie führt auf eine *diagonal blockweise tridiagonale* Matrix A des linearen Gleichungssystems (5.42). Doch sind die Untermatrizen längs der

Diagonale von ungleicher Ordnung, und die andern sind teilweise rechteckig. Die Einteilung ist in (5.42) angedeutet.

u_1	u_2	u_3	u_4	u_5	u_6	u_7	u_8	u_9	u_{10}	u_{11}	u_{12}	u_{13}	u_{14}	u_{15}	u_{16}	u_{17}	u_{18}	1
2									$-\frac{1}{2}$	-1								0
	2								$-\frac{1}{2}$	0	-1							0
		4							-1	-1	-1	-1						1
			4							-1	0	-1	-1					0
				4							-1	-1	0	-1				1
					4							-1	-1	-1	-1			0
						4							-1	0	-1	-1		0
							4							-1	-1	0	-1	0
								3							-1	$-\frac{1}{2}$	$-\frac{1}{2}$	0
$-\frac{1}{2}$	$-\frac{1}{2}$	-1							2									0
-1	0	-1	-1							4								0
	-1	-1	0	-1							4							1
		-1	-1	-1	-1							4						1
			-1	0	-1	-1							4					0
				-1	-1	0	-1							4				0
					-1	-1	-1	-1							4			0
						-1	0	$-\frac{1}{2}$								3		0
							-1	$-\frac{1}{2}$									3	0

(5.41)

Für Gleichungssysteme, die sich in die Form (5.41) oder (5.42) überführen lassen, wurde in [79] ein eigener Begriff eingeführt.

Definition 5.2. *Eine quadratische Matrix A besitzt „P r o p e r t y A", falls sie sich durch gleichzeitige Kolonnen- und Zeilenpermutationen*[1] *auf d i a g o n a l b l o c k w e i s e t r i d i a g o n a l e Gestalt bringen läßt.*

Die Koeffizientenmatrix des Gleichungssystems (5.38) hat „Property A", denn der Übergang zu den Systemen (5.41), bzw. (5.42) besteht aus einer gleichzeitigen Permutation der Zeilen und Kolonnen, definiert durch die diesbezüglichen Numerierungen der Punkte. Eine Matrix mit „Property A" besitzt im allgemeinen verschiedene diagonal blockweise tridiagonale Darstellungen. Die Darstel-

[1] Eine gleichzeitige Zeilen- und Kolonnenpermutation bedeutet, daß jede Vertauschung von zwei Kolonnen durch die entsprechende Zeilenvertauschung zu ergänzen ist, so daß die Matrix symmetrisch bleibt.

lung (5.41) mit nur zwei Untermatrizen in der Diagonale ist repräsentativ, und sie wird auch gelegentlich zur Charakterisierung einer Matrix mit „Property A" benützt. Bei einer beliebigen Permutation der ersten neun Zeilen und Kolonnen von (5.41) entsteht eine analoge Darstellung, bei der jedoch die regelmäßige Struktur der außendiagonalen Untermatrizen verlorengeht.

Gleichbedeutend mit der Definition 5.2 der „Property A" ist

$$\begin{array}{cccccccccccccccccc|c}
u_1 & u_2 & u_3 & u_4 & u_5 & u_6 & u_7 & u_8 & u_9 & u_{10} & u_{11} & u_{12} & u_{13} & u_{14} & u_{15} & u_{16} & u_{17} & u_{18} & 1 \\
\hline
2 & -1 & -\frac{1}{2} & & & & & & & & & & & & & & & & 0 \\
-1 & 4 & 0 & -1 & -1 & & & & & & & & & & & & & & 0 \\
-\frac{1}{2} & 0 & 2 & 0 & -1 & -\frac{1}{2} & & & & & & & & & & & & & 0 \\
 & -1 & 0 & 4 & 0 & 0 & -1 & -1 & & & & & & & & & & & 0 \\
 & -1 & -1 & 0 & 4 & 0 & 0 & -1 & -1 & & & & & & & & & & 1 \\
 & & -\frac{1}{2} & 0 & 0 & 2 & 0 & 0 & -1 & & & & & & & & & & 0 \\
 & & & -1 & 0 & 0 & 4 & 0 & 0 & -1 & -1 & & & & & & & & 0 \\
 & & & -1 & -1 & 0 & 0 & 4 & 0 & 0 & -1 & -1 & & & & & & & 1 \\
 & & & & -1 & -1 & 0 & 0 & 4 & 0 & 0 & -1 & & & & & & & 1 \\
 & & & & & & -1 & 0 & 0 & 4 & 0 & 0 & -1 & -1 & & & & & 0 \\
 & & & & & & -1 & -1 & 0 & 0 & 4 & 0 & 0 & -1 & -1 & & & & 0 \\
 & & & & & & & -1 & -1 & 0 & 0 & 4 & 0 & 0 & -1 & & & & 1 \\
 & & & & & & & & & -1 & 0 & 0 & 3 & 0 & 0 & -\frac{1}{2} & & & 0 \\
 & & & & & & & & & -1 & -1 & 0 & 0 & 4 & 0 & -1 & -1 & & 0 \\
 & & & & & & & & & & -1 & -1 & 0 & 0 & 4 & 0 & -1 & & 0 \\
 & & & & & & & & & & & & -\frac{1}{2} & -1 & 0 & 3 & 0 & -\frac{1}{2} & 0 \\
 & & & & & & & & & & & & & -1 & -1 & 0 & 4 & -1 & 0 \\
 & & & & & & & & & & & & & & & -\frac{1}{2} & -1 & 3 & 0
\end{array} \tag{5.42}$$

Definition 5.3. *Eine quadratische Matrix $A = (a_{ij})$ der Ordnung n besitzt „Property A", falls zwei nichtleere und disjunkte Untermengen S und T der ersten n positiven ganzen Zahlen $W = \{1, 2, \ldots, n\}$ derart existieren, daß $S \cup T = W$ und $S \cap T = \phi$ gilt, und falls $a_{ij} \neq 0$ ist, dann ist entweder $i = j$, oder $i \in S$ und $j \in T$, oder $i \in T$ und $j \in S$.*

Die Matrix A des Systems (5.38) hat unter dieser Definition „Property A", denn es ist die Menge $S = \{1, 3, 5, 7, 9, 11, 13, 15, 17\}$ und die Menge $T = \{2, 4, 6, 8, 10, 12, 14, 16, 18\}$. Die Indizes i und j eines jeden von Null verschiedenen Außendiagonalelementes a_{ij} sind so beschaffen, daß entweder $i \in S$ und $j \in T$, oder $i \in T$ und $j \in S$ gilt. Für die diagonal blockweise tridiagonalen Matrizen $\boldsymbol{A}$ (5.41) und (5.42) liegen die beiden Untermengen S und T auf der Hand.

Die Darstellung der Koeffizientenmatrix $\boldsymbol{A}$ eines Systems von Operatorgleichungen mit „Property A" hängt wesentlich ab von der Numerierung der Gitterpunkte d. h. von der Reihenfolge, in welcher die Gitterpunkte bei der Überrelaxation durchgegangen werden sollen.

Definition 5.4. *Die Reihenfolgen der Gitterpunkte, deren zugehörige Darstellungen der Matrix $\boldsymbol{A}$ mit „Property A" diagonal blockweise tridiagonal sind, heißen konsistent.*

Für den 5-Punkte-Operator des Laplaceschen Differentialoperators sind die Reihenfolgen nach Art der Fig. 30 und 31 stets konsistent. Die naheliegende zeilenweise oder kolonnenweise Reihenfolge dagegen ist nicht konsistent. Hingegen ist bei den Problemen der Elastizitätstheorie (Deformation von Platten und Scheiben) die „Property A" meist nicht erreichbar.

Der Satz 2.7 zur optimalen Wahl des Überrelaxationsfaktors ω_{opt} ist für konsistente Reihenfolgen anwendbar. Dazu ist der dominante Eigenwert λ_1 der Matrix $-\boldsymbol{D}^{-1}(\boldsymbol{E}+\boldsymbol{F})$, bzw. der symmetrischen Matrix $-\boldsymbol{D}^{-\frac{1}{2}}(\boldsymbol{E}+\boldsymbol{F})\boldsymbol{D}^{-\frac{1}{2}}$ der zugehörigen Matrix $\boldsymbol{A}$ zu bestimmen, um daraus

$$\omega_{\text{opt}} = \frac{2}{1+\sqrt{1-\lambda_1^2}}$$

zu erhalten. Zwei verschiedene konsistente Reihenfolgen besitzen zwar verschiedene Darstellungen der Matrix $\boldsymbol{A}$, doch gilt

Satz 5.1. *Der optimale Überrelaxationsfaktor ω_{opt} ist unabhängig von der speziellen konsistenten Reihenfolge. Das optimale asymptotische Konvergenzverhalten aller konsistenter Reihenfolgen ist dasselbe.*

Beweis: Die zwei verschiedenen Darstellungen der Matrix $\boldsymbol{A}$ für zwei verschiedene konsistente Reihenfolgen sind zueinander ähnlich vermittels einer Permutationsmatrix. Die zugehörigen Matrizen $-\boldsymbol{D}^{-\frac{1}{2}}(\boldsymbol{E}+\boldsymbol{F})\boldsymbol{D}^{-\frac{1}{2}}$ sind ähnlich vermöge derselben Permutationsmatrix, so daß ihre dominanten Eigenwerte identisch sind. Damit resultiert derselbe optimale Überrelaxationsfaktor, so daß die Konvergenzziffern und damit das asymptotische Konvergenzverhalten tatsächlich übereinstimmen.

Beispiel 5.2. Unter einer konsistenten Reihenfolge der 18 Gitterpunkte des Beispiels 5.1 ist der dominante Eigenwert der Matrix $-\boldsymbol{D}^{-\frac{1}{2}}(\boldsymbol{E}+\boldsymbol{F})\boldsymbol{D}^{-\frac{1}{2}}$ berechnet worden zu $\lambda_1 = 0{,}837319$. Für das Einzelschrittverfahren ($\omega = 1$) resultieren die Werte für Konvergenzradius und Konvergenzziffer

$$\varrho(\boldsymbol{M}(1)) = \lambda_1^2 = 0{,}70110, \qquad R(\boldsymbol{M}(1)) = -\log_{10}\varrho(\boldsymbol{M}(1)) = 0{,}1542.$$

Asymptotisch sind $k \sim 6{,}5$ Iterationszyklen erforderlich, um in der Näherungslösung eine weitere Dezimalstelle zu gewinnen. Da am Anfang einige Iterationen nötig sind, bevor sich das asymptotische Konvergenzverhalten einstellt, sind zur Bestimmung der Lösung auf sechs Dezimalstellen nach dem Komma ungefähr 50 Iterationszyklen erforderlich.

Der optimale Überrelaxationsfaktor, der zugehörige Konvergenzradius und die Konvergenzziffer sind

$$\omega_{\text{opt}} = 1{,}29306, \quad \varrho(\boldsymbol{M}(\omega_{\text{opt}})) = 0{,}29306, \quad R(\boldsymbol{M}(\omega_{\text{opt}})) = 0{,}5330,$$

so daß mit $k \sim 1{,}88$ asymptotisch ungefähr zwei Iterationen zur Gewinnung einer weiteren Dezimalstelle genügen. Die Lösung mit einer sechsstelligen Genauigkeit stellt sich schon nach 16 Iterationen ein. Sie ist in der Anordnung der Gitterpunkte in Tab. 26 wiedergegeben.

Tab. 26 Lösung des Randwertproblems bei grober Netzeinteilung

−0,405937	−0,442200	−0,388185	−0,227890	−0,116926	−0,052551
−0,739347	−0,974678	−0,882650	−0,406449	−0,187264	−0,081455
−0,602094	−0,834516	−0,761289	−0,327991	−0,144227	−0,061651

Für die feinere Einteilung mit 77 Gitterpunkten sind die entsprechenden Zahlwerte:

$$\lambda_1 = 0{,}957686, \quad \varrho(\boldsymbol{M}(1)) = \lambda_1^2 = 0{,}917162$$
$$R(\boldsymbol{M}(1)) = 0{,}03756, \quad k \sim 26{,}6$$

Das Einzelschrittverfahren benötigt gegen 200 Iterationen zur Erzeugung einer auf sechs Stellen nach dem Komma genauen Lösung. Unter Ausnützung der „Property A" ergeben sich die Zahlwerte $\omega_{\text{opt}} = 1{,}5530$, $\varrho(\boldsymbol{M}(\omega_{\text{opt}})) = 0{,}5530$, $R(\boldsymbol{M}(\omega_{\text{opt}})) = 0{,}2573$, $k \sim 3{,}9$. Die sechsstellige Lösung stellt sich hier bei optimaler Wahl des Überrelaxationsfaktors schon nach etwa 35 Iterationen ein, bei einem unwesentlichen Mehraufwand gegenüber dem Einzelschrittverfahren. Weitere Verfeinerung des Netzes läßt den dominanten Eigenwert λ_1 immer näher an den Wert Eins rücken, so daß das Einzelschrittverfahren hoffnungslos langsam konvergiert, und nur die Überrelaxation Erfolg verspricht (vgl. Tab. 4).

ALGOL-Prozedur eines Iterationszyklus für das Standardbeispiel. Geleitet durch das Arbeitsblatt der Fig. 28 werden die Funktionswerte in den Gitterpunkten, bzw. ihre Näherungswerte, als zweifach indizierte Variablen behandelt, wobei die Zeilen von oben nach unten und die Kolonnen von links nach rechts numeriert seien. Zweckmäßigerweise werden die gegebenen Randwerte als zusätzliche Zeilen einbezogen, die aber nicht verändert werden. Unter dieser Arbeitshypothese sind dann tatsächlich nur drei verschiedene Operatorgleichungen zu formulieren. Die Werte $f(x, y)$ in den Gitterpunkten seien analog zu den Funktionswerten als zweifach indizierte Größen gegeben. Die Gitterpunkte werden in der konsistenten Reihenfolge nach Schrägzeilen (vgl.

Fig. 31) durchlaufen. Unter Verwendung der einschlägigen Operatorgleichung werden die neuen Näherungswerte nach (2.32) berechnet.

Die Prozedur ist so allgemein gehalten, daß damit Probleme unseres Standardtyps mit entsprechenden Randbedingungen aber anderen ganzzahligen Seitenverhältnissen bearbeitet werden können.

Die Parameter der Prozedur bedeuten:

n Anzahl der Punkte pro Zeile
m Anzahl der inneren Zeilen
h Maschenweite
omega Überrelaxationsfaktor
f Funktionswerte f_{ik} in den Gitterpunkten ($i = 1, 2, \ldots, m$; $k = 1, 2, \ldots, n$)
u Funktionswerte u_{ik} in den Gitterpunkten vor, bzw. nach dem Überrelaxationsschritt einschließlich Randwerten ($i = 0, 1, \ldots, m+1$; $k = 1, 2, \ldots, n$).

```
procedure ueberrelax (n, m, h, omega, f, u);
          value n, m, h, omega;
          integer n, m; real h, omega; array f, u;
begin integer i, k, z, max, min; real delta;
   for z := 1 step 1 until n+m-1 do
   begin max := if z > n then z-n+1 else 1;
         min := if z < m then z else m;
     for i := max step 1 until min do
     begin k := z-i+1;
         if k = 1 then
           delta := (f[i, k]-0.5×(u[i-1, k]+u[i+1, k])
                                   -u[i, k+1])/2
         else
         if k = n then
           delta := (f[i, k]-0.5×(u[i-1, k]+u[i+1, k])
                          -u[i, k-1])/(2+h)
         else
           delta := (f[i, k]-u[i, k+1]-u[i, k-1]
                          -u[i-1, k]-u[i+1, k])/4;
         u[i, k] := u[i, k]- omega×(u[i, k]+delta)
     end i
   end z
end ueberrelax
```

Zur Bestimmung des optimalen Überrelaxationsfaktors ω_{opt} wurde angenommen, daß der dominante Eigenwert λ_1 der Matrix $-\boldsymbol{D}^{-\frac{1}{2}}\cdot(\boldsymbol{E}+\boldsymbol{F})\cdot\boldsymbol{D}^{-\frac{1}{2}}$ bekannt sei. Für die beiden Netzeinteilungen wurde λ_1 tatsächlich bestimmt. Im allgemeinen wird man aber den dominanten Eigenwert infolge des Rechenaufwandes nicht berechnen, so daß sich die Wahl des optimalen Überrelaxationsfaktors nicht auf die Kenntnis von λ_1 stützen kann. Der Wert von λ_1 kann approximativ aus dem Verlauf der Rechnung gewonnen werden. In Unkenntnis von ω_{opt} beginnt man die Iteration mit $\omega = 1$ (Einzelschrittverfahren). Der Fehlervektor $\boldsymbol{f}^{(k)} = \boldsymbol{x}-\boldsymbol{v}^{(k)}$ zeigt asymptotische Konvergenz gegen den Nullvektor wie eine geometrische Folge mit dem Quotienten $\varrho(\boldsymbol{M}(1))$. Der Residuenvektor $\boldsymbol{r}^{(k)}$ hat aber dasselbe asymptotische Verhalten wie der Fehlervektor $\boldsymbol{f}^{(k)}$, denn aus

$$\boldsymbol{r}^{(k)} = \boldsymbol{A}\boldsymbol{v}^{(k)}+\boldsymbol{b}, \quad 0 = \boldsymbol{A}\boldsymbol{x}+\boldsymbol{b} \tag{5.43}$$

ergibt sich nach Subtraktion

$$\boldsymbol{r}^{(k)} = \boldsymbol{A}(\boldsymbol{v}^{(k)}-\boldsymbol{x}) = -\boldsymbol{A}\boldsymbol{f}^{(k)}. \tag{5.44}$$

Für eine konsistente Reihenfolge ist $\varrho(\boldsymbol{M}(1)) = \lambda_1^2$ mit reellem λ_1. Deshalb gilt für das asymptotische Verhalten des Fehlervektors speziell $\boldsymbol{f}^{(k+1)} \sim \lambda_1^2 \boldsymbol{f}^{(k)}$ und damit nach (5.44)

$$\boldsymbol{r}^{(k+1)} = -\boldsymbol{A}\boldsymbol{f}^{(k+1)} \sim \lambda_1^2 \boldsymbol{A}\boldsymbol{f}^{(k)} = \lambda_1^2 \boldsymbol{r}^{(k)}. \tag{5.45}$$

Die Quotienten der Normen von aufeinanderfolgenden Residuenvektoren des Einzelschrittverfahrens liefern asymptotisch Näherungswerte für λ_1^2, so daß damit der optimale Überrelaxationsfaktor ω_{opt} in der richtigen Gegend lokalisiert werden kann.

Beispiel 5.3. Der Quotient $q_k = \dfrac{\|\boldsymbol{r}^{(k)}\|}{\|\boldsymbol{r}^{(k-1)}\|}$ der euklidischen Normen von aufeinanderfolgenden Residuenvektoren im Fall der feinen Netzeinteilung (77 Punkte) zeigt in Funktion von k das Verhalten von Fig. 32. Nach wenigen Schritten ist q_k in der Nähe von $\varrho(\boldsymbol{M}(1)) = 0{,}91716$. Der asymptotische Wert wird von unten angenähert, so daß daraus ein zu kleiner optimaler Überrelaxationsfaktor ω_{opt} resultiert. Nach 20 Iterationen mit $\omega = 1$ ist $q_{20} = 0{,}9162$, und damit $\omega'_{\text{opt}} = 1{,}551$. Mit diesem Wert ω'_{opt} liefert die eigentliche Überrelaxation die Lösung rasch. Das lineare Konvergenzverhalten von q_k ermöglicht die Anwendung des Wynn schen ε-Algorithmus [78] zur Gewinnung eines besseren Näherungswertes.

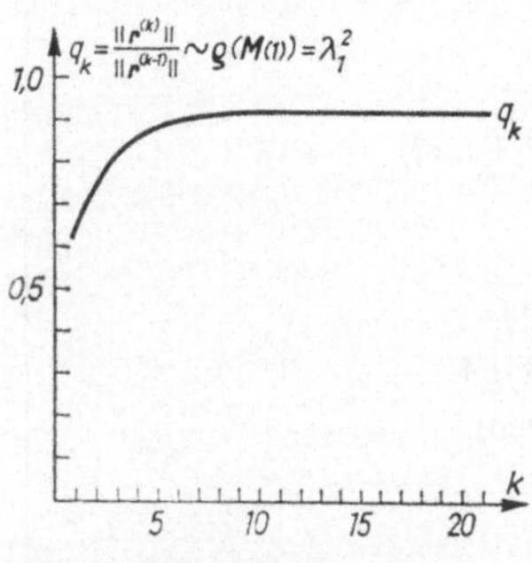

Fig. 32 Näherungen für Spektralradius λ_1^2, ($\omega = 1$)

Zur Lokalisierung des optimalen Überrelaxationsfaktors ω_{opt} kann die Iteration auch mit einem Wert $1 < \omega < \omega_{\text{opt}}$ gestartet werden, damit die anfänglichen Relaxationen mehr zur Lösung beitragen. In diesem Fall konvergieren die Quotienten der Normen von aufeinanderfolgenden Residuenvektoren gegen den Spektralradius der Matrix $\boldsymbol{M}(\omega)$, d. h. gegen den Wert $\varrho(\boldsymbol{M}(\omega)) = \mu_1^{(1)}$ (vgl. Fig. 4). Aus der Beziehung (2.63) zwischen λ_1^2, ω und $\mu_1^{(1)}$ ergibt sich der Wert

$$\lambda_1^2 = \frac{(\mu_1^{(1)}+\omega-1)^2}{\omega^2 \mu_1^{(1)}}. \tag{5.46}$$

Bei näherungsweise bekanntem $\mu_1^{(1)}$ liefert (5.46) eine Näherung für λ_1^2, und damit kann wieder ω_{opt} approximativ bestimmt werden.

Beispiel 5.4. Falls die Relaxation des Beispiels 5.3 mit $\omega = 1{,}5$ gestartet wird, ergeben sich Näherungswerte für $\mu_1^{(1)}$ als Quotienten von aufeinanderfolgenden Residuenvektoren und die resultierenden Werte λ_1^2 nach (5.46) (vgl. Fig. 33). Das oszillierende Verhalten mit gedämpfter Amplitude von $\mu_1^{(1)}$ erklärt sich durch die teilweise komplexen Eigenwerte von $\boldsymbol{M}(\omega)$, deren Betrag nur wenig kleiner als $\mu_1^{(1)}$ ist. Die Konvergenz ist deutlich, und der optimale Überrelaxationsfaktor läßt sich näherungsweise bestimmen.

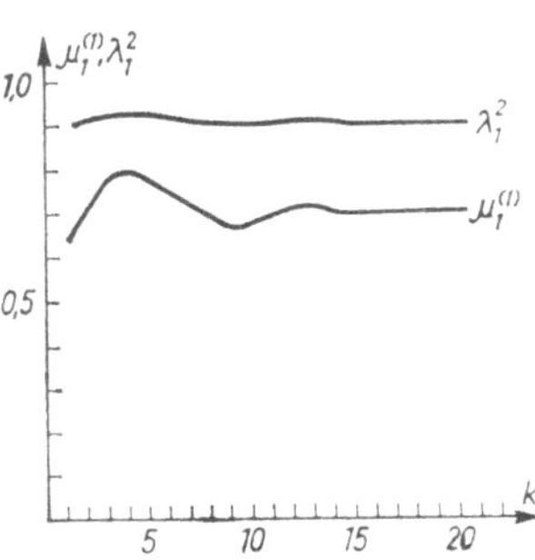

Fig. 33 Näherungen von $\mu_1^{(1)}$ und λ_1^2, ($\omega = 1{,}5$)

Für $\omega > \omega_{\text{opt}}$ hat $\boldsymbol{M}(\omega)$ lauter komplexe Eigenwerte. Die Quotienten der Normen von aufeinanderfolgenden Residuen weisen ein ganz unregelmäßiges Verhalten auf und konvergieren nicht gegen einen Grenzwert. In diesem Fall ist ω zu verkleinern.

Die Bestimmung von ω_{opt} basierte nach dem zuletzt Gesagten auf den Residuen nach einem vollständigen Iterationszyklus. Nach der üblichen Berechnungsart stehen aber die Residuen nicht direkt zur Verfügung, so daß sie speziell ermittelt werden müssen. Der Rechenaufwand ist vergleichbar mit einem vollständigen Iterationszyklus und ist damit zu aufwendig. Dieser Umstand kann gemildert werden, indem die Residuen nur nach je p (etwa 5–10) Iterationen ermittelt werden, um daraus mittlere Konvergenzradien gemäß (5.47) zu bestimmen.

$$\left[\frac{\|\boldsymbol{r}^{((m+1)\cdot p)}\|}{\|\boldsymbol{r}^{(m\cdot p)}\|}\right]^{1/p} \sim \varrho(\boldsymbol{M}(\omega)) = \mu_1^{(1)}. \tag{5.47}$$

Schließlich kann die Berechnung der Residuen auch ganz unterbleiben. Die Folge von Differenzvektoren $\boldsymbol{y}^{(k)} = \boldsymbol{v}^{(k)} - \boldsymbol{v}^{(k-1)}$ von zwei Näherungen nach vollständigen Zyklen weist dasselbe asymptotische Verhalten auf wie die Folge der Fehlervektoren selbst. Eine Norm des Vektors $\boldsymbol{y}^{(k)}$ kann im Verlauf eines Iterationszyklus auf triviale Weise aufgebaut werden. Die so erhaltenen Werte sind allerdings im allgemeinen nicht so gut.

Nicht jede Diskretisation einer Randwertaufgabe, bzw. des Energie-Integrals führt auf ein System von Operatorgleichungen mit „Property A". Die genauere Approximation der Poissonschen Gleichung $\Delta u = f(x, y)$ durch den 9-Punkte-Operator oder Mehrstellenoperator (vgl. [10], [13]) in der Darstellung von Fig. 34 für einen regulären inneren Punkt des Grundgebietes führt auf ein Gleichungssystem ohne „Property A".

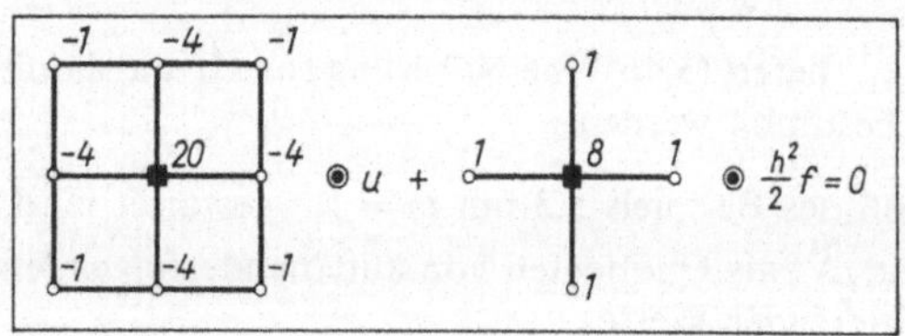

Fig. 34 9-Punkte Operatorgleichung für $\Delta u = f(x, y)$. Regulärer innerer Punkt

Das Gleichungssystem ist wohl symmetrisch-definit, aber das Resultat von Satz 2.7 ist nicht anwendbar. Die Methode der Überrelaxation konvergiert zwar nach Satz 2.6 für jeden Wert ω im Intervall $0 < \omega < 2$, doch über die bestmögliche Wahl von ω ist nichts bekannt. In [35] wird die Klasse von Operatorgleichungen mit der Eigenschaft untersucht, daß im Operatorstern die Gewichte der Funktionswerte mit Ausnahme des zentralen Punktes negativ sind. Die Operatorgleichungen der Fig. 22, 23, 24 und 34 gehören zu dieser Klasse. Als erstes wird gezeigt, daß ω-Werte im Intervall $0 < \omega < 1$ ein schlechteres asymptotisches Konvergenzverhalten zur Folge haben als $\omega = 1$, so daß Unterrelaxation außer Betracht fällt. Weiter sei λ_1 der dominante Eigenwert von $-\boldsymbol{D}^{-\frac{1}{2}}(\boldsymbol{E}+\boldsymbol{F})\boldsymbol{D}^{-\frac{1}{2}}$, und es sei

$$\omega_b = \frac{2}{1+\sqrt{1-\lambda_1^2}}.$$

Für Systeme von Operatorgleichungen der gennanten Klasse ohne „Property A" gilt dann, daß der Spektralradius $\varrho(\boldsymbol{M}(\omega))$ für alle ω im Intervall $0 < \omega < 2$ größer ist als der entsprechende Spektralradius für ein System mit „Property A" unter einer konsistenten Reihenfolge und mit demselben Wert von λ_1. Speziell gilt

$$\varrho(\boldsymbol{M}(\omega)) \geqslant \omega_b - 1. \tag{5.48}$$

Die Konvergenz ist bei Überrelaxation ohne „Property A" sicher nicht besser als mit „Property A" unter einer konsistenten Reihenfolge. Für die Wahl von ω ist man auf Versuche oder Erfahrungen angewiesen. Der bestmögliche Wert braucht übrigens gar nicht mit ω_b zusammenzufallen.

5.2.3. Implizite Blockrelaxation. In den bisher betrachteten Relaxationsmethoden (Einzelschrittverfahren, Überrelaxation) wird der Wert je einer einzelnen Komponente der neuen Näherung bestimmt durch eine explizite lineare Formel in den momentan besten zugänglichen Näherungswerten der Unbekannten. Man spricht deshalb von expliziten Relaxationsverfahren. Demgegenüber bestimmen implizite Relaxationsverfahren gleichzeitig ganze Gruppen oder Blöcke von neuen Näherungen, wobei jetzt aber lineare Gleichungssysteme aufgelöst werden müssen.

Bei kolonnenweiser, bzw. zeilenweiser Numerierung der Punkte weist das System der Operatorgleichungen eine tridiagonale Blockstruktur (5.39) auf, wobei jede quadratische Blockmatrix in der Diagonale einer Gruppe von Gitterpunkten entspricht, welche zu einer Kolonne, bzw. zu einer Zeile gehören. Es ist deshalb naheliegend, je die Gitterpunkte einer Kolonne, bzw. Zeile, zu einer Gruppe zusammenzufassen, und die betreffenden Funktionswerte blockweise zu relaxieren. Bei Unterteilung des Näherungsvektors $\boldsymbol{v}^{(m)}$ und des konstanten Vektors $\boldsymbol{b}$ entsprechend derjenigen der partitionierten Koeffizientenmatrix $\boldsymbol{A}$ gemäß (5.49) bei allgemein p Blöcken

$$\boldsymbol{A} = \begin{bmatrix} \boldsymbol{D}_1 & \boldsymbol{F}_1 & & & & \\ \boldsymbol{E}_1 & \boldsymbol{D}_2 & \boldsymbol{F}_2 & & & \\ & \boldsymbol{E}_2 & \boldsymbol{D}_3 & \boldsymbol{F}_3 & & \\ & & \cdot & \cdot & \cdot & \\ & & & \boldsymbol{E}_{p-2} & \boldsymbol{D}_{p-1} & \boldsymbol{F}_{p-1} \\ & & & & \boldsymbol{E}_{p-1} & \boldsymbol{D}_p \end{bmatrix}, \quad \boldsymbol{v}^{(m)} = \begin{bmatrix} \boldsymbol{v}_1^{(m)} \\ \boldsymbol{v}_2^{(m)} \\ \boldsymbol{v}_3^{(m)} \\ \cdot \\ \boldsymbol{v}_{p-1}^{(m)} \\ \boldsymbol{v}_p^{(m)} \end{bmatrix}, \quad \boldsymbol{b} = \begin{bmatrix} \boldsymbol{b}_1 \\ \boldsymbol{b}_2 \\ \boldsymbol{b}_3 \\ \cdot \\ \boldsymbol{b}_{p-1} \\ \boldsymbol{b}_p \end{bmatrix} \tag{5.49}$$

lautet die Iterationsvorschrift für die blockweise Relaxation in Analogie zum Ein zelschrittverfahren

$$\left.\begin{aligned} \boldsymbol{D}_1\boldsymbol{v}_1^{(m+1)}+\boldsymbol{F}_1\boldsymbol{v}_2^{(m)}+\boldsymbol{b}_1 &= 0, \\ \boldsymbol{E}_{i-1}\boldsymbol{v}_{i-1}^{(m+1)}+\boldsymbol{D}_i\boldsymbol{v}_i^{(m+1)}+\boldsymbol{F}_i\boldsymbol{v}_{i+1}^{(m)}+\boldsymbol{b}_i &= 0, \quad (i = 2, 3, \ldots, p-1), \\ \boldsymbol{E}_{p-1}\boldsymbol{v}_{p-1}^{(m+1)}+\boldsymbol{D}_p\boldsymbol{v}_p^{(m+1)} \qquad +\boldsymbol{b}_p &= 0. \end{aligned}\right\} \tag{5.50}$$

Die Matrizen $\boldsymbol{D}_i$ sind im allgemeinen keine Diagonalmatrizen, so daß die Bestimmung der Komponenten der i-ten Gruppe $\boldsymbol{v}_i^{(m+1)}$ durch Auflösung eines linearen Gleichungssystems erfolgen muß. Die Koeffizientenmatrizen sind jedoch symmetrisch-definit und von Bandgestalt, und sie ändern sich im Verlauf der Iterationen nicht. Im konkreten Beispiel treten bei kolonnenweiser Numerierung nur drei verschiedene Typen von tridiagonalen Matrizen auf. Diese Bandmatrizen werden vor Beginn der Relaxation nach Cholesky zerlegt, so daß zur Berechnung von $\boldsymbol{v}_i^{(m+1)}$ nur das Vorwärts- und Rückwärtseinsetzen auf den Vektor

$$\boldsymbol{c}_i = \boldsymbol{b}_i+\boldsymbol{E}_{i-1}\boldsymbol{v}_{i-1}^{(m+1)}+\boldsymbol{F}_i\boldsymbol{v}_{i+1}^{(m)}$$

mit der entsprechenden Zerlegung von $\boldsymbol{D}_i$ auszuführen ist. Die Komponenten des

Vektors c_i werden selbstverständlich mit Hilfe der Operatorgleichungen berechnet.

Mit der blockweisen Darstellung von $A = E+D+F$ lautet die Iterationsvorschrift (5.50)

$$Ev^{(m+1)}+Dv^{(m+1)}+Fv^{(m)}+b = 0, \tag{5.51}$$

oder aufgelöst

$$v^{(m+1)} = -(E+D)^{-1}Fv^{(m)}-(E+D)^{-1}b. \tag{5.52}$$

Die Vorschrift (5.52) stellt ein allgemeines Iterationsversfahren (2.22) dar mit der Iterationsmatrix M_B der blockweisen Relaxation

$$M_B = -(E+D)^{-1}F. \tag{5.53}$$

Der Spektralradius der Matrix M_B bestimmt das asymptotische Konvergenzverhalten. Er ist für eine symmetrisch-definite Matrix A kleiner als Eins.

Eine bessere Konvergenz weist die Methode der blockweisen Überrelaxation auf. Die Korrektur, welche sich nach der blockweisen Relaxation für den Übergang von $v_i^{(m)}$ zu $v_i^{(m+1)}$ ergibt, wird mit dem konstant gehaltenen Überrelaxationsfaktor ω multipliziert. Die Iterationsvorschriften lauten demzufolge mit dem Zwischenvektor $v^{(m+\frac{1}{2})}$

$$\left.\begin{aligned} Ev^{(m+1)}+Dv^{(m+\frac{1}{2})}+Fv^{(m)}+b &= 0 \\ v^{(m+1)} &= v^{(m)}+\omega\left(v^{(m+\frac{1}{2})}-v^{(m)}\right). \end{aligned}\right\} \tag{5.54}$$

Nach Elimination des Hilfsvektors $v^{(m+\frac{1}{2})}$ ergibt sich formal die gleiche Vorschrift wie (2.50)

$$(E+\omega^{-1}D)\,v^{(m+1)}+[F+(1-\omega^{-1})D]v^{(m)}+b = 0. \tag{5.55}$$

In (5.55) sind die Matrizen in partitionierter Blockform zu verstehen. Für das Konvergenzverhalten ist der Spektralradius der Matrix

$$M_B(\omega) = -(E+\omega^{-1}D)^{-1}\,[F+(1-\omega^{-1})D] \tag{5.56}$$

maßgebend. Der Index B weist auf die blockweise Überrelaxation hin. Eine zur punktweisen Überrelaxation formal gleiche Beweisführung zeigt, daß $\varrho\big(M_B(\omega)\big) < 1$ für $0 < \omega < 2$ ist, falls die Matrix A symmetrisch-definit ist. Die Tatsache, daß die Matrix A des Systems (5.49) blockweise tridiagonal ist, stellt die Verbindung her zu Satz 2.7, der speziell für tridiagonale Matrizen den optimalen Überrelaxationsfaktor bestimmen läßt. Es ist weitgehend nur ein formaler Unterschied, ob die Elemente der tridiagonalen Matrix Zahlwerte oder Matrizen sind. Aus diesem Grund besteht derselbe Zusammenhang zwischen den Eigenwerten von M_B (5.53) mit denjenigen von $M_B(\omega)$ (5.56), und es gilt

Satz 5.2. *Der optimale Überrelaxationsfaktor ω_{opt} bei blockweiser Überrelaxation für ein symmetrisch-definites Gleichungssystem, dessen Koeffizientenmatrix*

blockweise tridiagonal ist, wird gegeben durch

$$\omega_{\text{opt}} = \frac{2}{1+\sqrt{1-\lambda_1^2}}. \tag{5.57}$$

Darin bedeutet λ_1^2 den dominanten Eigenwert der Iterationsmatrix $\boldsymbol{M}_B = -(\boldsymbol{D}+\boldsymbol{E})^{-1}\boldsymbol{F}$ der entsprechenden blockweisen Relaxation, bzw. es bedeutet λ_1 den größten Eigenwert der Matrix $-\boldsymbol{D}^{-1}(\boldsymbol{E}+\boldsymbol{F})$.

Die Bedeutung von Satz 5.2 besteht darin, daß sich die blockweise tridiagonale Form eines Systems von Operatorgleichungen auch für allgemeinere Differenzenoperatoren als den 5-Punkte-Operator einstellt. Beispielsweise hat ein System von Operatorgleichungen des 9-Punkte-Operators der Fig. 34 nicht „Property A". Hingegen wird die Koeffizientenmatrix bei kolonnenweiser oder zeilenweiser Blockrelaxation blockweise tridiagonal. Nach Satz 5.2 wird auch in diesem Fall eine Aussage für die bestmögliche Wahl des Überrelaxationsfaktors möglich. Die Operatorgleichungen der Fig. 34 verknüpfen in einer Zeile (Kolonne) drei benachbarte Funktionswerte derselben Zeile (Kolonne), so daß die Blockmatrizen längs der Diagonale tridiagonal sind. Die Blöcke in den beiden Nebendiagonalen enthalten in jeder Zeile bis zu drei von Null verschiedene Elemente. Im Fall eines rechteckigen Grundgebietes sind sie ebenfalls tridiagonal. Die spezielle Form der Blockmatrizen ist in keiner Weise Voraussetzung für den Satz 5.2. Sie vereinfacht den Rechenprozeß wesentlich.

Der optimale Überrelaxationsfaktor ω_{opt} für die blockweise Überrelaxation kann aus den Residuenvektoren wie in der expliziten Methode bestimmt werden, sei es daß die Rechnung mit $\omega = 1$ oder mit einem Wert $1 < \omega < \omega_{\text{opt}}$ gestartet wird.

Die blockweise Überrelaxation nach Zeilen (Kolonnen) weist im Vergleich zur punktweisen Überrelaxation eine größere Konvergenzziffer $R(\boldsymbol{M}_B(\omega_{\text{opt}}))$ auf, so daß zur Erreichung einer bestimmten Genauigkeit weniger Iterationen erforderlich sind [17]. Der totale Rechenaufwand bleibt dagegen praktisch derselbe, da der Gewinn an Iterationen durch die zusätzliche Auflösung der impliziten Gleichungssysteme weitgehend kompensiert wird.

Beispiel 5.5. Bei zeilenweiser Blockrelaxation im konkreten Randwertproblem im Rechteck sind die quadratischen Untermatrizen $\boldsymbol{D}_i$ längs der Diagonale identisch. Für die grobe Einteilung (drei Zeilen zu sechs Punkten) hat die Koeffizientenmatrix $\boldsymbol{A}$ die blockweise tridiagonale Gestalt

$$\boldsymbol{A} = \begin{bmatrix} \boldsymbol{D}_1 & \boldsymbol{F}_1 & 0 \\ \boldsymbol{E}_1 & \boldsymbol{D}_2 & \boldsymbol{F}_2 \\ 0 & \boldsymbol{E}_2 & \boldsymbol{D}_3 \end{bmatrix}$$

mit den drei sechsreihigen Untermatrizen

$$D_i = \begin{bmatrix} 2 & -1 & & & & \\ -1 & 4 & -1 & & & \\ & -1 & 4 & -1 & & \\ & & -1 & 4 & -1 & \\ & & & -1 & 4 & -1 \\ & & & & -1 & 3 \end{bmatrix}, \quad E_i = F_i = \begin{bmatrix} -\frac{1}{2} & & & & & \\ & -1 & & & & \\ & & -1 & & & \\ & & & -1 & & \\ & & & & -1 & \\ & & & & & -\frac{1}{2} \end{bmatrix}.$$

Für jede Zeile ist dieselbe Matrix $\boldsymbol{D}_i$ zuständig, so daß am Anfang nur eine einzige Zerlegung nach Cholesky $\boldsymbol{D}_1 = \boldsymbol{R}^T\boldsymbol{R}$ nötig ist. Für die Blockrelaxation ergeben sich die Werte

$$\varrho(\boldsymbol{M}_B) = \lambda_1^2 = 0{,}46726, \quad R(\boldsymbol{M}_B) = 0{,}3304, \quad k \sim 3.$$

Im Vergleich zur expliziten Methode (Beispiel 5.2) konvergiert die Blockrelaxation etwa doppelt so schnell. Der optimale Überrelaxationsfaktor nach Satz 5.2 und die zugehörigen andern Werte sind

$$\omega_{\text{opt}} = 1{,}1562, \quad \varrho\big(\boldsymbol{M}_B(\omega_{\text{opt}})\big) = 0{,}1562, \quad R\big(\boldsymbol{M}_B(\omega_{\text{opt}})\big) = 0{,}8063,$$
$$k \sim 1{,}24.$$

Die blockweise Überrelaxation bei optimalem Faktor ω_{opt} ergibt eine um etwa 33 % bessere Konvergenz als die punktweise Überrelaxation.

Die entsprechenden Werte für die feinere Einteilung mit 77 Gitterpunkten sind

$$\varrho(\boldsymbol{M}_B) = \lambda_1^2 = 0{,}8390, \quad R(\boldsymbol{M}_B) = 0{,}0762, \quad k \approx 13{,}1.$$
$$\omega_{\text{opt}} = 1{,}4273, \quad \varrho\big(\boldsymbol{M}_B(\omega_{\text{opt}})\big) = 0{,}4273, \quad R\big(\boldsymbol{M}_B(\omega_{\text{opt}})\big) = 0{,}3693, \quad k \sim 2{,}7.$$

Im Vergleich zur punktweisen Relaxation, bzw. Überrelaxation konstatiert man für die Blockrelaxation auch eine etwa doppelt so gute Konvergenz, während sie für die blockweise Überrelaxation um etwa 30 % besser ausfällt.

Eine Variante der blockweisen Überrelaxation nach Zeilen (oder Kolonnen) besteht darin, daß nach einem Durchgang durch die Zeilen (Kolonnen) ein zweiter Durchgang durch die Zeilen in umgekehrter Reihenfolge angeschlossen wird. Ein solcher „doppelter" Durchlauf wird dann als einen Iterationsschritt betrachtet. Die Iterationsvorschrift für dieses Überrelaxationsverfahren mit dem konstanten Überrelaxationsfaktor ω lautet in Analogie zu (5.54) für die beiden Halbschritte

1. Halbschritt: (vorwärts)
$$\left\{\begin{aligned} &\boldsymbol{E}\boldsymbol{v}^{(m+\frac{1}{2})} + \boldsymbol{D}\boldsymbol{v}^{(m+\frac{1}{4})} + \boldsymbol{F}\boldsymbol{v}^{(m)} + \boldsymbol{b} = 0, \\ &\boldsymbol{v}^{(m+\frac{1}{2})} - \boldsymbol{v}^{(m)} - \omega\big(\boldsymbol{v}^{(m+\frac{1}{4})} - \boldsymbol{v}^{(m)}\big) = 0; \end{aligned}\right. \tag{5.58}$$

2. Halbschritt: (rückwärts)
$$\left\{\begin{aligned} &\boldsymbol{E}\boldsymbol{v}^{(m+\frac{1}{2})} + \boldsymbol{D}\boldsymbol{v}^{(m+\frac{3}{4})} + \boldsymbol{F}\boldsymbol{v}^{(m+1)} + \boldsymbol{b} = 0, \\ &\boldsymbol{v}^{(m+1)} - \boldsymbol{v}^{(m+\frac{1}{2})} - \omega\big(\boldsymbol{v}^{(m+\frac{3}{4})} - \boldsymbol{v}^{(m+\frac{1}{2})}\big) = 0. \end{aligned}\right. \tag{5.59}$$

Elimination von $\boldsymbol{v}^{(m+\frac{1}{4})}$ aus (5.58) und von $\boldsymbol{v}^{(m+\frac{3}{4})}$ aus (5.59) liefert zunächst die Beziehungen

$$(\boldsymbol{E}+\omega^{-1}\boldsymbol{D})\,\boldsymbol{v}^{(m+\frac{1}{2})}+[\boldsymbol{F}+(1-\omega^{-1})\boldsymbol{D}]\boldsymbol{v}^{(m)}+\boldsymbol{b}=0, \tag{5.60}$$

$$[\boldsymbol{E}+(1-\omega^{-1})\boldsymbol{D}]\boldsymbol{v}^{(m+\frac{1}{2})}+(\boldsymbol{F}+\omega^{-1}\boldsymbol{D})\,\boldsymbol{v}^{(m+1)}+\boldsymbol{b}=0. \tag{5.61}$$

Elimination von $\boldsymbol{v}^{(m+\frac{1}{2})}$ aus (5.60) und (5.61) liefert schließlich den Zusammenhang (5.62) zwischen den Näherungen $\boldsymbol{v}^{(m+1)}$ und $\boldsymbol{v}^{(m)}$ nach einem Doppeldurchlauf.

$$\left.\begin{aligned}&[\boldsymbol{E}+(1-\omega^{-1})\boldsymbol{D}]^{-1}(\boldsymbol{F}+\omega^{-1}\boldsymbol{D})\,\boldsymbol{v}^{(m+1)}-(\boldsymbol{E}+\omega^{-1}\boldsymbol{D})^{-1}[\boldsymbol{F}+(1-\omega^{-1})\boldsymbol{D}]\boldsymbol{v}^{(m)}\\&\quad+\{[\boldsymbol{E}+(1-\omega^{-1})\boldsymbol{D}]^{-1}-(\boldsymbol{E}+\omega^{-1}\boldsymbol{D})^{-1}\}\,\boldsymbol{b}=0.\end{aligned}\right\} \tag{5.62}$$

Das Konvergenzverhalten wird bestimmt durch die Matrix

$$\boldsymbol{M}_{BS}(\omega)=(\boldsymbol{F}+\omega^{-1}\boldsymbol{D})^{-1}[\boldsymbol{E}+(1-\omega^{-1})\boldsymbol{D}]\,(\boldsymbol{E}+\omega^{-1}\boldsymbol{D})^{-1}[\boldsymbol{F}+(1-\omega^{-1})\boldsymbol{D}]. \tag{5.63}$$

Satz 5.3. *Die Matrix $\boldsymbol{A}=\boldsymbol{D}+\boldsymbol{E}+\boldsymbol{F}$ sei symmetrisch-definit. Dann sind die Eigenwerte der Matrix $\boldsymbol{M}_{BS}(\omega)$ (5.63) für alle Werte von ω im Intervall $0<\omega<2$ reell, nicht negativ und kleiner als Eins.*

B e w e i s: Wegen der positiven Definitheit der Matrix $\boldsymbol{A}$ ist die Blockdiagonalmatrix $\boldsymbol{D}$ ebenfalls positiv definit. Dann existiert eine symmetrisch-definite Matrix $\boldsymbol{D}^{\frac{1}{2}}$ derart, daß $\boldsymbol{D}^{\frac{1}{2}}\boldsymbol{D}^{\frac{1}{2}}=\boldsymbol{D}$ gilt. Weiter seien

$$\boldsymbol{U}=\boldsymbol{D}^{-\frac{1}{2}}\boldsymbol{F}\boldsymbol{D}^{-\frac{1}{2}},\quad \boldsymbol{L}=\boldsymbol{D}^{-\frac{1}{2}}\boldsymbol{E}\boldsymbol{D}^{-\frac{1}{2}}. \tag{5.64}$$

Wegen der Symmetrie von $\boldsymbol{D}^{\frac{1}{2}}$ und damit von $\boldsymbol{D}^{-\frac{1}{2}}$, und wegen $\boldsymbol{F}=\boldsymbol{E}^{\mathrm{T}}$, folgt $\boldsymbol{U}^{\mathrm{T}}=\boldsymbol{L}$. Mit dieser Substitution wird die Matrix $\boldsymbol{M}_{BS}(\omega)$

$$\begin{aligned}\boldsymbol{M}_{BS}(\omega)&=\left(\boldsymbol{D}^{\frac{1}{2}}\boldsymbol{U}\boldsymbol{D}^{\frac{1}{2}}+\omega^{-1}\boldsymbol{D}\right)^{-1}\cdot\left[\boldsymbol{D}^{\frac{1}{2}}\boldsymbol{L}\boldsymbol{D}^{\frac{1}{2}}+(1-\omega^{-1})\,\boldsymbol{D}\right]\\&\quad\times\left(\boldsymbol{D}^{\frac{1}{2}}\boldsymbol{L}\boldsymbol{D}^{\frac{1}{2}}+\omega^{-1}\boldsymbol{D}\right)^{-1}\cdot\left[\boldsymbol{D}^{\frac{1}{2}}\boldsymbol{U}\boldsymbol{D}^{\frac{1}{2}}+(1-\omega^{-1})\,\boldsymbol{D}\right]\\&=\left[\boldsymbol{D}^{\frac{1}{2}}(\boldsymbol{U}+\omega^{-1}\boldsymbol{I})\,\boldsymbol{D}^{\frac{1}{2}}\right]^{-1}\cdot\boldsymbol{D}^{\frac{1}{2}}\cdot\left[\boldsymbol{L}+(1-\omega^{-1})\boldsymbol{I}\right]\boldsymbol{D}^{\frac{1}{2}}\\&\quad\times\left[\boldsymbol{D}^{\frac{1}{2}}(\boldsymbol{L}+\omega^{-1}\boldsymbol{I})\boldsymbol{D}^{\frac{1}{2}}\right]^{-1}\cdot\boldsymbol{D}^{\frac{1}{2}}\cdot[\boldsymbol{U}+(1-\omega^{-1})\boldsymbol{I}]\boldsymbol{D}^{\frac{1}{2}}\\&=\boldsymbol{D}^{-\frac{1}{2}}(\boldsymbol{U}+\omega^{-1}\boldsymbol{I})^{-1}[\boldsymbol{L}+(1-\omega^{-1})\boldsymbol{I}]\,(\boldsymbol{L}+\omega^{-1}\boldsymbol{I})^{-1}\\&\quad\times[\boldsymbol{U}+(1-\omega^{-1})\boldsymbol{I}]\boldsymbol{D}^{\frac{1}{2}}.\end{aligned}$$

Wir setzen

$$\boldsymbol{P}=\boldsymbol{L}+\omega^{-1}\boldsymbol{I},\quad \boldsymbol{P}^{\mathrm{T}}=\boldsymbol{U}+\omega^{-1}\boldsymbol{I}, \tag{5.65}$$

so daß wir nach einigen weiteren elementaren Matrizenumformungen für $M_{BS}(\omega)$ bekommen

$$\begin{aligned} M_{BS}(\omega) &= D^{-\frac{1}{2}}P^{\mathrm{T}^{-1}}\cdot[P+(1-2\omega^{-1})I]\cdot P^{-1}\cdot[P^{\mathrm{T}}+(1-2\omega^{-1})I]D^{\frac{1}{2}} \\ &= \left(P^{\mathrm{T}}\cdot D^{\frac{1}{2}}\right)^{-1}\cdot[I+(1-2\omega^{-1})P^{-1}]\cdot[I+(1-2\omega^{-1})P^{\mathrm{T}^{-1}}]\cdot\left(P^{\mathrm{T}}\cdot D^{\frac{1}{2}}\right) \\ &= \left(P^{\mathrm{T}}\cdot D^{\frac{1}{2}}\right)^{-1}\cdot\{[I+(1-2\omega^{-1})P^{-1}]\cdot[I+(1-2\omega^{-1})P^{-1}]^{\mathrm{T}}\}\cdot\left(P^{\mathrm{T}}\cdot D^{\frac{1}{2}}\right). \end{aligned}$$

In der geschweiften Klammer steht eine symmetrische, semidefinite Matrix als Produkt von zwei zueinander transponierten Matrizen. Die Matrix $M_{BS}(\omega)$ ist die dazu ähnlich Transformierte vermöge der Matrix $\left(P^{\mathrm{T}}\cdot D^{\frac{1}{2}}\right)$. Infolgedessen sind die Eigenwerte von $M_{BS}(\omega)$reell und nicht negativ. Der Spektralradius $\varrho(M_{BS}(\omega))$ ist kleiner als Eins, da das Resultat der beiden Halbschritte als Zusammensetzung von zwei konvergenten Blockrelaxationen aufgefaßt werden kann.

Wegen der Ähnlichkeit der Iterationsmatrix $M_{BS}(\omega)$ zu einer symmetrischen semidefiniten Matrix wird das Relaxationsverfahren als symmetrische Blockrelaxation bezeichnet. Leider existieren keine einfachen Relationen zwischen den Eigenwerten von $M_{BS}(\omega)$ und anderen einfacher gebauten Matrizen, so daß sich keine direkten Aussagen über das Konvergenzverhalten ableiten lassen. Die Praxis zeigt, daß die symmetrische Blocküberrelaxation ein schlechteres Konvergenzverhalten aufweist im Vergleich zu Doppelschritten der gewöhnlichen Blocküberrelaxation. Dagegen ist der Spektralradius $\varrho(M_{BS}(\omega))$ weniger empfindlich auf die Wahl von ω in der Gegend des optimalen Wertes, indem dort $\varrho(M_{BS}(\omega))$ in Funktion von ω eine horizontale Tangente anstelle einer Spitze aufweist. Die Konvergenz kann wegen der Realität der Eigenwerte von $M_{BS}(\omega)$ durch Tschebyscheffsche konvergenzverbessernde Methoden stark beschleunigt werden, so daß die symmetrische Blocküberrelaxation mit dieser Modifikation der Blocküberrelaxation sogar überlegen wird (vgl. [58], [13])

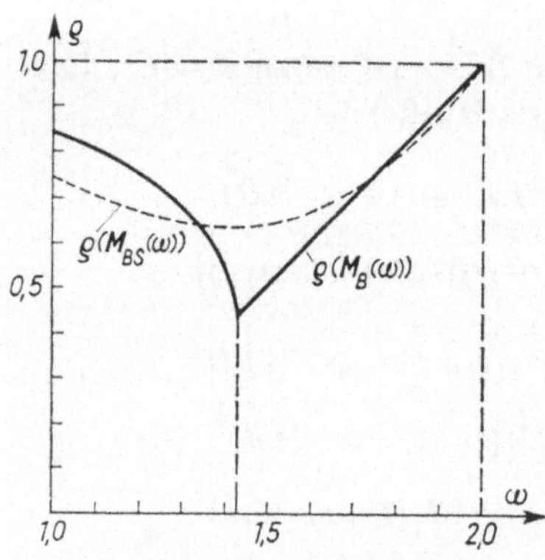

Fig. 35 Spektralradien der gewöhnlichen und der symmetrischen Blocküberrelaxation nach Zeilen (feine Einteilung, 77 Punkte)

Beispiel 5.6. Der Spektralradius $\varrho(M_{BS}(\omega))$ der symmetrischen Blocküberrelaxation für das Rechteck mit feiner Netzeinteilung (77 Punkte) und bei zeilenweisem Vorgehen ist in Funktion von ω in Fig. 35 dargestellt. Zu Vergleichszwecken ist der Spektralradius $\varrho(M_B(\omega))$ der zeilenweisen Blocküberrelaxation aufgetragen. Es ist zu beachten, daß der Rechenaufwand eines Schrittes der symmetrischen Blocküberrelaxation demjenigen von zwei Iterationen der gewöhnlichen Blocküberrelaxation entspricht. Unter dieser Sicht ist die scheinbar bessere Konvergenz für $\omega < 1{,}37$ sogar schlechter, und in der Gegend der optimalen Überrelaxationsfaktoren fällt die symmetrische Blocküberrelaxation in der elementaren Form deutlich außer Konkurrenz.

Es ist ein Zufall, daß die optimalen Überrelaxationsfaktoren für die beiden Blockrelaxationen praktisch denselben Wert haben. Bei allgemeineren Randwertproblemen können die Werte deutlich verschieden sein (vgl. z. B. [13]).

5.2.4. Methode der alternierenden Richtungen. In neuerer Zeit wurde von Peaceman und Rachford [41] eine zur Blockrelaxation verwandte aber doch grundverschiedene Methode, ursprünglich zur Lösung von parabolischen Differentialgleichungen, entwickelt. Sie ist anwendbar auf Randwertaufgaben mit partieller Differentialgleichung vom elliptischen Typus der Form

$$\Delta u - \varrho(x, y)u = f(x, y) \quad \text{in} \quad G, \tag{5.66}$$

worin gegenüber früher ein Vorzeichen geändert wurde, und die zusätzliche Voraussetzung $\varrho(x, y) \geqslant 0$ in G hinzukommt. Die Operatorgleichungen werden zerlegt nach den zentralen Differenzen in der x- und y-Richtung. In einem regulären inneren Punkt mit den Koordinaten (x_i, y_i) lautet die Operatorgleichung

$$\left.\begin{aligned} &\{-u(x_i-h, y_i)+2u(x_i, y_i)-u(x_i+h, y_i)\} \\ &+\{-u(x_i, y_i-h)+2u(x_i, y_i)-u(x_i, y_i+h)\} \\ &+h^2\cdot\varrho(x_i, y_i)u(x_i, y_i)+h^2 f(x_i, y_i) = 0. \end{aligned}\right\} \tag{5.67}$$

Die Matrixoperatoren $\boldsymbol{H}$, $\boldsymbol{V}$ und $\boldsymbol{\Sigma}$ werden definiert als

$$\boldsymbol{H}u(x_i, y_i) = -u(x_i-h, y_i)+2u(x_i, y_i)-u(x_i+h, y_i) \tag{5.68}$$

$$\boldsymbol{V}u(x_i, y_i) = -u(x_i, y_i-h)+2u(x_i, y_i)-u(x_i, y_i+h) \tag{5.69}$$

$$\boldsymbol{\Sigma}u(x_i, y_i) = h^2\cdot\varrho(x_i, y_i)u(x_i, y_i). \tag{5.70}$$

Die Operatoren $\boldsymbol{H}$ und $\boldsymbol{V}$ entsprechen den horizontalen, bzw. vertikalen zweiten zentralen Differenzenoperatoren. In Randpunkten und in randnahen Gitterpunkten werden die Operatoren analog erklärt. Faßt man die von $h^2 f(x_i, y_i)$ und von Randwerten herrührenden, von den Unbekannten $u(x_i, y_i)$ unabhängigen Glieder in einem Konstantenvektor $\boldsymbol{b}$ zusammen, entsteht anstelle von (5.67) das lineare Gleichungssystem für $\boldsymbol{u}$ mit den Operatoren $\boldsymbol{H}$, $\boldsymbol{V}$ und $\boldsymbol{\Sigma}$

$$(\boldsymbol{H}+\boldsymbol{V}+\boldsymbol{\Sigma})\boldsymbol{u}+\boldsymbol{b} = 0. \tag{5.71}$$

Die Matrizen $\boldsymbol{H}$, $\boldsymbol{V}$ und $\boldsymbol{\Sigma}$ sind reelle, symmetrische Matrizen. $\boldsymbol{\Sigma}$ ist eine Diagonalmatrix, deren Diagonalelemente infolge der Voraussetzung $\varrho(x, y) \geqslant 0$ nicht negativ sind. Die Matrizen $\boldsymbol{H}$ und $\boldsymbol{V}$ haben pro Zeile höchstens drei von Null verschiedene Elemente, wovon das Diagonalelement positiv ist und die beiden andern in der Regel im schwachen Sinn dominiert. $\boldsymbol{H}$ und $\boldsymbol{V}$ sind deshalb im allgemeinen positiv definit, zumindest positiv semidefinit. Sie können durch geeignete gleichzeitige Zeilen- und Kolonnenpermutationen auf tridiagonale Gestalt gebracht werden.

Die Gleichung (5.71) ist für jeden reellen Wert r offenbar äquivalent mit den beiden folgenden Vektorgleichungen

$$\left(\boldsymbol{H}+\frac{1}{2}\boldsymbol{\Sigma}+r\boldsymbol{I}\right)\boldsymbol{u}+\left(\boldsymbol{V}+\frac{1}{2}\boldsymbol{\Sigma}-r\boldsymbol{I}\right)\boldsymbol{u}+\boldsymbol{b}=0, \tag{5.72}$$

$$\left(\boldsymbol{V}+\frac{1}{2}\boldsymbol{\Sigma}+r\boldsymbol{I}\right)\boldsymbol{u}+\left(\boldsymbol{H}+\frac{1}{2}\boldsymbol{\Sigma}-r\boldsymbol{I}\right)\boldsymbol{u}+\boldsymbol{b}=0. \tag{5.73}$$

Die Methode der alternierenden Richtungen ist definiert durch die Iterationsvorschrift[1)]

$$\left(\boldsymbol{H}+\frac{1}{2}\boldsymbol{\Sigma}+r_{m+1}\boldsymbol{I}\right)\boldsymbol{u}^{(m+\frac{1}{2})}+\left(\boldsymbol{V}+\frac{1}{2}\boldsymbol{\Sigma}-r_{m+1}\boldsymbol{I}\right)\boldsymbol{u}^{(m)}+\boldsymbol{b}=0, \tag{5.74}$$

$$\left(\boldsymbol{V}+\frac{1}{2}\boldsymbol{\Sigma}+r_{m+1}\boldsymbol{I}\right)\boldsymbol{u}^{(m+1)}+\left(\boldsymbol{H}+\frac{1}{2}\boldsymbol{\Sigma}-r_{m+1}\boldsymbol{I}\right)\boldsymbol{u}^{(m+\frac{1}{2})}+\boldsymbol{b}=0. \tag{5.75}$$

Darin bedeuten die Parameter r_m eine Folge von positiven Zahlen, welche zur Konvergenzbeschleunigung dienen werden. In (5.74) sind durch den Operator $(\boldsymbol{H}+1/2\boldsymbol{\Sigma}+r_{m+1}\boldsymbol{I})$ je die Komponenten von $\boldsymbol{u}^{(m+\frac{1}{2})}$, die zu einer Zeile gehören, miteinander gekoppelt, so daß ihre Bestimmung die Auflösung eines linearen Gleichungssystems bedingt. Die Methode ist aus diesem Grund implizit. Anderseits werden in $(\boldsymbol{V}+1/2\,\boldsymbol{\Sigma}-r_{m+1}\boldsymbol{I})\boldsymbol{u}^{(m)}$ stets die Näherungen nach dem m-ten Schritt verwendet und nicht etwa die momentan besten zugänglichen Werte. Die Reihenfolge, in welcher nach den Werten $\boldsymbol{u}^{(m+\frac{1}{2})}$ der einzelnen Zeilen aufgelöst wird, spielt dabei keine Rolle. Dasselbe gilt für (5.75) bezüglich der Kolonnen. Die beiden Halbschritte (5.74) und (5.75) stellen eine Art von zeilenweiser, bzw. kolonnenweiser Gesamtschritt-Iteration dar, aber wohlverstanden nicht im Sinn der Blockrelaxation von 5.2.3, da an die Stelle der Operatorgleichungen andere Matrixoperatoren treten. Die Bezeichnung des Verfahrens erklärt sich durch die alternierende Gruppierung der Gitterpunkte nach Zeilen und nach Kolonnen.

Mit Vorteil werden die Matrizen $\boldsymbol{H}_1=\boldsymbol{H}+1/2\,\boldsymbol{\Sigma}$ und $\boldsymbol{V}_1=\boldsymbol{V}+1/2\,\boldsymbol{\Sigma}$ definiert. Die Matrizen $\boldsymbol{H}_1$ und $\boldsymbol{V}_1$ haben die gleichen Eigenschaften wie $\boldsymbol{H}$, bzw. $\boldsymbol{V}$. Aus den Gleichungen (5.74) und (5.75) ergibt sich damit nach Elimination des

---

[1)] Wir benutzen hier eine Variante der ursprünglichen Peačeman-Rachford Methode, die von Sheldon und Wachspreß [69], [6] verwendet worden ist.

Vektors $u^{(m+\frac{1}{2})}$ die Beziehung

$$(V_1+r_{m+1}I)u^{(m+1)}-(H_1-r_{m+1}I)(H_1+r_{m+1}I)^{-1}(V_1-r_{m+1}I)u^{(m)} + \{I-(H_1-r_{m+1}I)(H_1+r_{m+1}I)^{-1}\}b = 0. \quad (5.76)$$

Dies ist ein allgemeines Iterationsverfahren (2.22) mit der im m-ten Schritt von r_m abhängigen Iterationsmatrix

$$M_A(r_m) = (V_1+r_mI)^{-1}(H_1-r_mI)(H_1+r_mI)^{-1}(V_1-r_mI). \quad (5.77)$$

Das Konvergenzverhalten der Methode von Peaceman-Rachford wird bestimmt durch die gewählte Folge der Iterationsparameter r_m. Allgemein gilt für die Fehlervektoren $f^{(m)} = u-u^{(m)}$

$$f^{(m)} = \left(\prod_{i=1}^{m} M_A(r_i)\right) f^{(o)}. \quad (5.78)$$

Für beliebige Grundgebiete G ist es noch nicht gelungen, allgemein gültige, theoretisch fundierte Aussagen über die optimale Wahl der Iterationsparameter zu machen. Um wenigstens die Konvergenz prinzipiell zu untersuchen, betrachten wir den Spezialfall, daß alle Iterationsparameter r_i gleich einem festen Wert $r > 0$ sind. In diesem Fall ist $M_A(r)$ eine nur von r, aber nicht vom Schritt m abhängige Matrix

$$M_A(r) = (V_1+rI)^{-1}(H_1-rI)(H_1+rI)^{-1}(V_1-rI). \quad (5.79)$$

Satz 5.4. *Falls die Matrizen $H_1 = H+1/2\,\Sigma$ und $V_1 = V+1/2\,\Sigma$ symmetrisch und positiv semidefinit sind, eine der beiden aber sogar positiv definit ist, konvergiert das Verfahren der alternierenden Richtungen nach Peaceman-Rachford* (5.74) *und* (5.75) *für jeden konstanten positiven Iterationsparameter r.*

Beweis: Die Matrix $M_A(r)$ (5.79) ist ähnlich zu

$$M_A^*(r) = (V_1+rI)M_A(r)(V_1+rI)^{-1} = (H_1-rI)(H_1+rI)^{-1}(V_1-rI)(V_1+rI)^{-1}, \quad (5.80)$$

so daß ihre Eigenwerte übereinstimmen. Da der Spektralradius einer Matrix eine Matrixnorm ist, gilt

$$\varrho(M_A(r)) \leq \varrho\{(H_1-rI)(H_1+rI)^{-1}\}\cdot\varrho\{(V_1-rI)(V_1+rI)^{-1}\}. \quad (5.81)$$

Nach Voraussetzung sind die Eigenwerte λ_i und ν_i der Matrizen H_1 und V_1 reell und nicht negativ. Die Matrizen $(H_1-rI)(H_1+rI)^{-1}$ und $(V_1-rI)(V_1+rI)^{-1}$ sind auch symmetrisch für reelle positive r, und ihre Eigenwerte sind gegeben durch

$$\frac{\lambda_i-r}{\lambda_i+r}, \quad \text{bzw.} \quad \frac{\nu_i-r}{\nu_i+r},$$

wie durch Betrachtung der Eigenwerte und der zugehörigen Eigenvektoren von H_1, bzw. V_1 hervorgeht. Daraus resultiert für die Spektralradien auf der rechten Seite von (5.81) wegen $\lambda_i \geqslant 0$, $\nu_i \geqslant 0$

$$\varrho\{(\boldsymbol{H}_1 - r\boldsymbol{I})(\boldsymbol{H}_1 + r\boldsymbol{I})^{-1}\} = \max_i \left| \frac{\lambda_i - r}{\lambda_i + r} \right| \leqslant 1 \quad \text{für} \quad r > 0 \tag{5.82}$$

und

$$\varrho\{(\boldsymbol{V}_1 - r\boldsymbol{I})(\boldsymbol{V}_1 + r\boldsymbol{I})^{-1}\} = \max_i \left| \frac{\nu_i - r}{\nu_i + r} \right| \leqslant 1 \quad \text{für} \quad r > 0. \tag{5.83}$$

Nach Voraussetzung ist mindestens eine der beiden Matrizen $\boldsymbol{H}_1$ und $\boldsymbol{V}_1$ positiv definit. Es sei dies $\boldsymbol{H}_1$. Dann sind ihre Eigenwerte wesentlich positiv, so daß $\varrho\{(\boldsymbol{H}_1 - r\boldsymbol{I})(\boldsymbol{H}_1 + r\boldsymbol{I})^{-1}\} < 1$ ist. Aus (5.81) folgt daraus mit $\varrho(\boldsymbol{M}_A(r)) < 1$ die Konvergenz der Methode der alternierenden Richtungen für jeden beliebigen positiven Wert von r.

Die Methode der alternierenden Richtungen konvergiert nach Satz 5.4 unter ziemlich allgemeinen Voraussetzungen. Die Frage nach der optimalen Wahl des Parameters r zur Minimierung des Spektralradius $\varrho(\boldsymbol{M}_A(r))$ bleibt unbeantwortet. Nach (5.81) ist nur eine Ungleichung für den Spektralradius $\varrho(\boldsymbol{M}_A(r))$ gegeben. Auch wenn die obere Schranke minimal ist, braucht das entsprechende $\varrho(\boldsymbol{M}_A(r))$ nicht am kleinsten zu sein. Um das Problem in voller Strenge lösen zu können, müssen die Matrizen $\boldsymbol{H}_1$ und $\boldsymbol{V}_1$ vertauschbar sein:

$$\boldsymbol{H}_1 \boldsymbol{V}_1 = \boldsymbol{V}_1 \boldsymbol{H}_1. \tag{5.84}$$

Unter der zusätzlichen Voraussetzung (5.84) besitzen die symmetrischen Matrizen $\boldsymbol{H}_1$ und $\boldsymbol{V}_1$ ein gemeinsames vollständiges System von orthonormierten Eigenvektoren $\boldsymbol{x}_i$ ($i = 1, 2, \ldots, n$), so daß gleichzeitig gilt

$$\boldsymbol{H}_1 \boldsymbol{x}_i = \lambda_i \boldsymbol{x}_i, \quad \boldsymbol{V}_1 \boldsymbol{x}_i = \nu_i \boldsymbol{x}_i \qquad (i = 1, 2, \ldots, n). \tag{5.85}$$

Aus dieser Tatsache folgt, daß die Matrizen $(\boldsymbol{H}_1 - r\boldsymbol{I})$, $(\boldsymbol{H}_1 + r\boldsymbol{I})^{-1}$, $(\boldsymbol{V}_1 - r\boldsymbol{I})$ und $(\boldsymbol{V}_1 + r\boldsymbol{I})^{-1}$ dieselben Eigenvektoren $\boldsymbol{x}_i$ besitzen, was dann auch für $\boldsymbol{M}_A^*(r)$ zutrifft. Die Eigenwerte μ_i von $\boldsymbol{M}_A(r)$, bzw. von $\boldsymbol{M}_A^*(r)$ sind deshalb

$$\mu_i = \frac{(\lambda_i - r)(\nu_i - r)}{(\lambda_i + r)(\nu_i + r)}.$$

Unter der Voraussetzung, daß $\boldsymbol{H}_1$ oder $\boldsymbol{V}_1$ nicht nur semidefinit, sondern positiv definit ist, gilt für den Spektralradius

$$\varrho(\boldsymbol{M}_A(r)) = \max_i \left| \frac{(\lambda_i - r)(\nu_i - r)}{(\lambda_i + r)(\nu_i + r)} \right| < 1 \quad \text{für} \quad r > 0. \tag{5.86}$$

Der optimale Wert von r wird durch die Lösung des Minimum-Maximum-Problems

$$\min_{r>0} \left\{ \max_i \left| \frac{(\lambda_i - r)(\nu_i - r)}{(\lambda_i + r)(\nu_i + r)} \right| \right\}$$

bestimmt. Für ein quadratisches oder ein rechteckiges Grundgebiet existiert dafür eine explizite Lösung, da in diesen Fällen die Eigenwerte λ_i und ν_i bekannt sind. Für diese Gebiete wird in [68] gezeigt, daß die Methode der alternierenden Richtungen nach Peaceman-Rachford mit einem konstant gehaltenen optimalen Iterationsparameter r dasselbe asymptotische Konvergenzverhalten aufweist, wie die punktweise Überrelaxation mit optimalem ω_{opt}. Der Rechenaufwand pro Iterationsschritt ist aber ganz wesentlich größer, so daß die Methode von Peaceman-Rachford in dieser Form weniger vorteilhaft ist als die Varianten der Überrelaxation.

Das Verfahren der alternierenden Richtungen wird den andern Methoden überlegen, falls eine Folge von verschiedenen positiven Iterationsparametern r_m verwendet wird. Der Spektralradius einer Folge von p Iterationsschritten mit verschiedenen Parametern $r_j > 0$ ist im kommutativen Fall (5.84)

$$\varrho\left(\prod_{j=1}^{p} \boldsymbol{M}_A(r_j)\right) = \max_i \prod_{j=1}^{p} \left| \frac{(\lambda_i - r_j)(\nu_i - r_j)}{(\lambda_i + r_j)(\nu_i + r_j)} \right|. \tag{5.87}$$

Falls alle Eigenwerte λ_i von $\boldsymbol{H}_1$, bzw. alle Eigenwerte ν_i von $\boldsymbol{V}_1$ bekannt sind, könnte mit $p = n$ die Folge der r_j gleich dem Satz von positiven Eigenwerten genommen werden, so daß

$$\varrho\left(\prod_{j=1}^{n} \boldsymbol{M}_A(r_j)\right) = 0$$

würde. Der Prozeß wäre theoretisch nach n Schritten beendet und damit endlich. Im allgemeinen sind aber die Eigenwerte nicht bekannt, und man beschränkt sich auf wenige Parameter, welche zyklisch zur Anwendung gelangen.

Falls beide Matrizen $\boldsymbol{H}_1$ und $\boldsymbol{V}_1$ symmetrisch-definit sind, und für die Eigenwerte wenigstens Schranken bekannt sind, derart daß $0 < a \leqslant \lambda_i \leqslant b$, $a \leqslant \nu_i \leqslant b$ gilt, werden die r_j so bestimmt, daß der Ausdruck

$$\max_{a<x,\, y<b} \prod_{j=1}^{p} \left| \frac{(x - r_j)(y - r_j)}{(x + r_j)(y + r_j)} \right|$$

minimal wird. Diese Aufgabe ist ein Approximationsproblem im Tschebyscheffschen Sinn für rationale Funktionen. Für $p = 1$ findet man unter Vereinfachung auf elementarem Weg $r_1 = r = \sqrt{ab}$. Für $p = 2^q$ ($q \geqslant 0$, ganz) gibt Wachspreß [70], [71] die optimalen Werte der r_j an. Statt dessen begnügt man sich oft mit guten Parametern, welche der Methode von Peaceman-Rachford zumindest eine sehr gute Konvergenz sichern. Nach Wachspreß bilden für $p > 1$ die Werte

$$r_j^{(W)} = a\left(\frac{b}{a}\right)^{(j-1)/(p-1)}, \quad (j = 1, 2, \ldots, p) \tag{5.88}$$

einen Satz von guten Iterationsparametern, für den er eine obere Schranke für den Spektralradius angeben kann:

$$\varrho\left(\prod_{j=1}^{p} \boldsymbol{M}_A\left(r_j^{(W)}\right)\right) \leqslant \left(\frac{d-1}{d+1}\right)^4, \quad \text{mit} \quad d = \left(\frac{b}{a}\right)^{1/(2p-2)}. \tag{5.89}$$

Eine bessere Parameterwahl wird in [8] vorgeschlagen. Mit solchen guten Parametersätzen kann tatsächlich eine so hervorragende Konvergenz erzielt werden, daß der Gesamtaufwand im Vergleich zu den Überrelaxationsmethoden deutlich geringer wird.

Trotz diesen bemerkenswerten Eigenschaften der Methode von Peaceman-Rachford wird man das Verfahren doch nur unter einigen Vorbehalten anwenden. Die Aussagen über die ausgezeichnete Konvergenz gelten nur im Fall vertauschbarer Operatoren $\boldsymbol{H}_1$ und $\boldsymbol{V}_1$. Dieser Fall tritt aber nur ein für rechteckige Grundgebiete [68]. Die strenge Theorie hat sich noch nicht auf allgemeinere Gebiete übertragen lassen, so daß man auf numerische Experimente angewiesen ist. Numerische Versuche sind zwar vielversprechend, doch erscheinen die Überrelaxationsmethoden, deren Theorie eine größere Klasse von Randwertaufgaben in allgemeinen Gebieten erfaßt, in einem vorteilhafteren Licht. Zudem ist die Methode der alternierenden Richtungen im kommutativen Fall nur bei sehr feinen Netzeinteilungen ($h \to 0$) rechenaufwandmäßig besser als die Überrelaxation. Bei gegebenem allgemeinem Grundgebiet und gegebener Schrittweite h fehlen noch die theoretischen Unterlagen zu entscheiden, welches der Verfahren günstiger ist.

Ausführlichere Darstellungen und Diskussionen der Methode von Peaceman-Rachford und ihrer Varianten sind in [7], [68], [71] und weiteren dort zitierten Arbeiten gegeben. Insbesondere sind in [7] die Resultate von umfangreichen numerischen Experimenten für verschiedene Grundgebiete zusammengestellt und die Verfahren miteinander verglichen.

Beispiel 5.7. Im Beispiel 5.1 ist $\varrho(x, y) \equiv 0$, so daß der Operator $\boldsymbol{\Sigma}$ entfällt. Weiter ist die schematische Darstellung der Operatoren $\boldsymbol{H}$ und $\boldsymbol{V}$ für die drei Typen von Punkten in den Fig. 36 und 37 wiedergegeben.

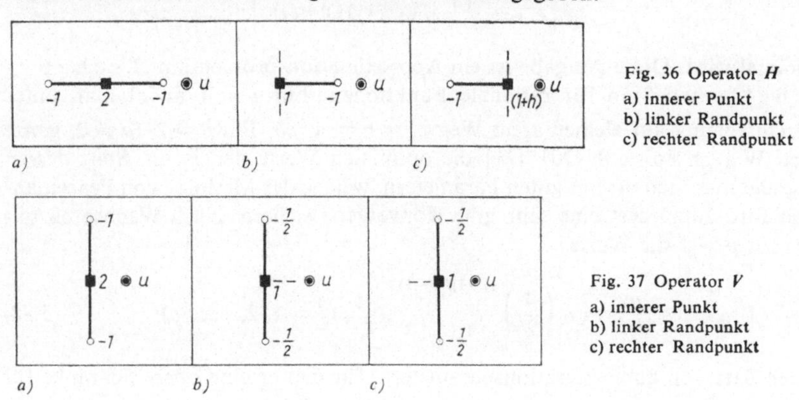

Fig. 36 Operator H
a) innerer Punkt
b) linker Randpunkt
c) rechter Randpunkt

Fig. 37 Operator V
a) innerer Punkt
b) linker Randpunkt
c) rechter Randpunkt

Zur praktischen Durchführung der Rechnung verwendet man diese Operatoren und stellt nicht die entsprechenden Matrizen auf. Die positive Definitheit von $\boldsymbol{H}$ geht nach Satz 1.5 aus der schwachen diagonalen Dominanz hervor, indem wenigstens in den rechten Randpunkten (Fig. 36c)) wirkliche Ungleichung herrscht. Für den Operator $\boldsymbol{V}$ folgt die positive Definitheit aus der Tatsache, daß für innere Gitterpunkte am oberen und unteren Rand je ein Arm entfällt, so daß wieder die schwache diagonale Dominanz erfüllt ist. Die Operatoren $\boldsymbol{H}$ und $\boldsymbol{V}$ sind positiv definit und vertauschbar.

Betrachten wir die grobe Netzeinteilung des Grundgebietes G. Die Operatormatrizen des ersten Halbschrittes sind für jede Zeile dieselben, so daß bei zeilenweiser Numerierung der Gitterpunkte die Matrix $\boldsymbol{H}$ aus drei sechsreihigen identischen tridiagonalen Matrizen $\boldsymbol{H}^{(i)}$

$$\boldsymbol{H}^{(i)} = \begin{bmatrix} 1 & -1 & & & & \\ -1 & 2 & -1 & & & \\ & -1 & 2 & -1 & & \\ & & -1 & 2 & -1 & \\ & & & -1 & 2 & -1 \\ & & & & -1 & 1+h \end{bmatrix}. \qquad (i = 1, 2, 3),$$

angeordnet längs der Diagonale, aufgebaut ist. Die Matrix $\boldsymbol{H}$ ist selbst tridiagonal und zerfallend. Bei zeilenweiser Numerierung der Gitterpunkte würde die Matrix $\boldsymbol{V}$ nicht tridiagonal. Dazu sind die Gitterpunkte kolonnenweise zu numerieren. Die Matrix $\boldsymbol{V}$ zerfällt in sechs dreireihige tridiagonale Matrizen $\boldsymbol{V}^{(i)}$, aufgereiht längs der Diagonale. Es treten zwei Typen auf, entsprechend einer Kolonne entweder am linken, bzw. rechten Rand oder im Innern des Gebietes

$$\boldsymbol{V}^{(i)} = \begin{bmatrix} 1 & -\frac{1}{2} & \\ -\frac{1}{2} & 1 & -\frac{1}{2} \\ & -\frac{1}{2} & 1 \end{bmatrix}, \quad (i = 1, 6); \qquad \boldsymbol{V}^{(i)} = \begin{bmatrix} 2 & -1 & \\ -1 & 2 & -1 \\ & -1 & 2 \end{bmatrix}, \quad (i = 2, 3, 4, 5).$$

Bei variabel gehaltenen Iterationsparametern r_j sind deshalb pro Schritt nur drei Zerlegungen vorzunehmen, im übrigen sind nur noch das Vorwärts- und Rückwärtseinsetzen durchzuführen. Für die gute Wahl der konvergenzverbessernden Iterationsparameter sind Schranken für die Eigenwerte der Matrizen $\boldsymbol{H}$ und $\boldsymbol{V}$ erforderlich. Da die Matrizen zerfallen, genügt es, Schranken für die Eigenwerte der drei Untermatrizen zu finden. Nach dem Gerschgorinschen Kreisesatz ist $b = 4$ eine obere Schranke für alle Eigenwerte. Untere Schranken ergeben sich auf einfache Weise nach der Methode der Bisection oder dem QD-Algorithmus.

Für die grobe Netzeinteilung ($h = 1$) ist der kleinste Eigenwert der Matrizen $\boldsymbol{H}$ und $\boldsymbol{V}$ gleich 0,058116. In Tab. 27 sind für verschiedene untere Schranken a

und verschiedene Anzahlen p die Iterationsparameter $r_j^{(W)}$ nach Wachspreß (5.88), die resultierenden asymptotischen Konvergenzradien ϱ pro p Schritte und die Abschätzung (5.89) nach Wachspreß zusammengestellt.

Tab. 27 Methode der alternierenden Richtungen. Iterationsparameter für grobe Netzeinteilung. Konvergenzradien

a	b	p	$r_j^{(W)}$	ϱ	d	$\left(\frac{d-1}{d+1}\right)^4$
0,01	4,00	2	0,01000, 4,00000	0,55	20	0,670
0,01	4,00	4	0,01000, 0,07368 0,54288, 4,00000	0,033	2,714	0,045
0,05	4,00	2	0,05000, 4,00000	0,38	8,944	0,407
0,05	4,00	4	0,05000, 0,21544 0,92832, 4,00000	0,014	2,076	0,015
0,05	4,00	8	0,05000, 0,09351 0,17487, 0,32702 0,61158, 1,14372 2,13890, 4,00000	0,00011	1,368	0,00058

Die Konvergenzgüte ist besser als die Abschätzung erwarten läßt. Im letzten Beispiel ($p = 8$) wird der Fehlervektor in je acht Iterationen ungefähr mit dem Faktor 10^{-4} multipliziert, so daß nach 16 Schritten die Lösung auf mindestens sechs Stellen erscheint. Die analogen Zahlwerte für die feinere Netzeinteilung sind in Tab. 28 zusammengestellt. Der kleinste Eigenwert ist 0,01581.

Tab. 28 Methode der alternierenden Richtungen. Iterationsparameter für feine Netzeinteilung. Konvergenzradien

a	b	p	$r_j^{(W)}$	ϱ	d	$\left(\frac{d-1}{d+1}\right)^4$
0,015	4,00	2	0,01500, 4,00000	0,55	16,33	0,612
0,015	4,00	4	0,01500, 0,09655 0,62145, 4,00000	0,016	2,537	0,036
0,015	4,00	8	0,01500, 0,03332 0,07400, 0,16436 0,36506, 0,81082 1,80091, 4,00000	0,00044	1,490	0,0015

5.2.5. Methode der konjugierten Gradienten. Die Methode der konjugierten Gradienten eignet sich speziell dann gut, falls die Berechnung des Matrix-Vektorproduktes $z = Ap$ auf Grund von arithmetischen Ausdrücken erfolgen kann, so daß die Matrix A nicht explizit in Erscheinung tritt. Die Operatorgleichungen eines diskretisierten Randwertproblems sind von dieser Art. Zudem ist die Methode uneingeschränkt für biharmonische Probleme der Elastizitätslehre anwendbar, und sie verlangt im Gegensatz zu den übrigen Relaxationsmethoden keine Abschätzung von Eigenwerten oder von optimalen Relaxationsparametern, so daß ihre Anwendung am wenigsten Probleme bietet. Daneben liefert die Methode der konjugierten Gradienten in Form der anfallenden q- und e-Werte eine gewisse Information über die Eigenwerte des Operators A (man vgl. 4.6.6, sowie [13]).

Beispiel 5.8. Für das Standardbeispiel 5.1 mit feiner Netzeinteilung wird als Ergänzung zur Prozedur *cg* in 2.4.3 die dort benötigte Prozedur *op*(*n*, *p*, *z*) definiert, welche aus einem gegebenen Vektor p den Vektor $z = A \cdot p$ berechnet. Die Vektoren werden als einfach indizierte Größen vorausgesetzt. Deshalb sind die Gitterpunkte und die zugehörigen Funktionswerte fortlaufend zu numerieren. Bei Numerierung nach Fig. 27 sind neun Typen von Definitionsgleichungen zu unterscheiden, die in der nachfolgenden Prozedur entsprechend markiert sind.

```
procedure op (n, p, z); value n;
          integer n; array p, z;
begin integer i, k;
op1: z[1] := 2×p[1]−0.5×p[2]−p[8];
     for i := 2 step 1 until 6 do
op2:    z[i] := 2×p[i]−0.5×(p[i−1]+p[i+1])−p[i+7];
op3: z[7] := 2×p[7]−0.5×p[6]—p[14];
     for i := 8 step 7 until 64 do
     begin
op4:    z[i] :=4×p[i]−p[i−7]—p[i+7]−p[i+1];
        for k := i+1 step 1 until i+5 do
op5:       z[k] := 4×p[k]−p[k−1]−p[k−7]−p[k+1]−p[k+7];
op6:    z[i+6] := 4×p[i+6]−p[i+5]−p[i−1]−p[i+13]
     end i;
op7: z[71] := 2.5×p[71]−0.5×p[72]−p[64];
     for i :=72 step 1 until 76 do
op8:    z[i] :=2.5×p[i]−0.5×(p[i−1]+p[i+1])−p[i−7];
op9: z[77] :=2.5×p[77]−0.5×p[76]−p[70]
end op
```

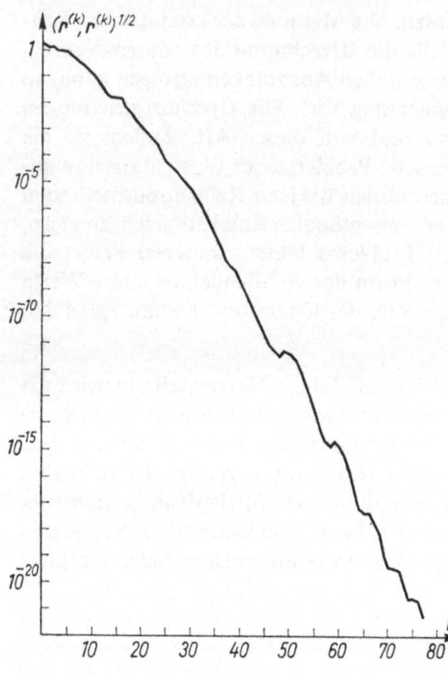

Fig. 38 Länge des Residuenvektors

Die Länge des Residuenvektors $r^{(k)}$ in Funktion der Schrittzahl k, wie er sich in der Prozedur *cg* in Verbindung mit der Prozedur *op* ergibt, ist in Fig. 38 in logarithmischem Maßtab dargestellt. Sie nimmt mit zunehmendem Iterationsindex k nicht monoton ab. Die unregelmäßige Abnahme mit gelegentlichen Zunahmen des Residuenvektors ist eine allgemein feststellbare Erscheinung (vgl. [13]). Nach $n = 77$ Schritten ist die Länge des Residuenvektors ungefähr auf den Wert $4{,}7 \cdot 10^{-22}$ gesunken. Die erhaltene Näherung der Lösung der Randwertaufgabe ist in Tab. 29 wiedergegeben. Die aufgeführten Stellen sind alle richtig. Durch eine graphische Darstellung der Funktionswerte längs den horizontalen Netzgeraden überzeuge man sich davon, daß die natürlichen Randbedingungen der Randwertaufgabe an den beiden vertikalen Rändern gut erfüllt sind.

Tab. 29 Lösung der Randwertaufgabe bei feiner Netzeinteilung

−0,210656	−0,213297	−0,216977	−0,210935	−0,188135	−0,153765
−0,416029	−0,425557	−0,443677	−0,438627	−0,387841	−0,309147
−0,602348	−0,629223	−0,693547	−0,712055	−0,615454	−0,463792
−0,734919	−0,795439	−0,989232	−1,100592	−0,898127	−0,598781
−0,746450	−0,828382	−1,117352	−1,302952	−1,027683	−0,632196
−0,594116	−0,654288	−0,848840	−0,966184	−0,777456	−0,497729
−0,321436	−0,345815	−0,407535	−0,435487	−0,368228	−0,259969

5.3. Das Eigenwertproblem

Wir betrachten das Eigenwertproblem bei partiellen Differentialgleichungen und diskutieren die möglichen Lösungsmethoden. Physikalisch entspricht diese Eigenwertaufgabe dem Problem, einige der kleinsten Frequenzen und eventuell noch die zugehörigen Eigenschwingungsformen etwa einer schwingenden Membran oder Platte zu bestimmen. Mathematisch lautet die Aufgabe, einige der kleinsten Eigenwerte und die zugehörigen Eigenvektoren von $(A-\lambda I)x=0$ zu berechnen, wobei jetzt A durch die Operatorgleichungen definiert ist, wie sie in 5.1 hergeleitet und diskutiert worden sind. Die Koeffizientenmatrix A hat einerseits die Eigenschaft, sehr viele Nullen aufzuweisen, und anderseits wird bei feiner Unterteilung des Netzes die Ordnung der Matrix sehr groß, so daß ihre koeffizientenmäßige Aufstellung und Speicherung im Rechenautomaten aus diesem Grund oft nicht möglich oder nicht erwünscht ist. Auch wenn die Matrix bei geeigneter Numerierung der Gitterpunkte zwar noch Bandgestalt aufweist, zerstört die LR-Transformation (vgl. 4.6.4) zwar die Nullen außerhalb des Bandes nicht, aber sicherlich diejenigen innerhalb. Auf Grund dieser Situation betrachten wir an dieser Stelle nur die Problemstellung, daß A als Operator in Form von Operatorausdrücken gegeben sei.[1)]

1) Interessiert man sich nur für einige der kleinsten Eigenwerte des Operators A, kann man prinzipiell das zugehörige Randwertproblem unter einer beliebigen Belastungsfunktion nach der Methode der konjugierten Gradienten (vgl. 2.4) lösen. Dabei werden von der Belastung abhängige q- und e-Werte anfallen, welche nach Bearbeitung mit dem QD-Algorithmus (vgl. 4.6.5 und 4.6.6) eine erste Information über die Eigenwerte liefern können. Dieses Vorgehen hat jedenfalls die Eigenschaft, die vielen Nullen in der Problemmatrix im Verlauf der Rechnung voll auszunützen und nicht zu zerstören. Allerdings leidet diese Lösungsmethode unter numerischer Instabilität, und es kann sogar der Fall eintreten, daß einer der gesuchten kleinsten Eigenwerte ausgelassen wird. Man vergleiche dazu [13], wo auch beschrieben ist, wie durch eine Ver-

−0,117779	−0,086159	−0,060804	−0,041351	−0,026530
−0,231191	−0,166052	−0,115707	−0,078070	−0,049948
−0,331786	−0,231153	−0,157900	−0,105273	−0,067071
−0,401008	−0,268873	−0,179467	−0,118053	−0,074862
−0,404591	−0,263864	−0,173043	−0,112607	−0,071135
−0,321297	−0,208950	−0,136235	−0,088198	−0,055598
−0,173917	−0,114404	−0,074747	−0,048351	−0,030460

feinerung des Verfahrens dieser Nachteil beseitigt werden kann. Das skizzierte Vorgehen ist jedenfalls dann angezeigt, falls man das Randwertproblem für eine gegebene Belastung ohnehin zu lösen hat, um aus der daraus hervorgehenden

[1)] Der Fall einer explizit gegebenen Matrix ist in 4.9 diskutiert worden.

Information wenigstens eine erste Idee über die kleinsten Eigenwerte zu erhalten. Eine Verbesserung der erhaltenen Näherungen nach dem Wielandtschen Verfahren (vgl. 4.7.3) ist aber unmöglich, da durch die Spektraltransformation die Definitheit des Operators A im allgemeinen verlorengeht. Die gebrochene Vektoriteration verlangt in jedem Schritt die Lösung eines solchen nicht-definiten Randwertproblems, wozu aber die Relaxationsmethoden nicht mehr anwendbar sind.

2) Zur Bestimmung der p kleinsten Eigenwerte mit den zugehörigen Eigenvektoren bietet sich einzig die Methode der Vektoriteration an (vgl. 4.7). Sie kann auf zwei Arten durchgeführt werden:

a) Auf Grund einer Norm ist stets eine obere Schranke m der Eigenwerte des Operators A bekannt. Für den Operator $B = mI - A$ (I ist der Identitätsoperator, d. h. die Einheitsmatrix) werden durch die Spektraltransformation die kleinsten Eigenwerte von A in die größten Eigenwerte von B übergeführt. Die gewöhnliche simultane Vektoriteration (vgl. 4.7.4) mit dem Operator B liefert seine dominanten Eigenwerte und damit indirekt die kleinsten Eigenwerte von A, sowie die zugehörigen, für A und B gemeinsamen Eigenvektoren. Dieses Vorgehen hat die beachtenswerte Eigenschaft der Einfachheit. Hingegen leidet die Methode unter dem Nachteil, im allgemeinen äußerst langsam zu konvergieren, da der konvergenzbestimmende Quotient der maßgebenden Eigenwerte von B sehr nahe beim Wert Eins liegt. Für das Beispiel der Platte in [13] liegen die Quotienten für verschiedene p in der Gegend von 0,9998! Zudem ist festzuhalten, daß am Schluß der Rechnung die kleinsten Eigenwerte von A vermöge der Spektraltransformation als Differenz von fast gleich großen Zahlen erscheinen und somit der Auslöschung von führenden Stellen unterliegen. Die Eigenwerte von B sind deshalb mit entsprechend mehr Stellen zu berechnen als für diejenigen von A verlangt sind.

b) Die simultane inverse Vektoriteration (vgl. 4.7.4), direkt angewendet für den Operator A, liefert unmittelbar die gesuchten p Eigenwerte und Eigenvektoren. Jeder Iterationsschritt verlangt die gleichzeitige Lösung der Randwertaufgabe für p verschiedene „Belastungen", dargestellt durch die momentanen Näherungen der Eigenvektoren. Infolge der positiven Definitheit von A kann diese Aufgabe nach irgendeiner Relaxationsmethode gelöst werden, wobei besonders hervorzuheben ist, daß für alle Iterationsschritte derselbe unveränderte Operator A zuständig ist. Bei Verwendung der Überrelaxationsmethode beispielsweise kann deshalb stets derselbe optimale Relaxationsfaktor verwendet werden, nachdem er einmal in den ersten Iterationen experimentell bestimmt worden ist. Die Konvergenz der simultanen inversen Vektoriteration ist bedeutend besser im Vergleich zu der unter a) geschilderten Methode, da der konvergenzbestimmende Quotient der maßgebenden Eigenwerte wesentlich kleiner ist. Für das Beispiel der Platte aus [13] liegen die Quotienten der ersten acht aufeinanderfolgenden kleinsten Eigenwerte zwischen 0,303 und 0,965. Als ein weiterer Vorteil ist auch zu erwähnen, daß die Eigenwerte direkt geliefert werden und somit nicht mehr einer Stellenauslöschung unterliegen. Aus diesem Grund ist die simultane inverse Vektoriteration trotz des komplizierteren Aufbaus und des bedeutend größeren Rechenaufwandes pro Iterationsschritt zu empfehlen, da die raschere Konvergenz den Gesamtrechenaufwand doch nicht zu sehr anwachsen läßt.

Anhang A

Die Methode der konjugierten Gradienten in der Ausgleichsrechnung

A. 1. Vermittelnde Ausgleichung nach der Methode der konjugierten Gradienten. Sowohl im Zusammenhang mit den Relaxationsverfahren als auch mit den Fehlergleichungen wurde der Begriff der Residuen verwendet. Um in der momentanen Verknüpfung der beiden Sachgebiete den Namenkonflikt zu vermeiden, wird folgende Bezeichnung benutzt werden: Es sei $\boldsymbol{v}^{(k)}$ ein Näherungsvektor der gesuchten Lösung $\boldsymbol{x}$. Unter $\boldsymbol{f}^{(k)}$ verstehen wir den zugehörigen Fehlervektor bezüglich der Fehlergleichungen

$$\boldsymbol{C}\boldsymbol{v}^{(k)} + \boldsymbol{d} = \boldsymbol{f}^{(k)}, \tag{A. 1}$$

während $\boldsymbol{r}^{(k)}$ den Residuenvektor bezüglich der Normalgleichungen

$$\boldsymbol{C}^{\mathrm{T}}\boldsymbol{C}\boldsymbol{v}^{(k)} + \boldsymbol{C}^{\mathrm{T}}\boldsymbol{d} = \boldsymbol{r}^{(k)} \tag{A. 2}$$

im üblichen Sinn der Relaxationsrechnung bedeutet. Dann gilt offenbar die Beziehung

$$\boldsymbol{r}^{(k)} = \boldsymbol{C}^{\mathrm{T}}\boldsymbol{f}^{(k)}. \tag{A. 3}$$

Die Elimination der Normalgleichungsmatrix $\boldsymbol{A} = \boldsymbol{C}^{\mathrm{T}}\boldsymbol{C}$ im Nenner von q_k der Rechenvorschrift (2.96) erfolgt durch die Umformung

$$(\boldsymbol{A}\boldsymbol{p}^{(k)}, \boldsymbol{p}^{(k)}) = (\boldsymbol{C}^{\mathrm{T}}\boldsymbol{C}\boldsymbol{p}^{(k)}, \boldsymbol{p}^{(k)}) = (\boldsymbol{C}\boldsymbol{p}^{(k)}, \boldsymbol{C}\boldsymbol{p}^{(k)}). \tag{A. 4}$$

Aus der Rekursionsformel für die Residuenvektoren $\boldsymbol{r}^{(k)}$ in (2.96) wird $\boldsymbol{A}$ eliminiert, indem man zu den Fehlervektoren übergeht. Zu diesem Zweck wird die Rekursionsformel für die Näherungsvektoren in (2.96), das ist $\boldsymbol{v}^{(k)} = \boldsymbol{v}^{(k-1)} + q_k\boldsymbol{p}^{(k)}$, mit $\boldsymbol{C}$ multipliziert.

$$\boldsymbol{C}\boldsymbol{v}^{(k)} = \boldsymbol{C}\boldsymbol{v}^{(k-1)} + q_k(\boldsymbol{C}\boldsymbol{p}^{(k)}). \tag{A. 5}$$

Addiert man in (A. 5) auf beiden Seiten den Konstantenvektor $\boldsymbol{d}$, ergibt sich unter Beachtung von (A. 1) die Rekursionsformel für die Fehlervektoren

$$\boldsymbol{f}^{(k)} = \boldsymbol{f}^{(k-1)} + q_k(\boldsymbol{C}\boldsymbol{p}^{(k)}). \tag{A. 6}$$

Die Beziehung (A. 3) stellt schließlich den Zusammenhang zwischen den Fehlervektoren und den Residuenvektoren her. Die Residuenvektoren sind ebenfalls mitzuführen, da sie zur Berechnung von e_{k-1}, $\boldsymbol{p}^{(k)}$ und q_k benötigt werden.

Aus (2.95) und (2.96) resultiert damit der folgende Algorithmus zur Auflösung der Fehlergleichungen $\boldsymbol{Cx} + \boldsymbol{d} = \boldsymbol{f}$ mit Hilfe der Methode der konjugierten Gradienten.

Start: Wahl von $\boldsymbol{v}^{(o)}$; $\boldsymbol{f}^{(o)} = \boldsymbol{C}\boldsymbol{v}^{(o)} + \boldsymbol{d}$ (A. 7)

Relaxionsschritt ($k = 1, 2, \ldots$):

$$\begin{aligned}
\boldsymbol{r}^{(k-1)} &= \boldsymbol{C}^{\mathrm{T}} \boldsymbol{f}^{(k-1)} \\
e_{k-1} &= \frac{(\boldsymbol{r}^{(k-1)}, \boldsymbol{r}^{(k-1)})}{(\boldsymbol{r}^{(k-2)}, \boldsymbol{r}^{(k-2)})} \qquad (k \geq 2) \\
\boldsymbol{p}^{(k)} &= \begin{cases} -\boldsymbol{r}^{(k-1)} & (k = 1) \\ -\boldsymbol{r}^{(k-1)} + e_{k-1} \boldsymbol{p}^{(k-1)} & (k \geq 2) \end{cases} \\
q_k &= \frac{(\boldsymbol{r}^{(k-1)}, \boldsymbol{r}^{(k-1)})}{(\boldsymbol{C}\boldsymbol{p}^{(k)}, \boldsymbol{C}\boldsymbol{p}^{(k)})} \\
\boldsymbol{v}^{(k)} &= \boldsymbol{v}^{(k-1)} + q_k \boldsymbol{p}^{(k)} \\
\boldsymbol{f}^{(k)} &= \boldsymbol{f}^{(k-1)} + q_k (\boldsymbol{C}\boldsymbol{p}^{(k)})
\end{aligned} \qquad \text{(A. 8)}$$

In der Rechenvorschrift (A. 7) und (A. 8) sind $\boldsymbol{f}^{(k)}$, $\boldsymbol{d}$ und $\boldsymbol{C}\boldsymbol{p}^{(k)}$ je n-dimensionale Vektoren, $\boldsymbol{r}^{(k-1)}$, $\boldsymbol{p}^{(k)}$ und $\boldsymbol{v}^{(k)}$ sind je m-dimensional.

Man stellt fest, daß pro Relaxationsschritt zwei Operationen Matrix mal Vektor erforderlich sind. Die in der Methode der konjugierten Gradienten benötigte Multiplikation mit $\boldsymbol{A}$ wird jetzt in zwei Teilschritten ausgeführt. Dadurch wird der Rechenaufwand pro Iterationsschritt sogar erhöht, doch muß die Matrix $\boldsymbol{A}$ der Normalgleichungen nicht explizit berechnet werden.

Von Bedeutung sind die Eigenschaften des Rechenprozesses, die sich aus denjenigen der Methode der konjugierten Gradienten ergeben. Eine unmittelbare Folge von Satz 2.13 ist

Satz A. 1. *Der Algorithmus* (A. 7) *und* (A. 8) *liefert die Lösung der Fehlergleichungen nach höchstens m Schritten.*

Ferner gilt

Satz A. 2. *Bei Auflösung der Fehlergleichungen der vermittelnden Ausgleichung nach der Methode der konjugierten Gradienten nimmt der Betrag der Fehlervektoren* $\boldsymbol{f}^{(k)}$ *im strengen Sinn monoton ab.*

Beweis: Löst man die Rekursionsformel für die Fehlervektoren $\boldsymbol{f}^{(k)}$ in (A. 8) nach $\boldsymbol{f}^{(k-1)}$ auf, folgt für das Skalarprodukt

$$(\boldsymbol{f}^{(k-1)}, \boldsymbol{f}^{(k-1)}) = (\boldsymbol{f}^{(k)}, \boldsymbol{f}^{(k)}) - 2q_k (\boldsymbol{f}^{(k)}, \boldsymbol{C}\boldsymbol{p}^{(k)}) + q_k^2 (\boldsymbol{C}\boldsymbol{p}^{(k)}, \boldsymbol{C}\boldsymbol{p}^{(k)}). \qquad \text{(A. 9)}$$

Da aber nach (A. 3) und weiter nach (2.87)

$$(\boldsymbol{f}^{(k)}, \boldsymbol{C}\boldsymbol{p}^{(k)}) = (\boldsymbol{C}^{\mathrm{T}}\boldsymbol{f}^{(k)}, \boldsymbol{p}^{(k)}) = (\boldsymbol{r}^{(k)}, \boldsymbol{p}^{(k)}) = 0$$

ist, verschwindet in (A. 9) das mittlere Glied, und es folgt aus (A. 9)

$$(\boldsymbol{f}^{(k)}, \boldsymbol{f}^{(k)}) = (\boldsymbol{f}^{(k-1)}, \boldsymbol{f}^{(k-1)}) - q_k^2(\boldsymbol{C}\boldsymbol{p}^{(k)}, \boldsymbol{C}\boldsymbol{p}^{(k)}). \qquad \text{(A. 10)}$$

Solange der Näherungsvektor $\boldsymbol{v}^{(k-1)} \neq \boldsymbol{x}$ ist, ist auch der Residuenvektor $\boldsymbol{r}^{(k-1)} \neq 0$. Damit ist auch der Relaxationsvektor $\boldsymbol{p}^{(k)} \neq 0$. Folglich ist wegen des Maximalrangs von $\boldsymbol{C}$ der Vektor $\boldsymbol{C}\boldsymbol{p}^{(k)} \neq 0$, und da auch $q_k \neq 0$ ist, ergibt sich aus (A. 10) die strenge Monotonie von $(\boldsymbol{f}^{(k)}, \boldsymbol{f}^{(k)})$ mit zunehmendem $\boldsymbol{k}$.

Die Bedeutung des Satzes A.2 besteht darin, daß der iterative Prozeß auf Grund des Fehlerquadrates $(\boldsymbol{f}^{(k)}, \boldsymbol{f}^{(k)})$ eventuell schon vor Ausführung von m Schritten abgebrochen werden kann. Dies ist dann angezeigt, wenn man nur verlangt, daß der Wert von $(\boldsymbol{f}^{(k)}, \boldsymbol{f}^{(k)})$ eine gegebene Schranke unterschreitet und man sich mit einer entsprechenden Näherung $\boldsymbol{v}^{(k)}$ für die gesuchte Lösung $\boldsymbol{x}$ zufrieden gibt. Bei der Lösung von größeren Fehlergleichungssystemen der Geodäsie konnte beobachtet werden, daß der minimal mögliche Wert von $(\boldsymbol{f}^{(k)}, \boldsymbol{f}^{(k)})$ oft schon nach verhältnismäßig wenig Schritten erreicht wurde, und daß die zugehörige Näherung $\boldsymbol{v}^{(k)}$ die Lösung auch mit hinreichender Genauigkeit darstellte. Diese Tatsache reduziert den totalen Rechenaufwand.

Abschließend soll noch auf die praktische Durchführung und die sich daraus ergebenden Konsequenzen eingegangen werden. Es ist nur sinnvoll, die Methode der konjugierten Gradienten zur Lösung der Fehlergleichungen anzuwenden, falls die Matrix $\boldsymbol{C}$ sehr schwach besetzt ist. Dies trifft in den meisten Anwendungen der Geodäsie zu, indem jede Fehlergleichung nur eine sehr beschränkte Anzahl von Unbekannten verknüpft. Um die vielen Nullelemente bei der Berechnung von $\boldsymbol{C}\boldsymbol{p}^{(k)}$ berücksichtigen zu können, ist es vorteilhaft, anstelle der Matrix $\boldsymbol{C}$ beispielsweise zwei Referenzmatrizen zu verwenden, die die Information enthalten, welche Elemente von Null verschieden sind und ihre tatsächlichen Werte. Analog kann man verfahren zur ökonomischen Berechnung von $\boldsymbol{C}^{\mathrm{T}}\boldsymbol{f}^{(k-1)}$. Sind beispielsweise nur 2% der Elemente von $\boldsymbol{C}$ von Null verschieden, so benötigt die skizzierte kompakte Darstellung von $\boldsymbol{C}$ und $\boldsymbol{C}^{\mathrm{T}}$ nur rund 10% des Speicherbedarfs im Vergleich zur vollständigen Matrix $\boldsymbol{C}$. Durch weitergehende computerorientierte Verfeinerungen läßt sich der Speicherbedarf noch stärker herabsetzen.

Unter der Annahme, daß die Anzahl der Fehlergleichungen ungefähr doppelt so groß ist wie die Zahl der Unbekannten, ergibt die Auszählung der multiplikativen Rechenoperationen unter Berücksichtigung der schwachen Besetzung von $\boldsymbol{C}$ einen totalen Aufwand, der nur proportional zu m^2 ist. Im Vergleich dazu sind die Methode der Normalgleichungen und die Methode der Orthogonalisierung je m^3-Prozesse.

Numerisch vorteilhaft ist zudem die Tatsache, daß die Methode stets mit den gegebenen Zahlwerten der Fehlergleichungen arbeitet. Dadurch werden Rundungsfehler, wie sie bei der Bildung der Normalgleichungen oder im Verlauf der Orthogonalisierung entstehen, vermieden.

Schlußfolgerung: *Zur Lösung von Fehlergleichungssystemen mit vielen Unbekannten und mit schwach besetzter Matrix* $\boldsymbol{C}$ *ist die Methode der konjugierten Gradienten den andern Verfahren vorzuziehen.*

A. 2. Bedingte Ausgleichung nach der Methode der konjugierten Gradienten. Es ist zweckmäßig, zur Behandlung der bedingten Ausgleichung anstelle des Lösungsvektors $\boldsymbol{x}$ den Korrekturvektor oder Verbesserungsvektor $\boldsymbol{v} = \boldsymbol{x} - \boldsymbol{l}$ als unbekannt zu betrachten. Für diesen Vektor $\boldsymbol{v}$ lauten die Bedingungsgleichungen (3.25)

$$\boldsymbol{P}\boldsymbol{v} + \boldsymbol{w} = 0, \quad \text{mit} \quad \boldsymbol{w} = \boldsymbol{P}\boldsymbol{l} + \boldsymbol{q}. \tag{A. 11}$$

Die Korrelatengleichungen (3.27) werden damit

$$\boldsymbol{v} = \boldsymbol{P}^{\mathrm{T}}\boldsymbol{t}, \tag{A. 12}$$

und die Normalgleichungen für den Korrelatenvektor $\boldsymbol{t}$ lauten

$$\boldsymbol{P}\boldsymbol{P}^{\mathrm{T}}\boldsymbol{t} + \boldsymbol{w} = 0. \tag{A. 13}$$

Die Methode der konjugierten Gradienten zur Lösung der Normalgleichungen (A. 13) liefert einen Prozeß zur iterativen Berechnung von Näherungen $\boldsymbol{t}^{(k)}$ des Korrelatenvektors $\boldsymbol{t}$ und über die Korrelatengleichungen (A. 12) zur Berechnung von Näherungen $\boldsymbol{v}^{(k)}$ des Korrekturvektors $\boldsymbol{v}$. Man beachte, daß jetzt $\boldsymbol{v}^{(k)}$ eine Näherung für $\boldsymbol{v}$ bedeutet! Der Residuenvektor $\boldsymbol{r}^{(k)}$ ist gegeben durch

$$\boldsymbol{r}^{(k)} = \boldsymbol{P}\boldsymbol{P}^{\mathrm{T}}\boldsymbol{t}^{(k)} + \boldsymbol{w}. \tag{A. 14}$$

Mit Hilfe des Zusammenhangs

$$\boldsymbol{v}^{(k)} = \boldsymbol{P}^{\mathrm{T}}\boldsymbol{t}^{(k)} \tag{A. 15}$$

ergibt sich aus (A. 14) und (A. 15) die Relation

$$\boldsymbol{r}^{(k)} = \boldsymbol{P}\boldsymbol{v}^{(k)} + \boldsymbol{w} \tag{A. 16}$$

zwischen der Näherung $\boldsymbol{v}^{(k)}$ und dem Residuenvektor $\boldsymbol{r}^{(k)}$.

Die Elimination der Normalgleichungsmatrix $\boldsymbol{A} = \boldsymbol{P}\boldsymbol{P}^{\mathrm{T}}$ aus dem Nenner von q_k der Rechenvorschrift (2.96) erfolgt analog wie oben. Weiter folgt aus der jetzt für $\boldsymbol{t}^{(k)}$ zu formulierenden Rekursionsformel

$$\boldsymbol{t}^{(k)} = \boldsymbol{t}^{(k-1)} + q_k\boldsymbol{p}^{(k)} \tag{A. 17}$$

nach Multiplikation mit $\boldsymbol{P}^{\mathrm{T}}$ gemäß (A. 15) die zugehörige Rekursionsformel für die Näherungen $\boldsymbol{v}^{(k)}$

$$\boldsymbol{v}^{(k)} = \boldsymbol{v}^{(k-1)} + q_k(\boldsymbol{P}^{\mathrm{T}}\boldsymbol{p}^{(k)}). \tag{A. 18}$$

Zusammenfassend ergibt sich zur Lösung der bedingten Ausgleichung $\boldsymbol{P}\boldsymbol{v} + \boldsymbol{w} = 0$, $(\boldsymbol{v}, \boldsymbol{v}) =$ Minimum nach der Methode der konjugierten Gradienten der nachfolgende Algorithmus.

Start: Wahl von $t^{(o)} = 0;\ v^{(o)} = 0$ (A. 19)

Relaxationsschritt ($k = 1, 2, \ldots$):

$$\begin{aligned}
r^{(k-1)} &= P v^{(k-1)} + w \\
e_{k-1} &= \frac{(r^{(k-1)}, r^{(k-1)})}{(r^{(k-2)}, r^{(k-2)})} && (k \geq 2) \\
p^{(k)} &= \begin{cases} -r^{(k-1)} & (k = 1) \\ -r^{(k-1)} + e_{k-1} p^{(k-1)} & (k \geq 2) \end{cases} \\
q_k &= \frac{(r^{(k-1)}, r^{(k-1)})}{(P^{\mathrm{T}} p^{(k)}, P^{\mathrm{T}} p^{(k)})} \\
t^{(k)} &= t^{(k-1)} + q_k p^{(k)} \\
v^{(k)} &= v^{(k-1)} + q_k (P^{\mathrm{T}} p^{(k)})
\end{aligned} \qquad \text{(A. 20)}$$

Im Algorithmus (A. 19) und (A. 20) wird die spezielle Wahl des Startvektors $t^{(o)} = 0$ getroffen, wodurch sich vereinfachend $v^{(o)} = 0$ ergibt. Dies ist sicher eine vernünftige Wahl, da der Korrekturvektor v im allgemeinen klein sein wird.

Die Rekursionsformel für die Vektoren $t^{(k)}$ wurde nur der Vollständigkeit halber aufgeführt, um die Dualität der Algorithmen (A. 8) und (A. 20) deutlich hervortreten zu lassen. Die Folge von Näherungsvektoren $t^{(k)}$ kann jedoch weggelassen werden, ohne am Prozeß etwas zu ändern. Es resultiert so ein Algorithmus zur Lösung der Aufgabe der bedingten Ausgleichung, in welchem nicht nur die Normalgleichungsmatrix, sondern auch der meistens nicht interessierende Korrelatenvektor eliminiert sind.

Als Folge von Satz 2.13 gilt

Satz A. 3. *Der Algorithmus* (A. 19) *und* (A. 20) *liefert den Korrekturvektor* v *der bedingten Ausgleichung nach höchstens* m *Schritten.*

Ferner gilt

Satz A. 4. *Bei Auflösung der Aufgabe der bedingten Ausgleichung nach der Methode der konjugierten Gradienten nimmt der Betrag der Korrekturvektoren* $v^{(k)}$ *im strengen Sinn monoton zu.*

Beweis: Wir betrachten die Änderung des Korrekturvektors im i-ten Relaxationsschritt

$$\Delta v^{(i)} = v^{(i)} - v^{(i-1)} = q_i \,(P^{\mathrm{T}} p^{(i)}). \qquad \text{(A. 21)}$$

Da die Relaxationsvektoren $\boldsymbol{p}^{(i)}$ paarweise konjugiert sind, sind also die Änderungen $\Delta\boldsymbol{v}^{(i)}$ gemäß

$$(\Delta\boldsymbol{v}^{(i)}, \Delta\boldsymbol{v}^{(j)}) = q_i\, q_j\, (\boldsymbol{P}^{\mathrm{T}}\boldsymbol{p}^{(i)}, \boldsymbol{P}^{\mathrm{T}}\boldsymbol{p}^{(j)}) = q_i\, q_j\, (\boldsymbol{p}^{(i)}, \boldsymbol{P}\boldsymbol{P}^{\mathrm{T}}\boldsymbol{p}^{(j)}) = 0 \quad \text{(A. 22)}$$

$$\text{für} \quad i \neq j$$

paarweise orthogonal. Die k-te Näherung $\boldsymbol{v}^{(k)}$ läßt sich aber formal als endliche Summe aus $\boldsymbol{v}^{(o)} = 0$ und den k Änderungsvektoren $\Delta\boldsymbol{v}^{(1)}, \Delta\boldsymbol{v}^{(2)}, \ldots, \Delta\boldsymbol{v}^{(k)}$ darstellen als

$$\boldsymbol{v}^{(k)} = \boldsymbol{v}^{(o)} + \sum_{i=1}^{k} \Delta\boldsymbol{v}^{(i)} = \sum_{i=1}^{k} \Delta\boldsymbol{v}^{(i)}. \quad \text{(A. 23)}$$

Infolge der paarweisen Orthogonalität (A. 22) ist deshalb

$$\begin{aligned}(\boldsymbol{v}^{(k)}, \boldsymbol{v}^{(k)}) &= \left(\sum_{i=1}^{k} \Delta\boldsymbol{v}^{(i)}, \sum_{i=1}^{k} \Delta\boldsymbol{v}^{(i)}\right) \\ &= \sum_{i=1}^{k} (\Delta\boldsymbol{v}^{(i)}, \Delta\boldsymbol{v}^{(i)}) = \sum_{i=1}^{k} q_i^2\, (\boldsymbol{P}^{\mathrm{T}}\boldsymbol{p}^{(i)}, \boldsymbol{P}^{\mathrm{T}}\boldsymbol{p}^{(i)}).\end{aligned} \quad \text{(A. 24)}$$

Der Wert von $(\boldsymbol{v}^{(k)}, \boldsymbol{v}^{(k)})$ ist in der Tat mit wachsendem k streng zunehmend, da die Summanden in (A. 24) nach analoger Schlußweise wie oben wesentlich positive Größen sind, solange die Lösung $\boldsymbol{v}$ noch nicht erreicht ist.

Die in A. 1 gemachten Feststellungen und Bemerkungen zum Verfahren übertragen sich sinngemäß.

Anhang B

Aufgaben

Aufgabe 1.1. [zu 1.1] Sind die drei Vektoren des vierdimensionalen Vektorraums linear unabhängig?

$$\boldsymbol{x}_1 = \begin{bmatrix} 2 \\ -3 \\ 0 \\ 4 \end{bmatrix}, \quad \boldsymbol{x}_2 = \begin{bmatrix} 0 \\ 4 \\ 3 \\ -1 \end{bmatrix}, \quad \boldsymbol{x}_3 = \begin{bmatrix} 0 \\ 0 \\ -2 \\ 6 \end{bmatrix}.$$

Aufgabe 1.2. [zu 1.1] Welches sind die Winkel φ zwischen den Vektoren von Aufgabe 1.1?

Aufgabe 1.3. [zu 1.1] Es seien $\boldsymbol{b}_1, \boldsymbol{b}_2, \ldots, \boldsymbol{b}_n$ orthonormierte Vektoren in V_n. Man zeige, daß die Koordinaten eines beliebigen Vektors $\boldsymbol{x}$ aus V_n bezüglich der Basis der $\boldsymbol{b}_i$ gegeben sind durch

$$c_i = (\boldsymbol{b}_i, \boldsymbol{x}).$$

Aufgabe 1.4. [zu 1.1] Wie lautet die Matrix der linearen Transformation, die der Drehung des V_3 um die y-Achse um den Winkel φ entspricht?

Aufgabe 1.5. [zu 1.1] Man beweise die Invarianz der Eigenwerte einer Matrix bei einer Ähnlichkeitstransformation. Wie transformieren sich die Eigenvektoren?

Aufgabe 1.6. [zu 1.2] Man zeige, daß die Matrixnormen (1.43) und (1.44) die Eigenschaft (1.41) besitzen.

Aufgabe 1.7. [zu 1.2] Welches sind die den Vektornormen (1.34) und (1.35) untergeordneten Matrixnormen?

Aufgabe 1.8. [zu 1.2] Wie groß sind die Konditionszahlen der Matrizen

$$\text{a) } \boldsymbol{A}_1 = \begin{bmatrix} 1 & 0 & 0 & 0 \\ 0 & 25 & 0 & 0 \\ 0 & 0 & 64 & 0 \\ 0 & 0 & 0 & 100 \end{bmatrix}, \quad \text{b) } \boldsymbol{A}_2 = \begin{bmatrix} 2 & -1 & 0 & 0 \\ -1 & 3 & -1 & 0 \\ 0 & -1 & 3 & -1 \\ 0 & 0 & -1 & 2 \end{bmatrix},$$

$$\text{c) } \boldsymbol{A}_3 = \begin{bmatrix} 1 & 1 & 1 & 1 \\ 1 & 2 & 3 & 4 \\ 1 & 3 & 6 & 10 \\ 1 & 4 & 10 & 20 \end{bmatrix} ?$$

Ist im Fall a) die Konditionszahl vernünftig? Wie groß sind die numerischen Fehler bei der Auflösung eines Gleichungssystems mit einer Diagonalmatrix?

Aufgabe 1.9. [zu 1.2] Unter dem S k a l i e r e n einer symmetrischen Matrix $\boldsymbol{A}$ versteht man speziell den Übergang zu $\boldsymbol{B} = \boldsymbol{D} \cdot \boldsymbol{A} \cdot \boldsymbol{D}$, worin $\boldsymbol{D}$ eine Diagonalmatrix bedeutet. Die i-te Zeile und i-te Kolonne von $\boldsymbol{A}$ werden je mit dem i-ten Diagonalelement d_i multipliziert. Man verifiziere: Ist $\boldsymbol{A}$ symmetrisch, dann ist es auch $\boldsymbol{B}$, aber $\boldsymbol{A}$ und $\boldsymbol{B}$ sind nicht ähnlich! Wie ändert sich die Konditionszahl für $\boldsymbol{A}_1$ aus Aufgabe 1.8 mit der Skaliermatrix

$$\boldsymbol{D} = \begin{bmatrix} 0 & 0 & 0 & 0 \\ 0 & 0.2 & 0 & 0 \\ 0 & 0 & 0.125 & 0 \\ 0 & 0 & 0 & 0.1 \end{bmatrix} ?$$

Aufgabe 1.10. [zu 1.2] Welche naheliegende Skalierung verkleinert die Konditionszahl der Matrix

$$\boldsymbol{A} = \begin{bmatrix} 1 & 10 \\ 10 & 101 \end{bmatrix}$$

wesentlich? Kann eine zweireihige symmetrische Matrix auf einfache Weise so skaliert werden, daß ihre Konditionszahl minimal wird?

Aufgabe 1.11. [zu 1.3] Warum sind die folgenden Matrizen offensichtlich nicht positiv definit?

$$\text{a) } \boldsymbol{A}_1 = \begin{bmatrix} 11 & 7 & 1 \\ 7 & -2 & 3 \\ 1 & 3 & 10 \end{bmatrix},$$

$$\text{b) } \boldsymbol{A}_2 = \begin{bmatrix} 1 & 3 & -4 & 6 \\ 3 & 4 & 6 & -5 \\ -4 & 6 & 5 & 4 \\ 6 & -5 & 4 & 3 \end{bmatrix}, \quad \text{c) } \boldsymbol{A}_3 = \begin{bmatrix} 1 & 2 & -3 & 0 \\ 2 & 5 & 2 & -4 \\ -3 & 2 & 6 & 3 \\ 0 & -4 & 3 & 5 \end{bmatrix}.$$

Aufgabe 1.12. [zu 1.3] Durch systematische Reduktion der quadratischen Formen auf eine Summe von Quadraten prüfe man, ob die Matrizen positiv definit sind.

$$\text{a) } \boldsymbol{A}_1 = \begin{bmatrix} 1 & 2 & 3 \\ 2 & 4 & 6 \\ 3 & 6 & 9 \end{bmatrix}, \quad \text{b) } \boldsymbol{A}_2 = \begin{bmatrix} 1 & 4 & 2 \\ 4 & 25 & 2 \\ 2 & 2 & 7 \end{bmatrix}, \quad \text{c) } \boldsymbol{A}_3 = \begin{bmatrix} 81 & -27 & 18 & -9 \\ -27 & 45 & 18 & 21 \\ 18 & 18 & 45 & 0 \\ -9 & 21 & 0 & 63 \end{bmatrix}.$$

Aufgabe 1.13. [zu 1.3] Es seien $\boldsymbol{A}$ und $\boldsymbol{B}$ zwei positiv definite Matrizen. Man zeige, daß auch die Summe $\boldsymbol{C} = \boldsymbol{A} + \boldsymbol{B}$ eine positiv definite Matrix ist.

Aufgabe 1.14. [zu 1.3] Man zeige, daß die $(n \times n)$-Matrix $\boldsymbol{A}$ mit den Elementen $a_{ik} = 1/(i + k - 1)$ positiv definit ist.

Anleitung: Es ist

$$a_{ik} = \int_0^1 x^{i+k-2}\,\mathrm{d}x,$$

und die zu $\boldsymbol{A}$ gehörende quadratische Form soll ebenfalls durch ein Integral ausgedrückt werden.

Aufgabe 1.15. [zu 1.4] Wie lautet formelmäßig die Inverse der speziellen Linksdreiecksmatrix

$$\boldsymbol{L} = \begin{bmatrix} a_1 & 0 & 0 & 0 & . & . & & 0 \\ b_1 & a_2 & 0 & 0 & . & . & & 0 \\ 0 & b_2 & a_3 & 0 & . & . & & 0 \\ 0 & 0 & b_3 & a_4 & . & . & & 0 \\ . & . & . & . & . & . & & . \\ 0 & 0 & 0 & 0 & & & a_{n-1} & 0 \\ 0 & 0 & 0 & 0 & & & b_{n-1} & a_n \end{bmatrix}?$$

Aufgabe 1.16. [zu 1.4] Zur Inversion einer regulären Rechtsdreiecksmatrix ist ein Rechenprogramm zu entwickeln. Zuerst sollen die expliziten Formeln zur sukzessiven Berechnung der Elemente der Inversen aufgestellt werden.

Aufgabe 1.17. [zu 1.4] Man löse das System $\boldsymbol{A}\boldsymbol{x} + \boldsymbol{b} = 0$

$$\begin{aligned} 4x_1 - 2x_2 + 6x_3 - 10 &= 0 \\ -2x_1 + 17x_2 + x_3 - 39 &= 0 \\ 6x_1 + x_2 + 19x_3 - 53 &= 0 \end{aligned}$$

nach der Methode von Cholesky. Anschließend berechne man die Diagonalelemente der Inversen $\boldsymbol{A}^{-1}$.

Aufgabe 1.18. [zu 1.4] Lösung der Bandgleichungen nach Cholesky:

$$\begin{aligned} x_1 + 2x_2 - x_3 + 2 &= 0 \\ 2x_1 + 8x_2 + 4x_3 - 2x_4 + 10 &= 0 \\ -x_1 + 4x_2 + 19x_3 + 9x_4 - 3x_5 - 35 &= 0 \\ -2x_2 + 9x_3 + 26x_4 + 5x_5 - 3x_6 - 47 &= 0 \\ -3x_3 + 5x_4 + 14x_5 + x_6 + 34 &= 0 \\ -3x_4 + x_5 + 6x_6 + 3 &= 0 \end{aligned}$$

Aufgabe 2.1. [zu 2.1] Zu den symmetrisch-definiten Gleichungssystemen

a) $\begin{aligned} 9x_1 - x_2 - 7 &= 0 \\ -x_1 + 9x_2 - 17 &= 0 \end{aligned}$ b) $\begin{aligned} 31x_1 + 29x_2 - 33 &= 0 \\ 29x_1 + 31x_2 - 27 &= 0 \end{aligned}$

konstruiere man die zugehörigen quadratischen Funktionen, deren Minima die Lösungen der Systeme sind. Man bestimme einige Niveaulinien der quadratischen Funktionen. Worin unterscheiden sich die beiden Systeme? Man bringe die geometrische Tatsache mit den Konditionszahlen in Verbindung.

Aufgabe 2.2. [zu 2.2] Für das Gleichungssystem $\boldsymbol{A}\boldsymbol{x} + \boldsymbol{b} = 0$ mit

$$\boldsymbol{A} = \begin{bmatrix} 2 & -1 & 0 & 0 \\ -1 & 4 & -1 & 0 \\ 0 & -1 & 4 & -1 \\ 0 & 0 & -1 & 2 \end{bmatrix}, \quad \boldsymbol{b} = \begin{bmatrix} -3 \\ -5 \\ 15 \\ -7 \end{bmatrix} \text{ und der Lösung } \boldsymbol{x} = \begin{bmatrix} 2 \\ 1 \\ -3 \\ 2 \end{bmatrix}$$

führe man einige Schritte sowohl nach der Methode der Handrelaxation wie nach dem Einzelschrittverfahren durch und achte auf die Konvergenzeigenschaften. Wie groß ist die Konvergenzziffer des Einzelschrittverfahrens?

Aufgabe 2.3. [zu 2.2] Zu den beiden Matrizen von Aufgabe 2.1

$$\boldsymbol{A}_1 = \begin{bmatrix} 9 & -1 \\ -1 & 9 \end{bmatrix} \text{ und } \boldsymbol{A}_2 = \begin{bmatrix} 31 & 29 \\ 29 & 31 \end{bmatrix}$$

bestimme man die Konvergenzziffern des Einzelschrittverfahrens.

Aufgabe 2.4. [zu 2.2] Wie groß sind die optimalen Überrelaxationsfaktoren für die drei Matrizen der Aufgaben 2.2 und 2.3 und die zugehörigen Konvergenzziffern der Überrelaxation?

Aufgabe 2.5. [zu 2.2] Für das Gleichungssystem

$$31x_1 + 29x_2 - 33 = 0$$
$$29x_1 + 31x_2 - 27 = 0$$

studiere man numerisch das Konvergenzverhalten für verschiedene Überrelaxationsfaktoren in der Nähe des optimalen Wertes, und man berechne die zugehörigen Konvergenzradien. Vergleich der numerisch festgestellten Konvergenzgeschwindigkeit mit den theoretisch erwarteten Werten.

Aufgabe 2.6. [zu 2.3] Die beiden symmetrisch-definiten Gleichungssysteme von Aufgabe 2.1 löse man sowohl nach der Methode des stärksten Abstiegs als auch nach dem Gesamtschrittverfahren. Durch graphische Darstellung der Näherungspunkte und der Relaxationsrichtungen mache man sich ein anschauliches Bild vom Konvergenzverhalten der beiden Verfahren.

Aufgabe 2.7. [zu 2.3] Man beweise auf Grund des Spektralradius, daß das Gesamtschrittverfahren für ein symmetrisch-definites Gleichungssystem in zwei Unbekannten immer konvergiert. Diese Aussage gilt für Systeme in mehr Variablen nicht!

Aufgabe 2.8. [zu 2.3] Man zeige, daß das Gesamtschrittverfahren für alle Werte von a, für welche die Matrix

$$A = \begin{bmatrix} 1 & \frac{\sqrt{2}}{2} & a \\ \frac{\sqrt{2}}{2} & 1 & \frac{\sqrt{2}}{2} \\ a & \frac{\sqrt{2}}{2} & 1 \end{bmatrix}$$

positiv definit ist, divergiert.

Aufgabe 2.9. [zu 2.4] Die Gleichungssysteme der Aufgaben 2.2 und 2.5 sind nach der Methode der konjugierten Gradienten zu lösen. Man prüfe die Orthogonalitätseigenschaften der Residuenvektoren (Rechenkontrolle!).

Aufgabe 2.10. [zu 2.4] Im Fall des Systems der Aufgabe 2.5 führe man die Rechnung konsequent mit vier wesentlichen Dezimalstellen durch. Welches ist die Näherung nach zwei Schritten, falls man vom Nullpunkt ausgeht? Wie groß ist die Abweichung von der exakten Lösung und wie groß ist der Residuenvektor?

Aufgabe 3.1. [zu 3.1] In einem rechtwinkligen Trapez wurden folgende Elemente gemessen: Längere parallele Seite 6 cm, kürzere parallele Seite 4 cm, dazu senkrechte Seite 2.5 cm, längere Diagonale 6.5 cm und kürzere Diagonale 4.7 cm. Die Aufgabe ist sowohl in der Form der vermittelnden wie der bedingten Ausgleichung zu formulieren. Beide Formulierungen sind mit Hilfe des Korrekturansatzes zu linearisieren.

Hinweis: Im Fall der vermittelnden Ausgleichung ist zu beachten, daß das Problem nur drei Unbekannte aufweist, für die fünf Messungen vorliegen, während im andern Fall zwei Bedingungsgleichungen für fünf Unbekannte zu formulieren sind.

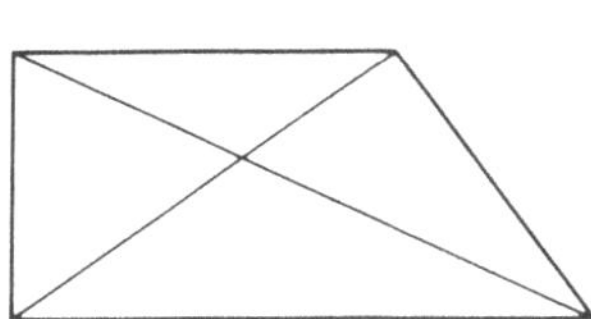

Fig. 39 Ausgleichung am Trapez

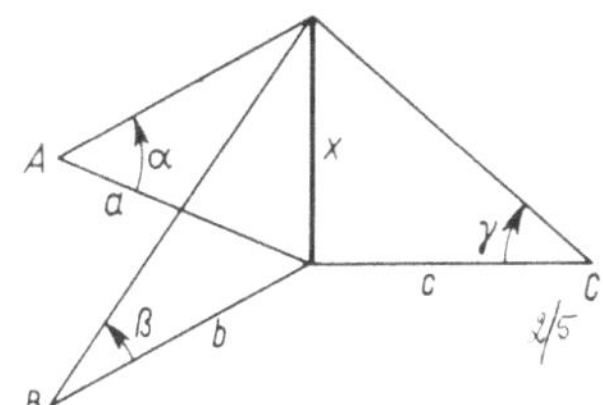

Fig. 40 Turmvermessung

Aufgabe 3.2. [zu 3.1] Um die Höhe x eines Turmes zu bestimmen, der auf einem vollkommen ebenen Gelände steht, wurden von drei Punkten A, B und C aus, deren Abstände a, b und c vom Fuß des Turmes exakt bekannt seien, die Winkel α, β und γ gemessen. Wie lauten die Problemformulierungen in der Form der vermittelnden und bedingten Ausgleichung?

Anleitung: Im ersten Fall sind drei Fehlergleichungen bezüglich der gemessenen Winkel aufzustellen, im zweiten Fall sind zwei Bedingungen für die drei ausgeglichenen Winkel zu finden.

Aufgabe 3.3. [zu 3.2] Das System der Fehlergleichungen

$$\begin{aligned} x_1 + x_2 - 1 &= r_1 \\ x_1 + 2x_2 - 3 &= r_2 \\ x_1 + 3x_2 - 6 &= r_3 \\ x_1 + 4x_2 - 10 &= r_4 \\ x_1 + 5x_2 - 15 &= r_5 \end{aligned}$$

ist mit Normalgleichungen aufzulösen. Kondition der Normalgleichungsmatrix?

Aufgabe 3.4. [zu 3.2] Zur Bestimmung der Koeffizienten einer quadratischen Funktion $y = ax^2 + bx + c$ werden n Ordinaten y_i an den äquidistanten Stützstellen $x_i = i$ $(i = 1, 2, \ldots, n)$ gemessen. Wie wächst die Konditionszahl der zugehörigen Normalgleichungsmatrix mindestens in Funktion von n? Wie lautet die Abschätzung allgemeiner für ein Polynom p-ten Grades $(p \ll n)$?

Aufgabe 3.5. [zu 3.3] Von einer Funktion $y = f(x)$ sind an den fünf äquidistanten Stützstellen $x_1 = 1$, $x_2 = 2, \ldots,$ $x_5 = 5$ die Werte $y_1 = 270$, $y_2 = 260$, $y_3 = 248$, $y_4 = 235$, $y_5 = 213$ gemessen. Die Stützwerte y_i sollen im Sinn der kleinsten Quadrate möglichst wenig geändert werden, so daß sie exakt auf eine Parabel zweiten Grades zu liegen kommen.

Anleitung: Für je vier aufeinanderfolgende Stützwerte muß die dritte Differenz $y_i - 3y_{i-1} + 3y_{i-2} - y_{i-3} = 0$ sein. Dies liefert zwei Bedingungsgleichungen.
Wie lautet das dazu duale Problem?

Aufgabe 3.6. [zu 3.4] Das Fehlergleichungssystem von Aufgabe 3.3 ist nach der Methode der Orthogonalisierung zu lösen.

Aufgabe 3.7. [zu 3.4] Das Problem der bedingten Ausgleichung von Aufgabe 3.5 ist mit der Orthogonalisierungsmethode zu behandeln.

Aufgabe 3.8. [zu 3.4] Das Fehlergleichungssystem

$$\begin{aligned} 1.07x_1 + 1.10x_2 - 2.80 &= r_1 \\ 1.07x_1 + 1.11x_2 - 2.70 &= r_2 \\ 1.07x_1 + 1.15x_2 - 2.50 &= r_3 \end{aligned}$$

ist unter Verwendung einer dreistelligen Genauigkeit sowohl nach der Methode der Normalgleichungen als auch nach der Orthogonalisierung zu lösen. Alle auftretenden Zahlwerte sind auf drei wesentliche Ziffern zu runden.
Beispiel: $1.07^2 + 1.07^2 + 1.07^2 = 1.14 + 1.14 + 1.14 = 3.42$. Man zeige, daß die so entstehende Normalgleichungsmatrix numerisch indefinit ist! Die Orthogonalisierung liefert dagegen ein brauchbares Resultat.

Aufgabe 3.9. [zu 3.4] Die Lösung $\boldsymbol{x}$ der Fehlergleichungen $\boldsymbol{C}\boldsymbol{x} + \boldsymbol{d} = \boldsymbol{r}$ kann auf Grund der Methode der Orthogonalisierung nach (3.51) und (3.48) direkt durch den Konstantenvektor $\boldsymbol{d}$ ausgedrückt werden als

$$\boldsymbol{x} = -\boldsymbol{R}^{-1} \cdot \boldsymbol{f} = -\boldsymbol{R}^{-1} \cdot \boldsymbol{S}^{\mathrm{T}} \cdot \boldsymbol{d}.$$

Die Matrix $\boldsymbol{C}^+ = \boldsymbol{R}^{-1} \cdot \boldsymbol{S}^{\mathrm{T}}$ heißt Pseudoinverse von $\boldsymbol{C}$, indem sie ja formal die Lösung der Fehlergleichungen liefert. Man verifiziere, daß $\boldsymbol{C}^+ \boldsymbol{C} = \boldsymbol{I}$ (Einheitsmatrix der Ordnung m) ist. Wie lautet die Pseudoinverse $\boldsymbol{C}^+$ für das Fehlergleichungssystem von Aufgabe 3.3? Mit ihr ist die Lösung $\boldsymbol{x}$ zu berechnen.

Aufgabe 3.10. [zu 3.5] Das System von Fehlergleichungen, das typisch ist für eine Ausgleichung der Geodäsie, ist nach der Methode der konjugierten Gradienten zu behandeln.

$$\begin{aligned} x_1 \qquad\qquad\qquad &- 0.1 = f_1 \\ x_1 - x_2 \qquad\qquad &+ 0.2 = f_2 \\ x_2 - x_3 \qquad &- 0.3 = f_3 \\ x_3 - x_4 &+ 0.4 = f_4 \\ x_3 \qquad &+ 0.1 = f_5 \\ x_4 &- 0.2 = f_6 \\ -x_1 \qquad\qquad + x_4 &- 0.3 = f_7 \end{aligned}$$

Man achte auf die Monotonieeigenschaft des Betrages der Fehlervektoren. Was für eine Beobachtung in Bezug auf die Residuenvektoren kann dabei gemacht werden? Wieviele Schritte führen praktisch zum Resultat?

Aufgabe 3.11. [zu 3.5] Die Ausgleichung des Gravitationsfeldes der Erde in seiner einfachsten Form führt auf das folgende Problem: Um die Gravitation an einer Reihe von m Punkten zu bestimmen, werden n Differenzen der Erdanziehung zwischen je zwei Punktepaaren gemessen. In einem Punkt A des Netzes ist die Erdanziehung als bekannt vorauszusetzen. Für die gemessenen Differenzwerte sollen zufällig gewählte Zahlen zwischen -1 und $+1$ verwendet werden. Für das Netz der Figur 41 sind die Fehlergleichungen (29 Gleichungen in 15 Unbekannten) aufzustellen und dieselben sollen mit Hilfe eines Computers nach der Methode der konjugierten Gradienten gelöst werden, wobei die vielen Nullelemente mit Referenzmatrizen berücksichtigt werden sollen. Die Iteration ist abzubrechen, sobald der Wert von (f_k, f_k) über drei Iterationen nicht mehr abnimmt. Zahl der benötigten Iterationen?

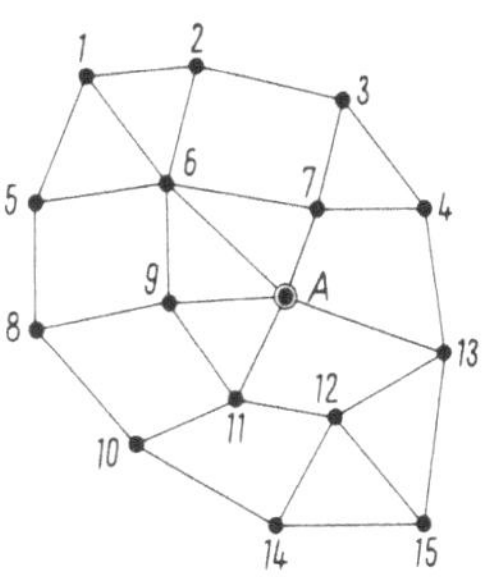

Fig. 41
Netz des Gravitationsfeldes

Aufgabe 4.1. [zu 4.1] Wie lautet das Eigenwertproblem eines Systems mit drei Freiheitsgraden, dessen potentielle und kinetische Energie durch folgende Ausdrücke der Lagekoordinaten q_k gegeben sind:

$$U = 9q_1^2 + 6q_1 q_2 + 6q_1 q_3 + 17q_2^2 + 10q_2 q_3 + 27q_3^2,$$
$$T = 4\dot{q}_1^2 + 9\dot{q}_2^2 + 16\dot{q}_3^2.$$

Aufgabe 4.2. [zu 4.1] Desgleichen für

$$U = 8q_1^2 + 2q_1 q_2 - 4q_1 q_3 + 20q_2^2 + 6q_2 q_3 + 15q_3^2,$$
$$T = 4\dot{q}_1^2 + 2\dot{q}_1 \dot{q}_2 + 10\dot{q}_2^2 + 4\dot{q}_2 \dot{q}_3 + 15\dot{q}_3^2.$$

Aufgabe 4.3. [zu 4.2] Man bestimme in erster Näherung die Änderung der Nullstellen des Polynoms $z^4 - 130z^3 + 3129z^2 - 13100z + 10000$ (Nullstellen $z_1 = 1, z_2 = 4, z_3 = 25, z_4 = 100$), falls ein einziger Koeffizient eine relative Änderung um 10^{-5} erfährt. Welche Nullstelle ist am empfindlichsten?

Aufgabe 4.4. [zu 4.2] Gleiches Problem wie in Aufgabe 4.3 für das Polynom $z^8 - 130z^6 + 3129z^4 - 13100z^2 + 10000$, falls einer der von Null verschiedenen Koeffizienten relativ um 10^{-5} geändert wird.

Aufgabe 4.5. [zu 4.4] Wie lautet die zu

$$A = \begin{bmatrix} 5 & -2 & 1 & -1 \\ -2 & 10 & -3 & 4 \\ 1 & -3 & 20 & 9 \\ -1 & 4 & 9 & 30 \end{bmatrix}$$

ähnliche Matrix, falls A einer (2, 4)-Drehung mit dem Winkel $\varphi = \pi/2$ unterworfen wird? Wirkung dieser Transformation?

Aufgabe 4.6. [zu 4.4] Die Matrizen

$$A_1 = \begin{bmatrix} 3 & 1 \\ 1 & 5 \end{bmatrix} \quad \text{und} \quad A_2 = \begin{bmatrix} 3 & 2 \\ 2 & 3 \end{bmatrix}$$

sind nach der Methode von Jacobi auf Diagonalform zu transformieren. Wie lauten die Transformationsmatrizen und welches sind die Eigenwerte und Eigenvektoren?

Aufgabe 4.7. [zu 4.4] Um den Suchprozeß des klassischen Jacobi-Verfahrens abzukürzen, kann die Methode wie folgt modifiziert werden: Man bildet die Summen s_i der Quadrate der Elemente jeder Zeile je ohne das Diagonalelement

$$s_i = \sum_{\substack{j=1 \\ j \neq i}}^{n} a_{ij}^2, \quad (i = 1, 2, \ldots, n).$$

Offenbar gilt $S(A) = \sum_{i=1}^{n} s_i$. Auf welche einfache Art transformieren sich die Zeilensummen s_i bei einer (p, q)-Rotation? Zur Bestimmung des Pivotelementes der Rotation wird nun das absolut größte Außendiagonalelement a_{pq} ($= a_{qp}$!) aus jener Zeile p mit dem größten Wert s_p bestimmt, wozu nur etwa $2n$ Vergleiche nötig sind. Man verzichtet also darauf, in jedem Schritt das wirklich absolut größte Außendiagonalelement zu ermitteln. Man beweise die Konvergenz dieses modifizierten Jacobi-Verfahrens.

Zu diesem Verfahren soll ein Rechenprogramm erstellt werden.

Aufgabe 4.8. [zu 4.4] Mit welcher Genauigkeit stellen die Diagonalelemente von

$$A = \begin{bmatrix} 5 & 10^{-4} & 2 \cdot 10^{-4} & 2 \cdot 10^{-4} \\ 10^{-4} & -9 & 10^{-5} & 10^{-5} \\ 2 \cdot 10^{-4} & 10^{-5} & 10 & 10^{-6} \\ 2 \cdot 10^{-4} & 10^{-5} & 10^{-6} & 8 \end{bmatrix}$$

die Eigenwerte dar? Welches sind die Abschätzungen mit Hilfe des Gerschgorinschen Kreisesatzes (siehe 4.5.4)?

Aufgabe 4.9. [zu 4.5] Die Matrix

$$A = \begin{bmatrix} 10 & 4 & 3 \\ 4 & 15 & 10 \\ 3 & 10 & 20 \end{bmatrix}$$

ist sowohl nach der Methode von Givens als auch von Householder auf tridiagonale Form zu transformieren. Wie lauten die Transformationsmatrizen U und die tridiagonalen Matrizen? Man verifiziere an diesem Beispiel, daß die resultierenden Matrizen im wesentlichen übereinstimmen.

Aufgabe 4.10. [zu 4.5] Man zeige, daß jede tridiagonale Matrix der Ordnung n

$$J = \begin{bmatrix} a_1 & b_1 & & & & \\ c_1 & a_2 & b_2 & & & \\ & c_2 & a_3 & b_3 & & \\ & & \cdot & \cdot & \cdot & \\ & & & c_{n-2} & a_{n-1} & b_{n-1} \\ & & & & c_{n-1} & a_n \end{bmatrix}$$

mit der Eigenschaft $b_i \cdot c_i > 0$ $(i = 1, 2, \ldots, n-1)$ reelle Eigenwerte besitzt.

Hinweis: J ist ähnlich zu einer symmetrischen tridiagonalen Matrix, d. h. J ist symmetrisierbar.

Aufgabe 4.11. [zu 4.5] Im Zusammenhang mit der Latteninterpolation treten tridiagonale Matrizen der Form

$$J = \begin{bmatrix} 2 & 1 & & & & \\ 1 & 4 & 1 & & & \\ & 1 & 4 & 1 & & \\ & & \cdot & \cdot & \cdot & \\ & & & 1 & 4 & 1 \\ & & & & 1 & 2 \end{bmatrix}$$

von hoher Ordnung n auf. Welches sind die unteren und oberen Schranken der Eigenwerte auf Grund des Gerschgorinschen Kreisesatzes? Wie groß ist demnach unabhängig von der Ordnung n die Konditionszahl der Matrix J höchstens?

Im Fall $n = 4$ führe man nach dem Verfahren der Bisection fünf Schritte zur Eingrenzung des kleinsten Eigenwertes durch.

Aufgabe 4.12. [zu 4.5] Sollen alle Eigenwerte einer tridiagonalen Matrix nach der Methode der Bisection berechnet werden, kann die totale Zahl der Intervallhalbierungen verkleinert werden, indem die Information über die Lage der noch nicht bestimmten Eigenwerte auf Grund der Zahl der Vorzeichenwechsel laufend verarbeitet wird, so daß als Startwerte für die Eigenwerte bei fortschreitender Rechnung engere Grenzen verwendet werden können. Man entwickle ein Rechenprogramm, welches die laufend anfallende Information zur Eingrenzung der Eigenwerte auswertet und die Schranken ständig verbessert. Die Intervallhalbierungen sind zu stoppen, sobald die Schranken absolut genommen eng genug sind.

Aufgabe 4.13. [zu 4.5] Für tridiagonale Matrizen sehr hoher Ordnung können die Werte der Rekursionspolynome $f_k(\lambda)$ entweder sehr groß oder auch sehr klein werden, so daß im Rechenautomaten Überfluß oder Unterfluß möglich ist. Um dies einzusehen studiere man das Verhalten der Reursionspolynome für eine Matrix $\boldsymbol{J}$ der Ordnung $n = 50$ aus Aufgabe 4.11 für $\lambda = 1$ und $\lambda = 6$. Durch welche Modifikation des Verfahrens kann diese Schwierigkeit behoben werden (vgl. dazu [88])?

Aufgabe 4.14. [zu 4.6] Für die Matrix

$$\boldsymbol{A} = \begin{bmatrix} 4 & -2 & 6 \\ -2 & 17 & 1 \\ 6 & 1 & 19 \end{bmatrix}$$

führe man mindestens zwei Schritte des LR-Cholesky-Verfahrens durch.

Aufgabe 4.15. [zu 4.6] Der kleinste Eigenwert der Matrix $\boldsymbol{A}$ von Aufgabe 4.14 ist $\lambda_3(\boldsymbol{A}) = 1.5762$. Was passiert, falls vor der ersten Zerlegung eine Koordinatenverschiebung um $y = 1.55$, resp. um $y = 1.60$ ausgeführt wird? Im ersten Fall führe man zwei bis drei LR-Cholesky-Schritte durch. Man vergleiche mit den entsprechenden Resultaten von Aufgabe 4.14 und man achte insbesondere auf das Element $a_{33}^{(k)}$ (Rechenschiebergenauigkeit genügt). Welches ist der Konvergenzquotient, mit welchem das Element $a_{23}^{(k)}$ gegen Null konvergiert ($\lambda_2(\boldsymbol{A}) \cong 17.30$)?

Aufgabe 4.16. [zu 4.6] Zur Bestimmung des kleinsten Eigenwertes von

$$\boldsymbol{J} = \begin{bmatrix} 2 & 1 & & \\ 1 & 4 & 1 & \\ & 1 & 4 & 1 \\ & & 1 & 2 \end{bmatrix}$$

führe man einige QD-Schritte

a) ohne Koordinatenverschiebung,

b) mit einer einzigen ersten Koordinatenverschiebung mit der in Aufgabe 4.11 gefundenen unteren Schranke $y = 1.3125$,

c) mit versuchsweisen Koordinatenverschiebungen auf Grund von $q_4^{(s)}$ nach einem selbst gewählten Schema durch. Wie ist das Konvergenzverhalten in den drei Fällen?

Aufgabe 4.17. [zu 4.6] Die Nullstellen des Polynoms $p_4(x) = x^4 - 12x^3 + 49x^2 - 80x + 45$ sind mit Hilfe des QD-Algorithmus zu berechnen.

Aufgabe 4.18. [zu 4.6] Auf Grund der in Aufgabe 2.9 erhaltenen Zahlwerte der q_k und e_k bei der Auflösung des linearen Gleichungssystems von Aufgabe 2.2 bestimme man den kleinsten Eigenwert der Koeffizientenmatrix $\boldsymbol{A}$ der Aufgabe 4.16. Wie gut ist die Übereinstimmung mit dem in Aufgabe 4.16 gefundenen Wert, falls die Methode der konjugierten Gradienten mit einer kleinen Stellenzahl (z. B. 5 bis 6 wesentlichen Ziffern) durchgeführt wird?

Aufgabe 4.19. [zu 4.7] Zur Matrix $\boldsymbol{J}$ von Aufgabe 4.16 bestimme man

a) den größten Eigenwert und den zugehörigen Eigenvektor durch klassische Vektoriteration;

b) den kleinsten Eigenwert und den zugehörigen Eigenvektor einmal durch eine Spektraltransformation und nachfolgende klassische Vektoriteration und einmal durch inverse Vektoriteration. Vergleich der Konvergenzgeschwindigkeit.

Aufgabe 4.20. [zu 4.8] Im allgemeinen Eigenwertproblem $(\boldsymbol{A} - \lambda \boldsymbol{B})\boldsymbol{x} = 0$ seien $\boldsymbol{A}$ und $\boldsymbol{B}$ symmetrische und positive definite Bandmatrizen hoher Ordnung n und von relativ kleiner Bandbreite m. Bei Rückführung auf das spezielle Eigenwertproblem $(\boldsymbol{C} - \lambda \boldsymbol{I})\boldsymbol{y} = 0$ mit symmetrischer Matrix $\boldsymbol{C}$ geht die Bandgestalt verloren! Auf das spezielle Eigenwertproblem $(\boldsymbol{C} - \lambda \boldsymbol{I})\boldsymbol{y} = 0$ soll die inverse Vektoriteration zur Bestimmung der kleinsten Eigenwerte und der zugehörigen Eigenvektoren so angewendet werden, daß von der Bandgestalt der Matrizen $\boldsymbol{A}$ und $\boldsymbol{B}$ wesentlichen Gebrauch gemacht wird.

Hinweis: Die Matrix $\boldsymbol{C}$ darf nur formal verwendet werden, jedoch sollen die Cholesky-Zerlegungen von $\boldsymbol{A}$ und $\boldsymbol{B}$ geeignet benützt werden.

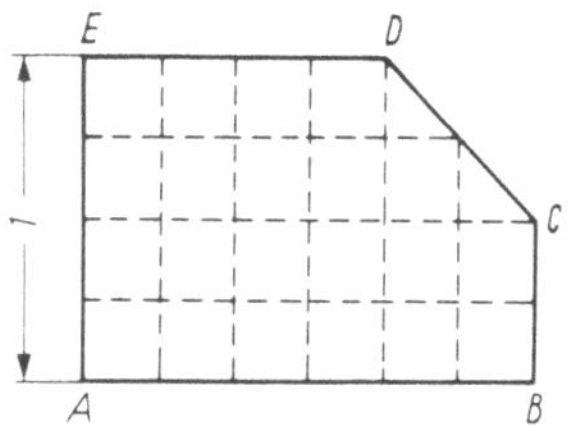

Fig. 42
Grundgebiet der Variationsaufgabe

Aufgabe 5.1. [zu 5.1] Wie lautet das Randwertproblem zum Variationsintegral

$$J = \tfrac{1}{2} \iint\limits_G (\operatorname{grad} u)^2 \, dx \, dy - \int\limits_C^D u \cdot ds$$

mit den Randbedingungen

$$u = 0 \quad \text{auf } BC,$$
$$u = 1 \quad \text{auf } DE \text{ und } EA,$$

worin G das Gebiet der Figur 42 bedeutet. Die Seite AE habe die Länge 1.

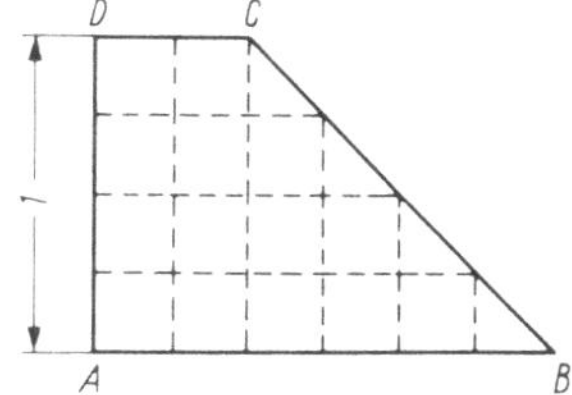

Fig. 43
Grundgebiet der Randwertaufgabe

Aufgabe 5.2. [zu 5.1] Man konstruiere das Variationsintegral zur Randwertaufgabe des Gebietes von Fig. 43:

$$\Delta u + 2 = 0 \quad \text{in } G,$$
$$u = 0 \quad \text{auf } AB, CD \text{ und } DA,$$
$$\frac{\partial u}{\partial n} = 0 \quad \text{auf } BC.$$

Aufgabe 5.3. [zu 5.1] Man bestimme das Variationsintegral zum Randwertproblem bezüglich des Gebietes von Fig. 43:

$$\Delta u = 1 \quad \text{in } G,$$

$$u = 1 \quad \text{auf } AB,$$

$$\frac{\partial u}{\partial n} = 0 \quad \text{auf } BC,$$

$$u = 0 \quad \text{auf } CD,$$

$$2u + \frac{\partial u}{\partial n} = 1 \quad \text{auf } DA.$$

Aufgabe 5.4. [zu 5.1] Für die Randwertprobleme der Aufgaben 5.1 bis 5.3 sind die Operatorgleichungen für die verschiedenen Gitterpunkte der eingezeichneten Netze auf Grund der Variationsintegrale herzuleiten (Energiemethode). Die auftretenden Integrale sind auf möglichst einfache Art (Trapezregel) zu approximieren. Zur Approximation eines Integrals

$$\iint (u_x^2 + u_y^2)\,\mathrm{d}x\,\mathrm{d}y$$

für eine dreieckige Masche sind sowohl u_x wie auch u_y durch je einen einzigen Differenzenquotienten anzunähern.

Aufgabe 5.5. [zu 5.1] Zu den Aufgaben 5.1 und 5.3 sind auf Grund der Operatorgleichungen aus Aufgabe 5.4 die Gleichungssysteme bei verschiedenen Arten der Numerierung der Gitterpunkte (zeilenweise, kolonnenweise, diagonalweise) aufzustellen und die Strukturen der Systeme zu studieren. Sind die Systeme auch symmetrisch-definit?

Aufgabe 5.6. [zu 5.2] Man löse das Randwertproblem von Aufgabe 5.2 unter Verwendung einer konsistenten Reihenfolge der Gitterpunkte nach der Methode der Überrelaxation. Wie groß sind Konvergenzradius und Konvergenzziffer für das Einzelschrittverfahren und für die optimale Überrelaxation? (Rechenautomat erforderlich).

Aufgabe 5.7. [zu 5.2] Das Randwertproblem von Aufgabe 5.2 soll mit doppelt und viermal feinerer Netzeinteilung ($h = 1/8$, resp. $h = 1/16$) gelöst werden, wobei der optimale Überrelaxationsfaktor experimentell auf Grund des Residuenvektors beim Einzelschrittverfahren, bzw. bei Überrelaxation mit einem gewählten Faktor, bestimmt werde. (Rechenautomat)

Aufgabe 5.8. [zu 5.2] Für das Randwertproblem von Aufgabe 5.2 bestimme man den Konvergenzradius der impliziten Blockrelaxation und der optimalen blockweisen Überrelaxation, falls die Gitterpunkte zeilenweise zu Gruppen zusammengefaßt werden. (Rechenautomat).

Aufgabe 5.9. [zu 5.2] Man bestimme die Matrixoperatoren $\boldsymbol{H}$, $\boldsymbol{V}$ und $\boldsymbol{\Sigma}$ der Methode der alternierenden Richtungen im Fall des Randwertproblems von Aufgabe 5.2. Sind die Operatoren $\boldsymbol{H}$ und $\boldsymbol{V}$ vertauschbar?

Literatur

[1] A i t k e n, A.: Studies in practical mathematics II. The evaluation of the latent roots and vectors of a matrix. Proc. Roy. Soc. Edinburgh, A 57 (1937) 269–304.

[2] B a u e r, F. L.; H e i n h o l d, J.; S a m e l s o n, K.; S a u e r, R.: Moderne Rechenanlagen. Stuttgart 1965.

[3] B a u m a n n, R.; F e l i c i a n o, M.; B a u e r, F. L.; S a m e l s o n, K.: Introduction to ALGOL. Englewood Cliffs, N. J. 1964.

[4] B a u m a n n, R.: ALGOL-Manual der ALCOR-Gruppe. Elektronische Rechenanlagen **5/6** (1961) und **2** (1962), sowie München 1967.

[5] B e n o i t: Note sur une méthode de résolution des équations normales etc. (Procédé du commandant C h o l e s k y). Bull. géodésique **3** (1924) 67–77.

[6] B i r k h o f f, G.; V a r g a, R. S.: Implicit alternating direction methods. Trans. Amer. Math. Soc. **92** (1959) 13–24.

[7] B i r k h o f f, G.; V a r g a, R. S.; Y o u n g, D.: Alternating direction implicit methods. Advances in computers, **3** (1962) 189–273.

[8] d e B o o r, C. M.; R i c e, J. R.: Chebyshev approximation by a $\prod \frac{x-r_j}{x+s_j}$ and application to ADI iteration. J. Soc. Industr. Appl. Math. **11** (1963) 159–169.

[9] C o l l a t z, L.: Über die Konvergenzkriterien bei Iterationsverfahren für lineare Gleichungssysteme. Math. Z. **53** (1950) 149–161.

[10] C o l l a t z, L.: Numerische Behandlung von Differentialgleichungen. 2. Aufl. Berlin 1955; 3. Aufl. in englischer Sprache. Berlin-Göttingen-Heidelberg 1959.

[11] C o u r a n t, R.; H i l b e r t, D.: Methoden der mathematischen Physik. Berlin 1931.

[12] D i j k s t r a, E. W.: A primer to ALGOL 60 programming. London-New York 1962.

[13] E n g e l i, M.; G i n s b u r g, T h.; R u t i s h a u s e r, H.; S t i e f e l, E.: Refined iterative methods for the computation of the solution and the eigenvalues of selfadjoint boundary value problems. Basel-Stuttgart 1959. Mitt. Inst. f. angew. Math. ETH Zürich, Nr. 8.

[14] E n g e l i, M.: Automatisierte Behandlung elliptischer Randwertprobleme. Dissertation. Zürich 1962.

[15] F a d d e e v a, V. N.: Computational methods of linear algebra. New York 1959.

[16] F a d d e j e w, D. K.; F a d d e j e w a, W. N.: Numerische Methoden der linearen Algebra, München-Wien 1964.

[17] F o r s y t h e, G. E.; W a s o w, W. R: Finite-difference methods for partial differential equations. New York 1960.

[18] F o r s y t h e, G. E.; H e n r i c i, P.: The cyclic Jacobi method for computing the principal values of a complex matrix. Trans. Amer. Math. Soc. **94** (1960) 1–23.

[19] F o x, L.: Numerical methods in linear algebra. Oxford 1964.

[20] F r a n c i s, J. F. G.: The QR transformation. A unitary analogue to the LR transformation, Parts I and II. Computer J. **4** (1961/62) 265–271; 332–345.

[21] G e r s c h g o r i n, S.: Abgrenzung der Eigenwerte einer Matrix. Bul. Acad. Sci. USSR, Leningrad, classe math. **7** (1931) 749–754.

[22] G i n s b u r g, T h.: The conjugate gradient method, Numer. Math. **5** (1963) 191–200.

[23] Givens, W.: Numerical computation of the characteristic values of a real symmetric matrix. Oak Ridge Nat. Lab. Report ORNL-1574 (1954).

[24] Goodwin, E. T.: Modern computing methods, London 1961.

[25] Gröbner, W.: Matrizenrechnung. München 1956.

[26] Grossmann, W.: Grundzüge der Ausgleichsrechnung. Berlin 1961.

[27] Hansen, E. R.: On cyclic Jacobi methods. J. Soc. Industr. Appl. Math. **11** (1963) 448–459.

[28] Henrici, P.: The quotient-difference algorithm. Nat. Bur. Standards Appl. Math. Ser. 49, 1958, 23–46.

[29] Henrici, P.: On the speed of convergence of cyclic and quasicyclic Jacobi methods for computing eigenvalues of Hermitian matrices. J. Soc. Industr. Appl. Math. **6** (1958) 144–162.

[30] Henrici, P.: Some applications of the quotient-difference algorithm. Proc. Symposia in Appl. Math., **15** (1963) 159–183.

[31] Hestenes, M.; Stiefel, E.: Methods of conjugate gradients for solving linear systems. J. Res. Nat. Bur. Standards **49** (1952) 409–436.

[32] Householder, A. S.: Principles of numerical analysis. New York 1953.

[33] Householder, A. S.: The theory of matrices in numerical analysis. New York-Toronto-London 1964.

[34] Jacobi, C. G. J.: Über ein leichtes Verfahren, die in der Theorie der Säkularstörungen vorkommenden Gleichungen numerisch aufzulösen. Crelle's J. **30** (1846) 51–94.

[35] Kahan, W.: Gauß-Seidel methods for solving large systems of linear equations. Dissertation. Toronto 1958.

[36] Läuchli, P.: Iterative Lösung und Fehlerabschätzung in der Ausgleichsrechnung. Z. f. angew. Math. u. Phys. **10** (1959) 245–280.

[37] Müller, D.: Programmierung elektronischer Rechenanlagen. 2. Aufl., Mannheim 1965.

[38] Murdoch, D. C.: Linear algebra for undergraduates. New York-London 1957.

[39] Naur, P.: ed., Revised report on the algorithmic language ALGOL 60. Numer. Math. **4** (1963) 420–453; Commun. Ass. Comp. Mach. **6** (1963) 1–17.

[40] Ostrowski, A.: Über das Nichtverschwinden einer Klasse von Determinanten und die Lokalisierung der charakteristischen Wurzeln von Matrizen. Compositio Math. **9** (1951) 209–226.

[41] Peaceman, D. W.; Rachford, H. H.: The numerical solution of parabolic and elliptic differential equations. J. Soc. Industr. Appl. Math. **3** (1955) 28–41.

[42] Rutishauser, H.: Der Quotienten-Differenzen-Algorithmus. Z. f. angew. Math. u. Phys. **5** (1954) 233–251.

[43] Rutishauser, H.: Der Quotienten-Differenzen-Algorithmus. Basel-Stuttgart 1957. Mitt. Inst. f. angew. Math. ETH Zürich, Nr. 7.

[44] Rutishauser, H.: Solution of eigenvalue problems with the LR-transformation. Nat. Bur. Standards Appl. Math. Ser. 49, 1958, 47–81.

[45] Rutishauser, H.: Über eine kubisch konvergente Variante der LR-Transformation. Z. f. angew. Math. u. Mech. **40** (1960) 49–54.

[46] Rutishauser, H.: Stabile Sonderfälle des Quotienten-Differenzen-Algorithmus. Numer. Math. **5** (1963) 95–112.

[47] Rutishauser, H.: On Jacobi rotation patterns. Proc. Symposia in Appl. Math. **15** (1963) 219–239.

[48] Rutishauser, H.; Schwarz, H. R.: The LR-transformation method for symmetric matrices. Numer. Math. **5** (1963) 273–289.

[49] Rutishauser, H.: The Jacobi method for real symmetric matrices. Numer. Math. **9** (1966) 1–10.

[50] Schlender, B.: Grundzüge der algorithmischen Formelsprache ALGOL. Der math. u. naturwiss. Unterricht **13** (1961) 451–458.

[51] Schmeidler, W.: Vorträge über Determinanten und Matrizen. Berlin 1949.

[52] Schönhage, A.: Zur Konvergenz des Jacobi-Verfahrens. Numer. Math. **3** (1961) 374–380.

[53] Schröder, G.: Über die Konvergenz einiger Jacobi-Verfahren zur Bestimmung der Eigenwerte symmetrischer Matrizen. Schriften d. Rheinisch-Westfälischen Inst. f. instr. Math. Universität Bonn. Ser. A. Nr. **5** (1964).

[54] Schwarz, H. A.: Gesammelte mathematische Abhandlungen. Bd. 1. Berlin 1890, 241–265.

[55] Schwarz, H. R.: An introduction to ALGOL. Comm. Ass. Comp. Mach. **5**, 1962, S. 82–95.

[56] Schwarz, H. R.: Die Reduktion einer symmetrischen Bandmatrix auf tridiagonale Form. Z. f. angew. Math. u. Mech. (Sonderheft) **45** (1965) T76–T77.

[57] Shaw, F. S.: Relaxation methods. New York 1953.

[58] Sheldon, J. W.: On the numerical solution of elliptic difference equations. Math. Tables and Other Aids to Comp. **9** (1955) 101–112.

[59] Southwell, R. V.: Relaxation methods in engineering science. London 1940.

[60] Southwell, R. V.: Relaxation methods in theoretical Physics. Oxford 1956.

[61] Stiefel, E.: Über einige Methoden der Relaxationsrechnung. Z. f. angew. Math. u. Phys. **3** (1952) 1–33.

[62] Stiefel, E.: Ausgleichung ohne Aufstellung der Gaußschen Normalgleichungen. Wiss. Z. Technische Hochschule Dresden **2** (1952/53) 441–442.

[63] Stiefel, E.: Relaxationsmethoden bester Strategie zur Lösung linearer Gleichungssysteme. Comment. Math. Helv. **29** (1955) 157–179.

[64] Stiefel, E.: Einführung in die numerische Mathematik. 4. Auflage. Stuttgart 1969.

[65] Synge, J. L.: The hypercircle in mathematical physics, Cambridge 1957.

[66] Todd, J.: A survey of numerical analysis. New York-Toronto-London 1962.

[67] Unger, H.: Nichtlineare Behandlung von Eigenwertaufgaben, Z. f. angew. Math. u. Mech. **30** (1950) 281–282.

[68] Varga, R. S.: Matrix iterative analysis. Englewood Cliffs, N. J. 1962.

[69] Wachspreß, E. L.: CURE: A generalized two-space-dimension multigroup coding for the IBM-704, Report KAPL-1724 (Knolls Atomic Power Laboratory) Schenectady, New York 1957.

[70] Wachspreß, E. L.: Optimum alternating-direction implicit iteration parameters for a model problem, J. Soc. Industr. Appl. Math. **10** (1962) 339–350.

[71] Wachspreß, E. L.: Iterative solution of elliptic systems and applications to the neutron diffusion equations of reactor physics. Englewood Cliffs 1966.

[72] Wielandt, H.: Bestimmung höherer Eigenwerte durch gebrochene Iteration. Bericht der aerodynamischen Versuchsanstalt Göttingen. 44/J/37 (1944).

[73] Wilkinson, J. H.: Note on the quadratic convergence of the cyclic Jacobi process. Numer. Math. **4** (1962) 296–300.

[74] Wilkinson, J. H.: Rounding errors in algebraic processes. London 1963.
[75] Wilkinson, J. H.: The algebraic eigenvalue problem. Oxford 1965.
[76] Wilkinson, J. H.: Convergence of the LR, QR, and related algorithms. Computer J. **8** (1965) 77–84.
[77] Wilkinson, J. H.: The QR algorithm for real symmetric matrices with multiple eigenvalues. Computer J. **8** (1965) 85–87.
[78] Wynn, P.: Acceleration techniques for iterated vectors and matrix problems. Math. Comput. **16** (1962) 301–322.
[79] Young, D.: Iterative methods for solving partial differential equations of elliptic type. Trans. Amer. Math. Soc. **76** (1954) 92–111.
[80] Zurmühl, R.: Matrizen. 4. Auflage. Berlin 1964.
[81] Bayer, G.: Einführung in das Programmieren. I. Programmieren in ALGOL. Berlin 1969.
[82] Forsythe, G.; Moler, C. B.: Computer solution of linear algebraic systems. Englewood Cliffs, N. J. 1967.
[83] Heinrich, W.; Stucky, W.: Programmierung mit ALGOL 60. Stuttgart 1971.
[84] Rutishauser, H.: Description of ALGOL 60. Handbook for automatic computation, vol. I. Part a. Berlin-Heidelberg-New York 1967.
[85] Schwarz, H. R.: Die Methode der konjugierten Gradienten in der Ausgleichsrechnung. Z. für Vermessungswesen **95** (1970) 130–140.
[86] Schwarz, H. R.; Rutishauser, H.; Stiefel, E.: Numerical analysis of symmetric matrices. Englewood Cliffs, N. J. 1972.
[87] Stummel, F.; Hainer, K.: Praktische Mathematik. Stuttgart 1971.
[88] Wilkinson, J. H.; Reinsch, C.: Handbook for automatic computation, vol. II, Linear algebra. Berlin-Heidelberg-New York 1971.

Namen- und Sachverzeichnis